教育部高等学校高职高专汽车类专业教学指导委员会规划教材

总主编 仪垂杰

现代制造技术

实训教程

主　编　李淑玉

副主编　王斌修　吴三川　周健波

主　审　田福祥

山东大学出版社

内容简介

本书是以现代生产系统的综合理念为指导，全面介绍了现代工程制造中的工业基础及发展趋势、现代工艺、创新产品设计流程，是适应现代工程训练要求的实训教材。本书主要内容包括工业基础概论、常用工程材料、现代生产系统、自动化制造系统、数控加工技术、电火花加工技术、快速原型制造技术，并在附录中加入了现代工业生产中具有普遍性和代表性的八种设备的操作指导。

本书可作为本科和专科、高职高专、技校等机类和近机类专业工程训练课程的教材，也可供有关专业研究生及工程技术人员参考。

图书在版编目(CIP)数据

现代制造技术实训教程/李淑玉主编．—济南：山东大学出版社，2011.3
(2013.8 重印)(教育部高等学校高职高专汽车类专业教学指导委员会规划教材/仪垂杰总主编)
ISBN 978-7-5607-3751-5

Ⅰ．①现…
Ⅱ．①李…
Ⅲ．①机械制造工艺—教材
Ⅳ．①TH16

中国版本图书馆 CIP 数据核字(2011)第 031772 号

山东大学出版社出版发行
(山东省济南市山大南路 27 号　邮政编码：250100)
山 东 省 新 华 书 店 经 销
山东旅科印务有限公司印刷
787×1092 毫米　1/16　23.75 印张　544 千字
2011 年 3 月第 1 版　2013 年 8 月第 2 次印刷

定价：39.00 元

教育部高等学校高职高专汽车类专业教学指导委员会规划教材

编审委员会

总 序

进入新世纪以来，我国加快了转变经济发展方式的步伐，从而有力地推动着各领域的科学发展。随着科技创新能力的不断提高，科学技术的产业化进程日益加快，制造业不断优化结构，改善品种质量，并淘汰落后产能，汽车制造业尤其如此。《中华人民共和国国民经济和社会发展十二五规划纲要》提出的培育发展新能源汽车等新兴产业的战略目标就充分体现了这一点。

2010 年，中国汽车产销量已超过 1800 万辆，居全球首位，市场潜力巨大。中国汽车与装备制造业已进入了一个新的发展阶段。汽车工业的飞速发展带动了汽车与制造相关产业链的发展，为汽车和机械制造类相关专业毕业生提供了广阔的就业空间和很好的发展前景。然而，老版本的汽车类教材已经远远不能满足汽车专业的教学需求，为广大汽车专业的师生提供一套新版教材成为当务之急。同时，为贯彻《教育部财政部关于实施国家示范性高等职业院校建设计划加快高等职业教育改革与发展的意见》（教高[2006]14 号）和《教育部关于全面提高高等职业教育教学质量的若干意见》（教高[2006]16 号）的精神，进一步推动职业教育由"重视规模发展"向"注重提高质量"的工作重心转变，适应我国现代汽车工业和职业教育发展的需要，教育部高等学校高职高专汽车类专业教学指导委员会决定在工学结合课程开发和教材建设方面进行探索，组织高校富有经验的教师和企业专家共同编写一套理论性和实践性相结合的汽车类专业教材。

教学质量是学校的生命线。提高教学质量，专业建设是龙头，课程建设是关键。高职教育的课程改革是一项长期的工作，它不是片面的课程内容的解构与重构，必须以人才培养模式创新为核心，以双师素质教师团队建设、实训条件建设、实训项目开发、教学方法改革、教学实施创新等一系列条件为支撑。多年来，在教育部高等学校高职高专汽车类专业教学指导委员会指导下，各高职高专院校进行了广泛的调研，以课程建设为抓手，以校企合作、工学结合为突破口，狠抓课程实施，在教材建设方面做出了高等职业教育的特色。本套教材既注重技能的提高，又兼顾理论的提升，力求满足广大高职高专汽车类专业学生学习的需要，为学生的就业和继续深造打下坚实的基础，充分体现了工学结合的职业教育特色。

经过各分册编写者和主审们的辛勤劳动，本套教材即将陆续面世。希望教育部高等学校高职高专汽车类专业教学指导委员会的工作可以为各高职院校提供一些借鉴，并通过这套教材进一步推动各地的高职高专教学与课程改革。同时，也希望业内专家和同仁对本套教材提出指导性和建设性意见，以便在教学实践中共同完善和提高。

在本套教材编写过程中，得到了教育部领导、行业专家、各高职高专院校和企业专家的支持，山东大学出版社对教材的出版给以了大力支持和帮助，在此一并致谢。

教育部高等学校高职高专汽车类专业
教学指导委员会主任委员　仪垂杰

2010年12月于青岛

前　言

工程实训不是服务于某一门课程的实验，而是全新的实践教学训练体系。训练思维是创新性的，学生获取的知识是综合性的，相对于各学科的专业实验来说，它的内容又是基础性的。现代制造技术实训科目是学生提高工程素质、获取综合性知识、进行技能训练、开展科技活动的综合教学课程。

制造业是国民经济的支柱产业，现代制造技术是当前制造业的主流和支柱，是高度综合的机电一体化技术，用现代制造技术装备组成的工程实践训练平台，能最大限度地体现社会经济发展对人才素质的要求，适合最广泛的学科专业学生工程素质和科学素养的培养。但目前与制造技术相关的教材具有较强的专业性，而工程实践训练是综合性的基础训练，学生在动手操作中学知识，需要一本将现代制造技术融为一体，基础性、综合性兼顾的实训教材，为此编写了本书。与基于前述理念建立实训平台的设备相一致，从工业的发展历程到工艺、装备的发展完善，使学生对现代制造技术产生和发展有一个渐进的系统了解，通过实习操作，激发其改革和探索创新的积极性。教材的内容打破现有实训教材的局限，在传统制造工艺及现代制造工艺的基础上，增加了非金属材料及新材料的内容及新产品设计的完整指导。

参加本书编写的人员有：青岛理工大学李淑玉、王斌修、周扬民、林海波、贺敬地、刘超、赵先伟、王国元，山东理工大学吴三川，青岛农业大学周健波。由李淑玉任主编，王斌修、吴三川、周健波任副主编。青岛理工大学田福祥教授详细审阅全稿，提出了许多宝贵意见。

由于水平所限，加之时间仓促，错误或不当之处在所难免，请读者不吝批评指正。

编者

2010 年 12 月

目　录

第1章　工业基础概论

1.1　概　述

生态环保、可持续发展的要求产生低碳经济的战略，低碳经济依赖于知识经济的高度发达，知识经济改变了企业的生存方式和发展模式，引发了全球企业的一次创新性革命。知识经济是“以知识为基础的经济”，是“建立在知识和信息的生产、分配和使用上的经济”，其实质是在社会经济中，知识替代传统的生产要素，成为独立的生产要素。这就标志着人类将从以体力劳动生产为主转化为以脑力劳动生产为主，从物质资源为社会主要资源转变成知识形态为社会的主要资源，劳动的主体从蓝领工人变成知识分子，劳动方式从工厂式劳动转变为科学研究、科学实验的劳动方式。

在知识经济时代，制造领域发生了一系列变化。知识密集产品成为产品的主要形式，产品的知识含量成为核心竞争力的关键因素。科技先导型企业成为经济活动中最具有活力的经济组织形式。以数字化和网络化为代表的信息技术，使制造业在产品、服务、生产、流通、交易等概念和运作方面面临深刻的变革。资产重点从有形资产逐渐转向无形资产，竞争的核心相应从有形竞争转向无形竞争。

在知识经济时代，高技术产业成为支柱产业，机械制造业的快速发展是高技术产业化的保证。忽视机械制造业的发展，必然影响国民经济的发展。例如，美国在二战后，机械制造业是世界最先进的，工业产品大量出口成为工业的霸主。但是，70年代以后，美国忽视了机械制造业的提高与发展，工业生产走下坡路，不仅出口锐减，而且还需大量进口国外工业产品。美国过去是汽车出口国，但1987年进口汽车在美国销售量达到31%；1967～1987年的20年间，汽车贸易逆差达600亿美元。微电子工业是美国创造的，但到1987年，美国的半导体生产只占世界总产量的40%，某些重要的集成电路，日本产品已占世界市场的75%。美国关于工业竞争的总统委员会的报告中，检讨“美国在重要而又高速增长的技术市场中失利的一个重要因素，是没有把自己的技术应用到制造业上”。

在知识经济时代，制造业呈现出制造技术和产品的市场化、高科技化、多样化及经营和制造活动的全球化的特点。

制造科学形成了由机械、计算机、信息、材料、自动化、管理等学科有机结合的跨学科的综合工程科学，同时又是密切结合生产实际的科学，新的生产制造模式应运而生。柔性制造（Flexible Manufacturing）、敏捷制造（Agile Manufacturing）、虚拟制造（Virtual Manufacturing）的出现与应用是它的典型代表。

在知识经济时代，制造业对人才的要求是不仅具有扎实的基础，知识面宽厚，而且要素质高，具有创新能力。这里的素质主要指工程素质，一般包括工程技术人员应具备的市场意识、质量意识、安全意识、群体意识、社会意识、经济意识、管理意识、创新意识、法律意识、环保意识等。

1.2 基础工业类型

1.2.1 能源工业

能源是指能够产生和提供各种能量的资源。在一定条件下，利用能源可以转化成人们生产和生活所需的各种形式的能量。能源在国民经济中具有举足轻重的战略地位。

能源有直接来自自然界的一次能源和经加工转化过的二次能源之分，又可分为再生能源和非再生能源等。能源的分类如表 1-1 所示。不同的能源形式可通过一定方法相互转化，目前大多数一次能源都是转变成热的形式，或者被直接使用，或者通过设备转化为机械能和电能再被使用。

表 1-1　能源分类表

类别		第一类	第二类	第三类
一次能源	再生能源	地热	太阳能、风能、水能、生物质能、海水温差、海洋波能	潮汐能
	非再生能源	原子核能	煤炭、石油、天然气、油页岩	
二次能源	焦炭、煤气、电力、氢、蒸汽、沼气、酒精、汽油、柴油、重油、液化气、电石			

能源必须组成能源系统才能发挥作用。这个系统包括一次能源的开发、运输、储存或者根据需要经加工，转化成二次能源，再传输、分配给用户使用的整个过程的各个环节。能源在加工和转化过程中，能量必有损耗。同样，在运输、存储中的费用和损耗在能源成本中占有可观的部分，因此，提高技术、加强管理、提高效率、降低费用对国民经济具有重大影响。

传统的能源工业包括煤炭、石油、电力。煤炭生产包括了煤炭的开采、加工转换和运输。煤的物理加工有洗涤、筛选、成型等。煤的化学加工有焦化、气化、液化、石墨化以及其他各种形式的热分解过程。

石油是液态的可燃矿物质，石油生产过程包括开采、运输和炼油等。采油方法有自喷开采、激产开采和机械开采等。石油的运输有船舶、管道、铁路油罐车和油罐卡车 4 种方式。石油的提炼有蒸馏、裂解、重整与异构等多种方式。石油在精馏塔中由轻而重分成挥发油、汽油、煤油、柴油和重油。重油经减压加热炉又可分出柴油、润滑油、石蜡和沥青。

这些产品可分别用于飞机、机车、汽车、火箭的动力燃料，机械设备的润滑油等。此外，石油还可用于制造塑料、尼龙、涤纶、酒精、橡胶、油漆、化肥、洗衣粉等 5000 多种化工产品。

电力是由一次能源转换而得的二次能源。有的一次能源只有转换为电力，才能大规模开发利用，例如原子能和水力资源；有些能源以其原有形式输送分配是不合理的，如劣质燃料，只有就地发电再输送分配，才有更好的经济性。发电厂的类型包括火力发电、水力发电和原子能发电等。火力发电厂是利用煤、石油、煤气等燃料的化学能来生产电能的工厂。火力发电厂的主要生产系统可概括为汽水系统、燃料及燃烧系统和发电及输配电系统。环境保护问题制约火力发电厂的建设。

水电是一种可再生能源，集一次能源、二次能源于一身，发电成本低廉，技术成熟，污染较少。大型水电站造价高，周期长。

核能发电是利用原子核裂变反应产生的原子能转变成热能，将水加热为蒸汽，然后同一般火力发电厂一样，用蒸汽推动汽轮机，带动发电机发电。原子能发电厂与火电厂在构成上最主要的区别是前者用核蒸汽系统(反应堆、蒸汽发生器、泵及管道等)代替了后者的锅炉。进一步利用核电使水分解为氢，氢作为一种清洁燃料就完全可以代替石油、天然气，并且效果更好。

我国能源工业的发展迅速，能源开发利用的重大核心装备正在走向自主设计制造，节能降耗、污染治理等技术的趋于成熟和广泛应用。

1.2.2　冶金工业

冶金工业是从矿石和其他含金属的原材料中制取金属的工业。冶金工业包括钢铁工业和有色金属工业两部分，其中钢铁工业比重占 90%以上。金属的一般生产过程如图 1-1所示。钢铁生产的主要过程如图 1-2 所示。

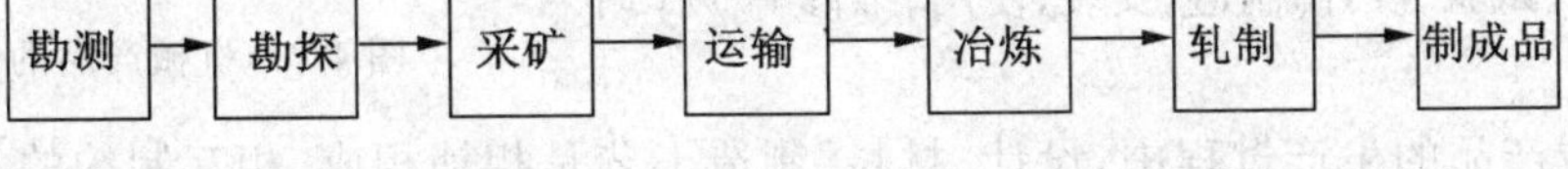

图 1-1　金属的一般生产过程

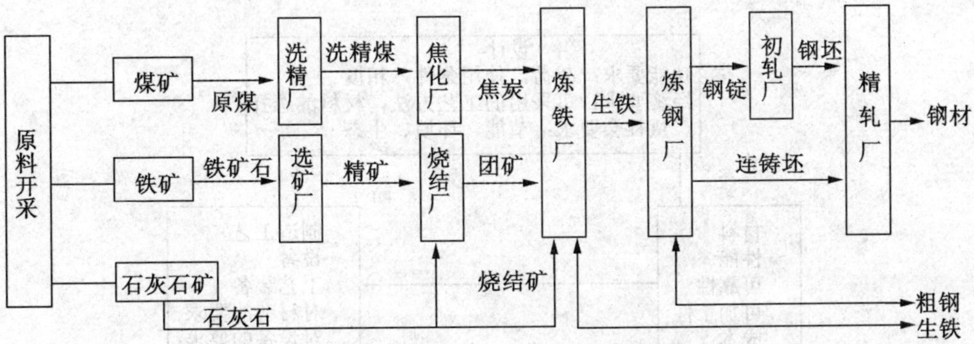

图 1-2　钢铁生产的主要流程

有色金属与钢铁生产流程有很多相似之处，但由于其资源储存以及物理、化学特殊性上的特点，故在采掘、冶炼等生产环节上难度较大。有色金属冶炼分初炼和精炼，精炼多采用电解法，耗电量很大。冶金工业对环境影响极大，急需机械制造业为其提供节能环保预热回收利用的技术装备。

1.2.3 机械工业

机械工业部门通常分为一般机械、电工和电子机械、运输机械、精密机械和金属制品五大行业。

一般机械包括动力机械、拖拉机和农业机械、工程机械、矿山机械、金属加工机械、工业设备、通用机械、办公机械、服务机械等，是构成工业生产力的重要基础。

电工和电子机械包括发电、输配电设备和工业用电设备、电器、电线电缆、照明设备、电讯设备、电子元件、计算机、电视机、收音机等。电是现代社会不可或缺的二次能源，以计算机为基础的自动化更肩负着改造传统生产模式的任务。

运输机械行业包括汽车、铁路机车、船舶与航空航天设备等。

精密机械包括科学仪器、计量仪器、光学仪器、医疗器械、钟表等。

金属制品行业包括金属结构、容器、铸件、锻件、冲压件、紧固件等。

机械行业的工作包含了品种、质量、成套、服务和用户实践等5个方面。质量是产品的生命；品种是成套的基础；成套是形成生产能力的标志；服务是市场和制造之间的桥梁；用户的实践是改进产品的依据。它们之间的关系如图1-3所示。相应地，一件产品在其生命周期内包含了研究、试验、设计、制造、安装、使用、维修等7个环节。

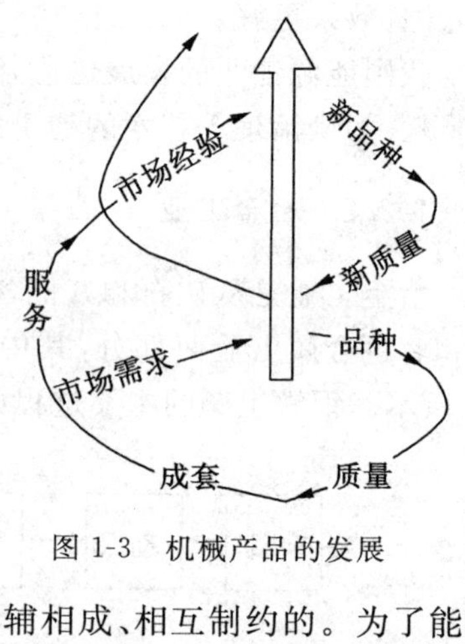

图1-3 机械产品的发展

在机械产品的生产过程中，设计、材料、制造工艺是相辅相成、相互制约的。为了能经济地、高质量地进行生产，这三者必须恰当地组合，三者之间的关系可用如图1-4所示来加以说明。

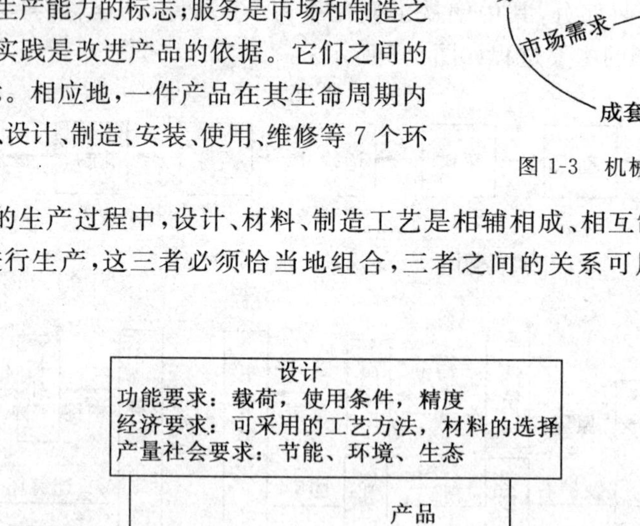

图1-4 材料、设计与制造工艺之间的关系

机械制造业的生产过程一般包括生产技术准备、基本生产、辅助生产、生产服务及附属生产等环节。在传统的企业运行系统中，企业的生产单位依据其所处环节而分为相应的部门，每一部门又根据所承担的任务成立相应的车间、科室、站、仓库等，并配备相应的人员、机器设备和其他必要装置，机构繁琐，效率较低。而在现代企业制度下，企业的一切经营活动都以实现企业的发展战略目标为出发点和落脚点，以生产力诸要素的最佳组合和投入产出全过程的有效控制为基础，这正是新的企业运行系统的要旨。在这一系统下，企业由“三大部”组成：市场经营部，主管商品销售、市场预测、售后服务、宣传发布、传授技术、接受订货等；设计开发部，主管新产品的研究、试验和设计以及新材料、新工艺和新装备的开发，接受特种订货设计等；生产制造部，主管工艺编制、原材料及半成品库存管理、加工、装配、质量保证、设备维修、能源管理等。

1.2.4 电子信息产业

电子工业所涉及的对象包括计算机、雷达、导航、通信、电视、广播、微波、半导体、激光、红外、电声、声呐、电子测量、自动控制、遥感遥测、电波传播、材料、器件、系统工程等几十个门类。这些电子产品(硬件)与程序系统(软件)相互依存、相互支撑，并在一定程度上相互转化，演变为更加综合的信息技术。信息技术是当代世界商品经济中最活跃的生产力，为全球经济和制造业的持续发展提供推动力，促进制造业的革命。

电子及信息产业的技术和经济特点是：

(1)它是科研开发型的高科技产业，技术密集，投资密集，知识密集，国际竞争性十分强烈。

(2)电子技术日益成为国际现代化的核心技术，它不仅是提高劳动生产率、节约能源、改造和更新传统工业的重要手段，在推动整个国民经济发展、提高全民族的科学文化水平，丰富、改善人民物质文化生活方面也起着重要作用，而且还关系到一个国家的国防实力。军民结合这一特点较其他工业更为突出，这就要求在规划、布局、组织生产各方面更加统筹兼顾。

(3)电子信息技术具有与其他技术结合的特性，它是一个向一切领域渗透性极强的产业。电子信息产业的这些技术、经济特点决定了其成为当代发展最快的技术部门，构成了当代最活跃的生产力。

1.2.5 化学工业

化学工业是利用物质发生化学变化的规律，改变物质的结构、成分、形态，进行工业化生产的工业部门。化学加工是渗透于多行业的基本生产方法，它几乎可以利用一切自然物质，也可以用工业和农业的成品或是副产品作为原料，生产出成千上万种原料、材料和产品。因此，化学工业是国民经济的一个基础工业。

获得化工产品不仅需要化学处理过程，而且还要有一系列的物理处理过程。化学反应通常是在流体状态下进行的。对于非流体状态的原料，需要经过物理处理才能使之适应化学反应的要求。对于化学反应后的产物还需要运用蒸发、蒸馏、溶解、吸收等操作技术来净化、分离所需要的化学反应物，同时需要回收和利用余热、余物。化工生产从原料到最终产品的全过程，可以概括为如图 1-5 所示的典型工艺过程。

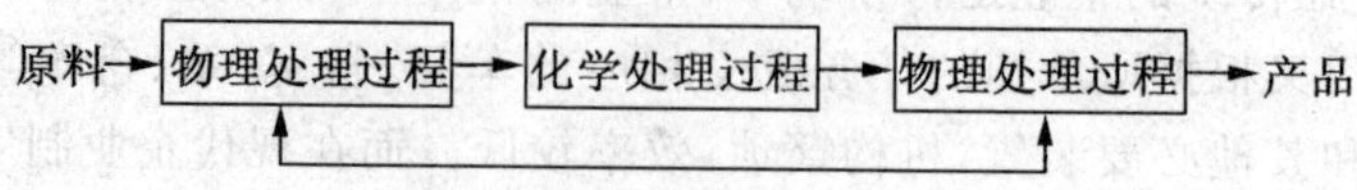

图 1-5　化工生产工艺过程

化工生产操作方法包括了反应物料的破碎、筛分、除尘、输送等单元各自规定的操作方法以及常见的气体吸收、蒸馏、萃取、吸附、干燥、蒸发与结晶、液态化等单元操作方法。

化工生产过程中伴有各种不同程度的具有燃烧、爆炸、毒害、腐蚀、放射性等危害性的物质产生，对于这些化学危险物质必须安全、稳定地处置。

1.2.6　轻纺工业

轻工业是生产消费资料的各工业部门的总称，轻工业的大部分产品是生活消费品，也有一部分用于生产方面。

轻工业是一个多行业的部门，在我国轻工业的生产主要是由轻工和纺织两大部门分工管理的。此外，其他工业部门如机电以及商业、粮食、外贸、林业、农业等非工业部门也分工管理一部分轻工业，生产一些生活用品。由于管理体制的变迁，各种产品与各个部门之间关系并不固定。

轻工业主要包括食品、纺织、缝纫、轻工机械、轻工化工、造纸等部门。轻纺工业的资金流通和周转相对较快；轻纺工业多属劳动密集型工业部门，所需投资较少，容纳劳动力较多，有利于解决就业问题；轻纺工业是我国发展出口贸易的重要部门。

1.2.7　建筑业

建筑业是从事建筑安装工程的产业部门，其业务不仅包括建造房屋和构筑物，而且包括各种设备的安装工程。建筑业最终提供给社会的产品，是已经建成并可以开始投入生产或使用的工厂、矿井、铁路、公路、桥梁、港口、机场、仓库、管线、住宅以及各种公用建筑与设施。因此，建筑业是国民经济中一个独立的物质生产部门，辅助其他工业部门的生产。

建筑业是国民经济中一个独立的物质生产部门表现在其生产过程的流动性，产品的个体性、单件性、空间上的固定性等特点，明显区别于其他物质生产部门，加之建筑产品形体庞大，生产周期长，消耗人力、物力、财力多，一次投资数量巨大，由此带来其组织生产的许多特点。

建筑业主要包括土木工程建筑业，线路、管道和设备安装业，勘察设计业和筹建机构等。

项目建设的程序包括可行性研究、对项目进行评价、施工准备、进行工程设计。其中工程设计包含了总体设计、初步设计、技术设计、施工图设计和设计善后工作等 5 个阶段。建筑施工包含了接受任务及开工前规划组织准备、开工前现场条件准备、全面施工、竣工验收。

建筑产品的这些特点使机械化生产普及到建筑业所遇到的问题比其他工业部门更复杂，普及进程更长。要改变这种面貌，就要大力发展建筑工业化。建筑工业化，是指用标准化、工厂化、机械化、科学化的成套技术来改造建筑业传统的生产方式，将其转移到现代大工业生产的轨道上来，按照最终产品的需要，把相关的科研、设计、材料、构配件生产、机械装备、施工方法以及组织管理等各个方面的工作组成一个整体，形成不同的建筑体系，做到批量生产，商品经营。在工厂要运用先进手段大批量生产构配件；在工地现场进行机械化装配施工，用科学的方法进行组织管理，从而有效地提高生产率，降低工程成本，提高质量，取得良好的经济效益和社会效益。

1.3　现代制造技术发展历程

从上述各工业生产部门的生产过程中可以看到，各行各业都广泛使用着大量的机床、机器、仪器等设备，这些工艺装备都是由现代制造业提供的。现代制造业不仅为传统产业的改造提供现代化的装备，同时也为新兴的产业提供前所未有的技术装备。现代制造业的发展水平标志着国家的综合生产实力及国家的强盛。美国也从20世纪90年代初开始重新把制造业作为振兴美国经济的出路。因此，大力发展制造业及现代制造技术是实现国家现代化的重要途径。

1.3.1　我国制造业的现状

改革开放以来我国的制造业快速发展，中国作为制造业大国的地位在与日俱增，有了“中国已经成为世界工厂”的说法。但中国制造业在世界制造业地位中依然面临着诸多尴尬，尤其装备制造业，总的来说，自主创新能力较弱，对外依存度较高，核心技术受制于人，在国际竞争中处于不利地位；粗放的发展方式还没有根本转变，片面追求发展规模和速度，尚未走出传统工业化大量消耗资源的老路，整体素质不高，产业集中度低，缺少具有国际竞争力的大企业；产业基础薄弱，基础制造装备、基础元器件、关键原材料发展滞后，高新技术与传统装备工业改造结合不够，装备制造业信息化程度不高，远不能适应我国工业化进程的需要。主要表现在以下几个方面：

我国生产的机床与国外生产的同类产品相比，性能差，功能范围窄；机床的自动化水平低，机床数控率低；机床的动态精度和稳定性不高，加工精度较低。

在刀具方面，超硬刀具及相应刀具材料的应用尚处于开始阶段；新结构刀具和精密刀具占刀具总量的比例小。

在加工工艺方面，超精加工水平较低；自动化加工、管理均处于研究阶段。

我国在机械制造基本理论及应用技术的研究方面明显落后，人员技术素质也跟不上现代机械制造业飞速发展的需要。

设计开发能力低，技术落后，基础数据不完整，引进技术的消化吸收工作尚停留在测绘、仿制、实现国产化和批量生产的低层次上，还未能充分掌握设计技术。

生产制造技术落后，仍处在机械化生产为主的阶段，与国外工业发达国家开始发展以计算机控制的柔性化、智能化、集成化为特征的自动化生产相比，在技术上存在着阶段性差距。

基础件、专用集成芯片和关键专用材料的发展不能满足先进的整机发展的需要。

预先研究开展不够，在新技术原理、新测试方法、新工艺、新材料等方面缺乏必要的技术储备，影响机械工业发展的后劲。

1.3.2 装备制造基础技术概论

1.3.2.1 生产过程及现代制造系统

1.3.2.1.1 机械制造生产环节

机械制造工艺与流程由以下环节组成：

(1)原材料和能源供应。机械工业所用的原材料主要包括钢铁为主的金属结构材料(如棒、板、管、线材、型材等)；金属原材料(如生铁、废钢、铝锭等)；各种特种合金、金属粉末、工程塑料、复合材料等。机械工业应用的能源主要有电力、焦炭、可燃气体、重油、蒸汽、压缩空气等。

(2)毛坯和零件成型。金属毛坯和零件的成型方法一般有铸造、压力加工、焊接等。其他材料(如粉末材料、工程塑料、复合材料、工程陶瓷等)另有各自的特种成型方法。随着复合工艺的出现，采用两种以上的生产毛坯的铸—锻、铸—焊、冲—焊、铸—锻—焊结构零件也不断出现。

(3)零件机械加工。零件机械加工是指采用切削、磨削、特种加工等加工方法，逐步改变毛坯的形态(形状、尺寸及表面质量)，使其成为合格零件的过程。

(4)材料改性与处理。材料改性与处理通常指热处理以及电镀、转化膜、涂装、热喷涂等表面保护工艺，用以改变零件的整体、局部或表面的金相组织及物理力学性能，使其具有复合要求的强韧性、耐磨性、耐腐蚀性及其他特种性能。材料改性与处理根据需要可在机械加工的不同阶段进行。

(5)装配与包装。装配是把零件按一定的关系和要求连接或组合成部件和整台机械产品的工艺过程，它包括零件的固定、连接、检验和试验等工作。

(6)搬运与储存。搬运与储存统称物流，是合理安排生产过程中各种物料(原材料、工件、成品、工具、辅助材料、废品废料等)的流动与中间储存技术，它贯穿于从原材料进厂到产品出厂的全过程。

(7)检测与质量监控。检测与质量监控是保证工艺过程的正确实施和产品质量所使用的一切质量保证控制措施，也贯穿于整个机械制造工艺过程。

1.3.2.1.2 机械制造系统

随着机械制造技术、计算机技术、信息科学的发展，以及为了能更有效地对机械制造过程进行控制，大幅度提高加工质量和加工效率，人们提出了机械制造系统的概念。机械制造系统由各种机床、刀具、自动装夹搬运装置及制造的工艺方案等组成。系统的输入是一定的材料、毛坯及信息等，通过各种加工、检验、装配、储运等基本活动，输出则为加工后的零件、部件或机械产品，如图1-6所示。机械制造系统也可看成是由物料流和信息流两部分组成的系统，物料流是指原材料转变、储存、运输的过程；信息流是指围绕制造过程所用到的各种知识、信息和数据的处理、传递、转换和利用。由图 1-6 可知，它基本上包含了技术和生产管理两个方面。首先从产品图纸上获得的信息和数据是整个制造过程的依据，是制造活动的初始信息源。为了进行产品的制造，系统还必须通过工艺设计，确定用什么方法和手段对制造过程进行技术组织和管理，编制工艺规程，设计夹具量具，确定工时和工序费用，并能给出机床的数控数据。与此同时，为了使制造过程有条不紊地进行，还必须建立生产计划与控制系统，根据下达的生产任务与系统资源的利用情况，对生产作业做出合理安排。

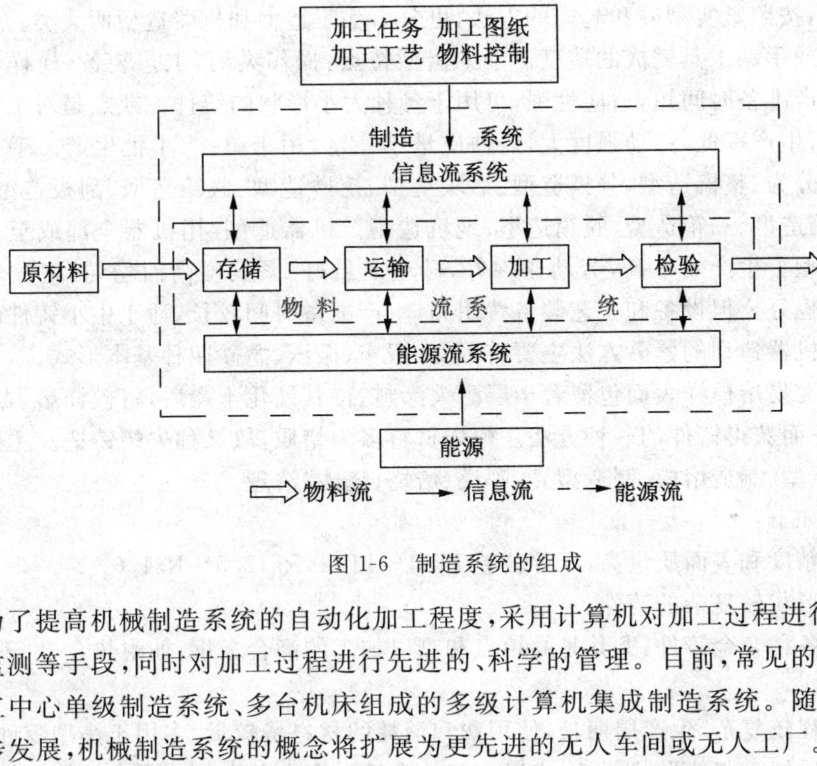

图 1-6　制造系统的组成

为了提高机械制造系统的自动化加工程度，采用计算机对加工过程进行控制，并配有质量监测等手段，同时对加工过程进行先进的、科学的管理。目前，常见的机械制造系统有加工中心单级制造系统、多台机床组成的多级计算机集成制造系统。随着制造技术的进一步发展，机械制造系统的概念将扩展为更先进的无人车间或无人工厂。

1.3.2.2　常规技术基础制造工艺方法

基础制造工艺方法很多，可以按多种特征进行分类。可分为：铸造、锻造、焊接、热处理、切削加工、表面处理、装配等。

1.3.2.2.1　铸造、锻造、焊接

(1)铸造的工艺过程、特点及发展

铸造的一般工艺过程：将液态金属浇注到与零件形状、尺寸相适应的铸型型腔中，待其冷却凝固后，获得一定形状的毛坯或零件的方法。铸造是生产机器零件毛坯的主要方法之一，其实质是液态金属逐步冷却凝固成型。

铸造的优点：

1)可以铸出内腔、外形很复杂的毛坯。

2)工艺灵活性大。几乎各种合金,各种尺寸、形状、重量和数量的铸件都能生产。

3)成本较低。原材料来源广泛,价格低廉。

铸造的缺点:

1)铸造组织疏松、晶粒粗大,内部易产生缩孔、缩松、气孔等缺陷。

2)铸件的机械性能较低。

3)铸造工序多,难以精确控制,使铸件质量不够稳定。

4)劳动条件较差,劳动强度较大。

砂型铸造是应用最广的铸造方法,约占总产量的80%以上,造型和制芯是砂型铸造最基本的工序,按照紧实型砂和起模的方法,可分为手工造型和机器造型两大类。手工造型全部用手工或手动工具完成的造型。手工造型特点:操作灵活,工艺装备(模样、芯盒、砂箱)简单,生产准备时间短,适应性强,可用于各种大小形状的铸件。缺点是对工人技术水平要求较高,生产率低,劳动强度大,铸件质量不稳定,用于单件、小批生产。手工造型按模样特征可分为:整模造型,分模造型、活块造型、挖砂造型、假箱造型、刮板造型;按砂箱特征分:两箱造型、三箱造型、脱箱造型、地坑造型。机器造型:用机器全部或至少完成紧砂操作的造型。生产效率高,劳动条件好,砂型质量好(紧实度高而均匀,型腔轮廓清晰),铸件质量也好。但设备和工艺装备费用高,生产准备时间较长,适于中小铸件的成批或大量生产。机器造型的紧砂方法主要有压实、振实、振压、抛砂四种基本形式。

熔模铸造在易熔模样表面包覆若干层耐火涂料,待其硬化干燥后,将模样熔去后而制成型壳,经浇注而获得铸件的一种方法。模样材料多为蜡质,故又称失蜡铸造。主要有以下过程:制造压型、制造熔模、制造型壳、脱模、焙烧、浇注、清理。

主要特点如下:

1)铸件的精度和表面质量高,尺寸公差IT11~IT14,Ra12.5~Ra1.6。

2)可制造形状较复杂的铸件。

3)适用于各种合金铸件,尤其是高熔点和难以加工的高合金钢,如耐热合金、不锈钢、磁钢等。

4)工艺过程较复杂,生产周期长,使用费和消耗的材料费较贵,多用于小型零件。

熔模铸造适用于制造形状复杂,难以加工的高熔点合金及有特殊要求的精密铸件;主要用于汽轮机、燃汽轮机叶片、切削刀具、仪表元件、汽车、拖拉机及机床等零件的生产。

金属型铸造是在重力作用下将金属液体浇入金属铸型以获得铸件的方法。铸型用金属制成,可反复使用,故又称永久型铸造。

金属型铸造的特点与应用:

1)金属型预热。未预热的金属型导热性好,使金属液冷却过快,铸件易出现冷隔、浇不足、夹杂、气孔等缺陷。铸型受强烈热冲击,应力倍增,极易损坏。故在浇注前必须预热。预热温度应根据合金种类和铸件结构而定。

2)刷涂料。金属型表面应喷刷一层耐火涂料,以保护型壁表面,免受直接冲蚀和热击。还可改变冷却速度,蓄气和排气。不同合金采用不同涂料,铝合金常用含氧化锌粉、滑石粉和水玻璃的涂料;灰铸铁用石墨、滑石粉、耐火黏土、桃胶和水。

3)浇注温度。浇注温度应比砂型铸造高20℃～30℃。

4)开型时间。在型内停留时间越长,温度越低,收缩量越大,取出铸件越困难,产生内应力和裂纹的倾向越大。同时金属型的温度越高,冷却时间越长,生产率下降。因此合适的开型时间十分重要。

5)金属型铸件冷却快,组织致密,机械性能较高。

6)铸件的精度和表面质量较高,尺寸公差IT13～IT16,Ra12.5～Ra6.3。

7)实现了“一型多铸”,提高了生产率,改善了劳动条件。

8)金属型不透气且无退让性,铸件易产生浇不到、裂纹或白口等缺陷。

金属型铸造适用于大批生产的有色合金铸件,如铝合金的活塞,汽缸体等。

压力铸造将熔融金属在压铸机中以高速压射入金属铸型内,并在压力下结晶的铸造方法。压铸过程主要由压铸机来实现。常用压铸机分为热压室和冷压室两大类。压室与坩埚相连的为热压室,适于低熔点合金;压室与熔化设备分开的为冷压室,广泛用于压铸铝、镁、铜等合金。

压力铸造的特点与应用:

1)铸件的尺寸精度高,表面粗糙度小,尺寸公差IT11～IT15,Ra3.2～Ra0.8。

2)可压铸形状复杂的薄壁精密铸件,如可直接铸出螺纹、齿形。

3)压铸件在高压下结晶,组织致密,力学性能好,其强度比砂型铸件提高25%～40%。

4)生产率很高,生产过程易于机械化和自动化。

5)压铸时,高速液流会包住大量空气,凝固后在铸件表皮下形成许多气孔。

6)设备投资大,生产准备周期长,只适于大量生产。

压力铸造主要用于生产铝、锌、镁等有色合金铸件,如发动机缸体、缸盖、箱体、支架等。

低压铸造:用较低压力将金属液由铸型底部注入型腔,并在压力下凝固以获得铸件的方法。包括如下过程:①准备合金液和铸型。合金液倒入保温坩埚中,装上密封盖,升液管及铸型。②升液、浇注。合金在较低压力下从升液管平稳上升,注入型腔。③增压凝固。型内合金在较高压力下结晶、凝固。④减压、降液。坩埚上部与大气连通,升液管内合金液流回坩埚。⑤开型取出铸件。

低压铸造的特点与应用:

1)充型平稳且易控制,减少了冲击、飞溅现象,不易产生夹渣、砂眼、气孔等缺陷,提高了产品合格率。

2)金属液上升速度和结晶压力可调整,低压铸造适用于各种铸型、各种合金和各种大小的铸件。

3)浇注系统简单,金属利用率高。

4)与重力铸造(砂型、金属型)比较,铸件的轮廓清晰,力学性能较高,劳动条件改善,易于机械化和自动化。

低压铸造主要用于质量要求高的铝、镁合金铸件,如气缸体、气缸盖、铝活塞等。

离心铸造将金属液浇入高速旋转的铸型中,使其在离心力作用下成型并凝固的铸造方法。可用金属型也可用砂型。

离心铸造的特点和应用：

1)铸件组织致密，无缩孔、缩松、气孔、夹渣等缺陷，力学性能好。

2)铸造中空铸件时，可不用型芯和浇注系统，大大简化了生产过程，节约金属。

3)便于制造双金属铸件，如钢套镶铜轴承。

4)离心力作用下，金属液的充型能力得到提高，可浇注流动性较差的合金铸件和薄壁铸件，如涡轮、叶轮等。

5)铸件易偏析，内孔不准确，内表面较粗糙。

离心铸造主要用于管、套类零件。如铸铁管、铜套、气缸套等。

挤压铸造：用铸型的一部分直接挤压金属液，使金属在压力作用下成型、凝固而获得零件或毛坯的方法；又称液态模锻。铸型中浇入金属液，上型向下运动挤压金属液而成型。挤压铸造的压力和速度较低，无涡流飞溅现象，成型时伴有局部塑性变形，铸件致密无气孔。挤压铸造多采用金属型，挤压的工艺过程包括铸型准备、浇注、合型加压、完成等过程。如大型薄壁铝合金铸件的挤压工艺过程。

挤压铸造的特点与应用：

1)挤压铸件的尺寸精度和表面质量高，尺寸公差 IT11～IT13，Ra6.3～Ra1.6。

2)无须开设浇冒口，金属利用率高。

3)适应性强，大多数合金都可采用挤压铸造。

4)工艺简单、节省能源和劳力，易于实现机械化和自动化，生产率比金属型高 1 倍。

挤压铸造主要用于生产强度较高、气密性好的铸件及薄板类铸件，如阀体、活塞、机架、铸铁锅等。

实型铸造又称气化模铸造或消失模铸造，它是采用泡沫塑料代替木模或金属模进行造型。造型后模样不取出，浇入金属液后，模样燃烧气化消失，金属液填充模样的位置，冷却凝固成铸件的生产方法。实型铸造的工艺过程包括模样制造、造型、浇注、清理等过程。

实型铸造的特点与应用：

1)工序简单、生产周期短、效率高，劳动强度低。

2)铸件尺寸精度高。

3)可采用无黏结剂型砂，铸件清理方便。

4)零件设计自由度大，即结构工艺性好。

实型铸造适用范围较广，几乎不受铸件结构、尺寸、重量、材料和批量的限制，特别适于生产形状复杂的铸件。

铸造技术发展趋势：

铸造工艺技术逐步实现了机械化、自动化、智能化生产，产品质量好、生产效率高、环境污染少、原辅材料形成商品化系列化供应。

铸铁熔炼使用大型、高效、除尘、微机测控、外热送风无炉衬水冷连续作业冲天炉，普遍使用冲天炉或电炉与冲天炉双联熔炼，采用氮气连续脱硫或摇包脱硫使铁液中硫含量达 0.01%以下；熔炼合金钢精炼多用 AOD(Argon-Oxygen Decarburization Process，氩氧脱碳精炼)、VOD(Vacuum Oxygen Decrease Process，真空吹氧脱碳精炼)等设备，使钢液中H、O、N达到几个或几十个ppm(10^{-6})的水平。

在高材质要求生产中,如球墨铸铁要求P不大于0.04%、S不大于0.02%,铸钢要求P、S均不大于0.025%,采用热分析技术及时准确控制C、Si含量,用直读光谱仪2～3分钟分析出十几个元素含量且精度高,C、S、P分析与调控可使超低碳不锈钢的C、S、P含量得以准确控制,采用先进的无损检测技术有效控制铸件质量。

采用液态金属过滤技术,过滤器可适应高温诸如钴基、镍基合金及不锈钢液的过滤。过滤后的钢铸件射线探伤A级合格率提高13个百分点,铝镁合金经过滤,抗拉强度提高50%,伸长率提高100%以上。

应用合金包芯线处理技术,使球铁、蠕铁和孕育铸铁工艺稳定、合金元素收得率高、处理过程无污染,实现了微机自动化控制。

铸造铝、镁基复合材料得到推广应用,如汽车驱动杆、缸体、缸套、活塞、连杆等各种重要部件都可用铝基复合材料制作,并已在高级赛车上应用;在汽车向轻量化发展的进程中,用镁合金材料制作各种重要汽车部件的量已仅次于铝合金。

采用热风冲天炉、两排大间距冲天炉和富氧送风,电炉采用炉料预热、降低熔化温度、提高炉子运转率、减少炉盖开启时间,加强保温和实行微机控制优化熔炼工艺。在球墨铸铁件生产中广泛采用小冒口和无冒口铸造。铸钢件采用保温冒口、保温补贴,工艺出品率由60%提高到80%。考虑人工成本高和生产条件差等因素而大量使用机器人。由于环保法制严格(电炉排尘,9国规定100～250mg/m^3;冲天炉排尘,11国规定100～1000mg/m^3,或0.25～1.5kg/t铁液;砂处理排尘,8国规定100～250mg/m^3),铸造企业都重视环保新技术的应用。

在大批量中小铸件的生产中,大多采用微机控制的高密度静压、射压或气冲造型机械化、自动化高效流水线湿型砂造型工艺,砂处理采用高效连续混砂机、人工智能型砂在线控制专家系统。制芯工艺普遍采用树脂砂热、温芯盒法和冷芯盒法。熔模铸造普遍用硅溶胶和硅酸乙酯作黏结剂的制壳工艺。

用自动化压铸机生产铸铝缸体、缸盖,已经建成多条铁基合金低压铸造生产线。用差压铸造生产特种铸钢件。所生产的各种口径的离心球墨铸铁管占铸铁管总量95%以上,球铁管占球铁年产量30%～50%。

采用EPC(Expendable Pattern Casting Process,消失模铸造)技术大批量生产汽车4缸缸体、缸盖等复杂铸件,生产率达180型/小时。在铸造机械的专业化、成套化制备中,开始采用CIMS技术。

铸造生产全过程主动、从严执行技术标准,铸件废品率仅2%～5%;标准更新快(标龄4～5年);普遍进行ISO9000、ISO14000等认证。

重视开发使用互联网技术,纷纷建立自己的主页、站点。结合了EPCII(Electronic Product Code,电子产品代码)技术的铸造业的电子商务、远程设计与制造、虚拟铸造工厂等飞速发展。

我国在铸造技术领域,完成许多创新性的工作。

新型铸造合金材料不断出现,其制造技术、制件的表面强化工艺及设备日趋完善。如:奥贝球墨铸铁(ADI,Austempered Ductile Iron)热处理新技术设备;原位增强颗粒铁基复合材料制备技术；表面激光强化技术；含氮不锈钢等性能价格比高的铸钢材料；优质铝合金、锌合金、镁合金、高锌铝合金材料；铸造合金成分的计算机优化设计，模拟设计性能优异的铸造合金，实现成分、组织与性能的最佳匹配。

铸造原辅材料开发、生产、供应体系正在完善。根据不同合金、铸件特点、生产环境、开发不同品种的原砂、少无污染的优质壳芯砂，开发人造铸造用砂、新型煤粉及取代煤粉的附加物。开发酚醛—酯自硬法、CO_2—酚醛树脂法所需的新型树脂；开发树脂自硬砂组芯造型，在可控气氛和压力下充型的工艺和相关材料，提高覆膜砂的强韧性，改善覆膜砂的溃散性，改善覆膜砂的热变形性，加快覆膜砂的硬化速度。

铝合金铸件生产中，着重解决无污染、高效、操作简便的精炼技术、变质技术、晶粒细化技术和炉前快速检测技术，针对不同牌号、不同用途的合金，采用计算机数值模拟技术研究固溶、时效处理工艺参数的优化，以发挥材料潜能、提高材料性能。引进和消化 RID(Rotary Impeller Degassing，旋转转子法)、FI(Flux Injection Process，喷射熔剂法)等先进精炼技术，提高铝合金熔炼水平。

镁合金熔炼用无污染高效熔剂的系列化、商品化和气体保护技术开发，强化高纯铸造镁合金材料、镁—稀土耐热铸造镁合金材料及镁基复合材料的铸造、回收、重熔技术的开发，加强镁合金压铸、挤压铸造技术的研究和开发，适应我国汽车业发展的需求。

针对钛合金熔炼设备、铸型材料存在的问题，开展真空下铸型加热方式及铸型预热温度对铸件质量影响、合金元素挥发行为及对合金成分影响、杂质元素对钛铸件质量影响、不同合金不同条件下熔铸工艺参数的优化、钛合金熔模铸造材料和工艺、热等静压及铸件焊补工艺的研究。

砂型铸造，大力提高铸件内在、外部质量如尺寸精度与表面光洁度、减少加工余量，推广应用气冲、高压、射压和挤压造型等高度机械化、自动化、高密度湿砂型造型工艺。采用纳米技术改性膨润土，或采用在膨润土中加助黏结剂技术来提高膨润土质量，推广应用湿型砂造型工艺。

开发无或少污染黏结剂、催化剂、硬化剂及配套的防污染技术，如三乙胺冷芯盒法抗湿性及抗铸件脉纹技术。开发冷芯盒射芯机系列产品及芯砂混制和送砂设备，推广树脂自硬砂、冷芯盒自硬工艺、温芯盒法及壳型(芯)法。研制多样化、使用效果好、寿命长的树脂自硬砂成套设备。开发能消除树脂砂铸件缺陷的材料和树脂砂复合技术。推广新型酯硬化改性水玻璃砂在大、中型铸钢件上的应用，以逐步淘汰黏结强度低、水玻璃加入量大、型砂溃散性差的 CO_2—普通水玻璃砂的硬化工艺。

开发精确成型技术和近精确成型技术、可视化铸造技术、熔模铸造模具、模料新技术、精密、大型、薄壁熔模铸件成型技术；研制适合我国的压蜡设备、制壳机械手、燃油型壳焙烧炉、适合于形状复杂模样造型或多品种批量生产所需要的个性化、实用型气流—压实造型机。

开发新型压铸设备及控制系统，开展半固态合金压铸及新型压铸涂料研究，开发金属基复合材料、镁合金、高铝锌基合金等压铸新合金材料，开发能与工艺密切结合可满足各种工艺参数要求的低压铸造设备，推行低压铸造模具 CAD、合金液填充和凝固过程模拟，使模具满足充填铸型时平稳流动、顺序凝固、及时、充分补缩的要求，开发复杂、薄壁、致密压铸件生产技术，推动低压铸造向差压铸造的发展。

改进挤压铸造技术，研究水平挤压铸造、半固态挤压铸造技术，扩大应用范围(如陶瓷纤维增强和反应合成金属基复合材料)。发展金属半固态连续铸造技术；推广无铸型电磁铸造技术；开展喷铸技术的研究和应用。解决电渣熔铸工艺的技术难点，如电渣熔铸大型异形复杂铸件的结晶器设计、渣料配制及工装技术等。改进、完善现有较成熟、实用的各类铸造仪器、设备，实现多功能、集成化、自动化、智能化对铸造生产各环节在线测控，远程“会诊”的铸造生产系统。

适应全球经贸一体化的趋势，研究市场经济条件下，铸件产品质量的概念、含义、指标评价体系及具体量值，加快推行、主动申请质量(ISO9000)、安全、环境(ISO14000)等第三方认证制度，以取得参与市场竞争的权利。

(2)锻压的工艺过程、特点及发展

锻压的一般工艺过程：

锻压是塑性成型，指固态金属在外力作用下产生塑性变形，获得所需形状、尺寸及力学性能的毛坯或零件的加工方法。具有较好塑性的材料如钢和有色金属及其合金均可在冷态或热态下进行塑性成型加工。主要用于主轴、曲轴、连杆、齿轮、叶轮、炮筒、枪管、吊钩、飞机和汽车零件等力学性能要求高的重要零部件。

锻压的优点：

1)改善金属的组织，提高金属的力学性能。

2)节约金属材料和切削加工工时，提高金属材料的利用率和经济效益。

3)具有较高的劳动生产率。

4)适应性广。

锻压的缺点：

1)锻件的结构工艺性要求较高，内腔复杂零件难以锻造。

2)锻造毛坯的尺寸精度不高，一般需切削加工。

3)需重型机器设备和较复杂模具，设备费用与周期长。

4)生产现场劳动条件较差。

常用塑性成型加工方法有自由锻造、模型锻造、挤压、拉拔、轧锻、板料冲压。

自由锻指将金属坯料放在锻造设备的上下抵铁之间，施加冲击力或压力，使之产生自由变形而获得所需形状的成型方法。坯料在锻造过程中，除与上下抵铁或其他辅助工具接触的部分表面外，都是自由表面，变形不受限制，锻件的形状和尺寸靠锻工的技术来保证，所用设备与工具通用性强。自由锻主要用于单件、小批生产，也是生产大型锻件的唯一方法。

胎模锻是在自由锻设备上使用简单的非固定模具(胎模)生产模锻件的一种工艺方法。其特点是，与自由锻相比，生产率和锻件精度较高，粗糙度低，节约金属材料。与模锻相比，节约了设备投资，简化了模具制造。但生产率和锻件质量比模锻低，劳动强度大，安全性差，模具寿命低。胎模锻适用于小型锻件的中小批量生产。

模锻是将加热好的坯料放在锻模模膛内，在锻压力的作用下迫使坯料变形而获得锻件的一种加工方法。坯料变形时，金属的流动受到模膛的限制和引导，从而获得与模膛形状一致的锻件。模锻广泛应用于国防工业和机械制造业，按质量计算模锻件在飞机上占85%，坦克占70%，汽车占80%，机车占60%。

与自由锻相比，模锻的优点是：

1)由于有模膛引导金属的流动，锻件的形状可以比较复杂。

2)锻件内部的锻造流线比较完整，从而提高了零件的力学性能和使用寿命。

3)锻件表面光洁，尺寸精度高，节约材料和切削加工工时。

4)生产率较高。

5)操作简单，易于实现机械化。

6)生产批量越大成本越低。

模锻的缺点：

1)模锻是整体成型，摩擦阻力大，故模锻所需设备吨位大，设备费用高。

2)锻模加工工艺复杂，制造周期长，费用高。故只适用于中小型锻件的成批或大批生产。

板料冲压是利用装在冲床上的冲模对金属板料加压，使之产生变形或分离，从而获得零件或毛坯的加工方法。板料冲压又称薄板冲压或冷冲压。冲压工艺广泛应用于汽车、飞机、农业机械、仪表电器、轻工和日用品等工业部门。

板料冲压的特点：

1)在常温下加工，金属板料必须具有足够的塑性和较低的变形抗力。

2)金属板料经冷变形强化，获得一定的几何形状后，结构轻巧，强度和刚度较高。

3)冲压件尺寸精度高，质量稳定，互换性好，一般不需机械加工即可作零件使用。

4)冲压生产操作简单，生产率高，便于实现机械化和自动化。

5)可以冲压形状复杂的零件，废料少。

6)冲压模具结构复杂，精度要求高，制造费用高，只适用于大批量生产。

锻压技术发展趋势：

提高锻件的性能和质量，实现少、无切屑加工和污染，做到清洁生产。利用IT技术，发展高柔性和高效率的自动化锻压设备，提高零件的生产效率，降低生产成本。许多锻压新技术已经成熟，获得推广应用。

超塑性成型技术是利用金属在特定条件（一定的变形温度、一定的变形速率和一定的组织条件）下所具有的超塑性（超高的塑性和超低的变形抗力）来进行塑性加工的方法。

一般工业材料在室温下的伸长率为百分之几到百分之几十，而超塑性材料的伸长率则可高达百分之几百到百分之几千。实现超塑性的三个基础条件：①材料具有等轴稳定的细晶组织（通常晶粒尺寸不大于10μm），可通过冶金方法、压力加工方法或热处理方法获得；②等温变形温度 $T \geqslant 0.5T_m$（T_m为材料熔点的绝对温度），一般 $T=(0.5\sim0.7)T_m$；③极低的应变速度 ξ，$\xi=10^{-4}\sim10^{-1}\ s^{-1}$。

超塑性成型方法包括模锻、挤压、轧制、无模拉拔、压锻、深冲、模具凸胀成型、液压凸胀成型、压印加工，以及吹塑和真空成型。不同的超塑性成型方法应采用与其相应的设备。

超塑性成型的优点：①工具成本低；②具有超塑性和很低的变形抗力；③可以精确复

制细微结构;④可生产准备时间短;⑤材料的横向疲劳强度、韧性及耐蚀性均优良。

高速高能成型技术有多种加工形式,其共同的特点是在很短的时间内,将化学能、电能、电磁能和机械能传递给被加工的金属材料,使金属材料迅速成型。高速高能成型分为爆炸成型、电液成型、电磁成型和高速锻造等。它具有成型速度高、可加工难加工的金属材料、加工精度高、设备投资小等优点。

爆炸成型是利用炸药爆炸时产生的高能冲击波,通过不同的介质使坯料产生塑性变形的方法。成型时在模膛内置入炸药,炸药爆炸时产生的大量高温、高压气体呈辐射状传递,从而使坯料成型。该方法适合于多品种小批生产,如用于制造柴油机罩子、扩压管及汽轮机空心汽叶的整形等。

电液成型是指利用在液体介质中高压放电时所产生的高能冲击波,使坯料产生塑性变形的方法。电液成型的原理与爆炸成型有相似之处。它是利用放电回路中产生的强大的冲击电流,使电极附近的水汽化膨胀,从而产生很强的冲击压力,使金属坯料成型。与爆炸成型相比,电液成型时能量控制和调整简单,成型过程稳定、安全、噪音低,生产率高。但电液成型受设备容量的限制,不适合于较大工件的成型,特别适合于管类工件的胀形加工。

电磁成型是指利用电流通过线圈所产生的磁场,其磁力作用于坯料使工件产生塑性变形的方法。成型线圈中的脉冲电流可在很短的时间内迅速增长和衰减,并在周围空间形成一个强大的变化磁场。坯料置于成型线圈内部,在此变化磁场的作用下,坯料内产生感应电流,坯料内感应电流形成的磁场和成型线圈磁场相互作用的结果,使坯料在电磁力的作用下产生塑性变形。这种成型方法所用的材料应当具有良好的导电性,如铜、铝和钢等。如果加工导电性差的材料,则应在坯料表面放置用薄铝板制成的驱动片,促使坯料成型。电磁成型不需要用水和油等介质,工具几乎没有消耗,设备清洁,生产率高,产品质量稳定,适合于加工厚度不大的小零件、板材或管材等。

高速锻造是指利用高压空气或氮气发出来的高速气体,使滑块带着模具进行锻造或挤压的加工方法。高速锻造可以锻打高强度钢、耐热钢、工具钢等,锻造工艺性能好,质量和精度高,设备投资少,适合于加工叶片、涡轮、壳体等工件。

液态模锻又称熔融锻造,是将定量的熔融金属注入金属模膛,在金属即将凝固或半凝固(即液、固二相共存)状态下,用冲头施以机械静压力,使其充满型腔,并产生少量塑性变形,从而获得组织致密、性能良好、尺寸精确的锻件的工艺方法。

液态模锻与压铸不同之处在于:①压铸时金属靠散热而结晶,而液态模锻则是在压力下结晶,而且可以避免压铸时液态金属沿浇道充填型腔时卷入气体的危险,因而液态模锻制品的结晶组织和相应的力学性能比压铸的好。②液态模锻不需要浇口系统,因此可节约大量金属。

与模锻工艺相比,液态模锻只用一个模膛,而且是利用液态金属的流动性充填模膛,而不是模锻时靠强制流动方式使固态金属充满模膛,因而液态模锻的成型能明显低于模锻的成型能,成型压力及能耗可节约 2/3～3/4。液态模锻所用设备为液态模锻液压机。对于形状较简单的制件,如实心、杯形、通孔和管状制品,可采用通用的液压机。对于形状复杂的制件,根据具体情况,可采用普通型、万能型或特殊型液态模锻液压机。

目前，我国用液态模锻法生产的制件有：铝合金气动仪表零件、汽车活塞、弯头等，铜合金的光学镜架、高压阀体、齿轮、涡轮和柱塞轴流泵体，碳钢电机端盖和法兰等。

(3)焊接的工艺过程、特点及发展

焊接的一般工艺过程：

焊接是利用加热或加压(或者加热和加压)，使分离的两部分金属靠得足够近，原子互相扩散，形成原子间的结合的连接方法。在机械制造、建筑、车辆、石油化工、原子能、航空航天等部门得到广泛运用。

焊接的优点：

1)连接性能好，密封性好，承压能力高。

2)省料，重量轻，成本低。

3)加工装配工序简单，生产周期短。

4)易于实现机械化和自动化。

焊接的缺点：

1)焊接结构是不可拆卸的，更换修理不方便。

2)焊接接头的组织和性能变差。

3)会产生焊接残余应力和焊接变形。

4)会产生焊接缺陷，如裂纹、未焊透、夹渣、气孔等。

根据热源的不同可分为电弧焊、电渣焊、气焊 、激光焊、电子束焊、等离子弧焊等。

焊条电弧焊是利用电弧作为热源，手工操纵焊条进行焊接的方法，又称手工电弧焊。

手工电弧焊的特点：

1)设备简单、操作灵活。

2)可焊接多种金属材料。

3)室内、外焊接效果相近。

4)对焊工操作水平要求较高，生产率较低。

埋弧焊是电弧在焊剂层下燃烧进行焊接的方法，其电弧的引燃、焊条送进和电弧移动都采用机械来完成。埋弧焊设备由焊接电源、焊车、控制箱三部分组成。焊车由送丝机头、行走小车、控制盘、焊丝盘和焊剂漏斗等组成。埋弧焊焊丝从导电嘴伸出长度较短，故可采用大电流焊接，比手工电弧焊高 4 倍，故适宜焊接较厚材料，也可焊接大直径筒体。

埋弧焊特点及应用：

1)生产率高、节省焊接材料，成本低。

2)焊接质量好。

3)劳动条件好。

4)适应性较差，焊前准备工作量大。

5)焊接电流强度大，不适于 3mm 以下薄板。

6)难以完成铝、钛等强氧化性金属及合金的焊接。

7)设备一次性投资较大。

埋弧焊适于成批生产中、厚板结构的长直缝与直径较大的环缝。

气体保护焊是用外加气体作为电弧介质并保护电弧区的熔滴和熔池及焊缝的电弧

焊。常用保护气体有惰性气体(氩气、氦气和混合气体)和活性气体(二氧化碳气)两种,分别成为惰性气体保护焊和 CO_2 焊。

惰性气体保护焊。保护气体有氩气(Ar)和氦气(He),或其混合气体,分别称为氩弧焊和氦弧焊及混合气体保护焊。氩弧焊分为钨极氩弧焊和熔化极氩弧焊。钨极氩弧焊的电极材料可用纯钨或钨合金,一般采用铈钨极,其在焊接过程中不熔化,故需采用焊丝,焊接电流较小,适于薄板焊接。熔化极氩弧焊采用焊丝作为电极,可使用大电流,适于中厚板焊接。氩弧焊设备由送丝系统、主电路系统、供气系统、水冷系统、控制系统、焊枪等组成。

钨极氩弧焊一般采用直流正接,以减少钨极烧损,但焊接铝、镁金属时,为去除氧化物而利用"阴极破碎"可采用直流反接。熔化极氩弧焊一般采用直流反接。

惰性气体保护焊的特点及应用:

1)可焊化学性质活泼的非铁金属及其合金或特殊性能钢。

2)电弧燃烧稳定、飞溅小,表面无熔渣,焊缝成型美观,质量好。

3)电弧在气流压缩下燃烧,热量集中,焊缝周围气流冷却,热影响区小,焊后变形小,适于薄板焊接。

4)电弧为明弧可见,操作方便,易于自动控制焊缝。

5)氩气、氦气价格较贵,焊件成本高。

惰性气体保护焊适于焊接铝、镁、钛及其合金,稀有金属锆、钼,不锈钢,耐热钢,低合金钢等。

CO_2 焊采用 CO_2 为保护气体。CO_2 在高温下会分解氧化金属,故不能焊接易氧化的非铁金属和不锈钢。同时需采用能脱氧和渗合金的特殊焊丝。CO_2 焊可分为自动 CO_2 焊和半自动 CO_2 焊(送丝自动,电弧移动手工)。其设备包括主电路系统、控制系统、焊枪、供气系统、冷却系统。

CO_2 焊的特点与应用:

1)生产率高,电流大,易于自动化,无渣壳。

2)成本低,不需涂料焊条和焊剂,CO_2 价廉。

3)焊缝质量较好。

4)采用气体保护,能全位置焊接,易于自动控制。

5)焊缝成型差,飞溅大。

6)不能焊接易氧化的非铁金属和不锈钢。

7)设备较复杂,使用和维修不便。

CO_2 焊适于焊接低碳钢和强度级别不高的普通低合金结构钢。

电渣焊是利用电流通过熔渣产生的熔渣电阻热加热熔化母材与电极(填充金属)的一种焊接方法。按电极形状可分为丝极电渣焊、板极电渣焊、熔嘴电渣焊和熔管电渣焊。焊接过程为先引弧,形成渣池,电弧过程变为电渣过程,熔化金属凝固成型。

电渣焊的特点与应用:

1)可一次焊成很厚的焊缝。

2)生产率高,焊接材料消耗少,不需开坡口。

3)焊缝金属较纯净,渣池覆盖住熔池,保护良好,有利于气体和杂质浮出。

4)接头金属在高温下停留时间长,过热区大,接头金属组织粗大,焊后应进行正火处理。

电渣焊主要用于厚壁压力容器和铸—焊、锻—焊、厚板拼焊等大型构件的制造,厚度应大于 40mm 的碳钢、合金钢和不锈钢等。

高能焊是利用高能量密度的束流,如等离子弧、电子束、激光束等作为焊接热源的熔焊方法。

等离子弧是一种电离度很高的压缩电弧,温度高,能量密度大。在机械压缩效应、热压缩效应、电磁压缩效应三个压缩作用下形成等离子弧,温度可达 24000K～50000K。

等离子弧焊接分为:微束等离子弧焊和大电流等离子弧焊。大电流等离子弧焊又可分为穿孔型等离子弧焊和熔入型等离子弧焊。

等离子弧焊接特点与应用:

1)有小孔效应,能较好实现单面焊双面自由成型。

2)微束等离子弧焊可焊接箔材和薄板。

3)能量集中,热影响区小,焊接质量好,生产率高。

等离子弧焊用于航空航天等军工和尖端工业技术的铜及铜合金、钛及钛合金、合金钢、不锈钢、钼等金属的焊接。

电子束焊是利用加速和聚焦的电子束轰击置于真空或非真空中的焊件所产生的热能进行焊接的方法。电子束焊不需要加焊丝。电子束焊可分为:①真空电子束焊。把工件放在真空室内,利用在真空室内产生的电子束经聚焦和加速,撞击工件后动能转化为热能的一种熔化焊。需严格除锈和清洗。②低真空电子束焊。使电子束通过隔离阀及气阻孔道进入焊接工作室。工作室的真空度保持在 1～13Pa。③非真空电子束焊,将真空条件下形成的电子束流经过充氦的气室,然后与氦气一起进入大气的环境中施焊。

电子束焊的特点与应用:

1)保护效果极佳,焊接质量好。

2)能量密度大,10^6～10^8 W/cm^2。

3)焊接变形小。

4)焊接工艺参数调节范围广,适应性强。

5)设备复杂,造价高,焊件尺寸受真空室限制。

电子束焊用于原子能、航空航天等军工尖端技术部门的特殊材料和结构的焊接;也用于大批量生产和流水线生产,如齿轮组合件、轴承等。

激光焊利用聚焦后的激光束的高能量密度(10^{13} W/cm^2),对工件进行焊接。分为脉冲激光焊接和连续激光焊接。

激光焊的特点与应用:

1)能量密度大,适合于高速加工,能避免热损伤和焊接变形。

2)灵活性比较大。

3)激光辐射放出能量极其迅速,不仅焊接生产率高,而且被焊材料不易氧化,可以在大气中焊接,不需真空环境或气体保护。

4)装置复杂,效率较低。

激光焊常用于精密零件、热敏感性材料、异种金属异种材料的焊接。

堆焊为增大或恢复焊件尺寸,或使焊件表面获得具有特殊性能的熔敷金属而进行的焊接。有振动电弧堆焊、等离子弧堆焊、气体保护堆焊和电渣堆焊等。

堆焊加工的特点与应用:

1)采用堆焊修复已失去精度或表面破损的零件,可节省材料、费用、工时,延长零件使用寿命。

2)堆焊层的特殊性能可提高零件表面耐磨、耐热、耐蚀等性能,发挥材料的综合性能和工作潜力。

3)具有明显的异种金属焊接特点,对焊接工艺及其参数要求较高。

堆焊应用于机械产品的制造和维修,在冶金机械、重型机械、汽车、动力机械、石油化工设备等领域有广泛应用。

喷涂将金属粉末或其他物质熔化,并用压缩空气将其以雾状喷射到被加工工件的表面上,形成覆盖层的工艺方法。使材料表面具备防腐、导电、耐蚀、耐热、外形美观。常用热喷涂的热源为氧乙炔、电弧、等离子弧、电子束、激光束等;喷涂材料可用低熔点金属和高熔点金属以及各种合金、金属氧化物、碳化物、非金属陶瓷、塑料等。常用喷涂方法有氧乙炔焰喷涂、氢氧焰喷涂、等离子弧喷涂等。

喷涂的特点:

1)加热温度较低,工件表面温升较小,对工件组织和性能影响小。

2)可喷涂加工的对象广泛,金属和大部分非金属均可。

3)操作工艺过程简单,零件大小不受限制。

压焊是指在加热或不加热状态下对组合焊件加压,使其产生塑性变形,并通过再结晶和扩散等作用,使两个分离表面的原子达到形成金属键而连接的焊接方法。常用的有电阻焊和摩擦焊。

电阻焊是利用电流通过焊接接头的接触面及邻近区域产生的电阻热,把焊件加热到塑性或局部熔化状态,再在电极压力作用下形成接头的一种焊接方法。电阻焊可分为点焊、缝焊、对焊。

点焊是利用电流通过两圆柱形电极和搭接的两焊件产生电阻热,将焊件加热并局部熔化,形成一个熔核(其周围为塑性状态),然后在压力下熔核结晶,形成一个焊点的焊接方法。点焊的接头形式均为搭接接头,焊接前应清理。

点焊的主要焊接参数是电极压力、焊接电流和通电时间。压力过大、电流过小,会使热量少,焊点强度下降;压力过小、电流大会使热量大而不稳定,易飞溅、烧穿。点焊时会发生点焊分流现象,故焊点间距不宜过小。

缝焊与点焊同属于搭接电阻焊,焊接过程与点焊相似,采用滚盘作电极,边焊边滚,相邻两个焊点重叠一部分,形成一条有密封性的焊缝。焊接分流现象较严重,故同等条件下焊接电流较大,主要用于有密封性要求的薄板件。

对焊是利用电阻热将焊件断面对接焊合的一种电阻焊,可分为电阻对焊和闪光对焊。①电阻对焊:先加预压,使两端面压紧,再通电加热,使待焊处达到塑性温度后,再断电加压顶锻，产生一定塑性变形而焊合。适于截面简单、直径小于 20mm 和强度要求不高的杆件。②闪光对焊：两焊件不接触，先加电压，再移动焊件使之接触，由于接触点少，其电流密度很大，接触点金属迅速达到熔化、蒸发、爆破，呈高温颗粒飞射出来，称为闪光；经多次闪光加热后，端面均匀达到半熔化状态，同时多次闪光把端面的氧化物也清除干净，于是断电加压顶锻，形成焊接接头。

对焊断面形状应相近，以保证断面均匀加热。其焊接质量较高，常用于重要零件焊接。

电阻焊特点及应用：

1)加热迅速，温度较低，焊接热影响区及变形小，易获得优质接头。

2)不需外加填充金属和焊剂。

3)电阻对焊无弧光，噪声小，烟尘、有害气体少，劳动条件好。

4)焊件结构简单、重量轻、气密性好，易于获得形状复杂的零件。

5)易实现机械化、自动化，生产率高。

6)焊接接头质量不稳定。

7)焊机复杂，造价较高。

点焊适于低碳钢、不锈钢、铜合金、铝镁合金，厚度 4mm 以下的薄板冲压结构及钢筋的焊接。缝焊适于板厚 3mm 以下，焊缝规则的密封结构的焊接。对焊主要用于制造封闭形零件，轧制材料接长、异种材料制造的焊接。

摩擦焊是利用工件金属焊接表面相互摩擦产生的热量，将金属局部加热到塑性状态，然后在压力下完成焊接的一种热压焊接方法。

摩擦焊的特点与应用：

1)接头质量好且稳定。

2)生产率高、成本低。

3)适用范围广。

4)生产条件好。

摩擦焊用于圆形工件、棒料管子的对接。

钎焊是采用比母材熔点低的金属材料作钎料，将焊件和钎料加热到高于钎料熔点、低于母材熔点的温度，利用液态钎料湿润母材，填充接头间隙并与母材相互扩散实现连接的焊接方法。钎焊按钎料熔点可分为软钎焊、硬钎焊。钎剂能除去氧化膜和油污等杂质，保护母材接触面和钎料不受氧化，并增加钎料湿润性和毛细流动性。

软钎焊钎料熔点在 450℃以下的钎焊；常用锡铅钎料，松香、氯化锌溶液作钎剂。其接头强度低，工作温度低，具较好的焊接工艺性，用于电子线路的焊接。

硬钎焊钎料熔点在 450℃以上的钎焊，常用铜基和银基钎料，硼砂、硼酸、氯化物、氟化物组成钎剂。接头强度较高，工作温度也高，用于机械零部件的焊接。

钎焊的接头形式有板料搭接、套件镶接等。

钎焊的加热方式有火焰加热、电阻加热、感应加热、炉内加热、盐浴加热和烙铁加热。

钎焊特点及应用：

1)采用低熔点的钎料作为填充金属，钎料熔化，母材不熔化。

2)工件加热温度较低,接头组织、性能变化小,焊件变形小,接头光滑平整,焊件尺寸精确。

3)可焊接异种金属,焊件厚度不受限制。

4)生产率高,可整体加热,一次焊成整个结构的全部焊缝,易于实现机械化自动化。

5)钎焊设备简单,生产投资费用少。

钎焊主要用于焊接精密、微型、复杂、多焊缝、异种材料的焊件。

焊接工艺技术的发展趋势:

随着新的焊接材料和结构的不断出现,需要开发新的焊接工艺方法。改进常用的普通焊接工艺方法,提高焊接过程机械化、自动化水平,提高焊接质量和生产率。采用电子计算机控制焊接过程,大力推广焊接机器人、焊接中心。发展专用成套焊接设备。如:用于高压、超高压天然气管道焊接的STT(Surface Tension Transfer,表面张力过度)CO_2气体保护半自动下向焊技术,是以STT焊接技术进行管道的根焊,根焊的保护气体采用的是CO_2,采用药芯焊丝进行自动送丝的手工焊接的焊接工艺,是一种焊接熔敷金属过渡的机理。传统的CO_2气保护焊不能从根本上解决焊接飞溅大、焊缝成型不理想的问题,而采用波形控制技术的STT型CO_2半自动焊机,保证了焊接过程稳定,焊缝成型美观,伸长变化影响小,显著降低了飞溅,减轻了焊工劳动强度。由于STT技术的熔滴过渡是依靠液态金属的表面张力来实现的,有其自身特别的采用动态控制的一种焊接方法,因此在焊道上产生的熔池很小且很集中以其优异的性能拓宽了CO_2半自动焊在长输管道施工中的应用领域。

水下湿式焊接的设备开发,使船舶无须进入干坞,船舶维修费因此也大大减少。需要解决氢致裂缝、焊缝金属和热影响区过硬以及孔隙和夹渣等问题。

焊接机器人的开发与生产。近30年来,先进工业国家在机器人研究方面取得了十分迅速的发展,机器人广泛应用于工业生产。而在现有焊接机器人中,点焊、弧焊大约各一半,汽车工业占37%,机械工业占30%,摩托车工业占25%。在德国工业中,机器人按数量大小,焊接占第一位 ,在2.24万台中有7845台,可见在焊接技术中发展机器人的重要性,焊接机器人应该成为我国的一个重要课题和任务。研究开发具有智能的机器人,特别是具有自动路径规划、自动校正轨迹、自动控制熔深的机器人将是研究的重要方向。

1.3.2.2.2 切削加工

(1)车削加工的工艺过程、特点及发展

车削是工件旋转作主运动,车刀作进给运动的切削加工方法。

在车床上实现车削加工,利用工件的旋转运动和刀具的移动来改变毛坯形状和尺寸,将其加工成所需零件的一种切削加工方法。在车床上还可用钻头、扩孔钻、铰刀、丝锥、板牙和滚花工具等进行相应的加工。车床主要用于加工轴、盘、套和其他具有回转表面的工件,是机械制造中使用最广的一类机床加工。

车削的工艺特点:

1)易于保证工件各加工面的位置精度。保证同轴度,利用卡盘安装工件,回转轴线是车床主轴回转轴线,利用前后顶尖安装工件,回转轴线是两顶尖的中心连线。保证端面与轴线垂直度,由横溜板导轨,与工件回转轴线的垂直度。

2)切削过程较平稳,可避免惯性力与冲击力,允许采用较大的切削用量,高速切削,利于生产率提高。

3)适于有色金属零件的精加工。有色金属零件表面粗糙度要求较小时,由于堵塞砂轮不宜采用磨削加工,需要用车削或铣削等。用金刚石车刀进行精细车时,可达较高质量。

4)刀具简单。车刀制造、刃磨和安装均较方便。

在车床上使用不同的车刀或其他刀具,可以加工各种回转表面,如内外圆柱面、内外圆锥面、螺纹、沟槽、端面和成型面等,加工精度可达IT8~IT7,表面粗糙度为1.6~0.8,车削常用来加工单一轴线的零件,如直轴和一般盘、套类零件等。若改变工件的安装位置或将车床适当改装,还可以加工多轴线的零件(如曲轴、偏心轮等)或盘形凸轮。单件小批生产,各种轴、盘、套等类零件多选用适应性广的卧式车床或数控车床进行加工;直径大而长度短(长径比0.3~0.8)的大型零件,多用立式车床加工。成批生产外形较复杂,具有内孔及螺纹的中小型轴、套类零件时,应选用转塔车床进行加工。大批、大量生产形状不太复杂的小型零件,如螺钉、螺母、管接头、轴套类等时,多选用半自动和自动车床进行加工。它的生产率很高,但精度较低。

车床发展历程:

古代的车床是靠手拉或脚踏,通过绳索使工件旋转,并手持刀具进行切削的。1797年,英国机械发明家莫兹利创制了用丝杠传动刀架的现代车床,并于1800年采用交换齿轮,可改变进给速度和被加工螺纹的螺距。1817年,另一位英国人罗伯茨采用了四级带轮和背轮机构来改变主轴转速。为了提高机械化自动化程度,1845年,美国的菲奇发明转塔车床。1848年,美国又出现回轮车床。1873年,美国的斯潘塞制成一台单轴自动车床,不久他又制成三轴自动车床。20世纪初,出现了由单独电机驱动的带有齿轮变速箱的车床。第一次世界大战后,由于军火、汽车和其他 工业的需要,各种高效自动车床和专用车床迅速发展。为了提高小批量工件的生产率,40年代末,带液压仿形装置的车床得到推广,与此同时,多刀车床也得到发展。50年代中,发展了带穿孔卡、插销板和拨码盘等的程序控制车床。数控技术于60年代开始用于车床,70年代后得到迅速发展。

车床分类:

按用途和结构的不同,车床主要分为卧式车床和落地车床、立式车床、转塔车床、单轴自动车床、多轴自动和半自动车床、仿形车床及多刀车床和各种专用车床。计算机技术在机床制造业推广应用,出现了数控车床、车削 等机电一体化的产品。

普通车床加工对象广,主轴转速和进给量的调整范围大,能加工工件的内外表面、端面和内外螺纹。这种车床主要由工人手工操作,生产效率较低,适用于单件、小批生产。

转塔车床和回转车床具有能装多把刀具的转塔刀架或回轮刀架,能在工件的一次装夹中由工人依次使用不同刀具完成多种工序,适用于成批生产。

自动车床按一定程序自动完成中小型工件的多工序加工,能自动上下料,重复加工一批同样的工件,适用于大批、大量生产。

多刀半自动车床有单轴、多轴、卧式和立式之分。单轴卧式的布局形式与普通车床相似,但两组刀架分别装在主轴的前后或上下,用于加工盘、环和轴类工件,其生产率比普通车床提高 3～5 倍。

仿形车床能仿照样板或样件的形状尺寸，自动完成工件的加工循环，适用于形状较复杂的工件的小批和成批生产，生产率比普通车床高 10～15 倍。有多刀架、多轴、卡盘式、立式等类型。

立式车床主轴垂直于水平面，工件装夹在水平的回转工作台上，刀架在横梁或立柱上移动。适用于加工较大、较重、难于在普通车床上安装的工件，分单柱和双柱两大类。

铲齿车床在车削的同时，刀架周期地作径向往复运动，用于铲车铣刀、滚刀等的成型齿面。通常带有铲磨附件，由单独电动机驱动的小砂轮铲磨齿面。

专用车床是加工某类工件的特定表面的车床，如曲轴车床、凸轮轴车床、车轮车床、车轴车床、轧辊车床和钢锭车床等。

联合车床主要用于车削加工，但附加一些特殊部件和附件后还可进行镗、铣、钻、插、磨等加工，具有“一机多能”的特点，适用于工程车、船舶或移动修理站上的修配工作。

数控车床是数字程序控制车床的简称，它集通用性好的万能型车床、加工精度高的精密型车床和加工效率高的专用型车床的特点于一身，是国内使用量最大，覆盖面最广的一种数控机床。

马鞍车床在车头箱处的左端床身为下沉状，能够容纳直径大的零件。车床的外形为两头高，中间低，形似马鞍，所以称为马鞍车床。马鞍车床适合加工径向尺寸大，轴向尺寸小的零件，适于车削工件外圆、内孔、端面、切槽和公制、英制、模数、经节螺纹，还可进行钻孔、镗孔、铰孔等工艺，特别适于单件、成批生产企业使用。马鞍车床在马鞍槽内可加工较大直径工件。机床导轨经淬硬并精磨，操作方便可靠。车床具有功率大、转速高、刚性强、精度高、噪音低等特点。

车床保养：

在装夹工件前，必须先把工件上的砂泥等杂质清除掉，以免杂质嵌进拖板滑动面，加剧导轨软磨损或“咬坏” 导轨。

在装夹及校正一些尺寸较大、形状复杂而装夹面积又较小的工件时，应预先在工件下面的车床床面上安放一块木制的床盖板，同时用压板或活动顶针顶住工件，防止它掉下来砸坏车床，如发现工件的位置不正确或歪斜，切忌用力敲击，以免影响车床 的精度，必须先将夹爪、压板或顶针略微松开，再进行有步骤的校正。

工具和车刀不要放在床面上，以免敲坏导轨。如需要放，先在床面上盖上盖板，把工具和车刀放在盖板上。

在砂光工件时，要在工件下面的床面上用盖板或纸盖住，砂光后，仔细擦净床面。

在车铸铁工件时，在托板上装护轨罩盖，同时要擦去切屑能够飞溅到的一段床面上的润滑油。

不使用时，必须做好车床的清洁保养工作，防止切屑、砂粒或杂质进入车床导轨滑动面，把导轨“咬坏”或加剧它的磨损。

在使用冷却润滑液前，必须清除车床导轨及冷却润滑液盛盘里的垃圾；使用后，要把导轨上的冷却润滑液擦干，并加机械润滑油。

安全操作注意事项：

1)工作前按规定润滑机床,检查各手柄是否到位,并开慢车试运转五分钟,确认一切正常方能操作。

2)卡盘夹头要上牢,开机时扳手不能留在卡盘或夹头上。

3)工件和刀具装夹要牢固,刀杆不应伸出过长(镗孔除外)。转动小刀架要停车,防止刀具碰撞卡盘、工件或划破手。

4)工件运转时,操作者不能正对工件站立,身不靠车床,脚不踏油盘。

5)高速切削时,应使用断屑器和挡护屏。

6)禁止高速反刹车,退车和停车要平稳。

7)清除铁屑,应用刷子或专用钩。

8)用锉刀打光工件,必须右手在前,左手在后。用砂布打光工件,要用"手夹"等工具,以防绞伤。

9)一切在用工、量、刃具应放于附近的安全位置,做到整齐有序。

10)车床未停稳,禁止在车头上取工件或测量工件。

11)车床工作时,禁止打开或卸下防护装置。

12)临近下班,应清扫和擦试车床,并将尾座和溜板箱退到床身最右端。

车刀:

车刀是应用最广的一种单刃刀具,也是学习、分析各类刀具的基础。车刀用于各种车床上,加工外圆、内孔、端面、螺纹、车槽等。

车刀按结构可分为整体车刀、焊接车刀、机夹车刀、可转位车刀和成型车刀。其中可转位车刀的应用日益广泛,在车刀中所占比例逐渐增加。

1)硬质合金焊接车刀。所谓焊接式车刀,就是在碳钢刀杆上按刀具几何角度的要求开出刀槽,用焊料将硬质合金刀片焊接在刀槽内,并按所选择的几何参数刃磨后使用的车刀。

2)机夹车刀是采用普通刀片,用机械夹固的方法将刀片夹持在刀杆上使用的车刀。

3)可转位车刀是使用可转位刀片的机夹车刀。一条切削刃用钝后可迅速转位换成相邻的新切削刃,即可继续工作,直到刀片上所有切削刃均已用钝,刀片才报废回收。更换新刀片后,车刀又可继续工作。

与焊接车刀相比,可转位车刀寿命高。由于刀片避免了由刃磨高温引起的缺陷,刀具几何参数完全由刀片和刀杆槽保证,切削性能稳定,从而提高了刀具寿命。生产效率高。由于机床操作工人不再磨刀,可大大减少停机换刀等辅助时间。有利于推广新技术、新工艺。可转位刀有利于推广使用涂层、陶瓷等新型刀具材料。有利于降低刀具成本。由于刀杆使用寿命长,大大减少了刀杆的消耗和库存量,简化了刀具的管理工作,降低了刀具成本。

使用可转位车刀刀片。刀片转位或更换新刀片后,刀尖位置的变化应在工件精度允许的范围内。保证刀片、刀垫、刀杆接触面紧密贴合,经得起冲击和振动,但夹紧力也不宜过大,应力分布应均匀,以免压碎刀片。刀片前面上最好无障碍,保证切屑排出流畅,并容易观察。

4)成型车刀是加工回转体成型表面的专用刀具,其刃形是根据工件廓形设计的,可用在各类车床上加工内外回转体的成型表面。用成型车刀加工零件时可一次形成零件表面，操作简便、生产率高，加工后能达到公差等级 IT8～IT10，粗糙度 10～5μm，并能保证较高的互换性。但成型车刀制造较复杂、成本较高，刀刃工作长度较宽，故易引起振动。成型车刀主要用在加工批量较大的中、小尺寸带成型表面的零件。

车刀按用途可分为 90°车刀(偏刀)、45°车刀(弯头车刀)、切断刀、镗孔刀、成型车刀、螺纹车刀、硬质合金不重磨车刀等。

90°车刀：用来车削工件的外圆、阶台和端面。

45°车刀：用来车削工件的外圆、端面和倒角。

切断刀：用来切断工件或工件上切出的沟槽。

镗孔刀：用来车削工件的内孔。

成型车刀：用来车削阶台处的圆角、圆槽或车削特殊形状工件。

纹车刀：用来车削螺纹 。

卧式车床的结构：

卧式车床的型号(参考 GB/T15375-2008)。卧式车床用 C61×××来表示，其中 C 为机床分类号，表示车床类机床；61 为组系代号，表示卧式；其他表示车床的有关参数和改进号。

卧式车床各部分的名称和用途。C6132 普通车床的外形如图 1-7 所示。

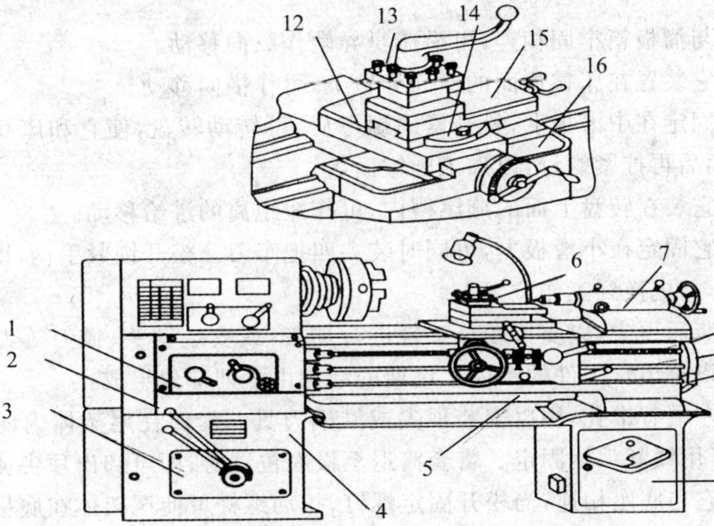

图 1-7　C6132 普通车床

1—床头箱　2—进给箱　3—变速箱　4—前床脚　5—溜板箱　6—刀架　7—尾架　8—丝杠　9—光杠　10—床身　11—后床脚　12—中刀架　13—方刀架　14—转盘　15—小刀架　16—大刀架

主轴箱又称床头箱，内装主轴和变速机构。变速是通过改变设在床头箱外面的手柄位置，可使主轴获得 12 种不同的转速(45～1980r/min)。主轴是空心结构，能通过长棒料，棒料能通过主轴孔的最大直径是 29mm。主轴的右端有外螺纹，用以连接卡盘、拨盘等附件。主轴右端的内表面是莫氏 5 号的锥孔，可插入锥套和顶尖，当采用顶尖并与尾架中的顶尖同时使用安装轴类工件时，其两顶尖之间的最大距离为750mm。床头箱的另一重要作用是将运动传给进给箱，并可改变进给方向。

进给箱又称走刀箱，它是进给运动的变速机构。它固定在床头箱下部的床身前侧面。变换进给箱外面的手柄位置，可将床头箱内主轴传递下来的运动，转为进给箱输出的光杆或丝杆获得不同的转速，以改变进给量的大小或车削不同螺距的螺纹。其纵向进给量为0.06～0.83mm/r，横向进给量为0.04～0.78mm/r；可车削17种公制螺纹（螺距为0.5～9mm）和32种英制螺纹（每英寸2～38牙）。

变速箱安装在车床前床脚的内腔中，并由电动机（4.5kW，1440r/min）通过联轴器直接驱动变速箱中齿轮传动轴。变速箱外设有两个长的手柄，是分别移动传动轴上的双联滑移齿轮和三联滑移齿轮，可共获6种转速，通过皮带传动至床头箱。

溜板箱又称拖板箱，溜板箱是进给运动的操纵机构。它使光杠或丝杠的旋转运动，通过齿轮和齿条或丝杠和开合螺母，推动车刀作进给运动。溜板箱上有三层滑板，当接通光杠时，可使床鞍带动中滑板、小滑板及刀架沿床身导轨作纵向移动；中滑板可带动小滑板及刀架沿床鞍上的导轨作横向移动。故刀架可作纵向或横向直线进给运动。当接通丝杠并闭合开合螺母时可车削螺纹。溜板箱内设有互锁机构，使光杠、丝杠两者不能同时使用。

刀架用来装夹车刀，并可作纵向、横向及斜向运动。刀架是多层结构，由下列部分组成。

1）床鞍。它与溜板箱牢固相连，可沿床身导轨作纵向移动。

2）中滑板。它装置在床鞍顶面的横向导轨上，可作横向移动。

3）转盘。它固定在中滑板上，松开紧固螺母后，可转动转盘，使它和床身导轨成一个所需要的角度，而后再拧紧螺母，以加工圆锥面等。

4）小滑板。它装在转盘上面的燕尾槽内，可作短距离的进给移动。

5）方刀架。它固定在小滑板上，可同时装夹四把车刀。松开锁紧手柄，即可转动方刀架，把所需要的车刀更换到工作位置上。

尾座用于安装后顶尖，以支持较长工件进行加工，或安装钻头、铰刀等刀具进行孔加工。偏移尾架可以车出长工件的锥体。尾架的结构由下列部分组成：

1）套筒。其左端有锥孔，用以安装顶尖或锥柄刀具。套筒在尾架体内的轴向位置可用手轮调节，并可用锁紧手柄固定。将套筒退至极右位置时，即可卸出顶尖或刀具。

2）尾座体。它与底座相连，当松开固定螺钉，拧动螺杆可使尾架体在底板上作微量横向移动，以便使前后顶尖对准中心或偏移一定距离车削长锥面。

3）底座。它直接安装于床身导轨上，用以支承尾座体。

光杠与丝杠将进给箱的运动传至溜板箱。光杠用于一般车削，丝杠用于车螺纹。

床身是车床的基础件，用来连接各主要部件并保证各部件在运动时有正确的相对位置。在床身上有供溜板箱和尾座移动用的导轨。

操纵杆是车床的控制机构，在操纵杆左端和拖板箱右侧各装有一个手柄，操作工人可以很方便地操纵手柄以控制车床主轴正转、反转或停车。

卧式车床的传动系统：

如图 1-8 是 C6132 卧式车床传动系统图。电动机输出的动力，经变速箱通过带传动传给主轴，更换变速箱和主轴箱外的手柄位置，得到不同的齿轮组啮合，从而得到不同的主轴转速。主轴通过卡盘带动工件作旋转运动。同时，主轴的旋转运动通过换向机构、交换齿轮、进给箱、光杠（或丝杠）传给溜板箱，使溜板箱带动刀架沿床身作直线进给运动。

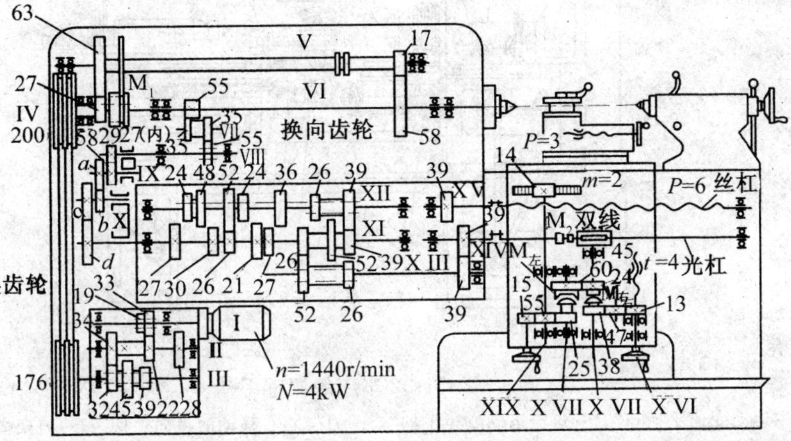

图 1-8　C6132 卧式车床传动系统

主运动传动路线（或称传动系统或称传动链）：

$$n=1440\text{r/min 电动机}—\text{I}—\begin{bmatrix}\frac{33}{22}\\[4pt] \frac{19}{34}\end{bmatrix}—\text{II}—\begin{bmatrix}\frac{33}{32}\\[4pt] \frac{28}{39}\\[4pt] \frac{22}{45}\end{bmatrix}—\text{III}—\frac{\varnothing 176}{\varnothing 200}\cdot\varepsilon—\text{IV}—\begin{bmatrix}\frac{27}{27}\\[4pt] \frac{27}{63}\end{bmatrix}—\text{V}—\begin{bmatrix}\frac{17}{58}\end{bmatrix}$$

$—\text{VI}$ 主轴

进给运动传动路线：

$$\text{主轴 VI}—\begin{bmatrix}\frac{55}{55}\\[4pt] \frac{55}{35}\cdot\frac{35}{55}\end{bmatrix}—\text{VII}—\frac{29}{58}\cdot\frac{a}{b}\cdot\frac{c}{d}—\text{VIII}—\begin{bmatrix}\frac{27}{24}\\[4pt] \frac{21}{24}\\[4pt] \frac{27}{36}\\[4pt] \frac{30}{48}\\[4pt] \frac{26}{52}\end{bmatrix}—\text{IX}—\begin{bmatrix}\frac{39}{39}\cdot\frac{52}{26}\\[4pt] \frac{26}{52}\cdot\frac{52}{26}\\[4pt] \frac{39}{39}\cdot\frac{26}{52}\\[4pt] \frac{26}{52}\cdot\frac{26}{52}\end{bmatrix}—\text{X}—\frac{39}{39}—\text{XII}$$

$$\frac{2}{45}—\text{XIII}—\begin{cases}\frac{24}{60}—\text{XIV}—\text{M 左}—\frac{25}{55}—\text{齿轮、齿条}(z=14,m=2)—\text{纵向进给}\\[6pt] \text{M 右}—\frac{38}{47}\cdot\frac{47}{13}—\text{横向进给丝杠}(P=4)—\text{横向进给}\end{cases}$$

卧式车床的各种手柄和基本操作：

C6132 车床的调整主要是通过变换各自相应的手柄位置进行的，详见图 1-9。

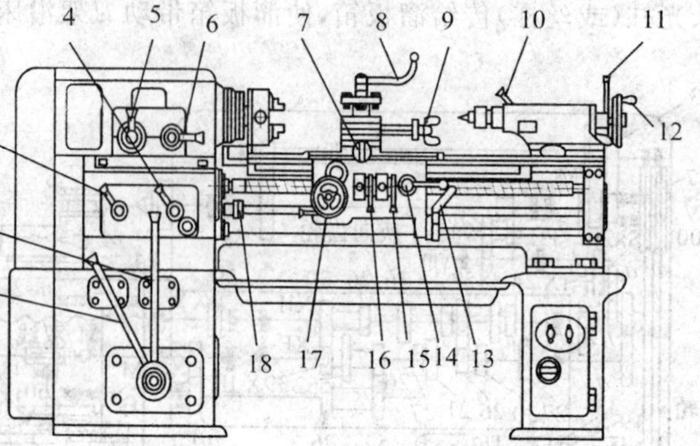

图 1-9　C6132 车床的调整手柄

1、2、6—主运动变速手柄　3、4—进给运动变速手柄　5—刀架左右移动的换向手柄　7—刀架横向手动手柄　8—方刀架锁紧手柄　9—小刀架移动手柄　10—尾座套筒锁紧手柄　11—尾座锁紧手柄　12—尾座套筒移动手轮　13—主轴正反转及停止手柄　14—“开合螺母”开合手柄　15—刀架横向自动手柄　16—刀架纵向自动手柄　17—刀架纵向手动手轮　18—光杠、丝杠更换使用的离合器

停车练习（主轴正反转及停止手柄 13 在停止位置）：

1）正确变换主轴转速。变动变速箱和主轴箱外面的变速手柄 1、2 或 6，可得到各种相对应的主轴转速。当手柄拨动不顺利时，可用手稍转动卡盘即可。

2）正确变换进给量。按所选的进给量查看进给箱上的标牌，再按标牌上进给变换手柄位置来变换手柄 3 和 4 的位置，即得到所选定的进给量。

3）熟悉掌握纵向和横向手动进给手柄的转动方向。左手握纵向进给手动手轮 17，右手握横向进给手动手柄 7。分别顺时针和逆时针旋转手轮，操纵刀架和溜板箱的移动方向。

4）熟悉掌握纵向或横向机动进给的操作。光杠或丝杠接通手柄 18 位于光杠接通位置上，将纵向机动进给手柄 16 提起即可纵向进给，如将横向机动进给手柄 15 向上提起即可横向机动进给。分别向下扳动则可停止纵、横机动进给。

5）尾座的操作。尾座靠手动移动，其固定靠紧固螺栓螺母。转动尾座移动套筒手轮 12，可使套筒在尾架内移动，转动尾座锁紧手柄 11，可将套筒固定在尾座内。

低速开车练习：

练习前应先检查各手柄位置是否处于正确的位置，无误后进行开车练习。

1）主轴启动—电动机启动—操纵主轴转动—停止主轴转动—关闭电动机

2）机动进给—电动机启动—操纵主轴转动—手动纵横进给—机动纵横进给—手动退回—机动横向进给—手动退回—停止主轴转动—关闭电动机

卧式车床操作注意事项：

1)机床未完全停止严禁变换主轴转速,否则发生严重的主轴箱内齿轮打齿现象甚至发生机床事故。开车前要检查各手柄是否处于正确位置。

2)纵向和横向手柄进退方向不能摇错,尤其是快速进退刀时要千万注意,否则会发生工件报废和安全事故。

3)横向进给手动手柄每转一格时,刀具横向吃刀为0.02mm,其圆柱体直径方向切削量为0.04mm。

(2)铣削加工的工艺过程、特点及发展

铣削是多刃刀具旋转作主运动,工件或铣刀作进给运动的切削加工方法。铣削一般在铣床上进行,适于加工平面、沟槽、各种成型面(如花键、齿轮和螺纹)和模具的特殊形面等。

铣削的特征是铣刀各刀齿周期性地参与间断切削,每个刀齿在切削过程中的切削厚度是变化的,定义每齿进给量α_f(毫米/齿),表示铣刀每转过一个刀齿的时间内工件的相对位移量。

铣削的特点:

1)铣刀是一种多齿刀具,在铣削时,铣刀的每个刀齿不像车刀和钻头那样连续地进行切削,而是间歇地进行切削,刀具的散热和冷却条件好,铣刀的耐用度高,切削速度可以提高。

2)铣削时经常是多齿进行切削,可采用较大的切削用量,与刨削相比,铣削有较高的生产率,在成批及大量生产中,铣削几乎已全部代替了刨削。

3)由于铣刀刀齿的不断切入、切出,铣削力不断地变化,故而铣削容易产生振动。

铣床按结构分类:

1)台式铣床。小型的用于铣削仪器、仪表等小型零件的铣床。

2)悬臂式铣床。铣头装在悬臂上的铣床,床身水平布置,悬臂通常可沿床身一侧立柱导轨作垂直移动,铣头沿悬臂导轨移动。

3)滑枕式铣床。主轴装在滑枕上的铣床,床身水平布置,滑枕可沿滑鞍导轨作横向移动,滑鞍可沿立柱导轨作垂直移动。

4)龙门式铣床。床身水平布置,其两侧的立柱和连接梁构成门架的铣床。铣头装在横梁和立柱上,可沿其导轨移动。通常横梁可沿立柱导轨垂向移动,工作台可沿床身导轨纵向移动。用于大件加工。

5)平面铣床。用于铣削平面和成型面的铣床,床身水平布置,通常工作台沿床身导轨纵向移动,主轴可轴向移动。它结构简单,生产效率高。

6)仿形铣床。对工件进行仿形加工的铣床。一般用于加工复杂形状工件。

7)升降台铣床。具有可沿床身导轨垂直移动的升降台的铣床,通常安装在升降台上的工作台和滑鞍可分别作纵向、横向移动。

8)摇臂铣床。摇臂装在床身顶部,铣头装在摇臂一端,摇臂可在水平面内回转和移动,铣头能在摇臂的端面上回转一定角度的铣床。

9)床身式铣床。工作台不能升降,可沿床身导轨作纵向移动,铣头或立柱可作垂直移动的铣床。

10)专用铣床。例如工具铣床:用于铣削工具模具的铣床,加工精度高,加工形状复杂。

按布局形式和适用范围可分为升降台铣床、龙门铣床、单柱铣床和单臂铣床、仪表铣床、工具铣床等。

1)升降台铣床有万能式、卧式和立式几种,主要用于加工中小型零件,应用最广。

2)龙门铣床包括龙门铣镗床、龙门铣刨床和双柱铣床,均用于加工大型零件。

3)单柱铣床的水平铣头可沿立柱导轨移动,工作台作纵向进给。

4)单臂铣床的立铣头可沿悬臂导轨水平移动,悬臂也可沿立柱导轨调整高度。单柱铣床和单臂铣床均用于加工大型零件。

5)仪表铣床是一种小型的升降台铣床,用于加工仪器仪表和其他小型零件。

6)工具铣床主要用于模具和工具制造,配有立铣头、万能角度工作台和插头等多种附件,还可进行钻削、镗削和插削等加工。其他铣床还有键槽铣床、凸轮铣床、曲轴铣床、轧辊轴颈铣床和方钢锭铣床等,它们都是为加工相应的工件而制造的专用铣床。

按控制方式可分为仿形铣床、程序控制铣床和数控铣床等。

铣床的型号参见 GB/T15375-2008。卧式万能升降台铣床简称万能铣床是铣床中应用最广的一种,图 1-10 所示为 X6132 卧式万能升降台铣床。

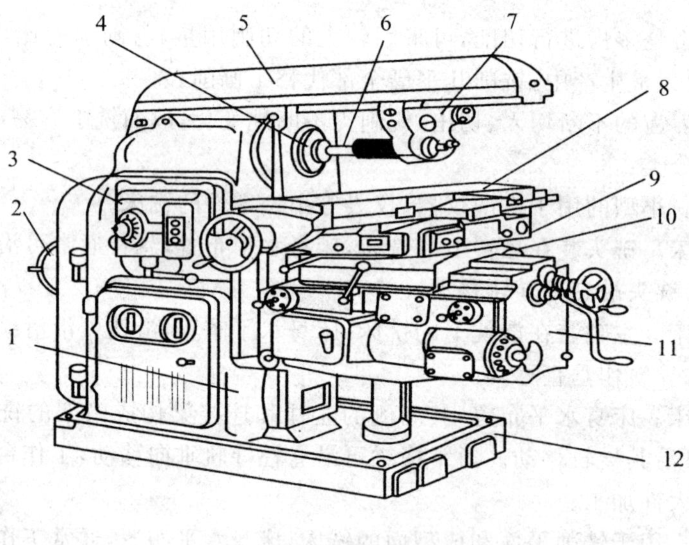

图 1-10　X6132 卧式万能升降台铣床

1—床身　2—电动机　3—变速机构　4—主轴　5—横梁　6—刀杆
7—刀杆支架　8—纵向工作台　9—转台　10—横向工作台　11—升降台　12—底座

如图 1-11 所示为立式铣床。其主轴与工作台面垂直。有时根据加工的需要,可以将立铣头(主轴)偏转一定的角度。

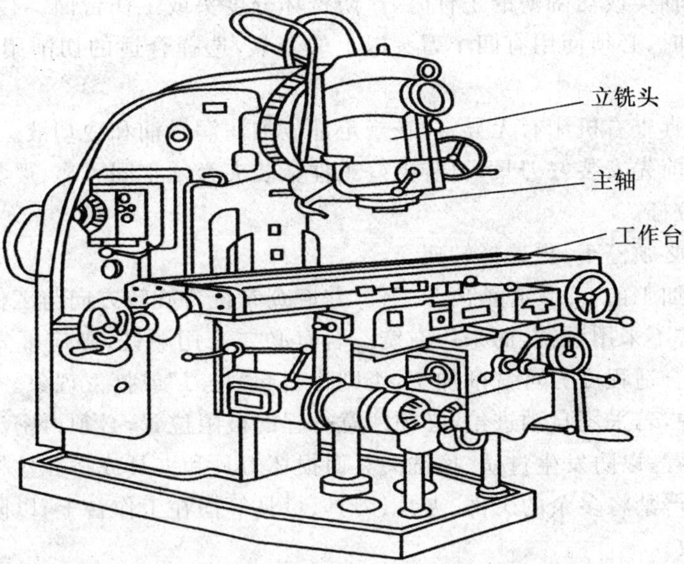

图 1-11　立式铣床

图 1-12 所示为四轴龙门铣床。它一般用来加工卧式、立式铣床不能加工的大型工件。

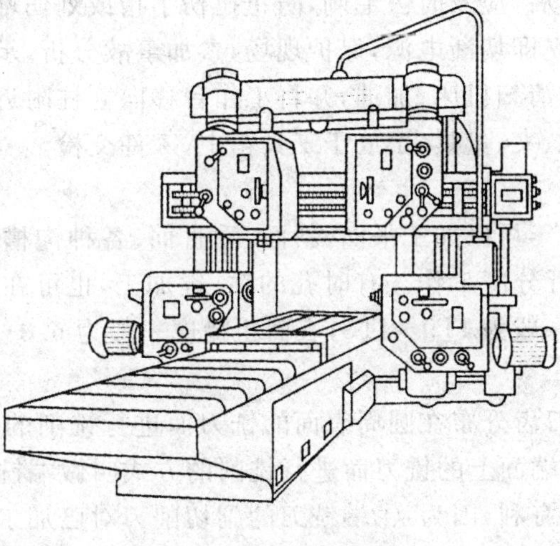

图 1-12　四轴龙门铣床

铣床的操作规程：

1)铣削不规则的工件及使用虎钳、分度头及专用夹具夹持工件时，不规则工件的重心及虎钳、分度头、专用夹具等应尽可能放在工作台的中间部位，避免工作台受力不匀，产生变形。

2)不准用机动对刀，对刀应手动进行。

3)工作台换向时，须先将换向手柄停在中间位置，然后再换向，不准直接换向。

4)铣削键槽轴类或切割薄的工件时,严防铣坏分度头或工作台面。

5)铣削平面时,必须使用有四个刀头以上的刀盘,选择合适的切削用量,防止机床在铣削中产生振动。

6)工作前认真查看机床有无异常,在规定部位加注润滑油和冷却液。

7)开始加工前先安装好刀具,再装夹好工件。装夹必须牢固可靠,严禁用开动机床的动力装夹刀杆、拉杆。

8)主轴变速必须停车,再选择转速。

9)开始铣削加工前,刀具必须离开工件,并应查看铣刀旋转方向与工件相对位置是顺铣还是逆铣,通常不采用顺铣,而采用逆铣。若有必要采用顺铣,则应事先调整工作台的丝杆螺母间隙到合适程度方可铣削加工,否则将引起"扎刀"或打刀现象。

10)在加工中,若采用自动进给,必须注意行程的极限位置,必须严密注意铣刀与工件夹具间的相对位置,以防发生过铣、撞铣夹具而损坏刀具和夹具或挤坏丝杆。

11)加工中,严禁将多余的工件、夹具、刀具、量具等摆在工作台上,以防碰撞、跌落,发生人身、设备事故。

12)机床在运行中不得擅离岗位或委托他人看管。

13)两人或多人共同操作一台机床时,必须严格分工,分段操作,严禁同时操作一台机床。

14)中途停车测量工件,不得用手强行刹住惯性转动着的铣刀主轴。

15)铣后的工件取出后,应及时去毛刺,防止拉伤手指或划伤堆放的其他工件。

16)发生事故时,应立即切断电源,保护现场,参加事故分析,承担事故应负的责任。

17)工作结束应认真清扫机床、加油,并将工作台移向立柱附近。

18)收拾好所用的工、夹、量具,摆放于工具箱中,工件交检。

铣削的应用:

铣床的加工范围很广,可以加工平面、斜面、垂直面、各种沟槽和成型面(如齿形),如图 1-13 所示,还可以进行分度工作。有时孔的钻、镗加工,也可在铣床上进行,如图 1-14 所示。铣床的加工精度一般为 IT9~IT8,表面粗糙度一般为 6.3~1.6μm。

铣削方式:

1)周铣和端铣。用刀齿分布在圆周表面的铣刀而进行铣削的方式叫做周铣[图 1-13(a)];用刀齿分布在圆柱端面上的铣刀而进行铣削的方式叫做端铣[图 1-13(d)]。与周铣相比,端铣铣平面时较为有利,因为:①端铣刀的副切削刃对已加工表面有修光作用,能使粗糙度降低。周铣的工件表面则有波纹状残留面积。②同时参加切削的端铣刀齿数较多,切削力的变化程度较小,因此工作时振动较周铣为小。③端铣刀的主切削刃刚接触工件时,切屑厚度不等于零,使刀刃不易磨损。④端铣刀的刀杆伸出较短,刚性好,刀杆不易变形,可用较大的切削用量。由此可见,端铣法的加工质量较好,生产率较高。所以铣削平面大多采用端铣。但是,周铣对加工各种形面的适应性较广,而有些形面(如成型面等)则不能用端铣。

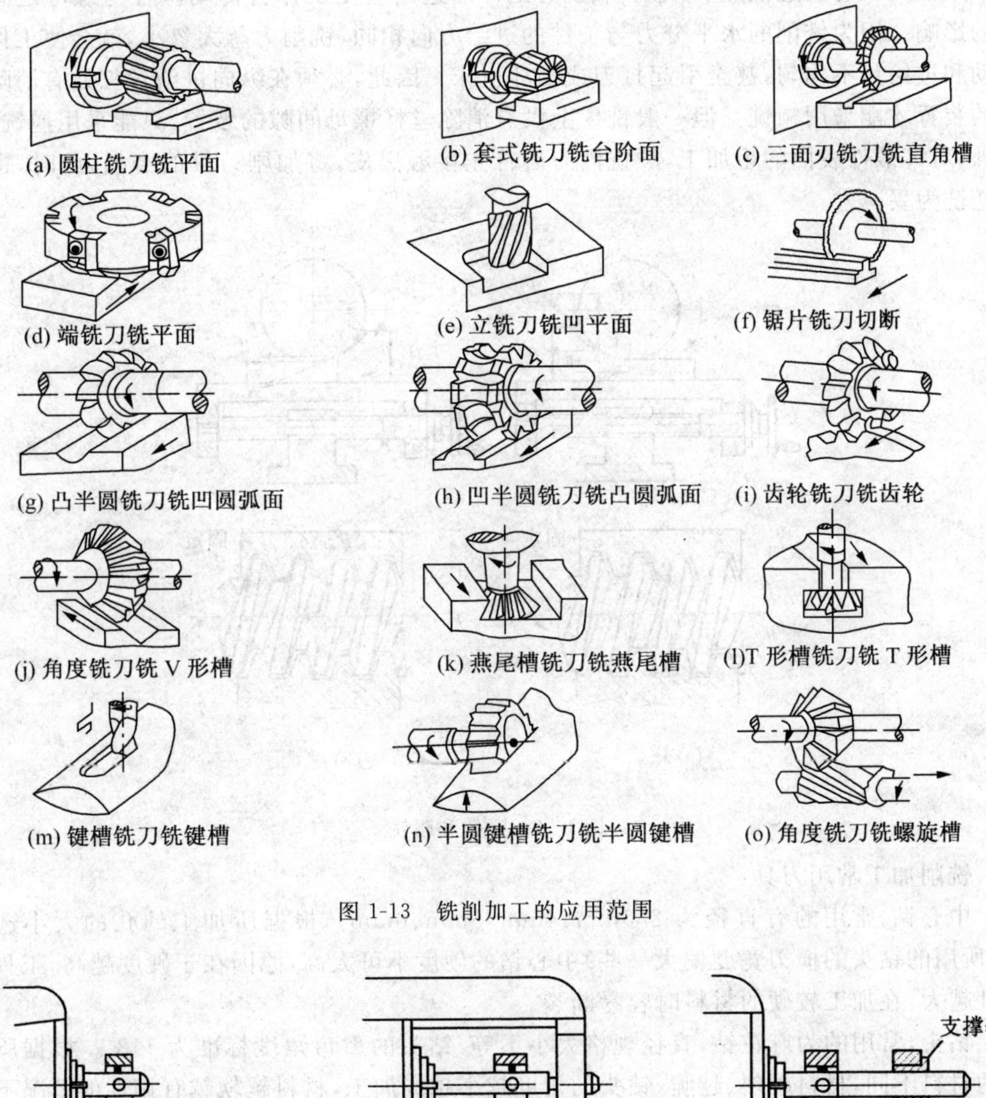

图 1-13 铣削加工的应用范围

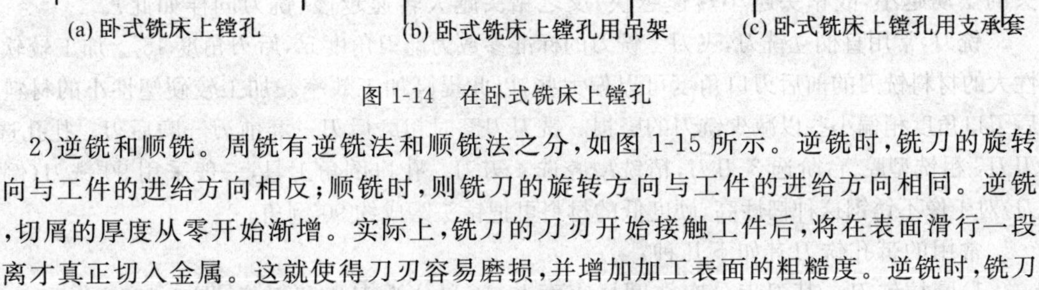

图 1-14 在卧式铣床上镗孔

2)逆铣和顺铣。周铣有逆铣法和顺铣法之分，如图 1-15 所示。逆铣时，铣刀的旋转方向与工件的进给方向相反；顺铣时，则铣刀的旋转方向与工件的进给方向相同。逆铣时，切屑的厚度从零开始渐增。实际上，铣刀的刀刃开始接触工件后，将在表面滑行一段距离才真正切入金属。这就使得刀刃容易磨损，并增加加工表面的粗糙度。逆铣时，铣刀对工件有上抬的切削分力，影响工件安装在工作台上的稳固性。

顺铣则没有上述缺点。但是,顺铣时工件的进给会受工作台传动丝杠与螺母之间间隙的影响。因为铣削的水平分力与工件的进给方向相同,铣削力忽大忽小,就会使工作台窜动和进给量不均匀,甚至引起打刀或损坏机床。因此,必须在纵向进给丝杠处有消除间隙的装置才能采用顺铣。但一般铣床上没有消除丝杠螺母间隙的装置,只能采用逆铣法。另外,对铸锻件表面的粗加工,顺铣因刀齿首先接触黑皮,将加剧刀具的磨损,此时,也是以逆铣为妥。

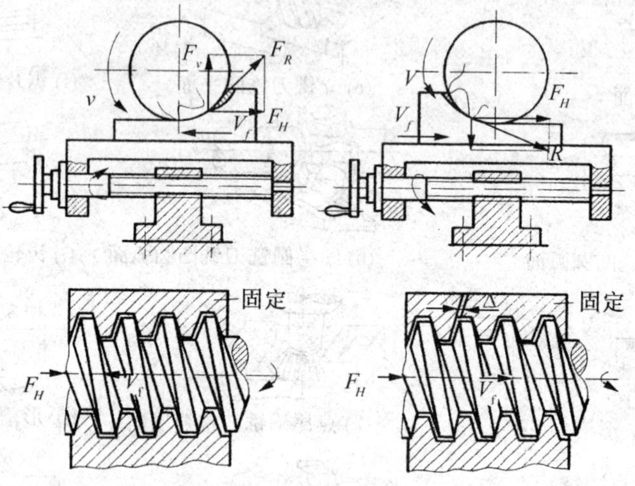

(a) 逆铣　　(b) 顺铣

图 1-15　逆铣和顺铣

铣削加工常用刀具:

中心钻,常用的有直径为 2.5mm、4mm、5mm、6mm。根据所加工的孔的大小选择(比所用的钻头的横刃宽度偏大一些)中心钻的硬度不可太高,原因在于硬度越高,工具的脆性越大,在加工较硬的材料时容易断裂。

钻头,常用的为麻花钻,直径规格大小不等,钻头的刃口角度标准为 118°。根据所加工的材料不同,材料越硬、越脆,钻头的角度越小越好加工,材料越软越有韧性的情况下钻头的角度越大越好。预钻孔的钻头角度要比扩孔的钻头角度小一些,原因在于扩孔时钻头的角度偏小容易导致往下拉刀的现象,从而影响加工的质量。一般情况下转速越快钻头的摆动越小,故钻头越小转速越快,反之钻头越大转速越慢(铣刀同样如此)。

铣刀,常用直柄立铣刀,飞刀。铣刀的标准参数为前刃角度 5°,后刃角度 15°。加工较软韧性大的材料铣刀的前后刃口角度可以偏大些,以此提高加工效率。加工较硬塑性小的材料前后刃口角度稍偏小些以减少铣刀的磨损。铣刀刃磨时粗磨后刃—磨前刃—磨后刃。扎孔选 2 刃刀,粗铣型腔、台阶选 3 刃刀,精铣型腔选 4 刃刀。孔口倒角工具,一般采用 90°铣刀(倒角刀)对于像不锈钢这种韧性高,硬度低的材料可把钻头磨成约 90°倒角。

常用的带孔铣刀有如下几种:

1)圆柱铣刀。其刀齿分布在圆柱表面上,通常分为直齿和斜齿[图 1-13(a)]两种,主要用于铣削平面。由于斜齿圆柱铣刀的每个刀齿是逐渐切入和切离工件的,故工作较平稳，加工表面粗糙度数值小，但有轴向切削力产生。

2)圆盘铣刀。即三面刃铣刀、锯片铣刀等。图 1-13(c)为三面刃铣刀，主要用于加工不同宽度的直角沟槽及小平面、台阶面等。锯片铣刀[图 1-13(f)]用于铣窄槽和切断。

3)角度铣刀。如图 1-13(j)(k)(o)所示，具有各种不同的角度，用于加工各种角度的沟槽及斜面等。

4)成型铣刀。如图 1-13(g)(h)(i)所示，其切刃呈凸圆弧、凹圆弧、齿槽形等，用于加工与切刃形状对应的成型面。

常用的带柄铣刀有如下几种：

1)立铣刀。如图 1-13(e)和图 1-18 所示。立铣刀有直柄和锥柄两种，多用于加工沟槽、小平面、台阶面等。

2)键槽铣刀。如图 1-13(m)所示，专门用于加工封闭式键槽。

3)T 形槽铣刀。如图 1-13(l)所示，专门用于加工 T 形槽。

4)镶齿端铣刀。如图 1-13(d)所示，一般刀盘上装有硬质合金刀片，加工平面时可以进行高速铣削，以提高工作效率。

孔铣刀的安装：

1)带孔铣刀中的圆柱形、圆盘形铣刀，多用长刀杆安装，如图 1-16 所示。长刀杆一端有 7∶24 锥度与铣床主轴孔配合，安装刀具的刀杆部分，根据刀孔的大小分几种型号，常用的有 16、22、27、32 等。

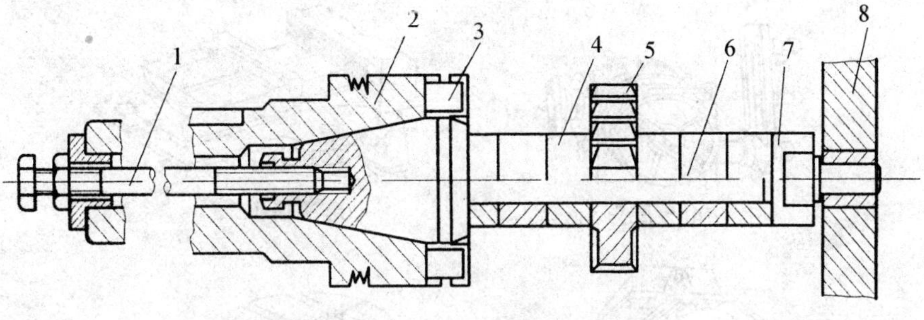

图 1-16　圆盘铣刀的安装

1—拉杆　2—铣床主轴　3—端面键　4—套筒　5—铣刀　6—刀杆　7—螺母　8—刀杆支架

用长刀杆安装带孔铣刀时要注意：铣刀应尽可能地靠近主轴或吊架，以保证铣刀有足够的刚性；套筒的端面与铣刀的端面必须擦干净，以减小铣刀的端跳；拧紧刀杆的压紧螺母时，必须先装上吊架，以防刀杆受力弯曲。

斜齿圆柱铣刀所产生的轴向切削刀应指向主轴轴承，主轴转向与铣刀旋向的选择遵守铣刀左右手定则，四指握住铣刀，拇指所指方向为轴向切削力方向。

2)带孔铣刀中的端铣刀，多用短刀杆安装。如图 1-17 所示。

带柄铣刀的安装：

1)锥柄铣刀的安装如图 1-18(a)所示。根据铣刀锥柄的大小，选择合适的变锥套，将各配合表面擦净，然后用拉杆把铣刀及变锥套一起拉紧在主轴上。

2)直柄立铣刀的安装。这类铣刀多为小直径铣刀，一般不超过 20mm，多用弹簧夹头进行安装，如图 1-18(b)所示。铣刀的柱柄插入弹簧套的孔中，用螺母压弹簧套的端面，使弹簧套的外锥面受压而孔径缩小，即可将铣刀抱紧。弹簧套上有三个开口，故受力时能收缩。弹簧套有多种孔径，以适应各种尺寸的铣刀。

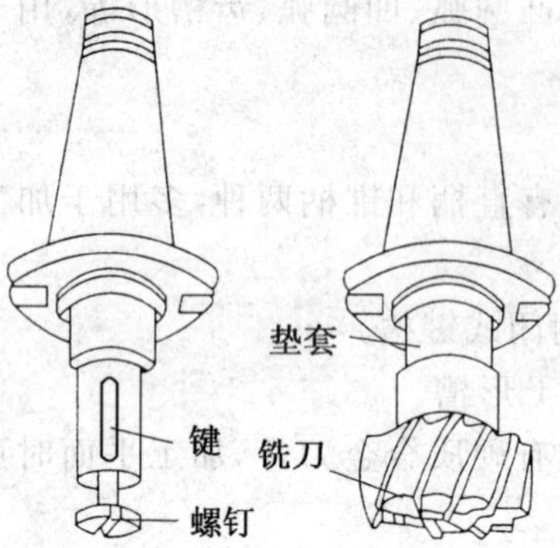

图 1-17　端铣刀的安装

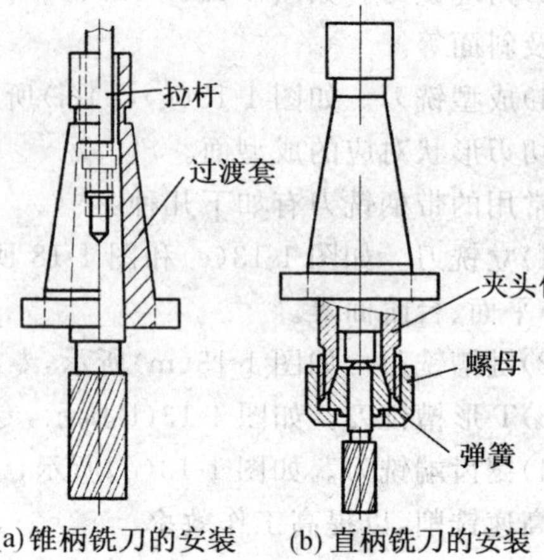

图 1-18　带柄铣刀的安装

铣床附件及其应用：

铣床的主要附件有分度头、平口钳、万能铣头、和回转工作台，如图 1-19 所示。

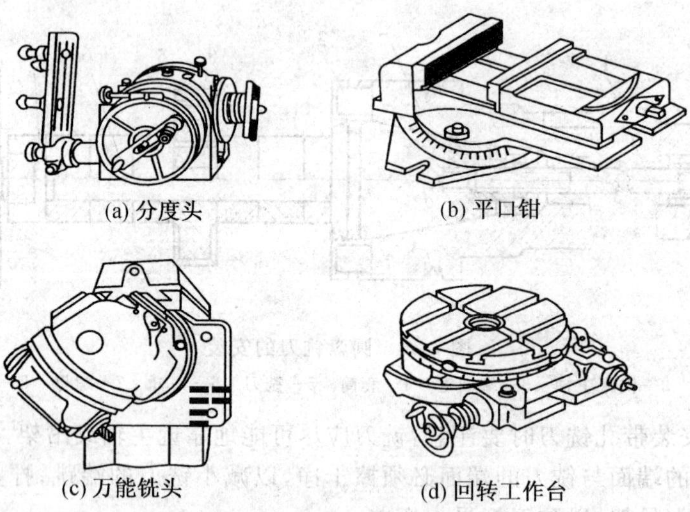

图 1-19　常用铣床附件

分度头[图 1-19(a)]：在铣削加工中，常会遇到铣六方、齿轮、花键和刻线等工作。这时，就需要利用分度头分度。因此，分度头是万能铣床上的重要附件。

分度头的作用：

1)能使工件实现绕自身的轴线周期地转动一定的角度(即进行分度)。

2)利用分度头主轴上的卡盘夹持工件，使被加工工件的轴线，相对于铣床工作台在向上 90°和向下 10°的范围内倾斜成需要的角度，以加工各种位置的沟槽、平面等（如铣圆锥齿轮）。

3）与工作台纵向进给运动配合，通过配换挂轮，能使工件连续转动，以加工螺旋沟槽、斜齿轮等。

分度头由于具有广泛的用途，在单件小批量生产中应用较多。

分度头的结构：

分度头的主轴是空心的，两端均为锥孔，前锥孔可装入顶尖（莫氏 4 号），后锥孔可装入心轴，以便在差动分度时挂轮，把主轴的运动传给侧轴可带动分度盘旋转。主轴前端外部有螺纹，用来安装三爪卡盘，如图 1-20 所示。

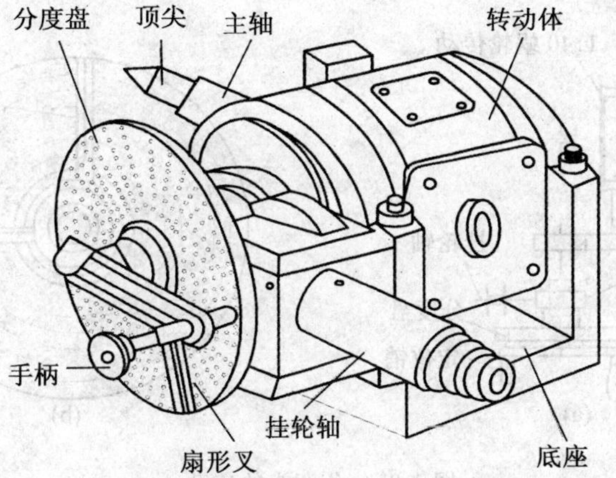

图 1-20　万能分度头外形

松开壳体上部的两个螺钉，主轴可以随回转体在壳体的环形导轨内转动，因此主轴除安装成水平外，还能扳成倾斜位置。当主轴调整到所需的位置上后，应拧紧螺钉。主轴倾斜的角度可以从刻度上看出。

在壳体下面，固定有两个定位块，以便与铣床工台面的 T 形槽相配合，用来保证主轴轴线准确地平行于工作台的纵向进给方向。

手柄用于紧固或松开主轴，分度时松开，分度后紧固，以防在铣削时主轴松动。另一手柄是控制蜗杆的手柄，它可以使蜗杆和蜗轮连接或脱开（即分度头内部的传动切断或结合）在切断传动时，可用手转动分度的主轴。蜗轮与蜗杆之间的间隙可用螺母调整。

分度方法：

分度头内部的传动系统如图 1-21(a)所示，可转动分度手柄，通过传动机构（传动比 1∶1的一对齿轮，1∶40 的蜗轮蜗杆），使分度头主轴带动工件转动一定角度。手柄转一圈，主轴带动工件转 1/40 圈。

如果要将工件的圆周等分为 Z 等分，则每次分度工件应转过 $1/Z$ 圈。设每次分度手柄的转数为 n，则手柄转数 n 与工件等分数 Z 之间有如下关系：

$$1:40=\frac{1}{Z}:n$$

$$n=\frac{40}{Z}$$

分度头分度的方法有直接分度法、简单分度法、角度分度法和差动分度法等。下面仅介绍常用的简单分度法。例如：铣齿数 $Z=35$ 的齿轮，需对齿轮毛坯的圆周作 35 等分，每一次分度时，手柄转数为：

$$n=\frac{40}{Z}=\frac{40}{35}=1\frac{1}{7}(\text{圈})$$

分度时，如果求出的手柄转数不是整数，可利用分度盘上的等分孔距来确定。分度盘如图 1-21(b)所示，一般备有两块分度盘。分度盘的两面各钻有不通的许多圈孔，各圈孔数均不相等，然而同一孔圈上的孔距是相等的。

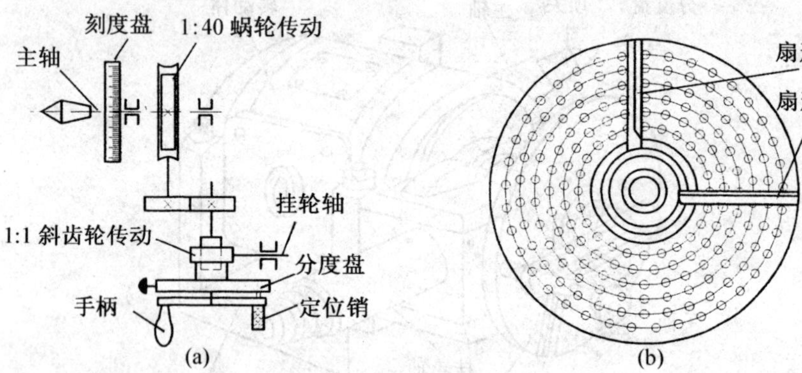

图 1-21　分度头的传动

分度头第一块分度盘正面各圈孔数依次为 24、25、28、30、34、37；反面各圈孔数依次为 38、39、41、42、43。

第二块分度盘正面各圈孔数依次为 46、47、49、51、53、54；反面各圈孔数依次为 57、58、59、62、66。

按上例计算结果 $n=1\frac{1}{7}=1\frac{4}{28}$，即每分一齿，手柄需转过 $1\frac{1}{7}$ 圈，其中 1/7 圈需通过分度盘[图 1-21(b)]来控制。用简单分度法需先将分度盘固定。再将分度手柄上的定位销调整到孔数为 7 的倍数(如 28、42、49)的孔圈上，如在孔数为 28 的孔圈上。此时分度手柄转过 1 整圈后，再沿孔数为 28 的孔圈转过 4 个孔距。

为了确保手柄转过的孔距数可靠，可调整分度盘上的扇形条 1、2 间的夹角[图 1-21(b)]，使之正好等于分子的孔距数，这样依次进行分度时就可准确无误。

平口钳[图 1-19(b)]：是一种通用夹具，经常用其安装小型工件。

万能铣头[图 1-19(c)]：在卧式铣床上装上万能铣头，不仅能完成各种立铣的工作，而且还可以根据铣削的需要，把铣头主轴扳成任意角度。万能铣头的底座用螺栓固定在铣床的垂直导轨上。铣床主轴的运动通过铣头内的两对锥齿轮传到铣头主轴上。铣头的壳体可绕铣床主轴轴线偏转任意角度。铣头主轴的壳体还能在铣头壳体上偏转任意角度。因此，铣头主轴就能在空间偏转成所需要的任意角度。

回转工作台[图 1-19(d)]:又称为转盘、平分盘、圆形工作台等。它的内部有一套蜗轮蜗杆。摇动手轮,通过蜗杆轴,就能直接带动与转台相连接的蜗轮转动。转台周围有刻度,可以用来观察和确定转台位置。拧紧固定螺钉,转台就固定不动。转台中央有一孔,利用它可以方便地确定工件的回转中心。当底座上的槽和铣床工作台的 T 形槽对齐后,即可用螺栓把回转工作台固定在铣床工作台上。铣圆弧槽时,工件安装在回转工作台上,铣刀旋转,用手均匀缓慢地摇动回转工作台而使工件铣出圆弧槽。

铣床上常用的工件安装方法:

平口钳安装工件如图 1-22 所示。它具有结构简单,夹紧牢靠等特点,所以使用广泛。平口钳尺寸规格,是以其钳口宽度来区分的。X62W 型铣床配用的平口钳为 160mm。平口钳分为固定式和回转式两种。回转式平口钳可以绕底座旋转 360°,固定在水平面的任意位置上,因而扩大了其工作范围,是目前平口钳应用的主要类型。平口钳用两个 T 形螺栓固定在铣床上,底座上还有一个定位键,它与工作台上中间的 T 形槽相配合,以提高平口钳安装时的定位精度。

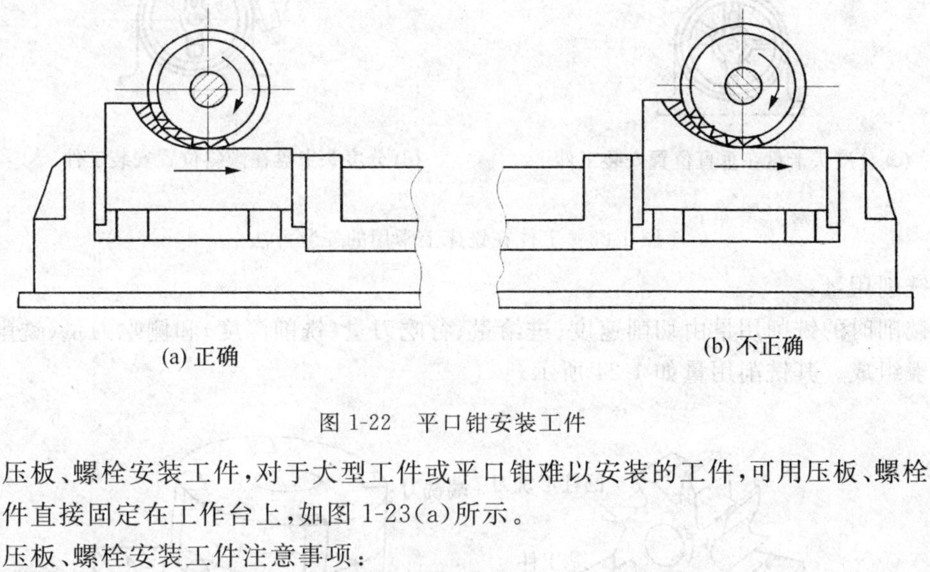

(a) 正确　　(b) 不正确

图 1-22　平口钳安装工件

用压板、螺栓安装工件,对于大型工件或平口钳难以安装的工件,可用压板、螺栓和垫铁将工件直接固定在工作台上,如图 1-23(a)所示。

用压板、螺栓安装工件注意事项:

1)压板的位置要安排得当,压点要靠近切削面,压力大小要适合。粗加工时,压紧力要大,以防止切削中工件移动;精加工时,压紧力要合适,注意防止工件发生变形。

2)工件如果放在垫铁上,要检查工件与垫铁是否贴紧了,若没有贴紧,必须垫上铜皮或纸,直到贴紧为止。

3)压板必须压在垫铁处,以免工件因受压紧力而变形。

4)安装薄壁工件,在其空心位置处,可用活动支撑(千斤顶等)增加刚度。

5)工件压紧后,要用划针盘复查加工线是否仍然与工作台平行,避免工件在压紧过程中变形或走动。

用分度头安装工件,分度头安装工件一般用在等分工作中。它既可以用分度头卡盘(或顶尖)与尾架顶尖一起使用安装轴类零件,如图 1-23(b)所示,也可以只使用分度头卡盘安装工件,又由于分度头的主轴可以在垂直平面内转动,因此可以利用分度头在水平、垂直及倾斜位置安装工件，如图 1-23(c)(d)所示。

当零件的生产批量较大时，可采用专用夹具或组合夹具装夹工件，这样既能提高生产效率，又能保证产品质量。

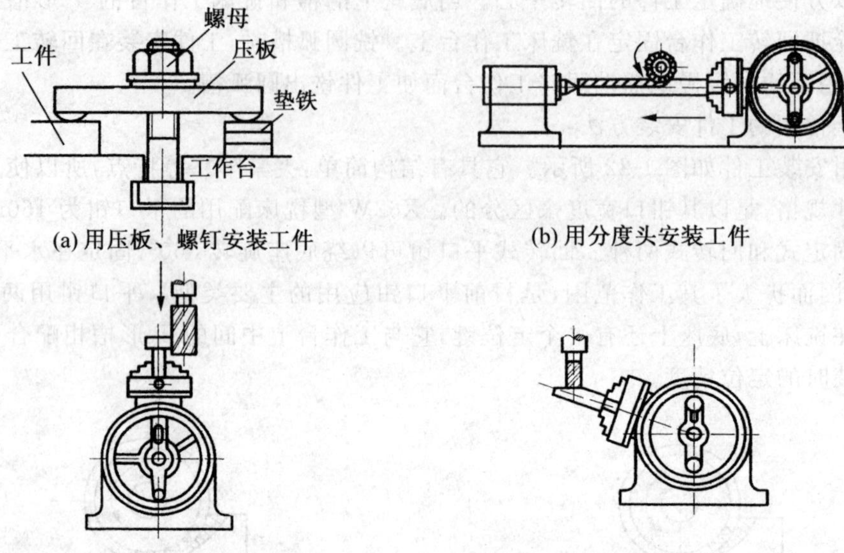

(a) 用压板、螺钉安装工件　(b) 用分度头安装工件

(c) 分度头卡盘在垂直位置安装工件　(d) 分度头卡盘在倾斜位置安装工件

图 1-23　工件在铣床上常用的安装方法

铣削用量：

铣削时的铣削用量由切削速度、进给量、背吃刀量(铣削深度)和侧吃刀量(铣削宽度)四要素组成。其铣削用量如 1-24 所示。

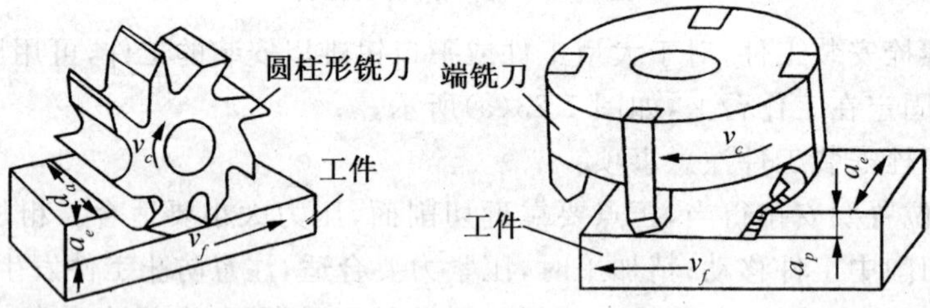

(a) 在卧铣上铣平面　(b) 在立铣上铣平面

图 1-24　铣削运动及铣削用量

切削速度即铣刀最大直径处的线速度，可由下式计算：

$$v_c=\frac{\pi dn}{1000}$$

式中：v_c—切削速度(m/min)

d—铣刀直径(mm)

n—铣刀每分钟转数(r/min)

铣削时,工件在进给运动方向上相对刀具的移动量即为铣削时的进给量。由于铣刀为多刃刀具,计算时按单位时间不同,有以下三种度量方法:

1)每齿进给量 f_Z 指铣刀每转过一个刀齿时,工件对铣刀的进给量(即铣刀每转过一个刀齿,工件沿进给方向移动的距离),其单位为 mm/Z。

2)每转进给量 f,指铣刀每一转,工件对铣刀的进给量(即铣刀每转,工件沿进给方向移动的距离),其单位为 mm/r。

3)每分钟进给量 v_f,又称进给速度,指工件对铣刀每分钟进给量(即每分钟工件沿进给方向移动的距离),其单位为 mm/min。上述三者的关系为:

$$v_f = fn = f_Z Zn$$

式中:Z—铣刀齿数

n—铣刀每分钟转速(r/min)

背吃刀量(又称铣削深度)a_p 为平行于铣刀轴线方向测量的切削层尺寸(切削层是指工件上正被刀刃切削着的那层金属),单位为 mm。因周铣与端铣时相对于工件的方位不同,故铣削深度的标示也有所不同。

侧吃刀量(又称铣削宽度)a_e 是垂直于铣刀轴线方向测量的切削层尺寸,单位为 mm。

铣削用量选择的原则:通常粗加工为了保证必要的刀具耐用度,应优先采用较大的侧吃刀量或背吃刀量,其次是加大进给量,最后才是根据刀具耐用度的要求选择适宜的切削速度,这样选择是因为切削速度对刀具耐用度影响最大,进给量次之,侧吃刀量或背吃刀量影响最小。精加工时,为减小工艺系统的弹性变形,必须采用较小的进给量,同时为了抑制积屑瘤的产生,对于硬质合金铣刀应采用较高的切削速度,对高速钢铣刀应采用较低的切削速度,如铣削过程中不产生积屑瘤时,也应采用较大的切削速度。

铣削的基本操作:

1)铣平面

铣平面可以用圆柱铣刀、端铣刀或三面刃盘铣刀在卧式铣床或立式铣床上进行铣削。

用圆柱铣刀铣平面。圆柱铣刀一般用于卧式铣床铣平面。铣平面用的圆柱铣刀,一般为螺旋齿圆柱铣刀。铣刀的宽度必须大于所铣平面的宽度。螺旋线的方向应使铣削时所产生的轴向力将铣刀推向主轴轴承方向。

圆柱铣刀通过长刀杆安装在卧式铣床的主轴上,刀杆上的锥柄与主轴上的锥孔相配,并用一拉杆拉紧。刀杆上的键槽与主轴上的方键相配,用来传递动力。安装铣刀时,先在刀杆上装几个垫圈,然后装上铣刀,如图 1-25(a)所示。应使铣刀切削刃的切削方向与主轴旋转方向一致,同时铣刀还应尽量装在靠近床身的地方。再在铣刀的另一侧套上垫圈,然后用手轻轻旋上压紧螺母,如图 1-25(b)所示。再安装吊架,使刀杆前端进入吊架轴承内,拧紧吊架的紧固螺钉,如图 1-25(c)所示。初步拧紧刀杆螺母,开车观察铣刀是否装正,然后用力拧紧螺母,如图 1-25(d)所示。

操作方法:根据工艺卡的规定调整机床的转速和进给量,再根据加工余量的多少来调整铣削深度,然后开始铣削。铣削时,先用手动使工作台纵向靠近铣刀,而后改为自动进给;当进给行程尚未完毕时不要停止进给运动,否则铣刀在停止的地方切入金属就比较深，形成表面深啃现象；铣削铸铁时不加切削液（因铸铁中的石墨可起润滑作用，铣削钢料时要用切削液，通常用矿物油作切削液）。

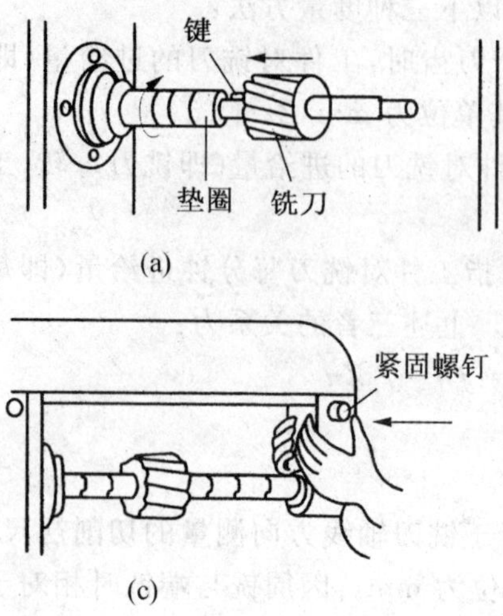

图 1-25　安装圆柱铣刀的步骤

用螺旋齿铣刀铣削时，同时参加切削的刀齿数较多，每个刀齿工作时都是沿螺旋线方向逐渐地切入和脱离工作表面，切削比较平稳。在单件小批量生产的条件下，用圆柱铣刀在卧式铣床上铣平面仍是常用的方法。

用端铣刀铣平面，端铣刀一般用于立式铣床上铣平面；有时也用于卧式铣床上铣侧面，如图 1-26 所示。

端铣刀一般中间带有圆孔。通常先将铣刀装在短刀轴上，再将刀轴装入机床的主轴上，并用拉杆螺丝拉紧。

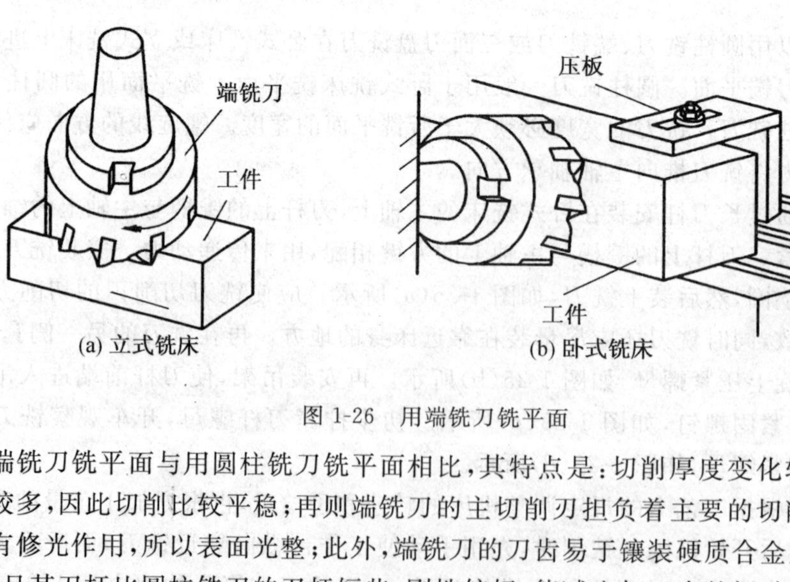

图 1-26　用端铣刀铣平面

用端铣刀铣平面与用圆柱铣刀铣平面相比，其特点是：切削厚度变化较小，同时切削的刀齿较多，因此切削比较平稳；再则端铣刀的主切削刃担负着主要的切削工作，而副切削刃又有修光作用，所以表面光整；此外，端铣刀的刀齿易于镶装硬质合金刀片，可进行高速铣削，且其刀杆比圆柱铣刀的刀杆短些，刚性较好，能减少加工中的振动，有利于提高铣削用量。因此，端铣既提高了生产率，又提高了表面质量，所以在大批量生产中，端铣已成为加工平面的主要方式之一。

2)铣斜面

用倾斜垫铁铣斜面，如图 1-27(a)所示。在零件设计基准的下面垫一块倾斜的垫铁，则铣出的平面就与设计基准面成倾斜位置，改变倾斜垫铁的角度，即可加工不同角度的斜面。

用万能铣头铣斜面，如图 1-27(b)所示。由于万能铣头能方便地改变刀轴的空间位置，因此可以转动铣头以使刀具相对工作倾斜一个角度来铣斜面。

用角度铣刀铣斜面，如图 1-27(c)所示。较小的斜面可用合适的角度铣刀加工。当加工零件批量较大时，则常采用专用夹具铣斜面。

用分度头铣斜面，如图 1-27(d)所示。在一些圆柱形和特殊形状的零件上加工斜面时，可利用分度头将工件转成所需位置而铣出斜面。

(a) 用斜垫铁铣斜面　(b) 用万能铣头铣斜面　(c) 用角度铣刀铣斜面　(d) 用分度头铣斜面

图 1-27　铣斜面的几种方法

3)铣键槽

在铣床上能加工的沟槽种类很多，如直槽、角度槽、V 形槽、T 形槽、燕尾槽和键槽等。现仅介绍键槽、T 形槽和燕尾槽的加工。

常见的键槽有封闭式和敞开式两种。在轴上铣封闭式键槽，一般用键槽铣刀加工，如图 1-28(a)所示。键槽铣刀一次轴向进给不能太大，切削时要注意逐层切下。敞开式键槽多在卧式铣床上用三面刃铣刀进行加工，如图 1-28(b)所示。注意，在铣削键槽前做好对刀工作，以保证键槽的对称度。

若用立铣刀加工，则由于立铣刀中央无切削刃，不能向下进刀，因此必须预先在槽的一端钻一个落刀孔，才能用立铣刀铣键槽。对于直径为 3～20mm 的直柄立铣刀，可用弹簧夹头装夹，弹簧夹头可装入机床主轴孔中；对于直径为 10～50mm 的锥柄铣刀，可利用过渡套装入机床主轴孔中。对于敞开式键槽，可在卧式铣床上进行，一般采用三面刃铣刀加工。

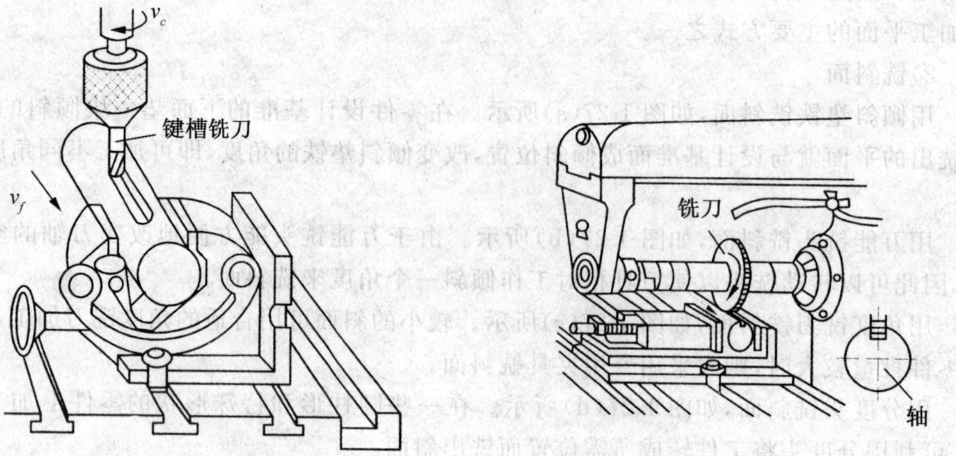

(a) 在立式铣床上铣封闭式键槽　　(b) 在卧式铣床上铣敞开式键槽

图 1-28　铣键槽

铣 T 形槽及燕尾槽如图 1-29 所示。T 形槽应用很多,如铣床和刨床的工作台上用来安放紧固螺栓的槽就是 T 形槽。要加工 T 形槽及燕尾槽,必须首先用立铣刀或三面刃铣刀铣出直角槽,然后在立铣上用 T 形槽铣刀铣削 T 形槽和用燕尾槽铣刀铣削成型。但由于 T 形槽铣刀工作时排屑困难,因此切削用量应选得小些,同时应多加冷却液,最后再用角度铣刀铣出倒角。

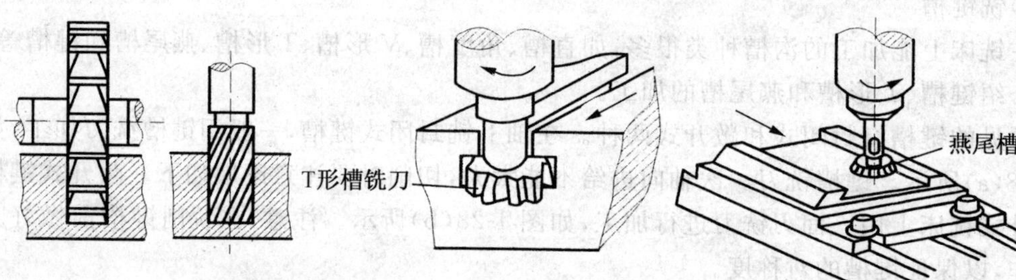

(a) 先铣出直槽　　(b) 铣 T 形槽　　(c) 铣燕尾槽

图 1-29　铣 T 形槽及燕尾槽

4)铣成型面

如零件的某一表面在截面上的轮廓线是由曲线和直线所组成,这个面就是成型面。成型面一般在卧式铣床上用成型铣刀来加工,如图 1-30(a)所示。成型铣刀的形状要与成型面的形状相吻合。如零件的外形轮廓是由不规则的直线和曲线组成,这种零件就称为具有曲线外形表面的零件。这种零件一般在立式铣床上铣削,加工方法有按划线用手动进给铣削、用圆形工作台铣削、用靠模铣削,如图 1-30(b)所示。

对于要求不高的曲线外形表面,可按工件上划出的线迹移动工作台进行加工,顺着线迹将打出的样冲眼铣掉一半。在成批及大量生产中，可以采用靠模夹具或专用的靠模铣床来对曲线外形面进行加工。

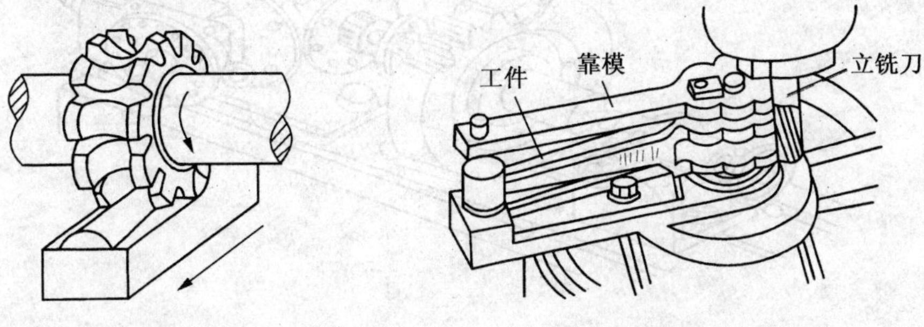

(a) 用成形铣刀铣成形面　　(b) 用靠模铣曲面

图 1-30　铣成型面

5）铣齿形

齿轮齿形的加工原理可分为两大类：展成法（又称范成法），它是利用齿轮刀具与被切齿轮的互相啮合运转而切出齿形的方法，如插齿和滚齿加工等；成型法（又称型铣法），它是利用仿照与被切齿轮齿槽形状相符的盘状铣刀或指状铣刀切出齿形的方法，如图 1-31 所示。在铣床上加工齿形的方法属于成型法。

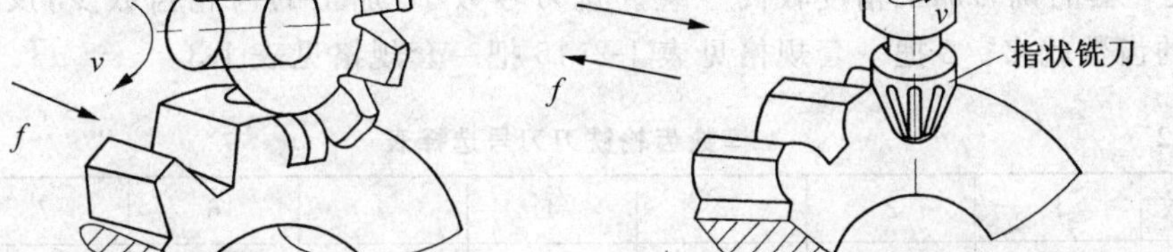

(a) 盘状铣刀铣齿轮　　(b) 指状铣刀铣齿轮

图 1-31　用盘状铣刀和指状铣刀加工齿轮

铣削时，常用分度头和尾架装夹工件，如图 1-32 所示。可用盘状模数铣刀在卧式铣床上铣齿［图 1-31(a)］，也可用指状模数铣刀在立式铣床上铣齿［图 1-31(b)］。圆柱形齿轮和圆锥齿轮，可在卧式铣床或立式铣床上加工。人字形齿轮在立式铣床上加工。蜗轮则可以在卧式铣床上加工。卧式铣床加工齿轮一般用盘状铣刀，而在立式铣床上则使用指状铣刀。

图 1-32　分度头和尾架装夹工件

成型法加工齿轮齿形的特点是：

1)设备简单，只用普通铣床即可，刀具成本低。

2)由于铣刀每切一齿槽都要重复消耗一段切入、退刀和分度的辅助时间，因此生产效率较低。

3)加工出的齿轮精度较低，只能达到 11～9 级。这是因为在实际生产中，不可能为每加工一种模数、一种齿数的齿轮就制造一把成型铣刀，而只能将模数相同且齿数不同的铣刀编成号数，每号铣刀有它规定的铣齿范围，又每号铣刀的刀齿轮廓只与该号范围的最小齿数齿槽的理论轮廓相一致，对其他齿数的齿轮只能获得近似齿形。

根据同一模数而齿数在一定的范围内，可将铣刀分成 8 把一套和 15 把一套的两种规格。8 把一套适用于铣削模数为 0.3～8 的齿轮；15 把一套适用于铣削模数为 1～16 的齿轮，15 把一套的铣刀加工精度较高一些。铣刀号数小，加工的齿轮齿数少，反之刀号大，能加工的齿数就多。8 把一套规格见表 1-2，15 把一套规格见表 1-3。

表 1-2　　**模数齿轮铣刀刀号选择表**

铣刀号数	1	2	3	4	5	6	7	8
齿数范围	12～13	14～16	17～20	21～25	26～34	35～54	55～134	135 以上

表 1-3　　**模数齿轮铣刀刀号选择表**

铣刀号数	1	1.5	2	2.5	3	3.5	4	4.5
齿数范围	12	13	14	15～16	17～18	19～20	21～22	23～25
铣刀号数	5	5.5	6	6.5	7	7.5	8	
齿数范围	26～29	30～34	35～41	42～54	55～79	80～134	135 以上	

根据以上特点，成型法铣齿一般多用于修配或单件制造某些转速低、精度要求不高的齿轮。在大批量生产中、或精度要求较高的齿轮，都在专门的齿轮加工机床加工。

齿轮铣刀的规格标示在其侧面上，包括铣削模数、压力角、加工齿轮类别、铣刀号数、加工齿轮的齿数范围、制造时间和铣刀材料等。

常见铣刀种类如图 1-33 所示。

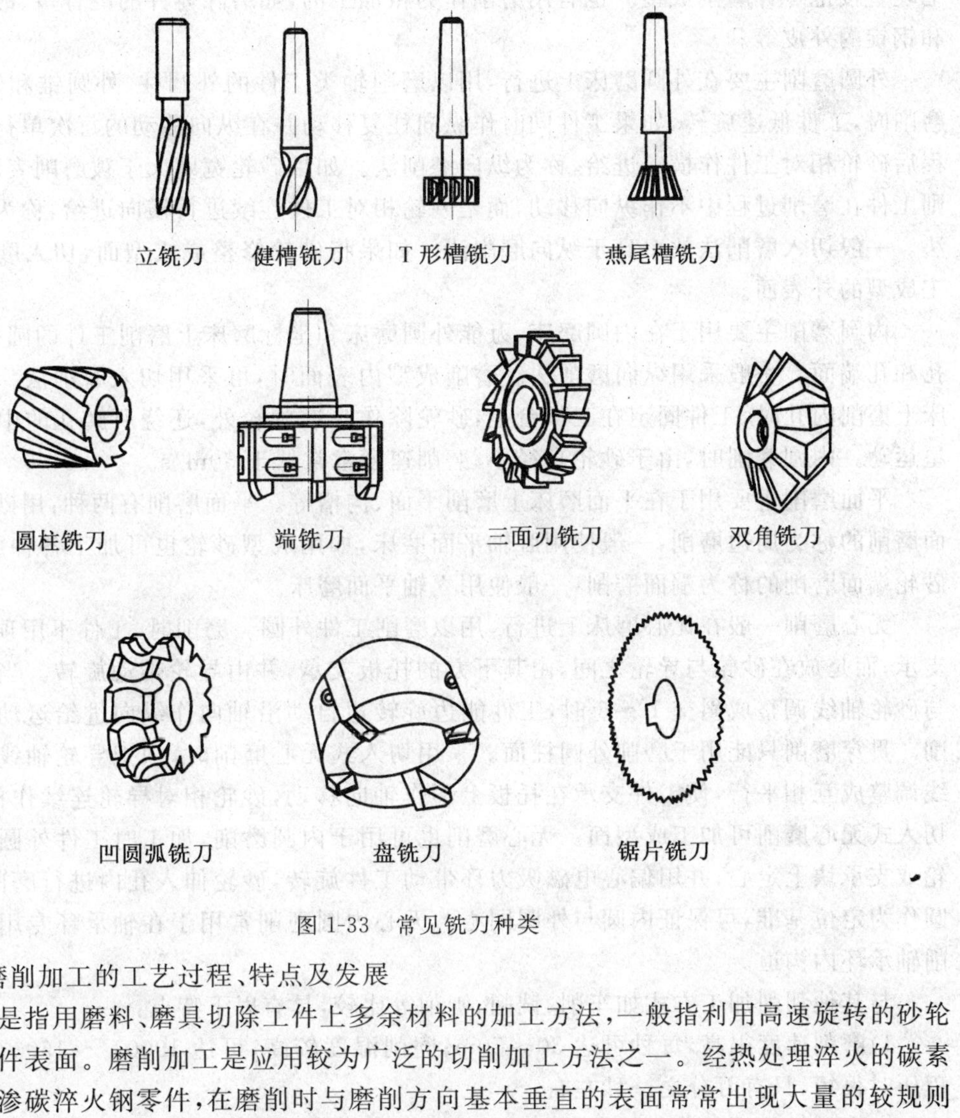

图 1-33　常见铣刀种类

(3)磨削加工的工艺过程、特点及发展

磨削是指用磨料、磨具切除工件上多余材料的加工方法，一般指利用高速旋转的砂轮等加工工件表面。磨削加工是应用较为广泛的切削加工方法之一。经热处理淬火的碳素工具钢和渗碳淬火钢零件，在磨削时与磨削方向基本垂直的表面常常出现大量的较规则排列的裂纹，它不但影响零件的外观，更重要的还会直接影响零件质量。

磨削用于加工各种工件的内外圆柱面、圆锥面和平面，以及螺纹、齿轮和花键等特殊、复杂的成型表面。

由于磨粒的硬度很高，磨具具有自锐性，磨削可以用于加工各种材料，包括淬硬钢、高强度合金钢、硬质合金、玻璃、陶瓷和大理石等高硬度金属和非金属材料。磨削速度是指砂轮线速度，一般为 30～35m/s，超过 45m/s 时称为高速磨削。磨削通常用于半精加工和精加工，精度可达 IT8～IT5 甚至更高，一般磨削表面粗糙度为 1.25～0.16μm，精密磨削为 0.16～0.04μm，超精密磨削为 0.04～0.01μm，镜面磨削可达 0.01μm 以下。磨削的比功率(或称比能耗，即切除单位体积工件材料所消耗的能量)比一般切削大，金属切除率比一般切削小，故在磨削之前工件通常都先经过其他切削方法去除大部分加工余量，仅留

0.1～1mm 或更小的磨削余量。随着缓进给磨削、高速磨削等高效率磨削的发展，已能从毛坯直接把零件磨削成型。也有用磨削作为粗加工的，如磨除铸件的浇冒口、锻件的飞边和钢锭的外皮等。

外圆磨削主要在外圆磨床上进行，用以磨削轴类工件的外圆柱、外圆锥和轴肩端面。磨削时，工件低速旋转，如果工件同时作纵向往复移动并在纵向移动的每次单行程或双行程后砂轮相对工件作横向进给，称为纵向磨削法。如果砂轮宽度大于被磨削表面的长度，则工件在磨削过程中不作纵向移动，而是砂轮相对工件连续进行横向进给，称为切入磨削法。一般切入磨削法效率高于纵向磨削法。如果将砂轮修整成成型面，切入磨削法可加工成型的外表面。

内圆磨削主要用于在内圆磨床、万能外圆磨床和坐标磨床上磨削工件的圆柱孔、圆锥孔和孔端面。一般采用纵向磨削法。磨削成型内表面时，可采用切入磨削法。在坐标磨床上磨削内孔时，工件固定在工作台上，砂轮除作高速旋转外，还绕所磨孔的中心线作行星运动。内圆磨削时，由于砂轮直径小，磨削速度常常低于 30m/s。

平面磨削主要用于在平面磨床上磨削平面、沟槽等。平面磨削有两种：用砂轮外圆表面磨削的称为周边磨削，一般使用卧轴平面磨床，如用成型砂轮也可加工各种成型面；用砂轮端面磨削的称为端面磨削，一般使用立轴平面磨床。

无心磨削一般在无心磨床上进行，用以磨削工件外圆。磨削时，工件不用顶尖定心和支承，而是放在砂轮与导轮之间，由其下方的托板支承，并由导轮带动旋转。当导轮轴线与砂轮轴线调整成斜交 1°～6°时，工件能边旋转边自动沿轴向作纵向进给运动即贯穿磨削。贯穿磨削只能用于磨削外圆柱面。采用切入式无心磨削时，须把导轮轴线与砂轮轴线调整成互相平行，使工件支承在托板上不作轴向移动，砂轮相对导轮连续作横向进给。切入式无心磨削可加工成型面。无心磨削也可用于内圆磨削，加工时工件外圆支承在滚轮或支承块上定心，并用偏心电磁吸力环带动工件旋转，砂轮伸入孔内进行磨削，此时外圆作为定位基准，可保证内圆与外圆同心。无心内圆磨削常用于在轴承环专用磨床上磨削轴承环内沟道。

与其他切削加工方式如车削、铣削、刨削等比较，具有以下特点：

1)磨削速度很高，每秒可达 30～50m；磨削温度较高，可达 1000℃～1500℃；磨削过程历时很短，只有万分之一秒左右。

2)磨削加工可以获得较高的加工精度和很小的表面粗糙度值。

3)磨削不但可以加工软材料，如未淬火钢、铸铁和有色金属等，而且还可以加工淬火钢及其他刀具不能加工的硬质材料，如瓷件、硬质合金等。

4)磨削时的切削深度很小，在一次行程中所能切除的金属层很薄。

5)当磨削加工时，从砂轮上飞出大量细的磨屑，而从工件上飞溅出大量的金属屑。磨屑和金属屑都会使操作者的眼部遭受危害，尘末吸入肺部也会对身体有害。

6)由于砂轮质量不良、保管不善、规格型号选择不当、安装出现偏心，或给进速度过大等原因，磨削时可能造成砂轮的碎裂，从而导致工人遭受严重的伤害。

7)在靠近转动的砂轮进行手工操作时，如磨工具、清洁工件或砂轮修正方法不正确时，工人的手可能碰到砂轮或磨床的其他运动部件而受到伤害。

8)磨削加工时产生的噪音最高可达 110dB 以上,如不采取降低噪声措施,会影响人身健康。

根据工艺目的和要求不同,磨削加工工艺方法有多种形式:

1)按磨削精度分,有粗磨、半精磨、精磨、镜面磨削、超精加工。

2)按进给形式分,有切入磨削、纵向磨削、缓进给磨削、无进给磨削、定压研磨、定量研磨。

3)按磨削形式分,有砂带磨削、无心磨削、端面磨削、周边磨削、宽砂轮磨削、成型磨削、仿形磨削、振荡磨削、高速磨削、强力磨削、恒压力磨削、手动磨削、干磨削、湿磨削、研磨、珩磨等。

4)按加工表面分,有外圆磨削、内圆磨削、平面磨削和刃磨(齿轮磨削和螺纹磨削)。

除此之外,还有多种区分方法,如按磨削中使用的磨削工具的类型分为固结磨粒磨具的磨削加工方法和游离磨粒的磨削加工方法。固结磨粒磨具的磨削加工方法主要包括砂轮磨削、珩磨、砂带磨削、电解磨削等;游离磨粒磨削的加工方法主要包括研磨、抛光、喷射加工、磨料流动加工、振动加工等。按砂轮线速度 v_s 的高低分为:普通磨削 $v_s<45m/s$,高速磨削 $45m/s\leqslant v_s<150m/s$ 和超高速磨削 $v_s\geqslant150m/s$。按采用的新技术情况分为磁性研磨,电化学抛光等。

磨床分类:随着高精度、高硬度机械零件数量的增加,以及精密铸造和精密锻造工艺的发展,磨床的性能、品种和产量都在不断提高和增长。

1)外圆磨床:是普通型的基型系列,主要用于磨削圆柱形和圆锥形外表面的磨床。

2)内圆磨床:是普通型的基型系列,主要用于磨削圆柱形和圆锥形内表面的磨床。

3)坐标磨床:具有精密坐标定位装置的内圆磨床。

4)无心磨床:工件采用无心夹持,一般支承在导轮和托架之间,由导轮驱动工件旋转,主要用于磨削圆柱形表面的磨床。

5)平面磨床:主要用于磨削工件平面的磨床。

6)砂带磨床:用快速运动的砂带进行磨削的磨床。

7)珩磨机:用于珩磨工件各种表面的磨床。

8)研磨机:用于研磨工件平面或圆柱形内外表面的磨床。

9)导轨磨床:主要用于磨削机床导轨面的磨床。

10)工具磨床:用于磨削工具的磨床。

11)多用磨床:用于磨削圆柱、圆锥形内、外表面或平面,并能用随动装置及附件磨削多种工件的磨床。

12)专用磨床:从事对某类零件进行磨削的专用机床。按其加工对象又可分为花键轴磨床、曲轴磨床、凸轮磨床、齿轮磨床、螺纹磨床、曲线磨床等。

磨床能加工硬度较高的材料,如淬硬钢、硬质合金等,也能加工脆性材料,如玻璃、花岗石。磨床能作高精度和表面粗糙度很小的磨削,也能进行高效率的磨削,如强力磨削等。

磨床发展历程:

18 世纪 30 年代,为了适应钟表、自行车、缝纫机和枪械等零件淬硬后的加工,英国、德国和美国分别研制出使用天然磨料砂轮的磨床。这些磨床是在当时现成的机床如车床、刨床等上面加装磨头改制而成的,它们结构简单,刚度低,磨削时易产生振动,要求操作工人要有很高的技艺才能磨出精密的工件。

1876 年在巴黎博览会展出的美国布朗一夏普公司制造的万能外圆磨床,是首次具有现代磨床基本特征的机械。它的工件头架和尾座安装在往复移动的工作台上,箱形床身提高了机床刚度,并带有内圆磨削附件。1883 年,这家公司制成磨头装在立柱上、工作台作往复移动的平面磨床。

随着近代工业特别是汽车工业的发展,20 世纪初,先后出现了加工气缸体的行星内圆磨床、曲轴磨床、凸轮轴磨床和带电磁吸盘的活塞环磨床等。

自动测量装置于 1908 年开始应用到磨床上。到了 1920 年前后,无心磨床、双端面磨床、轧辊磨床、导轨磨床,珩磨机和超精加工机床等相继制成使用;50 年代,出现了可作镜面磨削的高精度外圆磨床;60 年代末,又出现了砂轮线速度达 60~80 m/s 的高速磨床和大切深、缓进给磨削平面磨床;70 年代,采用微处理机的数字控制和适应控制等技术在磨床上得到了广泛的应用。

磨削加工是机器零件精密加工的主要方法之一。由于磨床砂轮的转速很高,砂轮又比较硬、脆,经不起较重的撞击,偶然的操作不当,撞碎砂轮会造成非常严重的后果。因此,磨削加工必须采取可靠的安全防护装置,操作要精神集中,保证万无一失。此外,磨削时砂轮的工件上飞溅出的微细砂屑及金属屑,会伤害工人的眼睛,工人若大量地吸入这种尘末则对身体有害,也应采取适当的防护措施。磨削加工时还应注意如下一些安全技术问题:

1)开车前应认真地对机床进行全面检查,包括对操纵机构、电气设备及卡具的检查。检查后再经润滑,润滑后进行试车,确认一切良好,方可使用。

2)装卡工件时要注意卡正、卡紧,在磨削过程中工件松脱会造成工件飞出伤人或撞碎砂轮等严重后果。开始工作时,应用手调方式,使砂轮慢些与工件靠近,开始进给量要小,不许用力过猛,防止碰撞砂轮。需要用挡铁控制工作台往复运动时,要根据工件磨削长度,调整准确,将挡铁紧牢。

3)更换砂轮时,必须先进行外观检查,是否有外伤,再用木槌或木棒敲击,要求声音清脆,确无裂纹。安装砂轮时必须按规定的方法和要求装配,静平衡调试后进行安装、试车,一切正常后,方可使用。

4)工人在工作中要戴好防护眼镜,修整砂轮时要平衡地进行,防止撞击。测量工件、调整或擦拭机床都要在停机后进行。用磁力吸盘时,要将盘面、工件擦净、靠紧、吸牢,必要时可加挡铁,防止工件移位或飞出。要注意装好砂轮防护罩或机床挡板,站位不能正对高速旋转砂轮。

磨床日常保养:磨床要有专人负责保养和使用,定期检修,确保机床处于良好状态。使用完毕,机件各处尤其是滑动部位,应擦拭干净后上油。

使用磨床注意事项:

1)研磨前,校正砂轮平衡。

2)必须依工件材质、硬度慎选砂轮。

3)主轴端与砂轮凸缘应涂薄油膜以防生锈。

4)注意主轴旋转方向。

5)禁止使用空气枪清洁工件及机器。

6)注意油窗油路是否顺畅。

7)油槽每3～6个月换一次(初期宜1～2个月换油一次)。

8)油量调整螺丝调整至适当。

9)吸尘箱、过滤网每周清洁一次。

10)吸力弱时请检查吸尘管是否有粉屑堵塞。

11)必须保持吸尘管道清洁,否则会引起燃烧。

砂轮是用磨料和结合剂树脂等制成的中央有通孔的圆形固结磨具。砂轮是磨具中用量最大、使用面最广的一种,使用时高速旋转,可对金属或非金属工件的外圆、内圆、平面和各种型面等进行粗磨、半精磨和精磨以及开槽和切断等。

砂轮种类繁多,按所用磨料可分为普通磨料(刚玉、碳化硅等)砂轮天然磨料超硬磨料(金刚石、立方氮化硼等)砂轮。按形状可分为平形砂轮、斜边砂轮、筒形砂轮、杯形砂轮、碟形砂轮等。按结合剂可分为陶瓷砂轮、树脂砂轮、橡胶砂轮、金属砂轮等。砂轮特性参数主要有磨料、黏度、硬度、结合剂、形状、尺寸等。

由于砂轮通常高速下工作,因而使用前应进行回转试验(保证砂轮最高工作转速下不会破裂)、静平衡试验(防止工作时引起机床振动)。砂轮工作一段时间后,应进行修整以恢复磨削性能正确几何形状。

砂轮机安全使用:

砂轮机多用于刀具磨削,安装时首先要对砂轮的安全质量进行检测,方法是用尼龙锤轻敲砂轮侧面,音响清脆则没问题。

砂轮机禁止安装在正对着附近设备及操作人员或经常有人过往的地方,一般较大的车间应设置专用的砂轮机房。如果确因厂房地形的限制不能设置专用的砂轮机房,应在砂轮机正面装设不低于1.8m高度的防护挡板,并且挡板要求牢固有效。

砂轮的不平衡主要是由砂轮的制造和安装不准确,使砂轮重心与回转轴不重合而引起的。不平衡造成的危害主要表现在两个方面:一方面在砂轮高速旋转时,引起振动,易造成工件表面产生多角形振痕;另一方面,不平衡加速了主轴的振动和轴承的磨损,严重时会造成砂轮的破裂,甚至造成事故。因此,直径大于或等于200mm的砂轮,装上卡盘后应先进行静平衡,砂轮在经过整形修整后或在工作中发现不平衡时,应重复进行静平衡。

匹配问题主要是指卡盘与砂轮的安装配套问题。按标准要求,砂轮卡盘直径不得小于被安装砂轮直径的1/3,且相应规定砂轮磨损到直径比卡盘直径大10mm时应更换新砂轮。这里存在着卡盘和砂轮的匹配问题,否则会出现这样的情况,"大马拉小车"造成设备和材料的浪费;"小马拉大车"也不符合安全要求,易造成人身事故。因此,卡盘与砂轮的合理匹配,一方面可以节约设备,节约材料;另一方面又符合安全操作要求。此外,在砂轮与卡盘之间还应加装直径大于卡盘直径2mm、厚度为1～2mm的软垫。

防护罩是砂轮机最主要的防护装置,其作用是:当砂轮在工作中因故破坏时,能够有效地罩住砂轮碎片，保证人员的安全。砂轮防护罩的形状有圆形和方形两种，其最大开口角度不允许超过90°；防护罩的材料为抗拉强度不低于415N/mm²的钢。更换新砂轮时，防护罩的安装要牢固可靠，并且防护罩不得随意拆卸或丢弃不用。

挡屑屏板是砂轮机的主要防护附件之一，在主轴水平面以上开口大于等于30°时必须设此装置。它的主要功能是用来遮挡磨削过程中的飞屑，以免伤及操作人员。它安装于防护罩开口正端，宽度应大于砂轮防护罩宽度，并且应牢固地固定在防护罩上。此外，要求砂轮圆周表面与挡板的间隙应小于6mm。

托架是砂轮机常用的附件之一，按规定砂轮直径在150mm以上的砂轮机必须设置可调托架。砂轮与托架之间的距离应小于被磨工件最小外形尺寸的1/2，但最大不应超过3mm。

砂轮机使用动力线，因此设备的外壳必须有良好的接地保护装置。这也是易造成事故的重要因素之一。

砂轮机使用过程中的注意事项：

1)侧面磨削问题

在砂轮机的日常使用中，有的操作者不分砂轮机的种类、不分砂轮的种类，随意使用砂轮的侧面进行磨削，这是严重违反安全操作规程的违章操作行为。按规程用圆周表面做工作面的砂轮不宜使用侧面进行磨削，这种砂轮的径向强度较大，轴向强度很小，操作者用力过大时会造成砂轮破碎，甚至伤人，在实际的使用过程中应禁止这种行为。

2)正面操作问题

许多操作者总习惯正对着砂轮进行操作，这种行为是砂轮机操作中应特别禁止的。按操作规程，使用砂轮机磨削工件时，操作者应站在砂轮的侧面，不得在砂轮的正面进行操作，以免砂轮出故障时，砂轮飞出或破碎飞出伤人。

3)用力操作问题

在砂轮机的使用时，为求磨削的速度快，用力过大过猛，这是一种极不安全的操作行为。任何砂轮都有一定的强度，这样做很可能会造成砂轮的破碎是一种应禁止的行为。

4)共同操作问题

有使用者为赶生产任务、抢工作时间，两人共用一台砂轮机同时操作，这是一种严重的违章操作行为，应严格禁止。一台砂轮机不够用的时候，可以采用添加砂轮机的办法解决，绝对不允许同时共用一台砂轮机。

5)及时更换砂轮

任何砂轮都有它的一定的使用磨损要求，磨损情况达到一定的程度就必须重新更换新的砂轮。不能为了节约材料，就超磨损要求使用，这是一种极不安全的违章行为。一般规定，当砂轮磨损到直径比卡盘直径大10mm时就应更换新砂轮。

新砂轮不一定是合格的砂轮。任何砂轮都有它一定的有效期限，在有效期限内使用，它是合格砂轮。超过有效期使用，就不一定是合格的砂轮。规程规定“砂轮应在有效期内使用，树脂和橡胶结合剂砂轮存储一年后必须经回转试验，合格者方可使用”。

在使用过程中，如果发现砂轮局部出现裂纹，应立即停止使用，重新更换新的砂轮，以免造成砂轮破碎伤人事故。

6)其他应注意事项

砂轮机一般应设置专用砂轮机房,且严禁在砂轮机房或砂轮机附近堆放易燃易爆的物品,以免发生火灾或爆炸事故,也不应在砂轮机附近乱放其他零件或物品。

砂轮机应有专人负责,凡非本单位人员欲在砂轮机上磨削物件时,需经专职负责人许可,并且严格遵守安全操作规程,严禁未经负责人员同意,外人私自乱用砂轮机。此外,砂轮的更换亦应由专人负责,禁止他人私自更换、安装砂轮。

操作人员停止工作后,应立即关闭。禁止砂轮机在无人使用、无人管理的情况下空转。此外,使用后应保持砂轮机的清洁。

(4)刨削加工的工艺过程、特点及发展

刨削是利用刨刀与工件在水平方向上的相对直线往复运动的切削加工。刨削可在牛头刨床或龙门刨床上进行。前者刨刀作往复运动,每次回程后工件作间歇的进给运动,用于加工较小的工件。后者工件作往复运动,每次回程后刨刀作间歇的进给运动,用于加工较长较大的工件。在刨削的每个行程中,刨刀切入工件时产生冲击,用硬质合金刨刀刨削钢和铸铁的切削速度一般不超过 60m/min,高速钢刨刀不超过 40m/min,且回程时刀具不参与切削,效率较低。因此刨削有被铣削、磨削和拉削代替的趋势。但刨刀的制造简单,安装和调整方便,生产准备时间短,故在单件或小批生产中,刨削仍有一定的应用范围。

刨削加工的特点:

1)生产率一般较低 刨削是不连续的切削过程,刀具切入、切出时切削力有突变,将引起冲击和振动,限制了刨削速度的提高。此外,单刃刨刀实际参加切削的长度有限,一个表面往往要经过多次行程才能加工出来,刨刀返回行程时不进行工作。由于以上原因,刨削生产率一般低于铣削,但对于狭长表面(如导轨面)的加工,以及在龙门刨床上进行多刀、多件加工,其生产率可能高于铣削。

2)刨削加工通用性好、适应性强 刨床结构较车床、铣床等简单,调整和操作方便;刨刀形状简单,和车刀相似,制造、刃磨和安装都较方便;刨削时一般不需加切削液。

刨削加工的尺寸精度一般为 IT9～IT8,表面粗糙度为 6.3 ～1.6 μm,用宽刀精刨时可达 1.6 μm。此外,刨削加工还可保证一定的相互位置精度,如面对面的平行度和垂直度等。刨削在单件、小批生产和修配工作中得到广泛应用。刨削主要用于加工各种平面(水平面、垂直面和斜面)、各种沟槽(直槽、T 形槽、燕尾槽等)和成型面等,如图 1-34 所示。

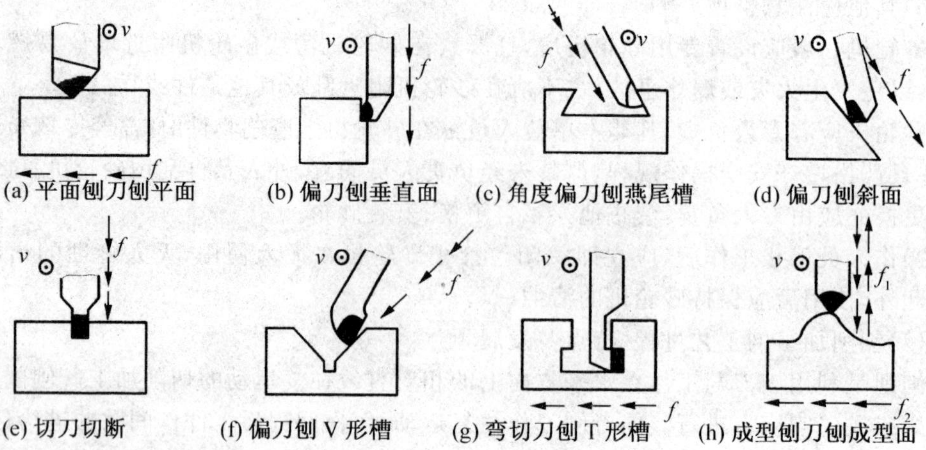

图 1-34　刨削加工的主要应用

牛头刨床的组成：

如图 1-35 所示为 B6065 型牛头刨床的外形。型号 B6065 中，B 为机床类别代号，表示刨床，读作“刨”；6 和 0 分别为机床组别和系别代号，表示牛头刨床；65 为主参数最大刨削长度的 1/10，即最大刨削长度为 650mm。

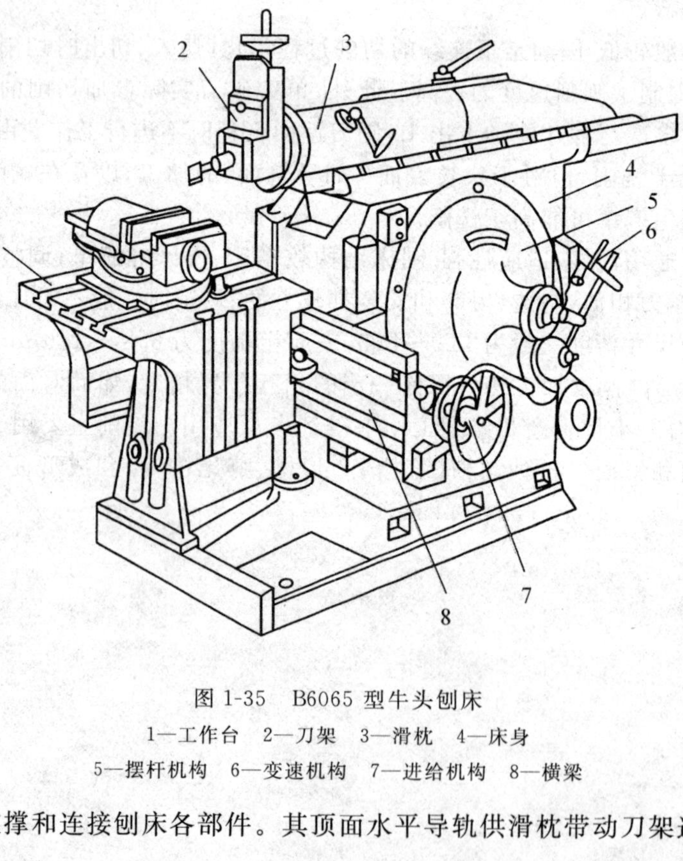

图 1-35　B6065 型牛头刨床

1—工作台　2—刀架　3—滑枕　4—床身

5—摆杆机构　6—变速机构　7—进给机构　8—横梁

床身用以支撑和连接刨床各部件。其顶面水平导轨供滑枕带动刀架进行往复直线运动，侧面的垂直导轨供横梁带动工作台升降。床身内部有主运动变速机构和摆杆机构。

滑枕用以带动刀架沿床身水平导轨作往复直线运动。滑枕往复直线运动的快慢、行程的长度和位置，均可根据加工需要调整。

刀架用以夹持刨刀，其结构如图 1-36 所示。当转动刀架手柄 5 时，滑板 4 带着刨刀沿刻度转盘 7 上的导轨上、下移动，以调整背吃刀量或加工垂直面时作进给运动。松开转盘 7 上的螺母，将转盘扳转一定角度，可使刀架斜向进给，以加工斜面。刀座 3 装在滑板 4 上。抬刀板 2 可绕刀座上的销轴向上抬起，以使刨刀在返回行程时离开零件已加工表面，以减少刀具与零件的摩擦。

工作台用以安装零件，可随横梁作上下调整，也可沿横梁导轨作水平移动或间歇进给运动。

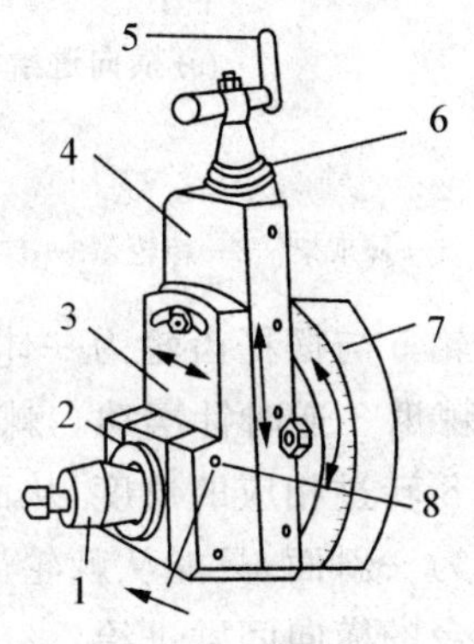

图 1-36 刀架

1—刀夹 2—抬刀板 3—刀座 4—滑板 5—手柄 6—刻度环 7—刻度转盘 8—销轴

B6065 型牛头刨床的传动系统主要包括摆杆机构和棘轮机构。

摆杆机构的作用是将电动机传来的旋转运动变为滑枕的往复直线运动，结构如图 1-37 所示。摆杆 7 上端与滑枕内的螺母 2 相连，下端与支架 5 相连。摆杆齿轮 3 上的偏心滑块 6 与摆杆 7 上的导槽相连。当摆杆齿轮 3 由小齿轮 4 带动旋转时，偏心滑块就在摆杆 7 的导槽内上下滑动，从而带动摆杆 7 绕支架 5 中心左右摆动，于是滑枕便作往复直线运动。摆杆齿轮转动一周，滑枕带动刨刀往复运动一次。

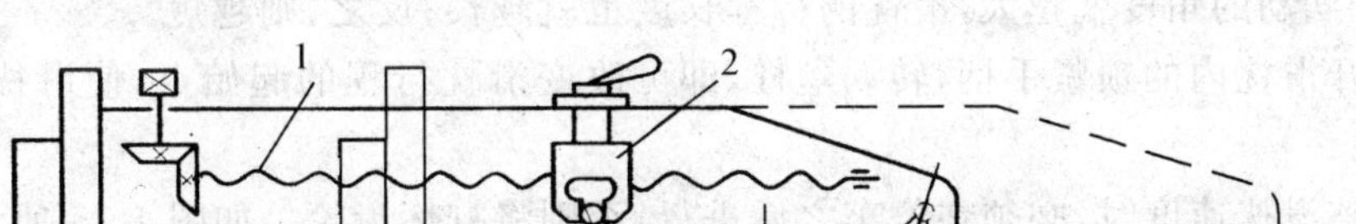

图 1-37 摆杆机构

1—丝杠 2—螺母 3—摆杆齿轮 4—小齿轮 5—支架 6—偏心滑块 7—摆杆

棘轮机构其作用是使工作台在滑枕完成回程与刨刀再次切入零件之前的瞬间，作间歇横向进给，横向进给机构如图 1-38(a)所示，棘轮机构的结构如图 1-38(b)所示。

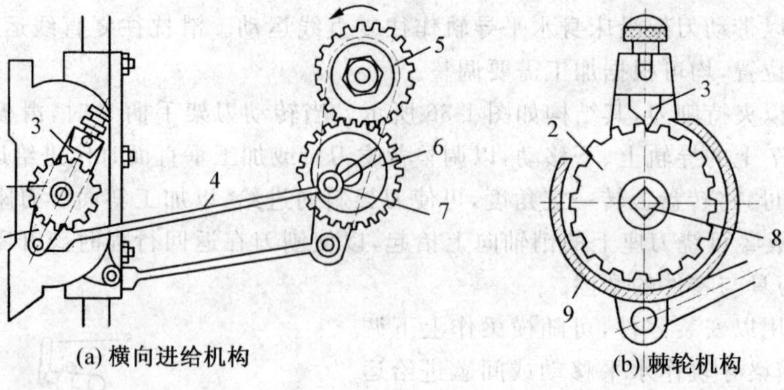

图 1-38　牛头刨床横向进给机构

1—棘爪架　2—棘轮　3—棘爪　4—连杆　5、6—齿轮　7—偏心销　8—横向丝杠　9—棘轮罩

齿轮 5 与摆杆齿轮为一体，摆杆齿轮逆时针旋转时，齿轮 5 带动齿轮 6 转动，使连杆 4 带动棘爪 3 逆时针摆动。棘爪 3 逆时针摆动时，其上的垂直面拨动棘轮 2 转过若干齿，使丝杠 8 转过相应的角度，从而实现工作台的横向进给。而当棘轮顺时针摆动时，由于棘爪后面为一斜面，只能从棘轮齿顶滑过，不能拨动棘轮，所以工作台静止不动，这样就实现了工作台的横向间歇进给。

牛头刨床的调整：

1)滑枕行程长度、起始位置、速度的调整

刨削时，滑枕行程的长度一般应比零件刨削表面的长度为 30～40mm，如图 1-37 所示。滑枕的行程长度调整方法是通过改变摆杆齿轮上偏心滑块的偏心距离，其偏心距越大，摆杆摆动的角度就越大，滑枕的行程长度也就越长；反之，则越短。

松开滑枕内的锁紧手柄，转动丝杠，即可改变滑枕行程的起始点，使滑枕移到所需要的位置。

调整滑枕速度时，必须在停车之后进行，否则将打坏齿轮。如图 1-35 所示，可以通过变速机构 6 来改变变速齿轮的位置，使牛头刨床获得不同的转速。

2)工作台横向进给量的大小、方向的调整

工作台的进给运动既要满足间歇运动的要求，又要与滑枕的工作行程协调一致，即在刨刀返回行程将结束时，工作台连同零件一起横向移动一个进给量。牛头刨床的进给运动是由棘轮机构实现的。

如图 1-38 所示，棘爪架空套在横梁丝杠轴上，棘轮用键与丝杠轴相连。工作台横向进给量的大小，可通过改变棘轮罩的位置，从而改变棘爪每次拨过棘轮的有效齿数来调整。

棘爪拨过棘轮的齿数较多时，进给量大，反之则小。此外，还可通过改变偏心销 7 的偏心距来调整，偏心距小，棘爪架摆动的角度就小，棘爪拨过的棘轮齿数少，进给量就小；反之，进给量则大。

若将棘爪提起后转动 180°，可使工作台反向进给。当把棘爪提起后转动 90°时，棘轮便与棘爪脱离接触，此时可手动进给。

刨刀及其安装：

刨刀的几何形状与车刀相似，但刀杆的截面积是车刀的 1.25～1.5 倍，以承受较大的冲击力。刨刀的前角 γ_0 比车刀稍小，刃倾角取较大的负值，以增加刀头的强度。刨刀的一个显著特点是刨刀的刀头往往做成弯头，图 1-39 为弯、直头刨刀比较示意图。做成弯头的目的是为了当刀具碰到零件表面上的硬点时，刀头能绕 O 点向后上方弹起，使切削刃离开零件表面，不会啃入零件已加工表面或损坏切削刃，因此，弯头刨刀比直头刨刀应用更广泛。

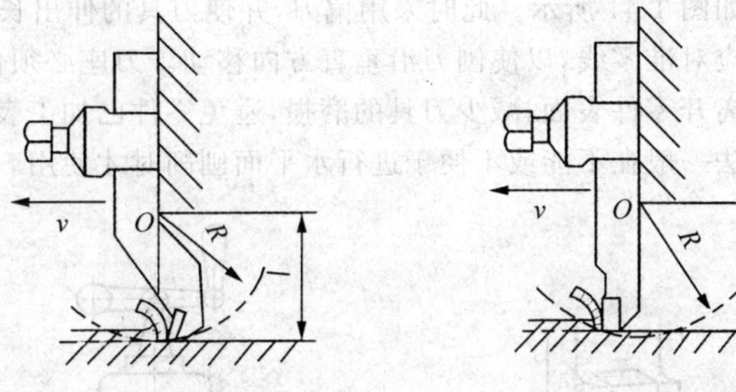

图 1-39　弯头刨刀和直头刨刀

刨刀的形状和种类依加工表面形状不同而有所不同。常用刨刀及其应用如图 1-34 所示。平面刨刀用以加工水平面；偏刀用于加工垂直面、台阶面和斜面；角度偏刀用以加工角度和燕尾槽；切刀用以切断或刨沟槽；内孔刀用以加工内孔表面（如内键槽）；弯切刀用以加工 T 形槽及侧面上的槽；成型刀用以加工成型面。

如图 1-40 所示，安装刨刀时，将转盘对准零线，以便准确控制背吃刀量，刀头不要伸出太长，以免产生振动和折断。直头刨刀伸出长度一般为刀杆厚度的 1.5～2 倍，弯头刨刀伸出长度可稍长些，以弯曲部分不碰刀座为宜。装刀或卸刀时，应使刀尖离开零件表面，以防损坏刀具或者擦伤零件表面，必须一只手扶住刨刀，另一只手使用扳手，用力方向自上而下，否则容易将抬刀板掀起，碰伤或夹伤手指。

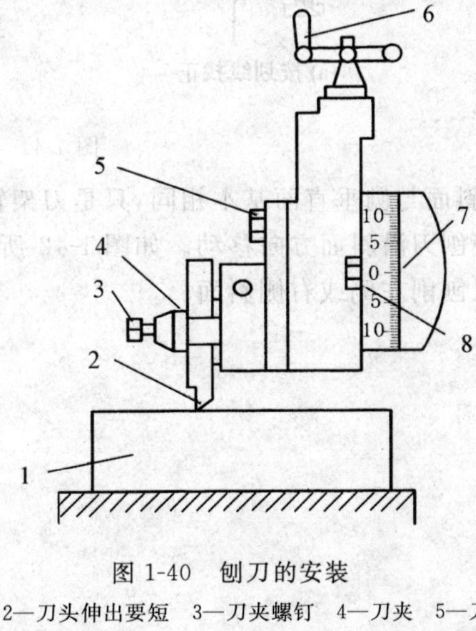

图 1-40　刨刀的安装

1—零件　2—刀头伸出要短　3—刀夹螺钉　4—刀夹　5—刀座螺钉　6—刀架进给手柄　7—转盘对准零线　8—转盘螺钉

刨削水平面过程：

1）正确安装刀具和零件。

2)调整工作台的高度,使刀尖轻微接触零件表面。

3)调整滑枕的行程长度和起始位置。

4)根据零件材料、形状、尺寸等要求,合理选择切削用量。

5)试切。先用手动试切,进给 1mm～1.5mm 后停车,测量尺寸,根据测得结果调整背吃刀量,再自动进给进行刨削。当零件表面粗糙度低于 6.3μm 时,应先粗刨,再精刨。精刨时,背吃刀量和进给量应小些,切削速度应适当高些。此外,在刨刀返回行程时,用手掀起刀座上的抬刀板,使刀具离开已加工表面,以保证零件表面质量。

6)检验。零件刨削完工后,停车检验,尺寸和加工精度合格后即可卸下。

刨垂直面的方法如图 1-41 所示。此时采用偏刀,并使刀具的伸出长度大于整个刨削面的高度。刀架转盘应对准零线,以使刨刀沿垂直方向移动。刀座必须偏转 10°～15°,以使刨刀在返回行程时离开零件表面,减少刀具的磨损,避免零件已加工表面被划伤。刨垂直面和斜面的加工方法一般在不能或不便于进行水平面刨削时才使用。

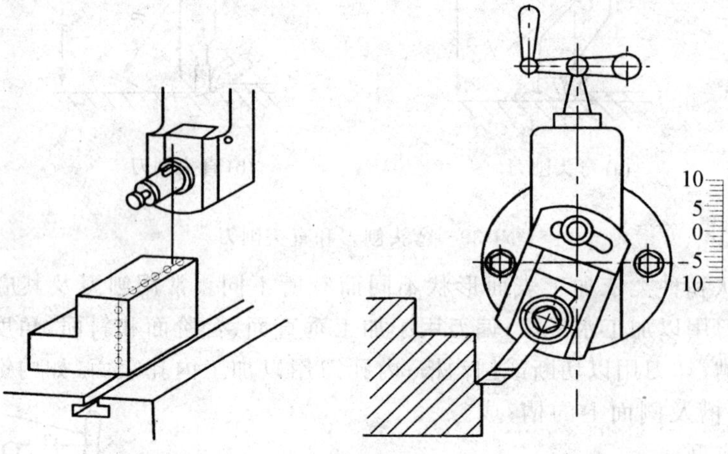

(a) 按划线找正　　(b) 调整刀架垂直进给

图 1-41　刨垂直面

刨斜面与刨垂直面基本相同,只是刀架转盘必须按零件所需加工的斜面扳转一定角度,以使刨刀沿斜面方向移动。如图 1-42 所示,采用偏刀或样板刀,转动刀架手柄进行进给,可以刨削左侧或右侧斜面。

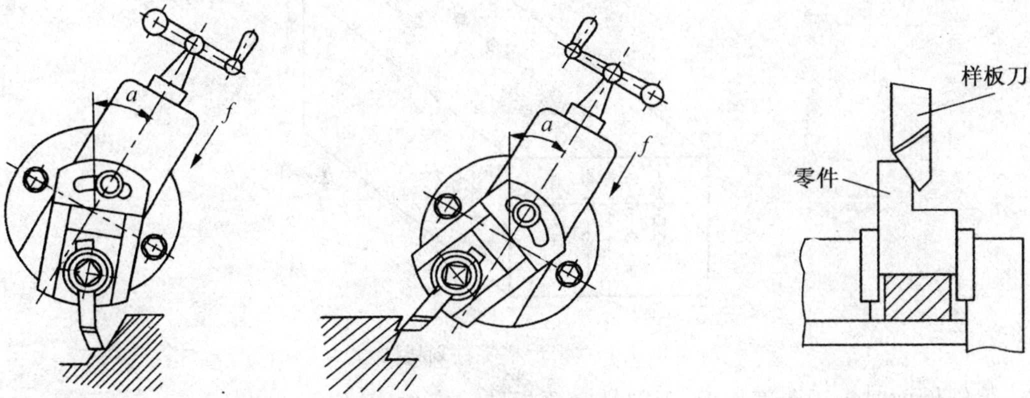

(a) 用偏刀刨左侧斜面　　(b) 用偏刀刨右侧斜面　　(c) 用样刀刨斜面

图 1-42　刨斜面

刨直槽时用切刀以垂直进给完成，如图 1-43 所示。

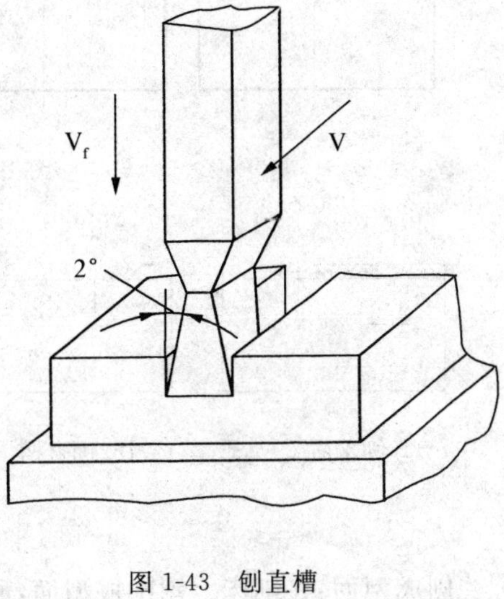

图 1-43　刨直槽

刨 V 形：如图 1-44 所示，先按刨平面的方法把 V 形槽粗刨出大致形状，如图 1-44(a)所示；然后用切刀刨 V 形槽底的直角槽，如图 1-44(b)所示；再按刨斜面的方法用偏刀刨 V 形槽的两斜面，如图 1-44(c)所示；最后用样板刀精刨至图样要求的尺寸精度和表面粗糙度，如图 1-44 (d)所示。

刨 T 形槽时，应先在零件端面和上平面划出加工线，如图 1-45 所示。

刨燕尾槽与刨 T 形槽相似，应先在零件端面和上平面划出加工线，如图 1-46 所示。

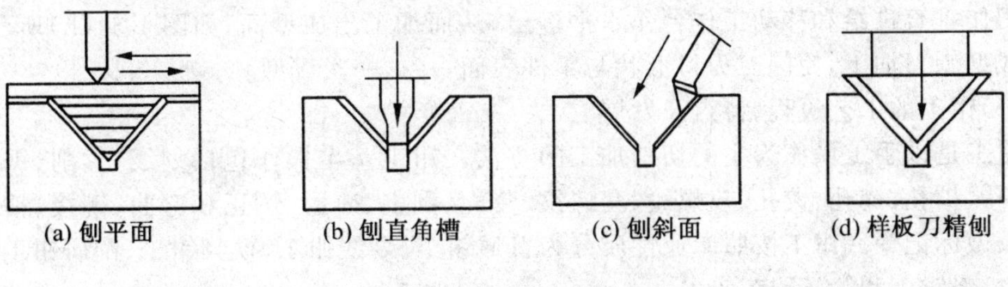

(a) 刨平面　(b) 刨直角槽　(c) 刨斜面　(d) 样板刀精刨

图 1-44　刨 V 形槽

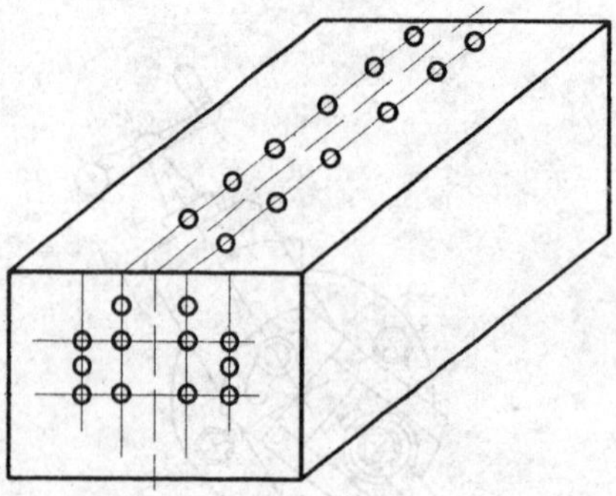

图 1-45　T 形槽零件划线图

但刨侧面时须用角度偏刀，刀架转盘要扳转一定角度，如图 1-47 所示。

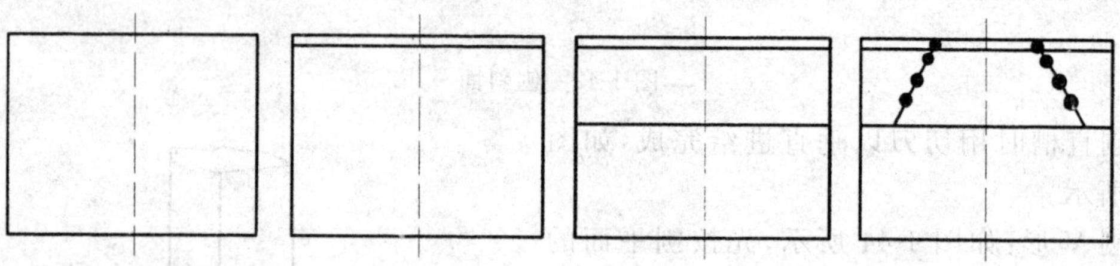

图 1-46　燕尾槽的划线

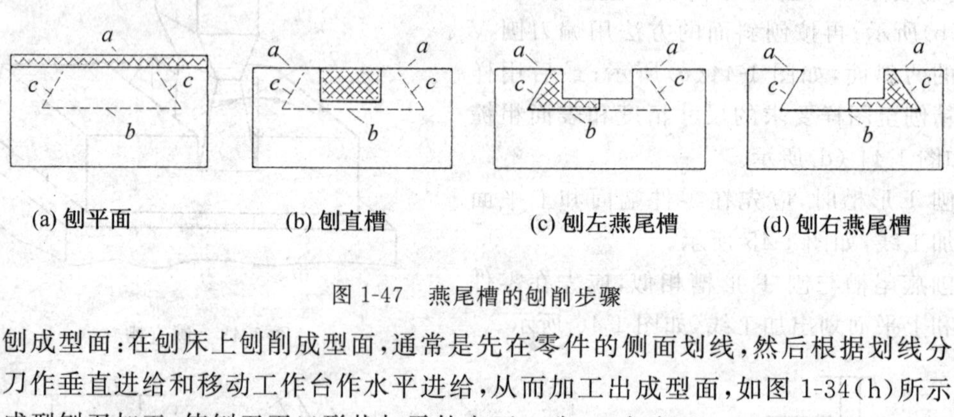

(a) 刨平面　(b) 刨直槽　(c) 刨左燕尾槽　(d) 刨右燕尾槽

图 1-47　燕尾槽的刨削步骤

刨成型面：在刨床上刨削成型面，通常是先在零件的侧面划线，然后根据划线分别移动刨刀作垂直进给和移动工作台作水平进给，从而加工出成型面，如图 1-34(h)所示。也可用成型刨刀加工，使刨刀刃口形状与零件表面一致，一次成型。

(5)钳工的工艺过程、特点及发展

钳工是以手工操作为主的切削加工的方法。钳工基本操作包括划线、錾削、锯割、锉削、钻孔、扩孔、锪孔、铰孔、攻螺纹、套螺纹、装配、刮削、研磨、矫正和弯曲、铆接、粘接、测量以及做标记等。钳工按照专业性质分为普通钳工、划线钳工、模具钳工、刮研钳工、装配钳工、机修钳工和管子钳工等。

钳工的加工特点：

钳工是一个技术工艺比较复杂、加工程序细致、工艺要求高的工种。它具有使用工具简单、加工多样灵活、操纵方便和适应面广等特点。目前虽然有各种先进的加工方法，但很多工作仍然需要钳工来完成，钳工在保证产品质量中起重要作用。

1)加工灵活。在不适于机械加工的场合,尤其是在机械设备的维修工作中,钳工加工可获得满意的效果。

2)可加工形状复杂和高精度的零件。技术熟练的钳工可加工出比现代化机床加工的零件还要精密和光洁的零件,可以加工出连现代化机床也无法加工的形状非常复杂的零件,如高精度量具、样板、开头复杂的模具等。

3)投资小。钳工加工所用工具和设备价格低廉,携带方便。

4)生产效率低,劳动强度大。

5)加工质量不稳定。钳工主要是手工作业,所以加工质量和效率主要依赖于操作者的技艺和熟练程度。

钳工的工作范围主要有:

1)用钳工工具进行修配及小批量零件的加工。

2)精度较高的样板及模具的制作。

3)整机产品的装配和调试。

4)机器设备(或产品)使用中的调试和维修。

钳工常用的设备和工具:

钳工常用的设备有钳工工作台、台虎钳、砂轮机、钻床、手电钻等。常用的手用工具有划线盘、錾子、手锯、锉刀、刮刀、扳手、螺钉旋具、锤子等。

钳工工作台简称钳台,用于安装台虎钳,进行钳工操作。有单人使用和多人使用的两种,用硬质木材或钢材做成。工作台要求平稳、结实,台面高度一般以装上台虎钳后钳口高度恰好与人手肘齐平为宜。如图 1-48 所示。

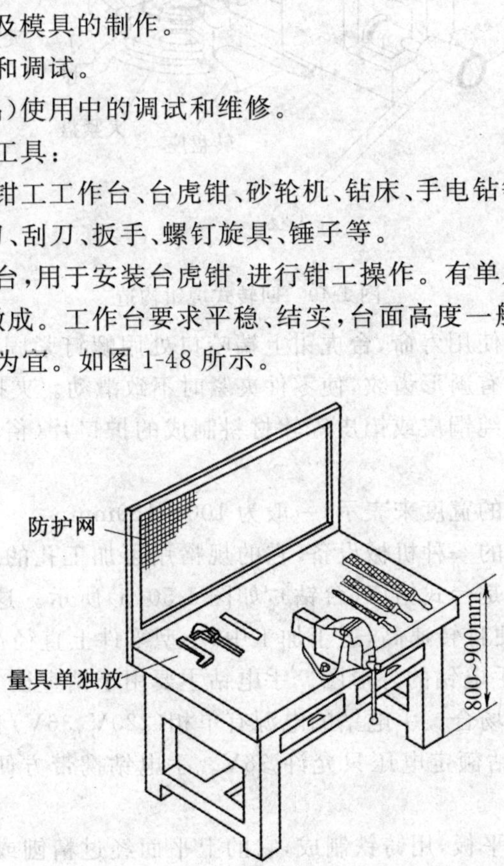

图 1-48　钳工工作台

台虎钳是钳工最常用的一种夹持工具。凿切、锯割、锉削以及许多其他钳工操作都是在台虎钳上进行的。

钳工常用的台虎钳有固定式和回转式两种。图 1-49 为回转式台虎钳的结构图。台虎钳主体是用铸铁制成,由固定部分和活动部分组成。台虎钳固定部分由转盘锁紧螺钉固定在转盘座上，转盘座内装有夹紧盘，放松转盘锁紧手柄，固定部分就可以在转盘座上转动，以变更台虎钳方向。转盘座用螺钉固定在钳台上。连接手柄的螺杆穿过活动部分旋入固定部分上的螺母内。扳动手柄使螺杆从螺母中旋出或旋进，从而带动活动部分移动，使钳口张开或合拢，以放松或夹紧零件。

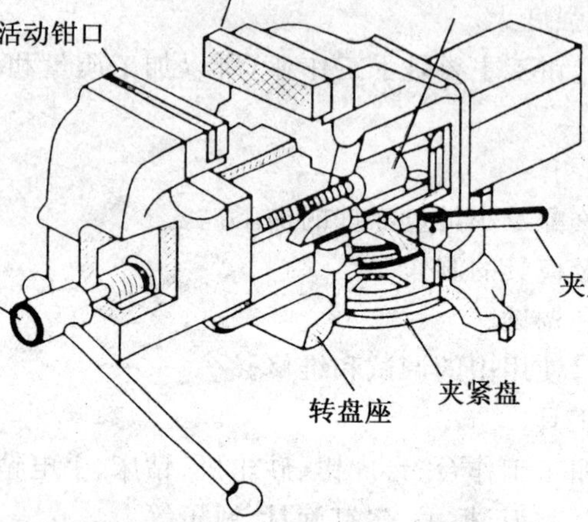

图 1-49　回转式虎钳构造

为了延长台虎钳的使用寿命，台虎钳上端咬口处用螺钉紧固着两块经过淬硬的钢质钳口。钳口的工作面上有斜形齿纹，使零件夹紧时不致滑动。夹持零件的精加工表面时，应在钳口和零件间垫上纯铜皮或铝皮等软材料制成的护口片（俗称软钳口），以免夹坏零件表面。

台虎钳规格以钳口的宽度来表示，一般为 100～150mm。

钻床是用于孔加工的一种机械设备，它的规格用可加工孔的最大直径表示，其品种、规格颇多。其中最常用是台式钻床（台钻），如图 1-50(a)所示。这类钻床小型轻便，安装在台面上使用，操作方便且转速高，适于加工中、小型零件上直径在 16 mm 以下的小孔。

图 1-50(b)为两种手电钻的外形图。手电钻主要用于钻直径 12 mm 以下的孔。常用于不便使用钻床钻孔的场合。手电钻的电源有单相（220V、36V）和三相（380V）两种。根据用电安全条例，手电钻额定电压只允许 36V。手电钻携带方便，操作简单，使用灵活，应用较广泛。

划线平台又称划线平板，用铸铁制成，它的上平面经过精刨或刮削，是划线的基准平面。

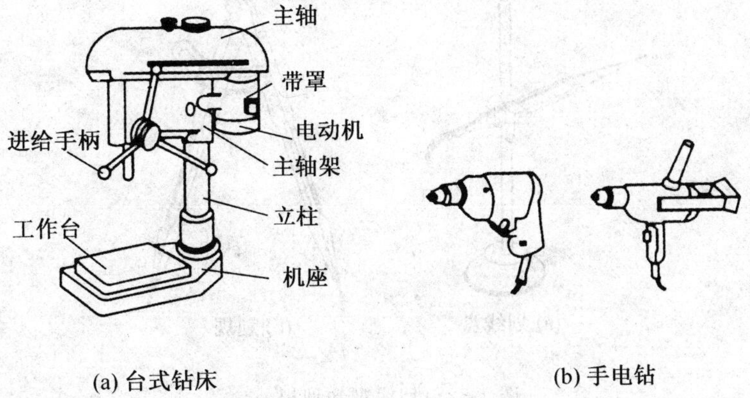

图 1-50　孔加工设备

划针是在零件上直接划出线条的工具。如图 1-51 所示，由工具钢淬硬后将尖端磨锐或焊上硬质合金尖头。弯头划针可用于直线划针划不到的地方和找正零件。使用划针划线时必须使针尖紧贴钢直尺或样板。

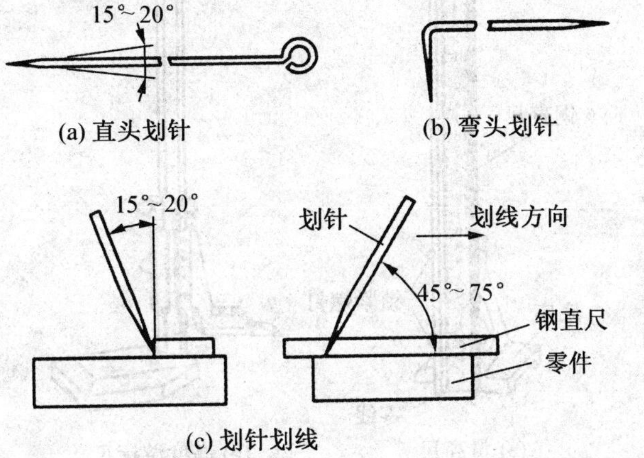

图 1-51　划针

划线盘如图 1-52(a)所示，它的直针尖端焊上硬质合金，用来划与针盘平行的直线。另一端弯头针尖用来找正零件用。

常用划规如图 1-52(b)所示。它适合在毛坯或半成品上划圆。

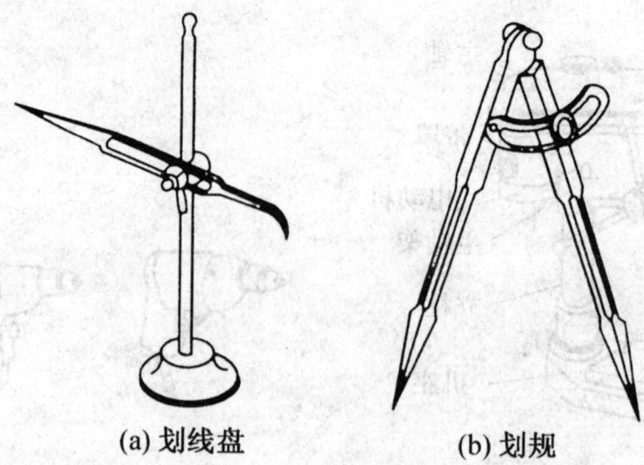

图 1-52　划线盘和划规

量高尺，如图 1-53 所示，是用来校核划针盘划针高度的量具，其上的钢尺零线紧贴平台。

高度游标尺，如图 1-53(b)所示，实际上是量高尺与划针盘的组合。划线脚与游标连成一体，前端镶有硬质合金，一般用于已加工面的划线。

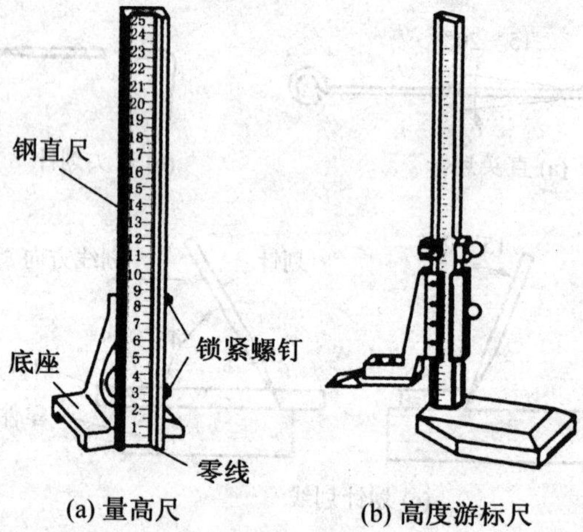

图 1-53　量高尺和高度游标尺

直角尺(90°角尺)简称角尺。它的两个工作面经精磨或研磨后呈精确的直角。90°角尺既是划线工具又是精密量具。90°角尺有扁 90°角尺和宽座 90°角尺两种。前者用于平面划线，在没有基准面的零件上划垂直线如图 1-54(a)所示；后者用于立体划线，用它靠住零件基准面划垂直线，如图 1-54(b)所示，或用它找正零件的垂直线或垂直面。

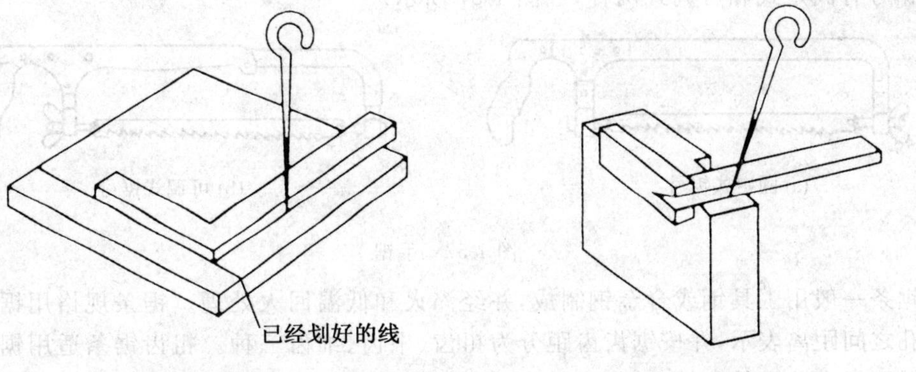

(a) 无基准面　　(b) 有基准面

图 1-54　90°角尺划线

方箱如图 1-55(a)所示，是用灰铸铁制成的空心长方体或立方体。它的 6 个面均经过精加工，相对的平面互相平行，相邻的平面互相垂直。方箱用于支承划线的零件。

V 形铁，如图 1-55(b)所示，主要用于安放轴、套筒等圆形零件。一般 V 形铁都是两块一副，即平面与 V 形槽是在一次安装中加工的。V 形槽夹角为 90°或 120°。V 形铁也可当方箱使用。

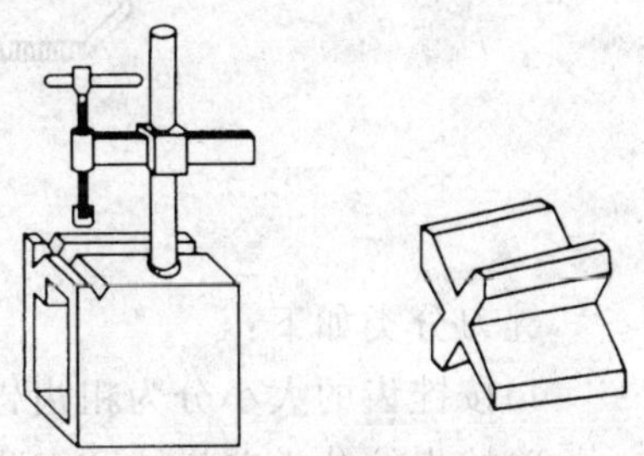

(a) 方箱　　(b)V 形铁

图 1-55　方箱和 V 形铁

千斤顶，如图 1-56(a)所示，常用于支承毛坯或形状复杂的大零件划线。使用时，三个一组顶起零件，调整顶杆的高度便能方便地找正零件。

样冲，如图 1-56(b)所示，用工具钢制成并经淬硬。样冲用于划好的线条上打出小而均匀的样冲眼，以免零件上已划好的线在搬运、装夹过程中因碰、擦而模糊不清，影响加工。

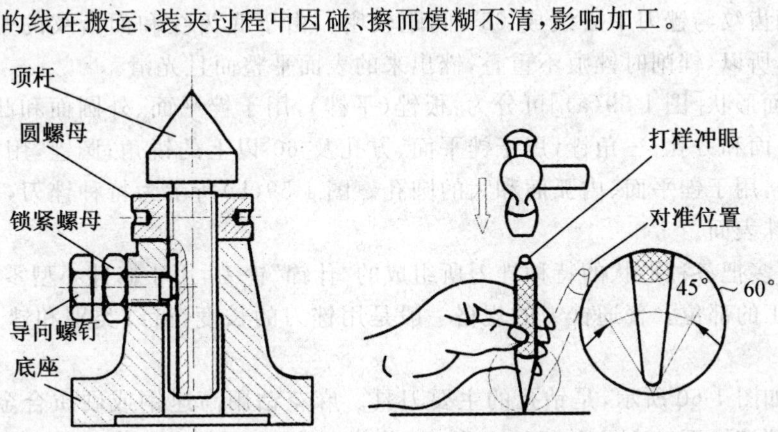

(a) 千斤顶　　(b) 样冲及使用

图 1-56　千斤顶和样冲及使用

手锯由锯弓和锯条组成。

锯弓有固定式和可调式两种，如图 1-57 所示。

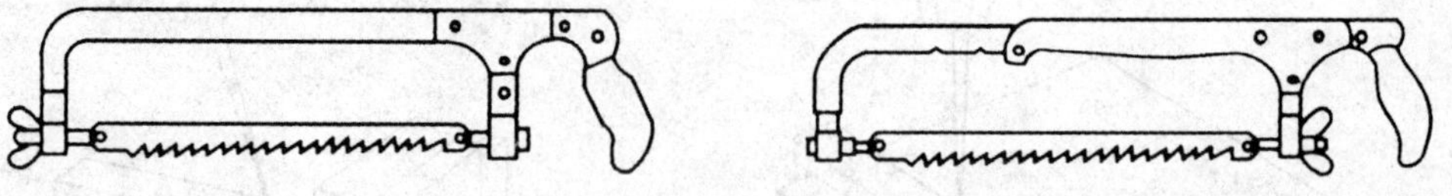

(a) 固定式锯弓　　(b) 可调式锯弓

图 1-57　手锯

锯条一般用工具钢或合金钢制成，并经淬火和低温回火处理。锯条规格用锯条两端安装孔之间距离表示，并按锯齿齿距分为粗齿、中齿、细齿三种。粗齿锯条适用锯削软材料和截面较大的零件。细齿锯条适用于锯削硬材料和薄壁零件。

锉刀是锉削的主要工具，锉刀用高碳钢（T12、T13）制成，并经热处理淬硬至 62HRC～67HRC。锉刀的构造及各部分名称如图 1-58 所示。

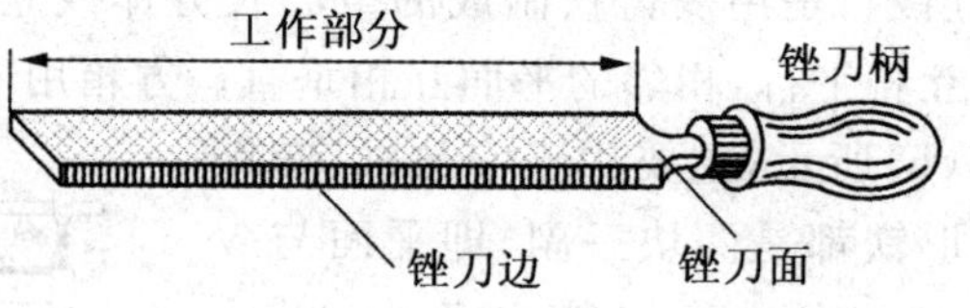

图 1-58　锉刀

锉刀分类如下：

1）按锉齿的大小分为粗齿锉、中齿锉、细齿锉和油光锉等。

2）按齿纹分为单齿纹和双齿纹。单齿纹锉刀的齿纹只有一个方向，与锉刀中心线成 70°，一般用于锉软金属，如铜、锡、铅等。双齿纹锉刀的齿纹有两个互相交错的排列方向，先剁上去的齿纹叫底齿纹，后剁上去的齿纹叫面齿纹。底齿纹与锉刀中心线成 45°，齿纹间距较疏；面齿纹与锉刀中心线成 65°，间距较密。由于底齿纹和面齿纹的角度不同，间距疏密不同，所以，锉削时锉痕不重叠，锉出来的表面平整而且光滑。

3）按断面形状[图 1-59(a)]可分为：板锉（平锉），用于锉平面、外圆面和凸圆弧面；方锉，用于锉平面和方孔；三角锉，用于锉平面、方孔及 60°以上的锐角；圆锉，用于锉圆和内弧面；半圆锉，用于锉平面、内弧面和大的圆孔。图 1-59(b)所示为特种锉刀，用于加工各种零件的特殊表面。

另外，由多把各种形状的特种锉刀所组成的“什锦”锉刀，用于修锉小型零件及模具上难以机械加工的部位。普通锉刀的规格一般是用锉刀的长度，齿纹类别和锉刀断面形状表示的。

麻花钻如图 1-60 所示，是钻孔的主要刀具。麻花钻用高速钢或硬质合金制成，工作部分经热处理淬硬至 62HRC～65HRC。麻花钻由钻柄、颈部和工作部分组成。

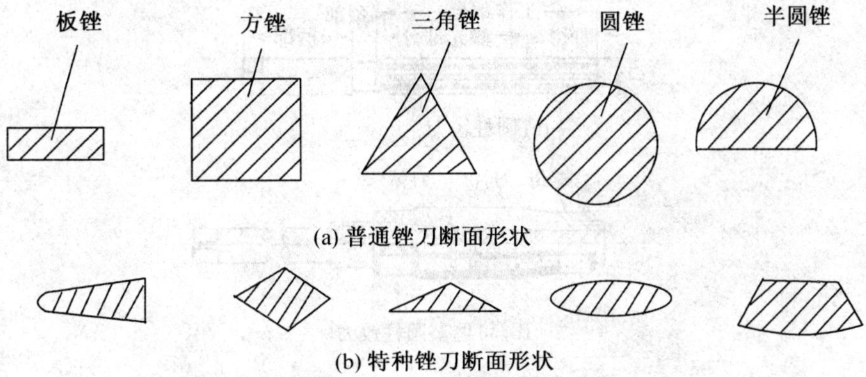

图 1-59　锉刀断面形状

钻柄供装夹和传递动力用，钻柄形状有两种：柱柄传递扭矩较小，用于直径 13mm 以下的钻头；锥柄对中性好，传递扭矩较大，用于直径大于 13mm 的钻头。

颈部是磨削工作部分和钻柄时的退刀槽。钻头直径、材料、商标一般刻印在颈部。

工作部分分为导向部分与切削部分。

导向部分如图 1-60 所示，依靠两条狭长的螺旋形的高出齿背 0.5～1mm 的棱边（刃带）起导向作用。它的直径前大后小，略有倒锥度。倒锥量为（0.03～0.12）mm/100mm，可以减少钻头与孔壁间的摩擦。导向部分经铣、磨或轧制形成两条对称的螺旋槽，用以排除切屑和输送切削液。

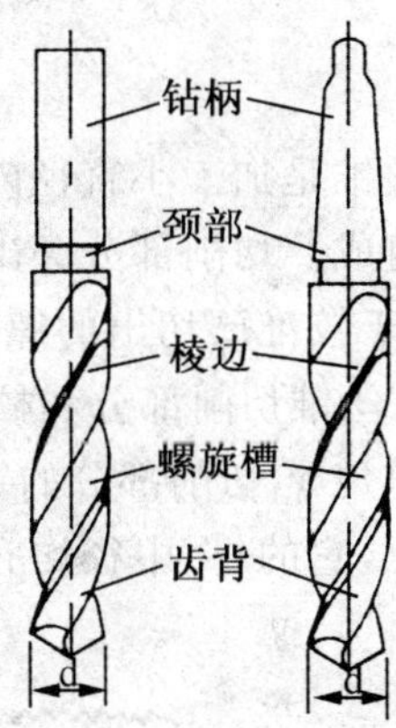

图 1-60　标准麻花钻头组成

专用扩孔钻如图 1-61 所示。专用扩孔钻一般有 3～4 条切削刃，故导向性好，不易偏斜，没有横刃，轴向切削力小，扩孔能得到较高的尺寸精度（可达 IT10～IT9）和较小的表面粗糙度（6.3～3.2μm）。

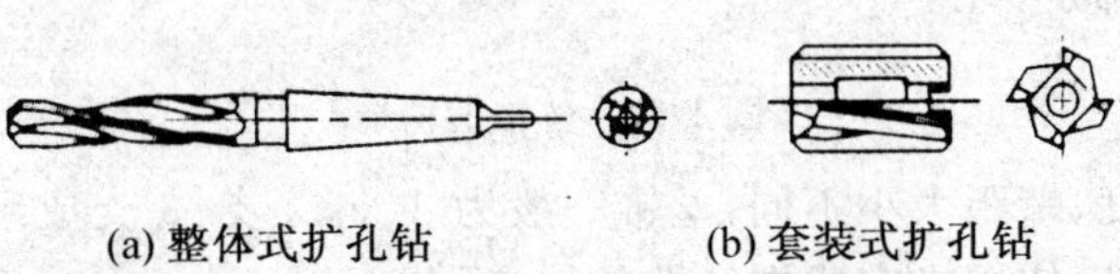

图 1-61　专用扩孔钻

铰刀是孔的精加工刀具。铰刀分为机铰刀和手铰刀两种，机铰刀为锥柄，手铰刀为直柄。图 1-62 所示为手铰刀。铰刀一般制成两支一套，其中一支为粗铰刀（它的刃上开有螺旋形分布的分屑槽），一支为精铰刀。

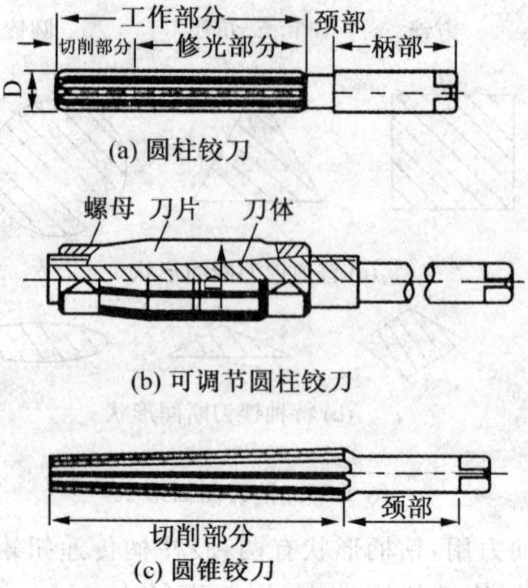

图 1-62　手铰刀

丝锥是加工小直径内螺纹的成型工具，如图 1-63 所示。它由切削部分、校准部分和柄部组成。切削部分磨出锥角，以便将切削负荷分配在几个刀齿上，校准部分有完整的齿形，用于校准已切出的螺纹，并引导丝锥沿轴向运动。柄部有方榫，便于装在铰手内传递扭矩。丝锥切削部分和校准部分一般沿轴向开有 3～4 条容屑槽以容纳切屑，并形成切削刃和前角 γ，切削部分的锥面上铲磨出后角 α。为了减少丝锥的校准部对零件材料的摩擦和挤压，它的外、中径均有倒锥度。

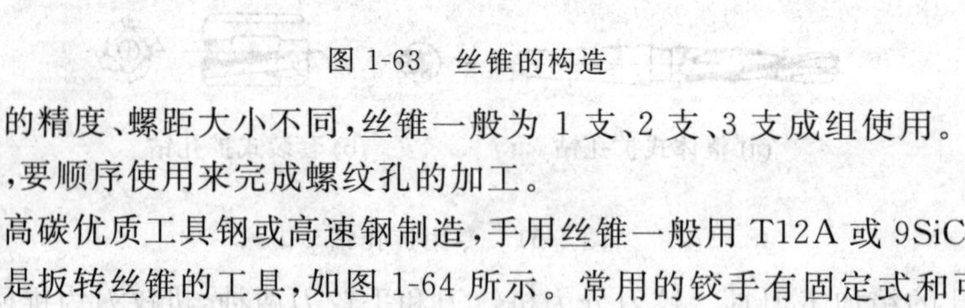

图 1-63　丝锥的构造

由于螺纹的精度、螺距大小不同，丝锥一般为 1 支、2 支、3 支成组使用。使用成组丝锥攻螺纹孔时，要顺序使用来完成螺纹孔的加工。

丝锥常用高碳优质工具钢或高速钢制造，手用丝锥一般用 T12A 或 9SiCr 制造。

丝锥铰手是扳转丝锥的工具，如图 1-64 所示。常用的铰手有固定式和可调节式，以便夹持各种不同尺寸的丝锥。

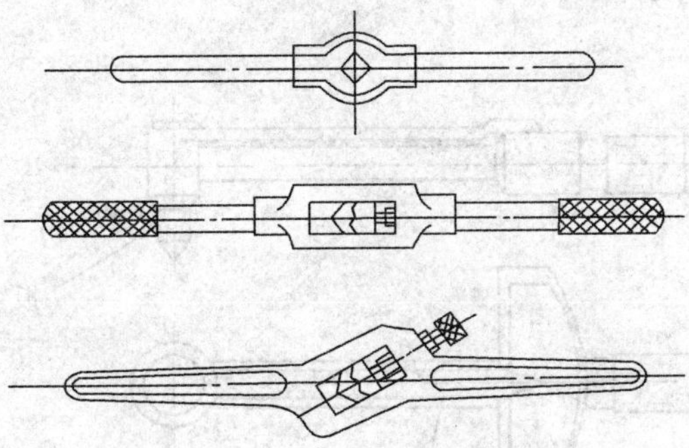

图 1-64　手用丝锥铰手

板牙是加工外螺纹的工具。圆板牙如图 1-65 所示，就像一个圆螺母，上面钻有几个屑孔并形成切削刃。板牙两端带 2φ 的锥角部分是切削部分。它是铲磨出来的阿基米德螺旋面，有一定的后角。当中一段是校准部分，也是套螺纹时的导向部分。板牙一端的切削部分磨损后可调头使用。

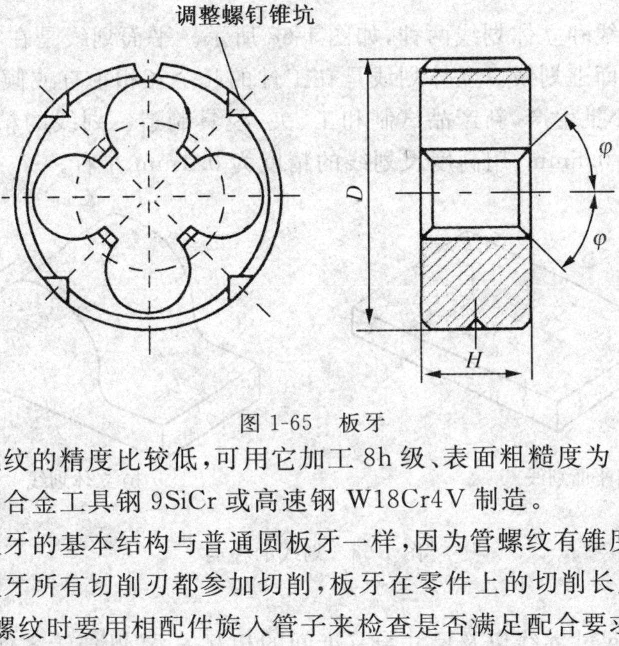

图 1-65　板牙

用圆板牙套螺纹的精度比较低，可用它加工 8h 级、表面粗糙度为 6.3～3.2 μm 的螺纹。圆板牙一般用合金工具钢 9SiCr 或高速钢 W18Cr4V 制造。

圆锥管螺纹板牙的基本结构与普通圆板牙一样，因为管螺纹有锥度，所以只在单面制成切削锥。这种板牙所有切削刃都参加切削，板牙在零件上的切削长度影响管子与相配件的配合尺寸，套螺纹时要用相配件旋入管子来检查是否满足配合要求。

板牙铰手如图 1-66 所示。

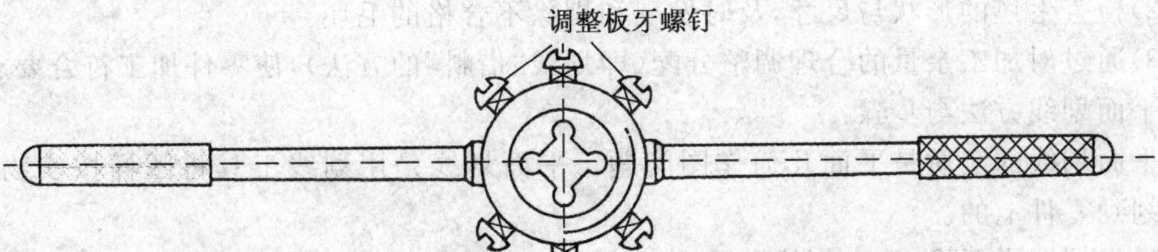

图 1-66　板牙铰手

测力扳手如图1-67所示。

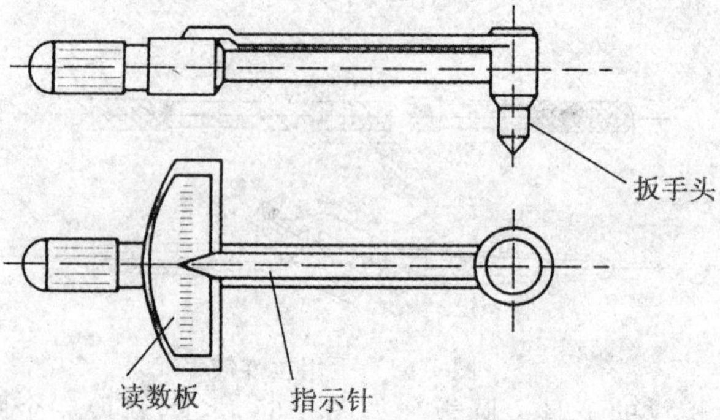

图1-67 测力扳手

划线:根据图样要求在毛坯或半成品上划出加工图形、加工界限或加工时找正用的辅助线称为划线。

划线分平面划线和立体划线两种,如图1-68所示。平面划线是在零件的一个平面或几个互相平行的平面上划线。立体划线是在工件的几个互相垂直或倾斜平面上划线。划线多数用于单件、小批生产,新产品试制和工、夹、模具制造。划线的精度较低;用划针划线的精度为0.25~0.5mm,用高度尺划线的精度为0.1mm左右。

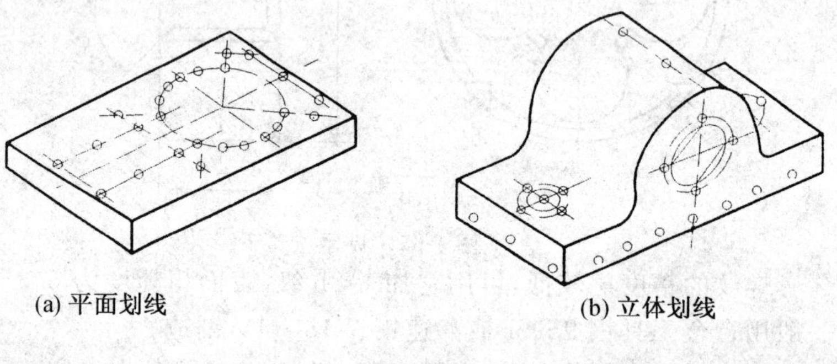

图1-68 划线的种类

划线的目的:

1)划出清晰的尺寸界线以及尺寸与基准间的相互关系,既便于零件在机床上找正、定位,又使机械加工有明确的标志。

2)检查毛坯的形状与尺寸,及时发现和剔除不合格的毛坯。

3)通过对加工余量的合理调整分配(即划线"借料"的方法),使零件加工符合要求。

平面划线方法与步骤:

平面划线的实质是平面几何作图问题。平面划线是用划线工具将图样按实物大小1∶1划到零件上的。

1)根据图样要求,选定划线基准。

2)对零件进行划线前的准备(清理、检查、涂色,在零件孔中装中心塞块等)。在零件上划线部位涂上一层薄而均匀的涂料(即涂色),使划出的线条清晰可见。零件不同,涂料也不同。一般在铸、锻毛坯件上涂石灰水,小的毛坯件上也可以涂粉笔,钢铁半成品上一般涂龙胆紫(也称"兰油")或硫酸铜溶液,铝、铜等有色金属半成品上涂龙胆紫或墨汁。

3)划出加工界限(直线、圆及连接圆弧)。

4)在划出的线上打样冲眼。

立体划线方法与步骤:

立体划线是平面划线的复合运用。它和平面划线有许多相同之处,如划线基准一经确定,其后的划线步骤大致相同。它们的不同之处在于一般平面划线应选择两个基准,而立体划线要选择三个基准。

锯削:用手锯把原材料和零件割开,或在其上锯出沟槽的操作叫锯削。

锯削操作要领:

1)锯条安装。安装锯条时,锯齿方向必须朝前,如图1-57所示,锯条绷紧程度要适当。

2)握锯及锯削操作。一般握锯方法是右手握稳锯柄,左手轻扶弓架前端。锯削时站立位置如图1-69所示。锯削时推力和压力由右手控制,左手压力不要过大,主要应配合右手扶正锯弓,锯弓向前推出时加压力,回程时不加压力,在零件上轻轻滑过。锯削往复运动速度应控制在40次/min左右。

锯削时最好使锯条全部长度参加切削,一般锯弓的往返长度不应小于锯条长度的2/3。

3)起锯。锯条开始切入零件称为起锯。起锯方式有近起锯[图1-70(a)]和远起锯[图1-70(b)]。起锯时要用左手拇指指甲挡住锯条,起锯角约为15°。锯弓往复行程要短,压力要轻,锯条要与零件表面垂直,当起锯到槽深2~3mm时,起锯可结束,应逐渐将锯弓改至水平方向进行正常锯削。

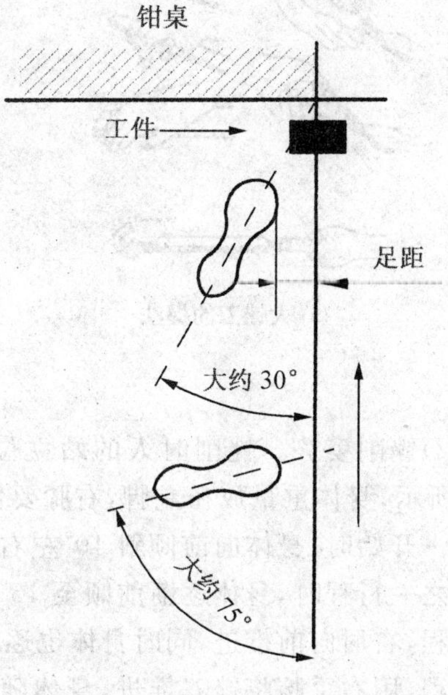

图1-69　锯削时站立位置

锉削:用锉刀从零件表面锉掉多余的金属,使零件达到图样要求的尺寸、形状和表面粗糙度的操作叫锉削。锉削加工范围包括平面、台阶面、角度面、曲面、沟槽和各种形状的孔等。

锉削操作要领:

1)握锉。锉刀的种类较多,规格、大小不一,使用场合也不同,故锉刀握法也应随之改变。图1-71(a)所示为大锉刀的握法,图1-71(b)所示为中、小锉刀的握法。

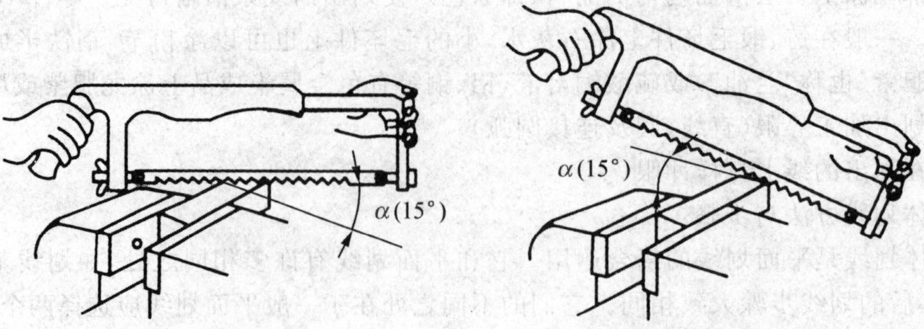

(a) 近起锯　　(b) 远起锯

图 1-70　起锯

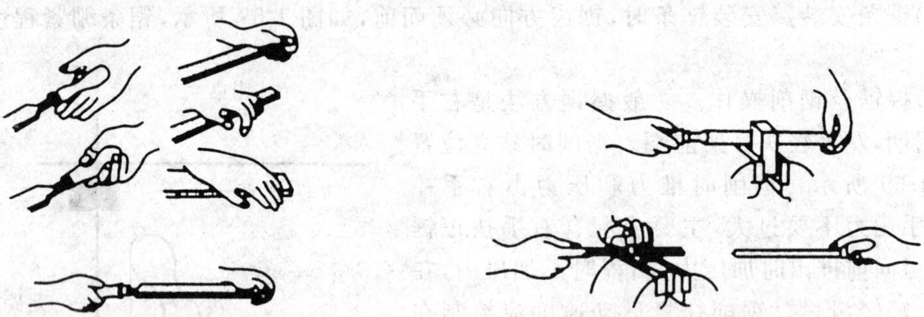

(a) 大锉刀的握法　　(b) 中、小锉刀的握法

图 1-71　握锉

2)锉削姿势。锉削时人的站立位置与锯削相似,参见图 1-69。锉削操作姿势如图 1-72所示,身体重量放在左脚,右膝要伸直,双脚始终站稳不移动,靠左膝的屈伸而作往复运动。开始时,身体向前倾斜 10°左右,右肘尽可能向后收缩如图 1-72(a)所示。在最初三分之一行程时,身体逐渐前倾至 15°左右,左膝稍弯曲如图 1-72(b)所示。其次三分之一行程,右肘向前推进,同时身体也逐渐前倾至 18°左右,如图 1-72(c)所示。最后三分之一行程,用右手腕将锉刀推进,身体随锉刀向前推的同时自然后退到 15°左右的位置上,如图 1-72(d)所示,锉削行程结束后,把锉刀略提起一些,身体姿势恢复到起始位置。

锉削过程中,两手用力也时刻在变化。开始时,左手压力大推力小,右手压力小推力大。随着推锉过程,左手压力逐渐减小,右手压力逐渐增大。锉刀回程时不加压力,以减少锉齿的磨损。锉刀往复运动速度一般为 30～40 次/min,推出时慢,回程时可快些。

(a) 开始　(b) 前三分之一　(c) 中三分之一　(d) 后三分之一

图 1-72　锉削姿势

锉削平面的方法有 3 种。顺向锉法如图 1-73(a)所示。交叉锉法如图 1-73(b)所示。推锉法如图 1-73(c)所示。锉削平面时，锉刀要按一定方向进行锉削，并在锉削回程时稍作平移，这样逐步将整个面锉平。

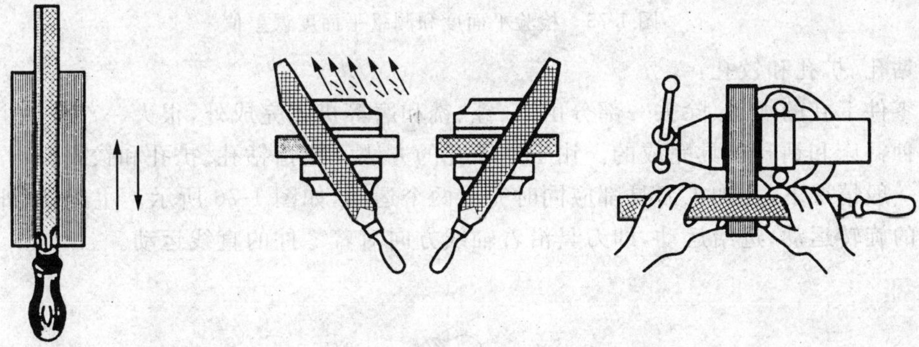

(a) 顺向　(b) 交叉锉　(c) 推锉

图 1-73　平面锉削方法

外圆弧面一般可采用平锉进行锉削，常用的锉削方法有两种。顺锉法如图 1-74(a)所示，是横着圆弧方向锉，可锉成接近圆弧的多棱形(适用于曲面的粗加工)。滚锉法如图 1-74(b)所示，锉刀向前锉削时右手下压，左手随着上提，使锉刀在零件圆弧上作转动。

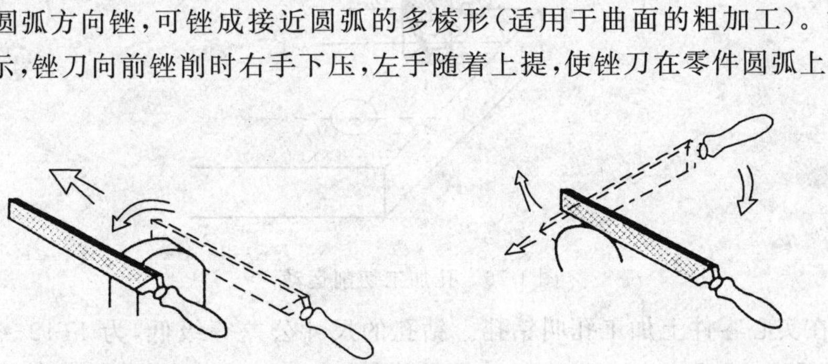

(a) 顺锉法　(b) 滚锉法

图 1-74　圆弧面锉削方法

用刀口形直尺检验零件平面度的方法：

1)将刀口形直尺垂直紧靠在零件表面，并在纵向、横向和对角线方向逐次检查，如图1-75(a)所示。

2)检验时，如果刀口形直尺与零件平面透光微弱而均匀，则该零件平面度合格；如果透光强弱不一，则说明该零件平面凹凸不平。可在刀口形直尺与零件紧靠处用塞尺插入，根据塞尺的厚度即可确定平面度的误差，如图1-75(b)所示。

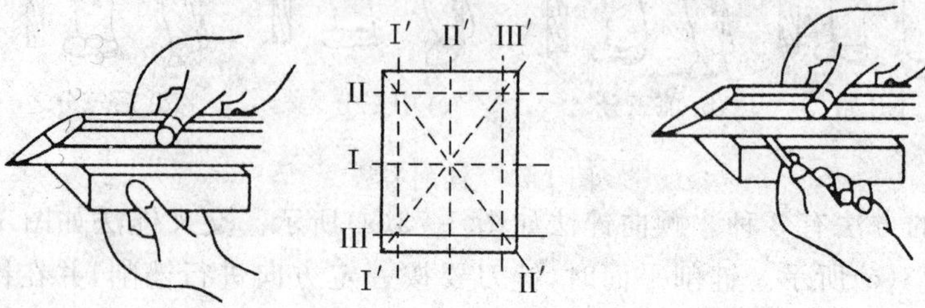

(a)用刀口形直尺检验平面度　(b)用塞尺测量平面度误差值

图1-75　检验平面度和测量平面度误差值

钻孔、扩孔和铰孔：

零件上孔的加工，除去一部分由车、镗、铣和磨等机床完成外，很大一部分是由钳工利用各种钻床和钻孔工具完成的。钳工加工孔的方法一般指钻孔、扩孔和铰孔。

一般情况下，孔加工刀具都应同时完成两个运动，如图1-76所示。主运动，即刀具绕轴线的旋转运动；进给运动，即刀具沿着轴线方向对着零件的直线运动。

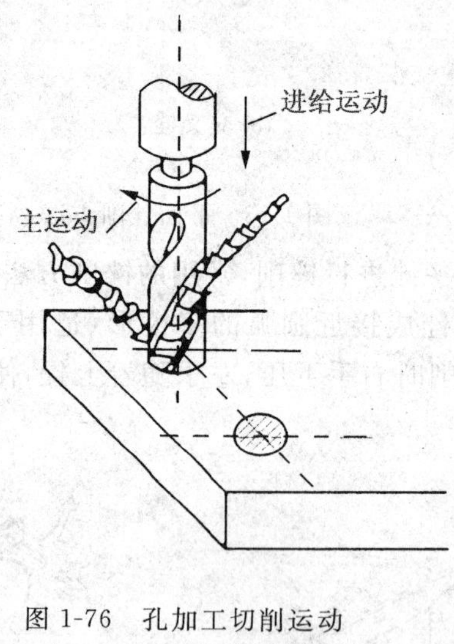

图1-76　孔加工切削运动

用钻头在实心零件上加工孔叫钻孔。钻孔的尺寸公差等级低，为IT12～IT11；表面粗糙度大，为50～12.5μm。

如图1-77所示，钻孔时零件夹持方法与零件生产批量及孔的加工要求有关。生产批量较大或精度要求较高时，零件一般是用钻模来装夹的，单件小批生产或加工要求较低时，零件经划线确定孔中心位置后，多数装夹在通用夹具或工作台上钻孔。常用的附件有手虎钳、平口虎钳、V 形铁和压板螺钉等，这些工具的使用和零件形状及孔径大小有关。

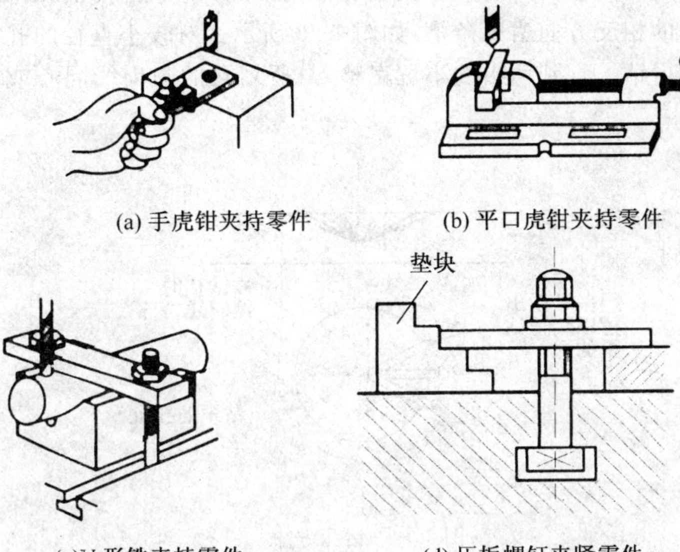

(a) 手虎钳夹持零件　(b) 平口虎钳夹持零件

(c)V 形铁夹持零件　(d) 压板螺钉夹紧零件

图 1-77　零件夹持方法

钻头的装夹方法，按其柄部的形状不同而异。锥柄钻头可以直接装入钻床主轴锥孔内，较小的钻头可用过渡套筒安装，如图 1-78(a)所示。直柄钻头用钻夹头安装，如图 1-78(b)所示。钻夹头(或过渡套筒)的拆卸方法是将楔铁插入钻床主轴侧边的扁孔内，左手握住钻夹头，右手用锤子敲击楔铁卸下钻夹头，如图 1-78(c)所示。

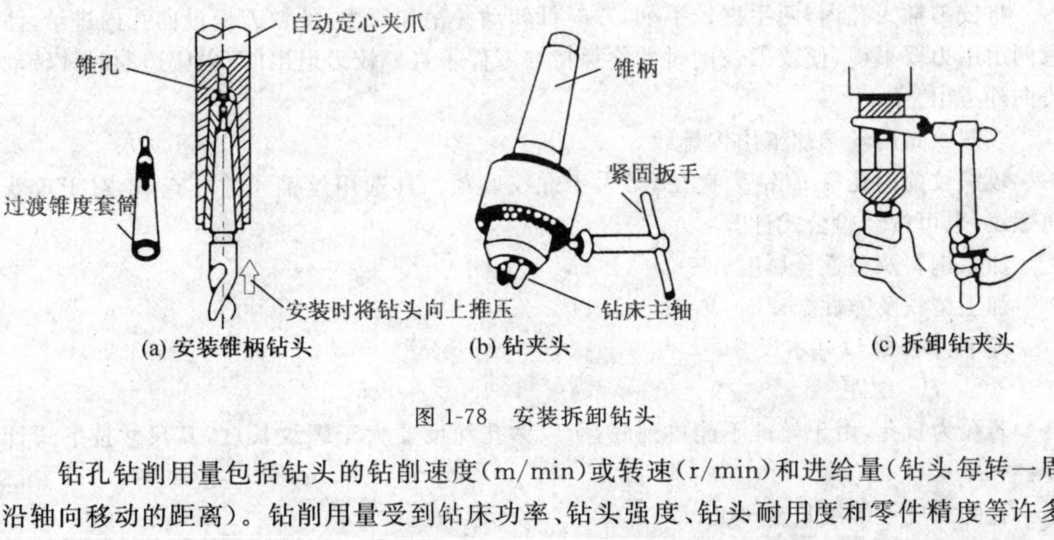

(a) 安装锥柄钻头　(b) 钻夹头　(c) 拆卸钻夹头

图 1-78　安装拆卸钻头

钻孔钻削用量包括钻头的钻削速度(m/min)或转速(r/min)和进给量(钻头每转一周沿轴向移动的距离)。钻削用量受到钻床功率、钻头强度、钻头耐用度和零件精度等许多因素的限制。因此，如何合理选择钻削用量直接关系到钻孔生产率、钻孔质量和钻头的寿命。选择钻削用量可以用查表方法，也可以考虑零件材料的软硬、孔径大小及精度要求，凭经验选定一个进给量。

钻孔前先用样冲在孔中心线上打出样冲眼，用钻尖对准样冲眼锪一个小坑，检查小坑与所划孔的圆周线是否同心(称试钻)。如稍有偏离，可移动零件找正，若偏离较多，可用尖凿或样冲在偏离的相反方向凿几条槽，如图1-79所示。对较小直径的孔也可在偏离的方向用垫铁垫高些再钻。直到钻出的小坑完整，与所划孔的圆周线同心或重合时才可正式钻孔。

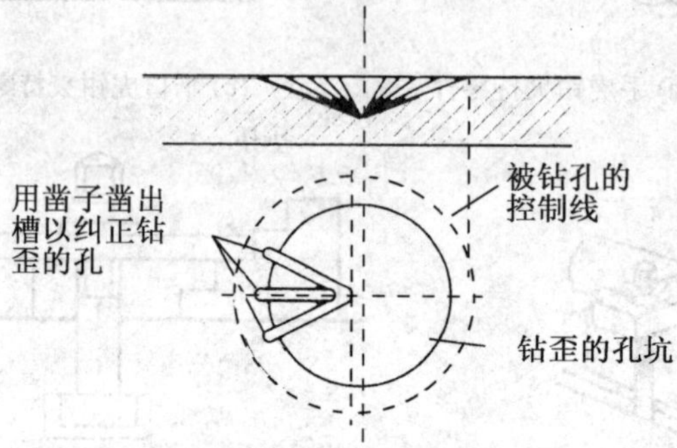

图1-79 钻孔方法

用扩孔钻或钻头扩大零件上原有的孔叫扩孔。孔径经钻孔、扩孔后，用铰刀对孔进行提高尺寸精度和表面质量的加工叫铰孔。

由于扩孔的工作条件比钻孔时好得多，故在相同直径情况下扩孔的进给量可比钻孔大1.5～2倍。扩孔钻削用量可查表，也可按经验选取。

钳工常用手用铰刀进行铰孔，铰孔精度高(可达IT8～IT6)，表面粗糙度小(1.6～0.4μm)。铰孔的加工余量较小，粗铰0.15～0.5mm，精铰0.05～0.25mm。钻孔、扩孔、铰孔时，要根据工作性质、零件材料，选用合适的切削液，以降低切削温度，提高加工质量。

将铰刀插入孔内，两手握铰手柄，顺时针转动并稍加压力，使铰刀慢慢向孔内进给，注意两手用力要平衡，使铰刀铰削时始终保持与零件垂直。铰刀退出时，也应边顺时针转动边向外拔出。

攻螺纹是用丝锥加工出内螺纹。

攻螺纹前的孔径 d(钻头直径)略大于螺纹底径。其选用丝锥尺寸可查表，对于攻普通螺纹，也可按经验公式计算：

加工钢料及塑性金属时：$d=D-P$

加工铸铁及脆性金属时：$d=D-1.1P$

式中：D—螺纹基本尺寸

P—螺距

若孔为盲孔，由于丝锥不能攻到底，所以钻孔深度要大于螺纹长度，其尺寸按下式计算：

孔的深度＝螺纹长度＋$0.7D$

手工攻螺纹的方法如图1-80所示。

双手转动铰手，并轴向加压力，当丝锥切入零件1～2牙时，用90°角尺检查丝锥是否歪斜，如丝锥歪斜，要纠正后再往下攻。当丝锥位置与螺纹底孔端面垂直后，轴向就不再加压力。两手均匀用力，为避免切屑堵塞，要经常倒转 1/2～1/4 圈，以达到断屑。头锥、二锥应依次攻入。攻铸铁材料螺纹时加煤油而不加切削液，钢件材料加切削液，以保证铰孔表面的粗糙度要求。

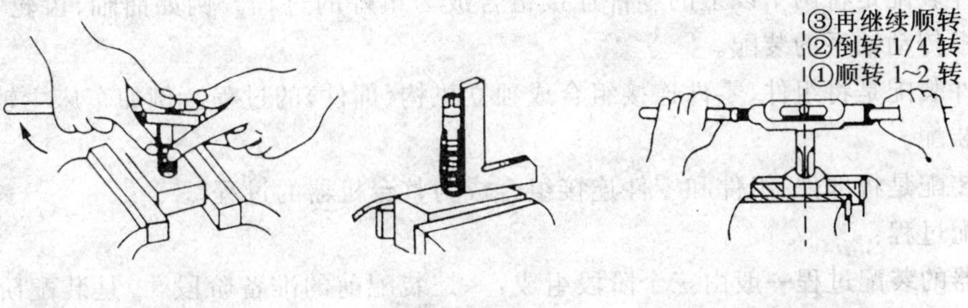

(a) 攻入孔内前的操作　(b) 检查垂直度　(c) 攻入螺纹时的方法

图 1-80　手工攻螺纹的方法

套螺纹是用板牙在圆杆上加工出外螺纹。

套螺纹前零件直径的确定可直接查表，也可按零件直径 $d=D-0.13P$ 的经验公式计算。

套螺纹的方法如图 1-81 所示，将板牙套在圆杆头部倒角处，并保持板牙与圆杆垂直，右手握住铰手的中间部分，加适当压力，左手将铰手的手柄顺时针方向转动，在板牙切入圆杆 2～3 牙时，应检查板牙是否歪斜，发现歪斜，应纠正后再套，当板牙位置正确后，再往下套就不加压力。套螺纹和攻螺纹一样，应经常倒转以切断切屑。套螺纹应加切削液，以保证螺纹的表面粗糙度要求。

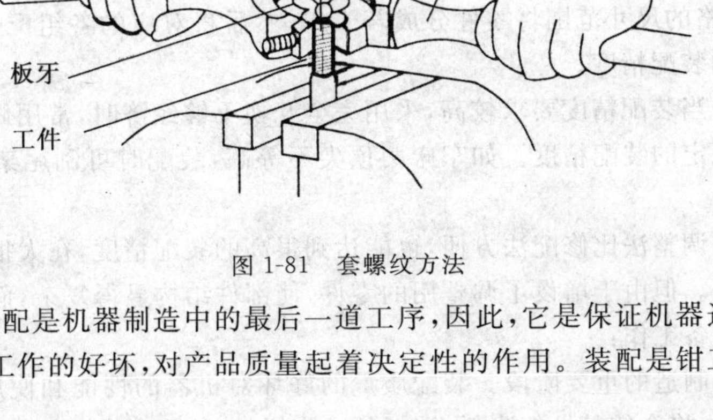

图 1-81　套螺纹方法

钳工装配：装配是机器制造中的最后一道工序，因此，它是保证机器达到各项技术要求的关键。装配工作的好坏，对产品质量起着决定性的作用。装配是钳工一项非常重要的工作。

按照规定的技术要求，将零件组装成机器，并经过调整、试验，使之成为合格产品的工艺过程称为装配。

装配类型：

装配类型一般可分为组件装配、部件装配和总装配。

组件装配是将两个以上的零件连接组合成为组件的过程。例如曲轴、齿轮等零件组成的一根传动轴系的装配。

部件装配是将组件、零件连接组合成独立机构(部件)的过程。例如车床主轴箱、进给箱等的装配。

总装配是将部件、组件和零件连接组合成为整台机器的过程。

装配过程：

机器的装配过程一般由三个阶段组成：一是装配前的准备阶段，二是装配阶段(部件装配和总装配)，三是调整、检验和试车阶段。

装配过程一般是先下后上，先内后外，先难后易，先装配保证机器精度的部分，后装配一般部分。

零、部件连接类型：组成机器的零、部件的连接形式很多，基本上可归纳成两类：固定连接和活动连接。每一类的连接中，按照零件结合后能否拆卸又分为可拆连接和不可拆连接，如表 1-4 所示。

表 1-4　　机器零、部件连接形式

固定连接		活动连接	
可拆	不可拆	可拆	不可拆
螺纹、键、销等	铆接、焊接、压合、胶结等	轴与轴承、丝杠与螺母、柱塞与套筒等	活动连接的铆合头

装配方法：

1)完全互换法。装配时，在各类零件中任意取出要装配的零件，不需任何修配就可以装配，并能完全符合质量要求。装配精度由零件的制造精度保证。

2)选配法(不完全互换法)。按选配法装配的零件，在设计时其制造公差可适当放大。装配前，按照严格的尺寸范围将零件分成若干组，然后将对应的各组配合件装配在一起，以达到所要求的装配精度。

3)修配法。当装配精度要求较高，采用完全互换不够经济时，常用修正某个配合零件的方法来达到规定的装配精度。如车床两顶尖不等高，装配时可刮尾架底座来达到精度要求等。

4)调整法。调整法比修配法方便，也能达到很高的装配精度，在大批生产或单件生产中都可采用此法。但由于增设了调整用的零件，使部件结构显得复杂，而且刚性降低。

装配前的准备工作：

装配是机器制造的重要阶段。装配质量的好坏对机器的性能和使用寿命影响很大。装配不良的机器，将会使其性能降低，消耗的功率增加，使用寿命减短。因此，装配前必须认真做好以下几项准备工作：

1)研究和熟悉产品图样，了解产品结构以及零件作用和相互连接关系，掌握其技术要求。

2)确定装配方法、程序和所需的工具。

3)备齐零件，进行清洗、涂防护润滑油。

典型连接件装配方法：

装配的形式很多，下面着重介绍螺纹连接、滚动轴承、齿轮等几种典型连接件的装配方法。

如图 1-82 所示，螺纹连接常用零件有螺钉、螺母、双头螺栓及各种专用螺纹等。螺纹连接是现代机械制造中用得最广泛的一种连接形式。它具有紧固可靠、装拆简便、调整和更换方便、宜于多次拆装等优点。

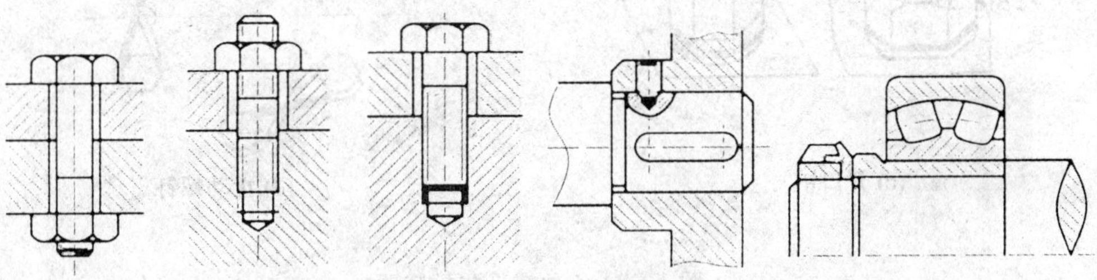

图 1-82　常见的螺纹连接类型

对于一般的螺纹连接可用普通扳手拧紧。而对于有规定预紧力要求的螺纹连接，为了保证规定的预紧力，常用测力扳手或其他限力扳手以控制扭矩。

在紧固成组螺钉、螺母时，为使固紧件的配合面上受力均匀，应按一定的顺序来拧紧。如图 1-83 所示为两种拧紧顺序的实例。按图中数字顺序拧紧，可避免被连接件的偏斜、翘曲和受力不均。而且每个螺钉或螺母不能一次就完全拧紧，应按顺序分 2～3 次全部拧紧。

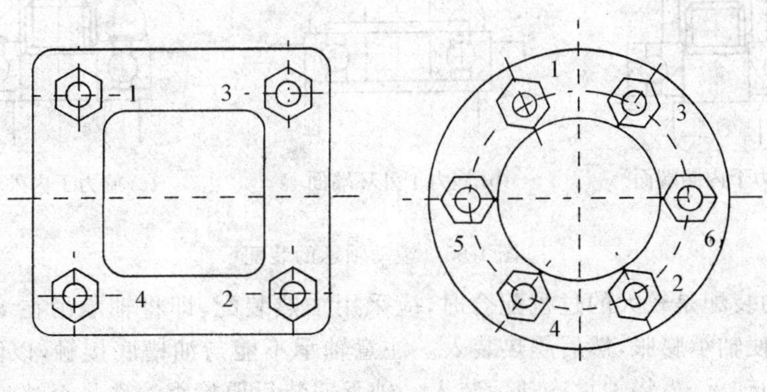

图 1-83　拧紧成组螺母顺序

零件与螺母的贴合面应平整光洁，否则螺纹容易松动。为提高贴合面质量，可加垫圈。在交变载荷和振动条件下工作的螺纹连接，有逐渐自动松开的可能，为防止螺纹连接的松动，可用弹簧垫圈、止退垫圈、开口销和止动螺钉等防松装置，如图 1-84 所示。

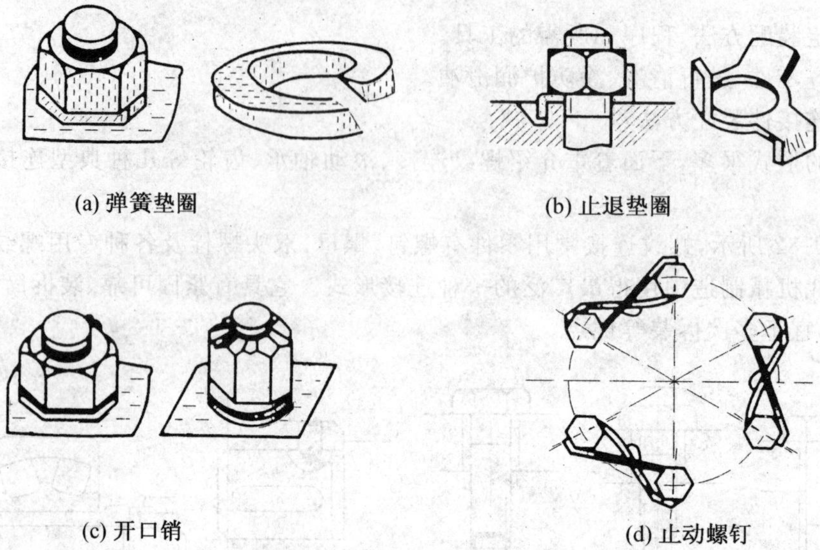

(a) 弹簧垫圈　(b) 止退垫圈　(c) 开口销　(d) 止动螺钉

图 1-84　各种螺母防松装置

滚动轴承的装配：

滚动轴承的配合多数为较小的过盈配合，常用手锤或压力机采用压入法装配，为了使轴承圈受力均匀，采用垫套加压。轴承压到轴颈上时应施力于内圈端面，如图 1-85(a)所示；轴承压到座孔中时，要施力于外环端面上，如图 1-85(b)所示；若同时压到轴颈和座孔中时，整套应能同时对轴承内外端面施力，如图 1-85(c)所示。

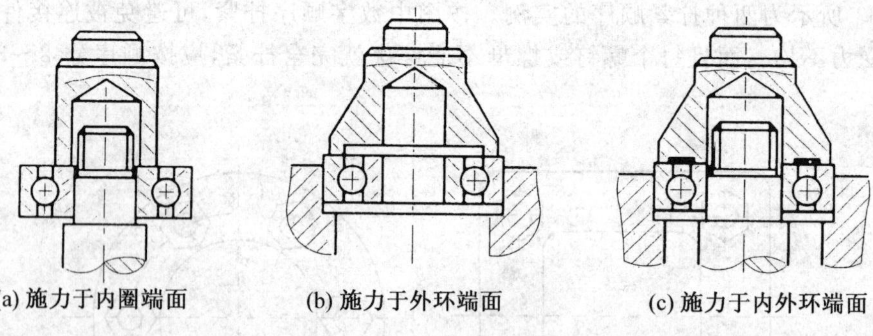

(a) 施力于内圈端面　(b) 施力于外环端面　(c) 施力于内外环端面

图 1-85　滚动轴承的装配

当轴承的装配是较大的过盈配合时，应采用加热装配，即将轴承吊在 80℃～90℃的热油中加热，使轴承膨胀，然后趁热装入。注意轴承不能与油槽底接触，以防过热。如果是装入座孔的轴承，需将轴承冷却后装入。轴承安装后要检查滚珠是否被咬住，是否有合理的间隙。

齿轮的装配：

齿轮装配的主要技术要求是保证齿轮传递运动的准确性、平稳性、轮齿表面接触斑点和齿侧间隙合乎要求等。

轮齿表面接触斑点可用涂色法检验。先在主动轮的工作齿面上涂上红丹，使相啮合的齿轮在轻微制动下运转，然后看从动轮啮合齿面上接触斑点的位置和大小，如图 1-86 所示。

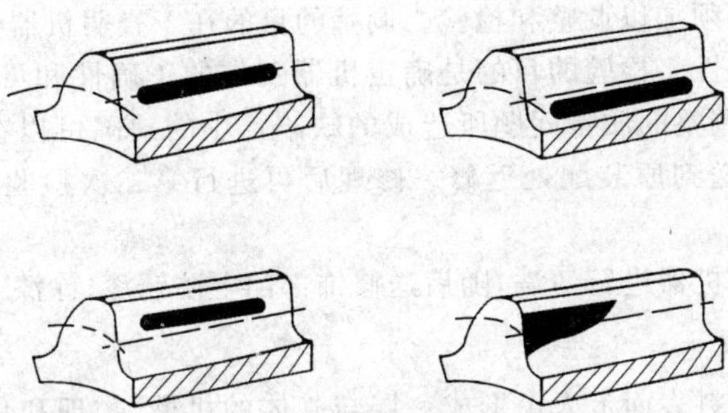

图 1-86　用涂色法检验啮合情况

齿侧间隙一般可用塞尺插入齿侧间隙中检查。塞尺是由一套厚薄不同的钢片组成，每片的厚度都标在它的表面上。

部件装配和总装配：完成整台机器装配，必须经过部件装配和总装配过程。

部件的装配通常是在装配车间的各个工段（或小组）进行的。部件装配是总装配的基础，这一工序进行得好与坏，会直接影响到总装配和产品的质量。

部件装配的过程包括以下四个阶段：

1）装配前按图样检查零件的加工情况，根据需要进行补充加工。

2）组合件的装配和零件相互试配。在这阶段内可用选配法或修配法来消除各种配合缺陷。组合件装好后不再分开，以便一起装入部件内。互相试配的零件，当缺陷消除后，仍要加以分开（因为它们不是属于同一个组合件），但分开后必须做好标记，以便重新装配时不会调错。

3）部件的装配及调整，即按一定的次序将所有的组合件及零件互相连接起来，同时对某些零件通过调整正确地加以定位。通过这一阶段，对部件所提出的技术要求都应达到。

4）部件的检验，即根据部件的专门用途进行工作检验。如水泵要检验每分钟出水量及水头高度，齿轮箱要进行空载检验及负荷检验，有密封性要求的部件要进行水压（或气压）检验，高速转动部件还要进行动平衡检验等。只有通过检验确定合格的部件，才可以进入总装配。

总装配就是把预先装好的部件、组合件、其他零件，以及从市场采购来的配套装置或功能部件装配成机器。总装配过程及注意事项如下：

1）总装前，必须了解所装机器的用途、构造、工作原理以及与此有关的技术要求。接着确定它的装配程序和必须检查的项目，最后对总装好的机器进行检查、调整、试验、直至机器合格。

2)总装配执行装配工艺规程所规定的操作步骤,采用工艺规程所规定的装配工具。应按从里到外,从下到上,以不影响下道装配为原则的次序进行。操作中不能损伤零件的精度和表面粗糙度,对重要的复杂的部分要反复检查,以免搞错或多装、漏装零件。在任何情况下应保证污物不进入机器的部件、组合件或零件内。机器总装后,要在滑动和旋转部分加润滑油,以防运转时出现拉毛、咬住或烧损现象。最后要严格按照技术要求,逐项进行检查。

3)装配好的机器必须加以调整和检验。调整的目的在于查明机器各部分的相互作用及各个机构工作的协调性。检验的目的是确定机器工作的正确性和可靠性,发现由于零件制造的质量、装配或调整的质量问题所造成的缺陷。小的缺陷可以在检验台上加以消除;大的缺陷应将机器送到原装配处返修。修理后再进行第二次检验,直至检验合格为止。

4)检验结束后应对机器进行清洗,随后送修饰部门上防锈漆、涂漆。

1.3.2.2.3 表面处理

表面处理在基体材料表面上人工形成一层与基体的机械、物理和化学性能不同的表层的工艺方法。材料表面处理技术是20世纪80年代以来世界十项关键技术之一,也是一门广博精深和具有极高使用价值的基础技术。

(1)表面处理目的

表面处理的目的是满足产品的耐蚀性、耐磨性、装饰或其他特种功能要求。对于金属铸件,比较常用的表面处理方法是机械打磨,化学处理,表面热处理,喷涂表面。金属材料表面处理是对工件表面进行清洁、清扫、去毛刺、去油污、去氧化皮等。

其应用所包含的内容十分广泛,可以用于耐蚀、耐磨、修复、强化、装饰等,也可以是在光、电、磁、声、热、化学、生物等方面的应用。表面技术所涉及的基体材料不仅有金属材料,也包括无机非金属材料、有机高分子材料及复合材料。表面技术的种类很多,把这些技术恰当地应用于构件、零部件和元器件,可以获得巨大的效益。

在航空航天防护上,常用涂镀技术,热浸镀技术,物理和化学气相沉积技术(PVD,CVD)来提高飞机、运载火箭、卫星、宇宙飞船、导弹在各种飞行恶劣环境下对材料性能产生的影响进行防护。通过表面技术处理,提高材料性能,起到保护航空航天飞行器免遭环境影响而失效,从而提高航空航天产品的先进和使用的可靠性。如第四代的飞机,在起飞和飞行过程中,可能遇到−50℃的空气摩擦升温至200℃,因而在飞机蒙皮的表面涂上高聚物涂料免受环境介质侵蚀,减少阻力。

飞机的蒙皮、雷达罩、发动机的尾喷管、座舱都采用隐身涂层,雷达罩和尾喷管采用SnO_2和In_2O_3等掺杂半导体材料作填料和适当的载流子浓度及迁移率以及等离子体频率,使其具有兼容雷达和红外隐身。美国的TF39发动机轴承,离子注入(铬+磷),可解决点蚀、磨蚀,提高发动机轴承的使用寿命。近年来,航空表面工程技术已经取得了飞速的发展,涌现出许多表面工程新技术和新工艺,如激光强化技术、离子注入技术、飞机蒙皮有机涂层技术、薄膜减阻技术等已经投入应用或正在研究之中。这些表面技术将在航空领域中显示出更广阔的应用前景。

近代汽车工业充分利用了各种表面热处理技术,物理气相沉积技术,电镀技术热浸镀铝,镀锌技术,喷涂技术,涂装技术,油漆技术等技术,使汽车成为现代技术与艺术相结合。在车身涂装上,设计选用电泳底漆、中间涂层、面漆三涂层体系,不仅使车身具有防腐蚀功能,更具有亮丽、闪光色彩。

(2)常用表面处理工艺

根据使用的方法不同,可将表面处理技术分为:

1)电化学方法

这种方法是利用电极反应,在工件表面形成镀层。其中主要的方法是电镀和氧化。

电镀是在电解质溶液中,工件为阴极,在外电流作用下,使其表面形成镀层的过程。镀层可为金属、合金、半导体或含各类固体微粒,如镀铜、镀镍等。

氧化是在电解质溶液中,工件为阳极,在外电流作用下,使其表面形成氧化膜层的过程,如铝合金的阳极氧化。

2)化学方法

这种方法是无电流作用,利用化学物质相互作用,在工件表面形成镀覆层。其中主要的方法是化学转化膜处理和化学镀。

在电解质溶液中,金属工件在无外电流作用,由溶液中化学物质与工件相互作用从而在其表面形成镀层的过程,称为化学转化膜处理。如金属表面的发蓝、磷化、钝化、铬盐处理等。

在电解质溶液中,工件表面经催化处理,无外电流作用,在溶液中由于化学物质的还原作用,将某些物质沉积于工件表面而形成镀层的过程,称为化学镀,如化学镀镍、化学镀铜等。

3)热加工方法

这种方法是在高温条件下令材料熔融或热扩散,在工件表面形成涂层。其主要方法是热浸镀、热喷涂、热烫印、化学热处理、堆焊等。

金属工件放入熔融金属中,令其表面形成涂层的过程,称为热浸镀,如热镀锌、热镀铝等。将熔融金属雾化,喷涂于工件表面,形成涂层的过程,称为热喷涂,如热喷涂锌、热喷涂铝等。

将金属箔加温、加压覆盖于工件表面上,形成涂覆层的过程,称为热烫印,如热烫印铝箔等。

工件与化学物质接触、加热,在高温态下令某种元素进入工件表面的过程,称为化学热处理,如渗氮、渗碳等。

以堆焊方式,令熔敷金属堆集于工件表面而形成焊层,如堆焊耐磨合金等。

4)真空法

这种方法是在高真空状态下令材料气化或离子化沉积于工件表面而形成镀层的过程。其主要方法是物理气相沉积(PVD)、离子注入、化学气相沉积(CVD)。

在真空条件下,将金属气化成原子或分子,或者使其离子化成离子,直接沉积到工件表面,形成涂层的过程,称为物理气相沉积,其沉积粒子束来源于非化学因素,如蒸发、溅射镀、离子镀等。

高电压下将不同离子注入工件表面令其表面改性的过程,称为离子注入,如注硼等。

低压(有时也在常压)下,气态物质在工件表面因化学反应而生成固态沉积层的过程,称为化学气相镀,如气相沉积氧化硅、氮化硅等。

5)其他方法

涂装:将涂料(有机或无机)涂覆于工件表面而形成涂层的过程,称为涂装,如喷漆、刷漆等。

机械镀:在细金属粉和合适的化学试剂存在下,用坚硬的小圆球撞击金属表面,以使细金属粉覆盖该表面。

冲击镀:在特定的溶液中以高的电流密度,短时间电沉积出金属薄层,以改善随后沉积镀层与基体间结合力的方法。

激光表面处理:用激光对工件表面照射,令其结构改变的过程,称为激光表面改性技术或激光表面处理,如激光淬火、激光重熔、激光表面合金化等。

激光淬火是通过激光将金属材料加热到相变温度以上,在冷却过程中产生马氏体相变从而硬化材料表面,显著提高材料的耐磨性和疲劳强度。此技术的优越性表现在可以局部加热处理,显著抑制变形,易于控制晶粒及组织形态,不需后续加工工艺。

激光表面重熔是运用较高能量密度的激光束使表面熔化并硬化表面,改善表层组织与结构,韧化晶粒。此技术有两个控制参量:温度梯度与凝固速率,它们实际上受激光能量与照射时间所控制。一般熔化区深度为 0.3～1μm。工艺处理后,原始粗糙的组织可显著韧化,树枝晶将变为马氏体、亚稳相或非晶组织。

激光表面重熔的最新进展是将其应用于凸轮轴的表面改性方面。许多发动机都是应用层片状灰口铸铁作为凸轮轴材料。传统处理技术如钨极惰性气体保护重熔或直接冷硬铸造法能获得耐磨性好的莱氏体表层组织。采用激光重熔技术同样可获得莱氏体组织,且更为方便、经济。

激光表面合金化是利用高能量激光束使材料表面成分实现预期变化的一种高新技术。激光合金化特别适用于工件最重要部位的处理,如模具的刃口、凸轮轴的局部表面等。此法既改善了影响工件寿命和重要部位的磨损性能与寿命、又可简化工艺和节约昂贵的合金元素。此工艺已应用于工业,如在含有 N_2 气氛中激光熔化 Ti 可以成功制出 TiN,用同样的方法可以制出 TiC、TiNC 等。

超硬膜技术:以物理或化学方法在工件表面制备超硬膜的技术,称为超硬膜技术。如金刚石薄膜、立方氮化硼薄膜等。

电泳:工件作为一个电极放入导电的水溶性或水乳化的涂料中,与涂料中另一电极构成导电回路。在电场作用下,涂料溶液中已离解成带电的树脂离子,阳离子向阴极移动,阴离子向阳极移动。这些带电荷的树脂离子,连同被吸附的颜料粒子一起电泳到工件表面,形成涂层,这一过程称为电泳。

静电喷涂:在直流高电压电场作用下,雾化的带负电的油漆粒子定向飞往接正电的工件上,从而获得漆膜的过程,称为静电喷涂。

1.3.2.3 先进制造技术

先进制造技术是指制造业(传统制造技术)不断吸收机械工程技术、电子信息技术(包括微电子、光电子、计算机软硬件、现代通信技术)、自动化控制理论技术、材料科学、能源技术、生命科学及现代管理科学等方面的成果,并将其综合应用于制造业中产品设计、制造、管理、销售、使用、服务以及对报废产品的回收处理制造全过程,实现优质、高效、低耗、清洁、灵活生产,提高对动态多变的产品市场的适应、竞争能力,取得具有市场竞争能力的理想经济技术综合效果的制造技术的总称。具有以下特点:

1)先进制造技术不是一成不变的,而是一个动态过程,不断吸取各种高新技术成果,并将其渗透到产品的设计、制造、生产管理及市场营销的所有领域及全部过程,实现优质、高效、低耗、清洁的生产。如面向制造的设计(Design For Manufacture, DFM)、并行工程(Concurrent Engineering, CE)和精益生产(Lean Production, LP)新技术,使设计与工艺成为一体,保证了设计的正确性和可行性。

2)先进制造技术已成为系统,它的目的是提高制造业的综合效益,赢得国际市场竞争。传统制造技术与高新技术相结合,使生产制造不再被视为离散事件的组合,而构成了一个从产品开发与设计、制造、进入市场到返回产品开发与设计的大系统。目前制造系统正在向柔性化、集成化、智能化方向发展。

3)先进制造技术是不仅限于制造过程本身,它涉及到产品从市场调研、产品设计、工艺设计、加工制造、售后服务等产品寿命周期的所有内容。

4)先进制造技术是特别强调计算机技术、信息技术和现代系统管理技术,在产品设计、制造和生产管理等方面的应用。重视用户、市场、生产、制造方面信息的采集、表达、建库、处理与应用。信息、知识与控制已成为实施先进制造技术不可缺少的重要支撑。

5)先进制造技术已发展成为科学。强调各专业学科之间的相互渗透、融合和淡化,并最终消除它们之间的界限。

6)先进制造技术考虑生态平衡、环境保护、有限资源的有效利用。产品是绿色产品,生产过程是环保型的。重视人的因素和人的作用。

先进制造技术的发展:

1)传统制造工艺的优化完善

铸造、锻压、焊接、热处理、机械加工等传统的常规工艺至今仍是量大面广、经济适用的技术,因而常规工艺的不断改进和提高具有很大的技术经济意义。常规工艺优化的方向是实现高效化、精密化、强韧化、轻量化,以形成优质高效、低耗、少(无)污染的先进实用工艺为主要目标。常规工艺优化通常是保持原有工艺原理不变,通过改善工艺条件、优化工艺参数来实现的。同时,它以工艺方法为中心,实现工艺设备、辅助工艺、工艺材料、检测控制系统的成套工艺服务,使优化工艺易于为企业采用。

随着难加工材料的推广应用和数控机床数量的增加,切削刀具越来越多地采用超硬材料刀具,例如陶瓷刀具、人造金刚石刀具和立方氮化硼刀具;耐磨涂层刀具,如硬质合金涂层刀具、高速钢刀具的涂层等;组合式切削装置,如为了适应数控机床的柔性化及自动化换刀等要求的数控车床模块化工具系统(Block Tool System, BTS),它是将各种不同的刀具切削头用专门的连接件固定在统一的刀架上,只要变换刀头部分,便可广泛进行车、钻及车螺纹等加工。

2)新型加工方法的产生和发展

精密加工和超精密加工达到的极限加工精度不断提高,出现了“纳米技术”和“超精密工程”。我国正从微米、亚微米级的微米工艺、亚微米工艺向纳米级的纳米工艺发展。

微细加工是一种特殊的精密加工,它不仅加工精度极高,而且加工尺寸十分微小,甚至包括尺寸小于1μm的零件的制造和加工。它的主要工艺方法有光刻、刻蚀、沉积、外延生长、扩散、离子输入及封装。微细加工的发展还导致一门崭新的学科——微机械的产生。

激光、电子束、离子束、分子束、等离子体、微波、超声波、电液、电磁、高压水射流等新能源或能源载体的引入,形成了多种崭新的特种加工及利用高密度能量进行切割、焊接、熔炼、锻压、热处理、表面保护等的加工工艺。

超硬材料、超塑材料、高分子材料、复合材料、工程陶瓷、微晶材料、功能材料等新型材料的应用,扩展了加工对象,产生了一些崭新的加工技术,如加工超塑材料的超塑成型、等温锻造、扩散焊接等。

表面功能性覆盖技术是在表面装饰防护技术基础上发展起来的。根据产品(材料)服役条件,在其表面制备各种特殊功能覆盖层,赋予其耐磨、耐热、耐腐蚀、耐辐射以及光、热、磁、电等特殊功能。

将两种以上的加工方法复合应用(工艺及设备复合)形成一些复合加工技术,如超声振动切削、液态模锻(铸造+热挤压)、连续铸挤(连续铸造+挤压)、超塑成型、扩散连接等加工方法。

3)自动化等高新技术与工艺紧密结合

微电子、计算机、自动化技术与工艺及设备相结合,使传统工艺面貌产生显著、本质的变化。主要表现在以下几个方面:

应用集成电路(取代分立元件)、可编程序控制器(取代继电器)、微机等新型控制元件、装置实现工艺设备的单机、生产线和系统的自动化控制。

应用新型传感器、无损检测、理化检验、微电子、计算机技术,实时测量并监控工艺过程的温度、压力、形状、尺寸、位移、应变、应力、振动、声、像、电、磁、合金及其他气体成分、组织结构等参数,实现在线检测,测量技术的电子化、数显化、计算机化及工艺参数的闭环控制,进而实现自适应控制。

数控技术的发展使得数控机床的自动化程度和可靠性大为提高,可实现无人操作,满足中小批量生产的自动化要求;同时它是实现柔性自动化的基础,其应用可大大提高制造工业的技术水平。

计算机辅助工艺规程编制(Computer Aided Process Planning, CAPP)、数控加工、计算机辅助设计/辅助制造、机器人、自动化搬运及仓储技术越来越广泛地应用于工艺设计、加工及物流过程。

计算机集成制造系统(Computer Integrated Manufacturing System,CIMS)和智能制造系统(Intelligent Manufacturing System,IMS)等的发展,形成了21世纪的制造技术。

4)加工设备正向着高精、高速、多能、复合、控制智能化、安全环保等方向发展

在结构布局上也已突破了传统机床原有的格式,出现了可操作的亚纳米级分子加工机床。

先进制造技术前沿:

1)计算机集成制造。自从制造活动出现专业分化和行业分工以来,在制造系统中各部门、各环节的有效集成就一直是制造活动得以正常进行的基础。集成的实质在于各部门、各环节之间的信息交流。集成的目的在于制造企业组织结构和运行方式的合理化和最优化。所谓计算机集成制造(CIM),是在计算机支持的信息技术环境下的制造技术和制造系统,其宗旨是以计算机来支持制造系统的集成,以提高企业对于市场变化的动态响应速度,并追求最高的整体效益和长期效益。

2)智能制造。智能制造(IM)是为适应现代制造系统中信息量大幅度增长的客观形势而发展起来的,其宗旨是提高对于制造信息的处理质量和效率。制造系统各组成单元的智能化是它们之间有效集成的基础,是集成化向高级阶段发展的必需。基于充分的信息交流与信息共享的智能集成必将是21世纪制造产业的主要特色。

所谓智能制造系统(IMS)是一种由智能机器和人类专家共同组成的人机一体化智能系统,它在制造过程中能进行诸如分析、推理、判断、构思和决策等智能活动。

3)并行工程。并行工程(CE)是目前国际上机械工程领域中重要的研究方向。CE是一种系统方法,以集成的并行方式设计产品及其相关过程,包括对制造过程、支持过程的设计。这种方法的目的是使产品研发人员从一开始就考虑到从概念形成到投放市场的整个产品生命周期中质量、成本、开发时间和用户需求等所有因素。CE的实现旨在从时间、质量、成本、服务方面提高企业在国际市场上的竞争力。

4)精益生产。精益生产(LP)又译为精良生产、精简生产、精节生产等,是由美国麻省理工学院在总结日本丰田汽车公司生产方式的基础上于20世纪90年代提出的,其基本思想可以用一句话来说明:"减少一切不必要的活动,杜绝浪费。"

准时生产(Just In Time,JIT)、全面质量管理(Total Quality Management, TQM)、并行工程、成组技术(Group Technology, GT)是LP的四大支持技术,GT是LP的基础。因此从某种意义上讲,LP是基于现代科学技术的一种企业管理模式,其操作思路是从生产操作、组织管理、经营方式等各个方面,找出一切不能为产品增值的活动或人员并加以革除,以降低产品的成本,缩短产品开发周期,提高产品的质量,增强企业的竞争力。

5)快速原型制造。快速原型制造(Rapid Prototype Manufacturing,RPM)技术是20世纪80年代后期兴起的一项高技术,是近20年来制造技术领域的一次重大突破。RPM是机械工程、CAD、数控技术、激光技术以及材料科学的技术集成,它可以自动而迅速地将设计思想物化为具有一定结构和功能的原型或直接制造零件,从而可以对产品设计进行快速评价、修改,以响应市场需求,提高企业的竞争能力。

RPM的工艺现已有十多种,其中最成熟的有5种方法:立体印刷(Stereolithagraphy Apparatus, SLA)、分层实体造型(Laminated Object Manufacturing, LOM)、选择性激光烧结(Selective Laser Sintering, SLS)、熔化沉积制造(Fused Deposition Modeling,FDM)

和三维印刷(Three Dimensional Printing,3DP)。

6)超高速切削和磨削。超高速切削和磨削加工是近年发展起来的集高效、优质和低耗为一身的先进制造技术。

GT、CAD / CAPP / CAM、FMS(Flexible Manufacture System)、CIMS几个软件技术发展的一个目的是降低切削加工的辅助时间和生产准备时间,而超高速切削和磨削技术的研究是为了进一步降低加工时间和提高加工质量。一般认为,超高速切削的切削速度值大致为:车削为700~7000m/min;铣削为300~6000m/min;钻削为200~1100 m/min;拉削为30~75m/min;铰削为20~500m /min;锯削为50~500m/min;磨削为5000~10000m/min。

7)微米/纳米技术。自微电子技术问世以来,人们不断追求越来越完善的微小尺度结构的装置,并对生物、环境控制、医学、航空航天、先进传感器与数字通信等领域,不断提出微小型化方面的更新、更高的要求,微米/纳米技术便应运而生。随着扫描显微镜的发明和使用,人类认识世界和改造世界的能力进入纳米尺度。纳米技术是指实现纳米级精度,是一种在纳米尺度上研究原子和分子结构,物质特性及相互作用与运动,并运用这种技术为人类服务的高新技术,由此开创了纳米电子、纳米材料、纳米生物、纳米机械、纳米制造、纳米测量等新的高技术群。纳米技术对制造业产生了很大的影响,其应用范围将非常广泛,包括纳米材料技术、纳米加工技术、纳米装配技术和纳米测量技术等。

在21世纪初开发的分子束生长技术、离子注入技术和材料合成、扫描隧道工程(STE)可使加工精度达到0.3~0.1μm,现在精密工程正向其终极目标——原子级精度的加工逼近,也就是说,可以做到移动原子级别的加工。

8)智能机器人。智能机器人是具有部分智能与生命特征的特殊系统,强调代替人执行任务,实现对外的作业功能。

第2章 常用工程材料

常用工程材料可分为金属材料、非金属材料和新型复合材料。

金属材料包括纯金属及其合金。通常分为两大部分:黑色金属—铁和以铁为基的合金(钢、铸铁和铁合金);有色金属—黑色金属以外的所有金属及其合金。黑色金属是最重要的结构材料和工具材料。

非金属材料是指除金属材料之外的其他材料,如木材、玻璃、陶瓷、塑料等。它的种类繁多,各种非金属材料具有不同的优异性能,往往为金属材料所难以比拟;加之其原材料来源丰富,成型加工简便,成本相对低廉,应用十分广泛,已成为工程材料的重要组成部分。

复合材料是指两种或两种以上不同化学性质或不同组织结构的材料,通过不同的工艺方法组成的多相材料。按基体分类,有金属基复合材料和高分子(树脂)基复合材料。按添加物的几何形状分类,有颗粒增强复合材料、纤维增强复合材料、叠层增强复合材料、弥散增强复合材料等。随着研究的深入,材料的复合向着精细化方向演化,出现了诸如仿生复合、梯度复合、纳米复合、分子复合、原位复合和智能复合等新颖方法。开发复合材料的目的为:

1)弥补某些有用材料的缺点,以更好地发挥有用的功能。

2)利用具有某些特性的材料以构成单一材料无法实现的特性。

3)产生从未有的新功能。

材料性能包括使用性能和工艺性能两方面。使用性能即固有特性,亦即材料的物理特性和化学特性,如力学性能、热性能、电磁性能、光学性能和防腐性能等;工艺性能是由材料的固有特性派生而来主要特性,派生特性还包括材料的感觉特性和经济特性。

2.1 材料的力学性能

材料受到外力作用时所表现出来的特性称为力学性能。力学性能包括强度、塑性、硬度、韧性及疲劳强度等。金属材料的常用力学性能包括:

1)强度

材料在外力作用下抵抗塑性变形和断裂的能力,叫做强度。强度是评定材料质量的重要力学性能指标，是设计中选用材料的主要依据。由于外力作用方式不同，材料的强度可分为抗压强度、抗拉强度、抗弯强度和抗剪强度等。工程上常用的强度指标有屈服强度和抗拉强度。屈服强度就是材料发生屈服现象时的屈服极限，常用σ_s表示；抗拉强度就是材料在拉断前所能承受的最大应力，通常用σ_s和σ_b表示在选择、评定材料时有重要意义。

在变应力的作用下，材料在破坏前所能承受的最大应力明显减小，低于材料的屈服极限。为此定义疲劳强度，是材料抵抗疲劳破坏的能力。

2）弹性和塑性

弹性指材料受外力作用而发生变形，外力除去后能恢复原状的性能。这一变形称为弹性变形；塑性指在外力作用下产生变形，当外力除去时，仍能保持变形后的形状，而不恢复原形的性能。这一变形称为永久变形。常用的塑性指标有延伸率δ(%)和断面收缩率Ψ(%)，这两项指标可在拉伸实验时同时测得，δ和Ψ愈大，材料的塑性就愈好。

3）脆性和韧性

指材料受外力作用达到一定限度后，产生破坏而无明显变形的性能。脆性材料易受冲击破坏，不能承受较高的局部应力。韧性指材料在冲击荷载或振动荷载下能承受很大的变形而不致破坏的性能。韧性指标有冲击韧性和断裂韧性等。材料抵抗冲击载荷作用下断裂的能力叫做冲击韧性，常用α_k表示，单位J/m^2。断裂韧性就是用来反映材料抵抗裂纹失稳扩展能力的指标，常用K_{lc}表示。

4）硬度

是材料抵抗局部变形，特别是塑性变形、压痕或划痕的能力。它表示材料在一个小的体积范围内抵抗弹性变形、塑性变形或断裂的能力。硬度一般可用布氏硬度机、洛氏硬度机或维氏硬度机来测量。

布氏硬度。布氏硬度机的压头是淬火钢球，直径规格为2.5mm、5.0mm和10.0mm 3种。载荷的大小可以在15.6～3000N范围内按等级选取，载荷保持时间一般为10s、30s或60s。布氏硬度不能测试太硬的材料，一般在HB450以上就不能使用。因压痕面积较大，故HB值的代表性较全面，且数据的重复性很好，但成品检验有困难。

洛氏硬度。洛氏硬度机所用的压头、载荷、应用范围、适用的材料如表2-1所示。洛氏硬度HRC可以用于检测硬度很高的材料，而且压痕很小，几乎不损伤工件表面，故在钢的热处理质量检查中应用最多。但洛氏硬度的压痕小，硬度值的代表性就差些，重复性也不好。

表2-1　洛氏硬度试验相关参数表

标度	压头	预载荷/N	总载荷/N	应用范围	适用的材料
HRA	120°金刚石圆锥	100	600	70～85	硬质合金、表面淬火钢等
HRB	∅1.588mm淬火钢球	100	1000	25～100	软钢、退火钢，铜合金等
HRC	120°金刚石圆锥	100	1500	20～67	淬火钢、调质钢等

维氏硬度。维氏硬度机的压头是金刚石四棱锥体。试验时在载荷作用下，样品表面的压痕为四方锥形，测量其对角线长度，就可计一算出硬度值(HV)。主要利用其低载荷

来测量不适宜布氏和洛氏法的薄工件和工件上薄的硬化层的硬度。实验载荷 50～1000N。

5)耐磨性

耐磨性的好坏常以磨损量作为衡量指标。磨损量越小,说明材料耐磨性越好。

非金属材料的力学性能表达有其特殊性,也可参考金属材料的相关指标。

2.2　常用金属材料

2.2.1　常用钢材

(1)钢的分类

钢的种类繁多,可按照化学成分、质量等级、冶炼方法、金相组织和用途等进行分类。

1)按钢的含碳量分类

低碳钢　$0.04\% < w_c \leqslant 0.25\%$

中碳钢　$0.25 < w_c \leqslant 0.6\%$

高碳钢　$0.6\% < w_c$

2)按钢的质量分类(有害杂质硫、磷的含量)

普通碳素钢　$w_p \leqslant 0.045\%, w_s \leqslant 0.05\%$

优质碳素钢　$w_p \leqslant 0.035\%, w_s \leqslant 0.035\%$

高级优质碳素钢　$w_p \leqslant 0.035\%, w_s \leqslant 0.03\%$

3)按用途分类

碳素结构钢:制造各种机器零件及工程构件,大都是低碳钢、中碳钢,属普通碳素钢或优质碳素钢。

碳素工具钢:制造各种刃具、量具和模具等,大都是高碳钢,属优质钢或高级优质钢。

4)按冶炼时脱氧程度的不同分类

沸腾钢:不脱氧的钢。

镇静钢:完全脱氧钢。

半镇静钢:半脱氧钢。

5)按金相组织分类

亚共析钢、共析钢、过共析钢。

(2)常用碳钢的牌号、种类和用途

钢的品种很多,其性能各异。钢的性能决定于化学成分及其热处理状态。碳素钢的力学性能与含碳量有很大关系,随着含碳量的增加,碳素钢的强度、硬度提高,塑性和韧性下降。由于碳素钢容易冶炼,价格低廉,工艺性好,在机械制造业中得到了广泛的应用。

表 2-2 所示列出了碳素钢的牌号、种类和用途。

表 2-2　　碳素钢的牌号、种类和用途

名称	碳素结构钢	优质碳素结构钢	一般工程用铸造碳钢	碳素工具钢
常用种类	Q195,Q235,Q235A,Q255,Q235A,F	08F,15,20,35,45 60,45Mn,60Mn	ZG200-400,ZG270-500,ZG340-640	T7,TS,T10,T10A,T12,T13
牌号意义	字母“Q”表示屈服点的“屈”；“A”表示质量等级，分A、B、C、D 4级；“F”表示沸腾钢	两位数字表示钢中碳的平均质量分数的万分之几；锰质量分数在0.7％～1.2％时加Mn表示	“ZG”表示铸钢，前3位数字表示最小屈服强度值，后3位数字表示最小抗拉强度值；强度越高，碳的质量分数越高	“T”表示碳素工具钢，其后的数字表示碳的质量分数的千分之几，“A”表示高级优质
用途举例	建筑结构件、螺栓、小轴、销子、键、连杆、法兰盘、锻件坯料等	冲压件、焊接件、轴、齿轮、活塞销、套筒、蜗杆、弹簧等	机座、箱体、连杆、齿轮、棘轮等	冲头、琴子、韧、板牙、圆锯片、丝锥、钻头、镇刀、量规等

(3)合金钢的牌号、种类和用途。在钢中加入某些合金元素，能得到更好的力学性能，甚至能获得某些特殊性能(耐热、耐蚀、耐磨等)。合金钢是在碳素钢的基础上加入一些合金元素而成的钢。常用的合金元素有锰、硅、铬、镍、钼、钨、钒、钦、硼等。合金钢的牌号、种类和用途如表 2-3 所示。

表 2-3　　合金钢的牌号、种类和用途

名称	合金结构钢	合金工具钢	特殊用途钢
常用种类	12Mn,18Cr2Ni4WA,20CrMnTi,38CrMoA1A	9SiCr,W18Cr4V,CrWMn,Cr12MoV	GCr15,1Cr18Ni9Ti,3Cr13,4Cr10Si2Mo
牌号意义	数字＋化学元素符号＋数字。前面数字表示钢的平均含碳量，以万分之几表示，后面数字表示该合金元素的平均含量，以百分之几表示，但低于1.5％时不标，1.5％～2.49％，2.5％～3.49％，…时，相应地标以2,3,…。若为高级优质钢在最后加“A”字	合金工具钢牌号为数字＋化学元素符号＋数字。首位数字表示钢中碳的平均质量分数的千分之几，高于1.0％时不标出，高速钢例外，其低于1.0％时也不标。元素符号及其后数字表示方法与合金结构钢相同	特殊性能钢牌号为：数字＋化学元素符号＋数字。前面数字表示钢的平均含碳量，以千分之几表示，但当平均含碳量小于等于0.03％时标为00，小于等于0.08％时标为0，如2Cr13。详见国家标准
用途举例	建筑结构件、桥梁构件、车辆、锅炉、高压容器、凸轮轴、连杆、齿轮、高强度螺栓等	丝锥、钻头、锯条、冷作模具、热作模具、各种量具、刃具等	轴承钢、不锈钢、耐热钢、无磁钢等

2.2.2　常用铸铁

铸铁是含碳大于2.11％(通常为2.5％～4.0％)的铁碳合金，它以石墨或化合物形式

(Fe_3C)存在于铸铁内。含有较多硅、锰、硫、磷等杂质元素。铸铁的抗拉强度低，塑性和韧性差，但铸铁具有优良的耐磨性、减震性、铸造性能和切削加工性，大量用于制造机器设备的壳体、底座等。根据碳在铸铁中的存在形态可分为：

(1)白口铸铁。即生铁，碳除少量溶于铁素体外，绝大部分以渗碳体(Fe_3C)形式存在，其断口呈银白色。特点是硬和脆，难以加工，但耐磨。一般不直接用来制造机器零件，常用作炼钢原料或制造可锻铸铁件。

(2)灰铸铁。其碳大部分以片状石墨形式存在，因断口呈灰色故名为灰铸铁。强度低，塑性差，但易切削，减摩消振性好，且铸造性能好，应用最广泛。

(3)可锻铸铁。其碳大部分以团絮状石墨形式存在。由于团絮状石墨对组织的破坏作用小，其力学性能优于灰铸铁，即有较高强度和一定的塑性与韧性。用于受冲击和振动的薄壁小件。可锻铸铁由白口铸铁经高温退火处理获得。虽称"可锻铸铁"，但不能锻造。

(4)球墨铸铁。其碳大部分以球状石墨形式存在。它是在熔炼过程中加入一定量的球化剂和孕育剂经浇注后获得的。由于球状石墨对组织的破坏作用更小，所以球墨铸铁的力学性能比灰铸铁和可锻铸铁都好。强度、塑性均高于可锻铸铁，抗拉强度甚至高于碳钢。

其他还有石墨呈蠕虫状的蠕墨铸铁；为了使铸铁具有某些特殊性能(如耐磨、耐蚀等)，也可加入某些合金元素组成合金铸铁。常用铸铁的牌号、种类及用途如表 2-4 所示。

表 2-4　常用铸铁的牌号、种类及用途

名称	类别				
	灰口铸铁	球墨铸铁	可锻铸铁	蠕墨铸铁	合金铸铁
常用种类	HT150 HT200 HT350	QT400-18 QT600-3 QT700-2	KTH330-08 KTH370-12 KTZ650-02	RuT00 RuT340 RuT380	RTCrl6 RTSi5.5 RTCr16
牌号意义	"HT"表示灰口铸铁，数字表示最低抗拉强度值	"QT"表示球墨铸铁，前面数字表示最低抗拉强度值，后面数字表示最低伸长率	"KTH"表示黑心可锻铸铁，"KTZ"表示珠光体可锻铸铁，数字意义同球墨铸铁	"RuT"表示蠕墨铸铁，数字表示最低抗拉强度值	"RT"表示耐热铸铁，化学符号表示合金元素，数字表示合金元素质量分数的百分之几
用途举例	底座，床身，泵体，气缸体，阀门，凸轮等	底盘零件，机油泵齿轮，车辆轴瓦，曲轴，连杆机床主轴等	扳手，农机件，船用电机壳，汽车、拖拉机转向机构，三通，弯头，阀门等	大型柴油机机体，齿轮箱体，气缸盖，制动盘，排气管等	化工机械零件，炉底，坩埚，换热器等

2.3　钢的热处理

钢的热处理是将钢在固态下通过加热、保温、冷却的方法，以改变其整体或表面组织，从而获得所需性能的工艺方法。热处理工艺能提高零件的强度、硬度、韧性、弹性等性能，充分发挥钢材的潜力，延长零件的使用寿命。热处理还可改善工件的加工工艺性能，提高加工质量，减少刀具磨损。例如钻头、锯条、冲模等，必须有高的硬度和耐磨性方能保持锋利，达到能加工工件的要求。因此，除了选用合适的材料外，还必须进行适当的热处理，才能达到上述要求。

钢的热处理可分为普通热处理(如退火、正火、淬火、回火等)和表面热处理。

2.3.1 退火

退火是将钢加热到适当温度，保温一段时间，然后缓慢冷却(一般指随炉冷却)的热处理工艺。

退火的目的：一是降低钢的硬度，提高塑性，以利于切削加工及冷变形加工；二是细化晶粒，均匀化钢的组织及成分，改善钢的性能或为以后的热处理做准备；三是消除钢中的残余内应力，以防止变形和开裂。生产上常用的退火方法有完全退火、球化退火和去应力退火。

(1)完全退火。常用于含碳量小 0.8%的碳素钢。完全退火时将工件加热到 Ac3 以上 30℃～50℃，保温一定时间后，随炉缓慢冷却(或埋在砂中、火石灰中冷却)，获得接近平衡状态组织的退火工艺。主要用于亚共析钢和共析钢的锻件、轧件、铸件，使晶粒细化，组织均匀和消除残余应力，提高钢件的性能。过共析钢不宜完全退火，因析出网状渗碳体，降低钢的力学性能。

(2)球化退火。主要用于含碳量大于 0.8%的碳素工具钢、合金工具钢和轴承钢。球化退火是将工件加热到 Ac1 以上 20℃～40℃，保温一定时间后，打开炉门比较快地冷却到 Ac1 以下 20℃左右，进行较长时间的等温，碳化物便自发地趋于球状，然后出炉在空气中冷却。主要用于过共析钢，使钢中二次渗碳体和珠光体中的片状渗碳体球状化，以降低硬度提高韧性，改善切削加工性能。

(3)去应力退火。为了去除由于塑性变形加工、焊接等造成的以及铸件中存在的残余应力而进行的退火。铸钢件的温度为 600℃～650℃，铸铁件为 500℃～550℃，保温后在炉内缓慢冷却。组织不发生变化，只消除内应力，减少变形，稳定尺寸。

(4)扩散退火(均匀化退火)。将钢加热到略低于固相线温度，长时间保温，随炉冷却，使化学成分和组织均匀化。主要用于质量要求高的合金钢铸锭、铸件或锻件。

2.3.2 正火

正火是将钢加热到 Ac3(亚共析钢)或 Accm(过共析钢)以上，低碳钢 Ac3+(100℃～150℃)，中碳钢 Ac3+(50℃～100℃)，高碳钢 Accm+(30℃～50℃)，保温一定时间，然后在空气中冷却的热处理工艺。由于冷却速度稍快，与退火组织相比，组织中的珠光体相对量较多，且片层较细密，所以力学性能有所改善。正火的目的是细化晶粒，消除组织缺陷和内应力，为淬火做准备。低碳钢可通过正火处理提高强度和硬度，以改善切削加工性能；对于网状渗碳体严重的高碳钢，在球化退火前采用正火方法可消除网状渗碳体。对不太重要的零件，可细化晶粒，组织均匀，提高机械性能，作为最终热处理。

2.3.3 淬火

淬火就是将钢加热到临界温度以上 30℃～50℃，保温后放入不同的冷却介质中快速冷却，以获得马氏体组织的热处理方法。马氏体的硬度取决于含碳量，随着含碳量的提高，马氏体的硬度提高，如 45 钢经淬火后硬度可达 50～55HRC，碳素工具钢淬火后硬度大于 60HRC。

淬火时的冷却介质称为淬火剂。常用的淬火剂有油、水、盐水，冷却能力依次增强。

为了使钢获得优良的淬火质量，淬火应注意：

1)淬火加热温度的选择

根据钢材的化学成分决定，亚共析钢(含碳量小于 0.77%)在 Ac3 以上 30℃～50℃，此时钢的组织为细颗粒的奥氏体，淬火后获得细小的马氏体。若温度低于 Ac3，将出现自由铁素体。若温度过高，得到粗大的马氏体，性能变坏。共析钢(含碳量 0.77%)和过共析钢(含碳量大于 0.77%)加热温度在 Ac1 以上 30℃～50℃，得到细小的马氏体和小颗粒的渗碳体组织。

不论在退火、正火及淬火时，均不能任意提高加热温度。温度过高晶粒容易长大，而且增加氧化、脱碳和变形的倾向。常用钢的各种临界温度如表 2-5 所示。

表 2-5　常用钢的临界温度

类别	钢号	临界温度/℃			
		Ac1	Ac3 或 Accm	Ar1	Ar3
碳素结构钢	20	735	855	680	835
	30	762	813	677	835
	40	724	790	680	795
	45	724	780	682	760
	50	725	760	690	750
	60	727	766	695	721
碳素工具钢	T7	730	770	700	743
	T8	730	—	700	—
	T10	730	800	700	—
	T12	730	820	700	—
	T13	730	830	700	—

2)合理的淬火冷却方法

冷却介质对淬火效果有很大影响，水用于形状简单、截面较大的碳素钢工件。油用于合金钢和复杂的碳素钢。

3)正确选择淬火方法

冷却时应使冷却速度大于临界冷却速度，以保证获得马氏体组织。在这个前提下又应尽量缓慢冷却，以减少内应力，防止工件的变形和开裂。淬火时除了要选用合适的淬火冷却介质外，还应改进淬火方法。对形状简单的工件，常采用简易的单液淬火法，碳钢用水或食盐水溶液作冷却介质，合金钢常用油作冷却介质。对容易产生裂纹、变形的工件，可采用先水后油的双介质淬火或分级淬火等。

2.3.4 回火

钢经淬火后得到的马氏体组织硬而脆，不稳定，并且工件内部存在很大的内应力，因此淬火钢必须进行回火处理。钢件淬硬后，再加热到某一较低的温度，保温一定时间，然后冷却至室温的热处理方法称为回火。

回火处理的目的是消除和降低内应力，防止开裂，调整硬度，提高韧性，稳定尺寸，获得较好的综合力学性能。根据回火温度的不同，可分为以下 3 种：

(1)低温回火。指淬火钢在 150℃～250℃的回火。低温回火可降低淬火钢件的内应力和脆性，提高韧性，基本保持淬火钢的高硬度(58～64HRC)。用于各类高碳钢的工具、模具、量具、拉丝模以及其他要求硬而耐磨的零件。

(2)中温回火。指淬火钢在 350℃～500℃之间的回火。得到极细颗粒状渗碳体和铁素体的混合物，有极高的弹性极限和屈服强度，也有较好的韧性。硬度在 HRC35～45，用于各种弹簧、弹簧夹头及锻模。

(3)高温回火。指淬火钢在 500℃～650℃之间的回火。习惯上常将淬火及高温回火的复合热处理工艺称为调质。钢经调质后具有良好的综合力学性能(足够的强度与高韧性相配合)。回火后硬度可达 25～40HRC。调质处理应用十分广泛，它主要用于各种重要结构零件，如各类轴、齿轮、连杆等。回火保温时间与工件材料、尺寸及工艺条件等因素有关，一般为 0.5～2h。

不同含碳量的碳钢经退火及正火的硬度值如表 2-6 所示。

表 2-6　　碳钢经退火及正火时的硬度值

含碳量 热处理	结构钢			工具钢
	≤0.25%	0.25%～0.65%	0.65%～0.85%	0.7%～1.3%
退火	HB≤150	HB150～220	HB220～229	HB187～217
正火	HB≤156	HB156～228	HB230～229	HB229～341

加热保温时间与钢的成分、工件的形状、尺寸及加热介质、加热方法等因素有关，一般按照经验公式加以估算。通常按工件有效厚度，用下列经验公式计算加热时间：

$$t=\alpha \cdot D$$

式中：t—加热时间(min)

α—加热系数

D—工件有效厚度(mm)

表 2-7 所示为各种加热温度下的加热系数。

表 2-7　　各种加热温度下的加热系数

加热温度/℃	工件形状		
	圆柱形	方形	板形
700	1.5	2.2	3
800	1	1.5	2
900	0.8	1.2	1.6
1000	0.4	0.6	0.8

对于碳钢来说，回火工艺的选择主要是考虑回火温度和保温时间这两个因素。

各种钢材的回火温度与硬度之间的关系可从有关手册中查阅。现将几种常用碳钢的回火温度与硬度的关系列于表 2-8 中。

表 2-8　　各种不同温度回火的硬度值(HRC)

回火温度/℃	45 钢	T8 钢	T10 钢	T12 钢
150～200	60～54	64～60	64～62	65～62
200～300	54～50	60～55	62～56	65～57
300～400	50～40	55～45	56～47	57～49
400～500	40～30	45～35	47～38	49～38
500～600	33～24	35～27	38～27	38～28

回火保温时间与工件材料、尺寸及工艺条件等因素有关，通常采用 1～2h。可按试样的有效厚度 2min/mm 来计算保温时间。如计算保温时间不足 1h，必须保温 1h。

2.3.5　钢的表面热处理

表面热处理是指仅对工件表面进行热处理以改变其组织和性能的工艺。表面热处理只对一定深度的表层进行强化，而心部基本上保持处理前的组织和性能，因而可获得高强度、高耐磨性和高韧性三者比较满意的结合。同时由于表面热处理是局部加热，所以能显著减少淬火变形，降低能耗。

(1)表面淬火

表面淬火是指仅对钢件表层进行淬火的工艺。一般包括感应加热表面淬火、火焰表面淬火、激光加热表面淬火等。表面淬火后的钢件可以得到表面硬而芯部韧的性能。火焰加热表面淬火使用氧—乙炔火焰喷向工件表面，立即喷水冷却的淬火方法。感应加热表面淬火利用感应电流产生的热效应来加热工件表面，喷水冷却的方法。激光加热表面利用激光加热工件表面，喷水冷却的方法。

(2)化学热处理

化学热处理是将钢件置于一定温度的活性介质中保温，使一种或几种元素渗入其表层，以改变其化学成分，从而改变组织和性能的热处理工艺。

化学热处理的目的是提高钢件的表面硬度、耐磨性和抗蚀性,而钢件的芯部仍保持原有性能。根据渗入元素的不同,化学热处理分为渗碳、渗氮、渗硼、渗金属及几种元素共渗如碳氮共渗(氰化)。常用的是渗碳和渗氮。

2.4 非金属材料

非金属材料的分类方法也各有不同,按材料来源可分为天然非金属材料(如木材、棉麻、皮革等)和人造非金属材料(如各种合成材料等);按化学组成可分为无机非金属材料(如陶瓷、玻璃、水泥等)和有机非金属材料(如塑料、橡胶、合成纤维等)。

2.4.1 高分子材料

高分子材料为有机合成材料,亦称聚合物。它成型和加工容易,价格低廉,具有许多金属不能与之相比的特殊性能,如塑料密度小,比强度高,有良好的电绝缘性和热绝缘性,较强的耐腐蚀性能;橡胶具有高弹性等。这也是高分子材料迅速发展的重要原因。但高分子材料也有许多缺点,如强度、硬度低,热性能差,工作温度低,容易老化等。高分子材料的分类如表 2-9 所示。

表 2-9　高分子材料的分类

分类方法	类别	特点	举例	备注
按性能及用途	塑料	室温下呈玻璃态,有一定形状,强度较高,受力后能产生一定形变的聚合物	聚酰胺、聚甲醛、聚砜、有机玻璃、ABS、聚四氟乙烯、聚碳酸酯、环氧塑料、酚醛塑料	其中塑料、橡胶、纤维称为三大合成材料
	橡胶	室温下成高弹态,受到很小力时就会产生很大形变,外力去除后又恢复原状的聚合物	通用合成橡胶(丁苯、顺丁、氯丁、乙丙橡胶)特种橡胶(丁腈、硅、氯橡胶)	
	纤维	由聚合物抽丝而成,轴向强度高、受力变形小,在一定温度范围内力学性能变化不大的聚合物	涤纶(的确良)、棉纶(尼龙)、腈纶(奥纶)、纤纶、丙纶、氯纶(增强纤维有芳纶、聚烯烃)	
	胶黏剂	由一种或几种聚合物作基料加入各种添加剂构成的,能够产生黏合力的物质	环氧、改性酚醛,聚氨酯 α-氰基丙烯酸酯、厌氧胶黏剂	
	涂料	是一种涂在物体表面上能干结成膜的有机高分子胶体有保护、装饰(或特殊作用:绝缘、耐热、示温)作用	酚醛、氨基、醇酸、环氧、聚氨酯树脂及有机硅涂料	

续表

按聚合物反应类型	加聚物	经加聚反应后生成的聚合物，链节的化学式与单体的分子式相同	聚乙烯、聚氯乙烯等	80%聚合物可经积聚反应生成
	缩聚物	经缩聚反应后生成的聚合物，链节的化学式与单体的化学结构不完全相同，反应后有小分子物析出	酚醛树脂(由苯酚和甲醛缩合、缩水去水分子后形成的)等	
按聚合物的热行为	热塑性塑料	加热软化或熔融，而冷却固化的过程可反复进行的高聚物，它们是线型高聚物	聚氯乙烯等烯类聚合物	
	热固性塑料	加热成型后不再熔融或改变形状的高聚物，它们是网状(体型)高聚物	酚醛树脂、环氧树脂	
按主链上的化学组成	碳链聚合物	主链由碳原子一种元素组成的聚合物 —C—C—C—C— 不溶于水，可塑性(可加工性)好，但耐热性差	聚乙烯 PE、聚丙烯 PP、聚异丁烯 PIB、聚苯乙烯 PS、聚氯乙烯 PVC、聚丁二烯 PB、聚丙烯酰胺 PAM、聚甲基丙烯酸甲酯 PMMA、聚丙烯腈 PAN、聚乙烯醇 PVA	
	杂链聚合物	主链除碳外，还有氧、硫、氮等其他元素原子的聚合物 —C—C—O—C— —C—C—N— —C—C—S— 具有极性，易水解、醇解，耐热性比较好，强度高，可用作工程塑料	聚酯(—OCO—，聚碳酸酯)、聚酰胺(—NHCO—) PA(尼龙)、PET(涤纶)、PPO(聚苯醚)、PSU(聚砜)、POM(聚甲醛)、PPS(聚苯硫醚)	
	元素有机聚合物	主链由硅、硼和氧、氮和其他元素原子组成的聚合物，无碳原子，侧链是有机基团 —O—Si—O—Si—O— 具有无机物的热稳定性，有机物的弹性和塑性	如有机硅橡胶 $—[Si(CH_3)_2—O]_n—$ −123℃使用，耐低温性好	

2.4.1.1　塑料

塑料是以树脂(或在加工过程中用单体直接聚合)为主要成分，以增塑剂、填充剂、润滑剂、着色剂等添加剂为辅助成分，在加工过程中一定温度和压力的作用下能流动成型的高分子有机材料。树脂是受热时通常有转化或熔融范围，转化时受外力作用具有流动性，常温下呈固态或半固态或液态的有机聚合物，它是塑料最基本的，也是最重要的成分。

按照热性能，塑料可分为热塑性塑料和热固性塑料两种。

热塑性塑料在特定温度范围内能反复加热软化和冷却硬化的塑料，其分子结构是线型或支链型结构，变化过程可逆。典型的品种有聚乙烯、聚丙烯、聚苯乙烯及其共聚物 ABS、聚酸胺、聚甲醛、聚碳酸醋、聚苯醚、聚砜等。这类塑料强度较高、成型工艺性良好，但耐热性和刚性较差。

热固性塑料初加热时软化，可塑造成型，但固化后再加热将不再软化，也不溶于溶剂。其分子结构最终为体型结构，变化过程不可逆。典型的品种有酚醛、环氧、氨基、不饱和聚酯、呋喃、聚硅醚树脂及聚邻苯二甲酸二丙烯树脂等。这类塑料的耐热性和刚性较高，但脆性大，且不能反复成型和再生使用。

按使用范围，可分为通用塑料、工程塑料和耐热塑料。

通用塑料指应用范围广、生产量大的塑料制品。主要有聚氯乙烯、聚苯乙烯、酚醛塑料、氨基塑料等，是一般工农业生产和日常生活不可缺少的廉价材料。

工程塑料主要指强度、韧性和耐磨性较好、可制造某些机器零件或构件的塑料。最重要的有聚甲醛、聚酞胺、聚碳酸酯、ABS 等。它们是制造工程结构、机器零部件、工业容器和设备的一类新型结构材料。

耐热塑料指能在较高温度下工作的各种塑料。常见的有聚四氟乙烯、聚三氟氯乙烯、有机硅树脂、环氧树脂等。它们可以在 100℃～200℃的温度工作。

与传统的金属材料相比，塑料具有如下工艺特点：①通用塑料原材料来源丰富，产量大，应用面广，价格便宜，常用的有聚氯乙烯、聚乙烯、聚丙烯等。②工程塑料具有较高的物理性能、力学性能，较之金属材料虽强度、刚性、耐温等不及，但塑料具有密度小，比强度大，耐腐蚀性好(耐酸、碱、水、氧等)，电绝缘性好，耐磨及减摩，消音、吸震及易成型等优点。常用的工程塑料有聚四氟乙烯、环氧树脂、聚碳酸醋等。

塑料因其具有良好的综合性能而在机械制造、轻工、包装、电子、航天航空、建筑以及汽车制造领域得以广泛使用。在汽车制造业中，工程塑料具有非常重要的地位，目前由数万个零件组成的轿车上大约有 2000 多个塑料零件，如轻载齿轮、轴承、密封件、摩擦片、方向盘以及各种车灯罩等。

(1)常用塑料

1)丙烯腈—丁二烯—苯乙烯共聚物类 ABS(Acrylonitrile Butadiene Styrene)

丙烯腈使制品表面较高硬度，提高耐磨性，耐热性。丁二烯加强柔顺性，保持材料韧性、弹性及耐冲击强度。苯乙烯保持良好成型性(流动性、着色性)及保持材料刚性。根据组分不同派生出多种规格牌号。

具有良好的电镀性能，原料浅黄色不透明，制品表面光泽度好，比重 1.05g/cm^3，收缩率较小，尺寸稳定性良好。不耐有机溶剂，如溶于酮、醛、酯及氯化烃而形成乳浊液。材料共混性能好，ABS＋PVC 可提高韧性，耐燃性，抗老化能力，ABS＋PC 可提高抗冲击强度，耐热性。

成型加工之前需充分干燥，干燥温度 85℃以上，时间 3 小时。流动性较好，料管温度不宜超过 250℃，成型温度在 200℃～240℃，模具温度 40℃～80℃，注射速度取中，低速为主，注射压力根据制件形状、壁厚、胶料品级选取，一般为 80～130MPa。内应力检验以产品没入煤油中 2 分钟不出现裂纹为准，如成型耐热级或阻燃级材料，生产 3～7 天后模具表面会残存塑料分解物，导致模具表面发亮，需对模具及时进行清理，同时模具表面需增加排气位置。

ABS 主要应用于汽车(仪表板、工具舱门、车轮盖、反光镜盒等)、电冰箱、大强度工具(头发烘干机、搅拌器、食品加工机、割草机等)、电话机壳体、打字机键盘、娱乐用车辆如高尔夫球手推车以及喷气式雪橇车等场合。

2)聚碳酸酯 PC(Polycarbonate)

聚碳酸酯俗称"防弹玻璃胶",属结晶性塑料。

外观透明,刚硬带韧性。燃烧慢,离火后慢熄。PC 耐冲击性是塑料中最好的。成型收缩率小(0.5%～0.7%),成品精度高,尺寸稳定性高。化学稳定性较好,但不耐碱、酮、芳香烃等有机溶剂。耐疲劳强度差,对缺口敏感。

成型加工之前需充分干燥,干燥温度 110℃～120℃,时间 8～12h。流动性差,须用高压注塑,但注塑压力过高会使产品残留内应力而易开裂。PC 料黏度对温度很敏感,提高温度时,黏度有明显下降。模具的设计要求较高。注射速度太快,易出现熔体破裂现象,在浇口周围会有糊斑,产品表面毛糙等缺陷或因排气不良(困气)而使产品烧焦。模温以控制在 80℃～100℃为宜。成型后为减小内应力,可采用退火处理。

主要应用于电气和商业设备(计算机元件、连接器等)、器具(食品加工机、电冰箱抽屉等)、交通运输行业(车辆的前后灯、仪表板等)。

3)聚丙烯 PP(Polypropylene)

聚丙烯俗称"百折胶",属结晶性塑料。

呈半透明,质轻,可浮于水上。良好流动性及成型性,表面光泽、着色,外伤留痕优于 PE。高的分子量使得抗拉强度高及屈服强度(耐疲劳度)高。化学稳定性高,不溶于有机溶剂,喷油、烫印及黏结困难。耐磨性优异,以及常温下耐冲击性好。成型收缩率大(1.6%),尺寸较不稳定,易变形及缩水。

聚丙烯的流动性好,较低的注射压力就能充满型腔,压力太高,易发生飞边,但太低,缩水会严重。注射压力一般为 80～90MPa,保压压力取注射压力力的 80%左右,宜取较长保压时间补缩。适于快速注射,为改善排气不良,排气槽宜稍深取 0.3mm。聚丙烯高结晶度,料管温度高,前料管 200℃～240℃,中料管 170℃～220℃,后料管 160℃～190℃。因其成型温度范围大,易成型,常采用较低温度。因材料收缩率大,为准确控制胶件尺寸,应适当延长冷却时间。模温宜取低温(20℃～40℃),背压以 0.5MPa 为宜,干粉着色工艺应适当提高背压,以提高混炼效果。

主要应用于汽车工业(主要使用含金属添加剂 PP 挡泥板、通风管、风扇等)、器械(洗碗机门衬垫、干燥机通风管、洗衣机框架及机盖、冰箱门衬垫等)、日用消费品(草坪和园艺设备如剪草机和喷水器等)。

4)聚氯乙烯 PVC(Poly Vinyl Chloride)

聚氯乙烯属非结晶性塑料,聚氯乙烯树脂为白色粉末状,密度 1.4,耐酸碱,耐水无毒,难燃电绝缘性能良好,能耐多种溶剂。纯聚氯乙烯质硬,须加入增塑剂才能使其柔软,而且聚氯乙烯的性能与聚合物的组成、聚合度、制造方法,加工条件等都有密切关系。聚氯乙烯塑料分为硬质聚氯乙烯与软质聚氯乙烯两种,应用范围极广。

软 PVC 收缩率较大(1.0%～2.5%),易吸水分,成型前需经干燥。成型时料管内长期多次受热，分解出氯乙烯单体及氯化氢（即降解）对模腔有腐蚀作用。软PVC中加入ABS，可提高韧性，硬度及机械强度。因PVC成型加工温度接近分解温度，故应严格控制料管温度，尽可能用偏低的成型温度，同时还应尽可能缩短成型周期。针对易分解，流动性差，模具流道和浇口尽可能粗、短、厚、以减小压力损失及尽快充满型腔。注射速度不宜太快。模具温度尽可能低（30℃～45℃）以缩短成型周期及防止胶件出模变形。为阻止冷料堵塞浇口或流入模腔，应设计较大冷料穴积存冷料。

主要应用于供水管道，家用管道，房屋墙板，商用机器壳体，电子产品包装，医疗器械，食品包装等。

5）聚四氟乙烯PTFE（F4）（Poly Tetrafluoro Ethylene）

长期使用温度－200℃～260℃，有卓越的耐化学腐蚀性，对所有化学品都耐腐蚀，摩擦系数在塑料中最低，还有很好的电性能，其电绝缘性不受温度影响，有“塑料王”之称。呈透明或半透明状态，结晶度越高，透明性越差。原料多为粉状树脂或浓缩分散液，具有极高的分子量，为高结晶度的热塑性聚合物。

PTFE粉状树脂常采用粉末冶金法成型，使用烧结方法。烧结温度360℃～380℃，不可超过475℃。乳液树脂通常用冷挤出再烧结的工艺加工，可在物品表面形成防腐层。如需要求制品透明性，韧性好，应采取快速冷却。也可采取挤压成型，可以挤出管、棒、型材。PTFE熔体黏度很高，但随剪切应力的增大而减小，显示其非牛顿流体的特性。二次加工，可以热压复合、焊接、黏结、增强、机械加工等，以制得最终产品。

主要应用于制作耐腐蚀件，减磨耐磨件、密封件、绝缘件和医疗器械零件。

6）聚甲醛POM（Poly formaldehyde）

聚甲醛俗称“赛钢”，属结晶性塑料。

聚甲醛为乳白色塑料有光泽。具有良好综合力学性能、硬度、刚性较高、耐冲击性好且具有优良的耐磨性及自润滑性。耐有机溶剂性能好，性能稳定。成型后尺寸较稳定，受湿度环境影响较小。

吸湿性小，成型前一般不干燥或短时干燥。成型温度范围窄，热稳定性差，250℃以上分解出甲醛单体（熔料颜色变暗），故单凭提高温度改善流动性有害且无效果。宜采用较低的料管温度及较短的滞留时间而提高注射压力能改善熔料的流动性及产品表面质量（熔体流动性对剪切速率较敏感）。温度参数：前料管190℃～210℃，中料管180℃～205℃，后料管150℃～175℃。压力参数：注射压力100MPa左右，背压0.5MPa。模具温度控制以80℃～100℃为宜。POM冷却收缩率很大（2%～2.5%）。

主要应用于制作齿轮和轴承。由于它还具有耐高温特性，因此还可用于管道器件（管道阀门、泵壳体）、草坪设备等。

7）聚乙烯PE（Polyethylene）

耐腐蚀性、电绝缘性（尤其高频绝缘性）优良，可用玻璃纤维增强。低压聚乙烯的熔点，刚性，硬度和强度较高，吸水性小，有良好的电性能和耐辐射性。高压聚乙烯的柔软性，伸长率，冲击强度和渗透性较好。超高分子量聚乙烯冲击强度高，耐疲劳，耐磨。

结晶料，吸湿小，无须充分干燥，流动性极好。流动性对压力敏感，成型时宜用高压注射，料温均匀，填充速度快，保压充分。不宜用直接浇口，以防收缩不均，内应力增大。注意选择浇口位置，防止产生缩孔和变形。收缩范围和收缩值大，方向性明显，易变形翘曲。冷却速度宜慢，模具设冷料穴，并有冷却系统。加热时间不宜过长，否则会发生分解，灼伤。软质塑件有较浅的侧凹槽时，可强行脱模。可能发生融体破裂，不宜与有机溶剂接触，以防开裂。

低压聚乙烯适于制作耐腐蚀零件和绝缘零件，高压聚乙烯适于制作薄膜等，超高分子量聚乙烯适于制作减震，耐磨及传动零件。

8）聚苯乙烯 PS(Polystyrene)

电绝缘性（尤其高频绝缘性）优良，无色透明，透光率仅次于有机玻璃。着色性、耐水性、化学稳定性良好。强度一般，质脆，易产生应力脆裂，不耐苯、汽油等有机溶剂。

无定形料，吸湿小，无须充分干燥，不易分解，但热膨胀系数大，易产生内应力。流动性较好，可用螺杆或柱塞式注射机成型。宜用高料温，高模温，低注射压力，延长注射时间有利于降低内应力，防止缩孔、变形。可用各种形式浇口，浇口与塑件圆弧连接，以免去处浇口时损坏塑件。脱模斜度大，顶出均匀。塑件壁厚均匀，最好不带镶件，如有镶件应预热。

主要应用于产品包装，家庭用品（餐具、托盘等），电气（透明容器、光源散射器、绝缘薄膜等）。

9）聚甲基丙烯酸甲酯 PMMA(Polymethyl Methacrylate)

PMMA 俗称“有机玻璃”。

透明性极好，强度较高，有一定的耐热耐寒性、耐腐蚀，绝缘性良好。综合性能超过聚苯乙烯，但质脆，易溶于有机溶剂，如作透光材料，其表面硬度稍低，容易擦花。

无定形料，吸湿大，需干燥，不易分解，流动性中等，易发生填充不良、粘模、收缩、熔接痕等。宜高压注射，在不出现缺陷的条件下取高料温、高模温，以增加流动性，降低内应力，改善透明性及强度。模具浇注系统表面应光洁，脱模斜度大，顶出均匀，同时设排气口，以防出现起泡。

主要应用于汽车工业（信号灯设备、仪表盘等）、医药行业（储血容器等）、影碟、灯光散射器、日用消费品（饮料杯、文具等）。

10）聚酰胺 PA(Polyamide)

PA 俗称“尼龙”。

坚韧，耐磨，耐油，耐水，抗酶菌，但吸水大。尼龙 6 弹性好，冲击强度高，吸水较大。尼龙 66 性能优于尼龙 6，强度高，耐磨性好。尼龙 610 与尼龙 66 相似，但吸水小，刚度低。尼龙 1010 半透明，吸水小，耐寒性较好。

结晶料，熔点较高，熔融温度范围窄，热稳定性差，料温超过 300℃、滞留时间超过 30min 即分解。较易吸湿，需干燥，含水量不得超过 0.3%。流动性好，易溢料。宜用自锁时喷嘴，并应加热。成型收缩范围及收缩率大，方向性明显，易发生缩孔、变形等。模温按塑件壁厚在 20℃～90℃范围内选取，注射压力按注射机类型、料温、塑件形状尺寸、模具浇注系统选定，成型周期按塑件壁厚选定。树脂黏度小时，注射、冷却时间应取长，并用白油作脱模剂。模具浇注系统的形式和尺寸，增大流道和浇口尺寸可减少缩水。

适于制作一般机械零件、减磨耐磨零件、传动零件以及化工、电器、仪表等零件。

11)聚对苯二甲酸丁二醇酯 PBT(Poly Butylene Terephthalate)

PBT 是最坚韧的工程热塑材料之一,它是半结晶材料,有非常好的化学稳定性、机械强度、电绝缘特性和热稳定性。在很广的环境条件下都有很好的稳定性。PBT 吸湿特性很弱。玻璃添加剂过多将导致材料变脆。PBT 的结晶很迅速。对于有玻璃添加剂类型的材料,流程方向的收缩率可以减小,但与流程垂直方向的收缩率基本上和普通材料没有区别。一般材料收缩率为 1.5%～2.8%。含 30%玻璃添加剂的材料收缩 0.3%～1.6%。

在高温下很容易水解,因此加工前须干燥处理。要很好地设计模具的冷却腔道以减小塑件的弯曲。热量的散失一定要快而均匀。应使用尽可能快的注射速度(因为 PBT 的凝固很快)。使用圆形流道以增加压力的传递(经验公式:流道直径＝塑件厚度＋1.5mm)。可以使用各种形式的浇口。

主要应用于家用器具(食品加工刀片、真空吸尘器元件、电风扇、头发干燥机壳体、咖啡器皿等)、电器元件(开关、电机壳、保险丝盒、计算机键盘按键等)、汽车工业(散热器格窗、车身嵌板、车轮盖、门窗部件等)。

12)酚醛树脂 PF(Phenol Formaldehyde)

酚醛树脂俗称"电木"。属热固性树脂,原料价廉,制造加工成本低,成型容易,成型时收缩和后期收缩都小,制品尺寸稳定,不会出现裂纹。酚醛树脂的电绝缘性、耐热性、耐药品性,特别是耐酸性好,但不耐碱。耐电弧性差。酚醛树脂色较暗,为米黄原色。着色范围有限,无法着鲜艳色彩。酚醛树脂是电器工业上不可缺少的材料,如用作插座,开关、灯口及电话机等。

酚醛泡沫塑料可作隔热、隔音和抗震包装材料。

13)氨基塑料 UF(Urea Formaldehyde)MF(Melamine Formaldehyde)

氨基塑料俗称"电玉",分尿素甲醛树脂(脲甲醛树脂,UF)和三聚氰胺甲醛树脂(密胺甲醛树脂,MF)两类,都属热固性塑料。无毒,无味,硬度高,外观白色美丽,可着任何鲜艳色彩。它的电绝缘性好,特别是耐弧光性能比酚醛树脂强,并能耐弱酸、弱碱、醇类及油脂等。

三聚氰胺甲醛树脂吸水性低,长期在沸水中使用,性能无变化。机械性能好,可着色,耐污性强。其制品的外观酷似陶瓷,有"仿瓷塑料"之称。多用于制造耐热、耐水的食具和工业零件。

14)聚氨酯 PU(Polyurethane)

聚氨酯全称为聚氨基甲酸酯或异氰酸酯聚合物。聚氨酯的共同点是富有弹性,有强韧性,抗裂强度大,耐磨耗,并有优良的耐老化性,耐热性、耐油性、耐溶剂性等。聚氨酯弹性体的抗张强度,抗撕裂强度以及耐磨性等都比橡胶好,耐老化性,特别是耐臭氧、耐油性能优良。

聚氨酯是一种新兴的有机高分子材料,被誉为"第五大塑料",因其卓越的性能而被广泛应用于国民经济众多领域。产品应用领域涉及轻工、化工、电子、纺织、医疗、建筑、建材、汽车、国防、航天、航空。常见聚氨酯:软泡 Flexible PU、硬泡 Rigid PU、半硬泡 Semi-rigid PU、聚氨酯弹性体(PU Elastomers)、聚氨酯鞋底料(Shoe Sole)、聚氨酯浆料、聚氨酯纤维(Spandex,简称氨纶)、聚氨酯涂料(PU Coatings)、聚氨酯胶黏剂(PU Adhesives)、聚氨酯密封胶(PU Sealants)。

15)环氧塑料 ER(Epoxy Resins)

环氧塑料是以环氧树脂为主要成分,加入固化剂,在室温或加热条件下浇注或模塑而得。凡分子结构中含有环氧基团[—CH(O)CH—结构的官能基]的高分子化合物统称为环氧树脂。固化后的环氧树脂具有良好的物理化学性能,它对金属和非金属材料的表面具有优异的粘接强度,有"万能胶"之称。介电性能良好,收缩率小,制品尺寸稳定性好,硬度高,柔韧性较好,对碱及大部分溶剂稳定,因而广泛应用于国防、国民经济各部门,可作浇注、浸渍、层压料、黏结剂、涂料等。

16)聚砜 PSF (Polysulfone)

分子链中含有砜基(—SO_2—)的热塑性塑料。聚砜为透明微黄色的树脂,具有突出的耐热性和耐氧化性,连续使用温度为 150℃,高温下抗蠕变性比聚碳酸酯、聚甲醛及 ABS 树脂要优异得多。聚砜在室温至 175℃的温度范围内电性能不变,即使置入水中或高湿度气氛中也有良好的介电性能。聚砜的耐候性、耐紫外线性能较差。

聚砜可用作汽车上的耐热、绝缘的部件,计算机上的各种零件,家用电器及洗涤机的零件。聚砜可以代替铜或钢材作耐热耐酸龙头、管道,以及各种薄膜和绝缘涂层等。

17)氟塑料

氟塑料是分子中含有氟原子的一类高分子合成材料的总称。目前用于工业生产的主要品种有聚四氟乙烯、聚二氟氯乙烯,四氟乙烯与六氟丙烯共聚物、聚偏氟乙烯及聚氟乙烯等五种。其中聚四氟乙烯产量最大,占氟塑料总产量的 80%。氟塑料的机械性能在塑料中并不很突出,硬度较小,易擦伤,相互摩擦时耐磨耗性明显降低,而且长期在荷重情况下易发生蠕变。但是与其他塑料相比,氟塑料有着优异的耐腐蚀性,热稳定性,良好的绝缘材料,氟塑料在所有的固体中摩擦系数最小,对所有的黏附物质不发生黏结作用,氟塑料的吸水率与渗透性几乎为零,耐候性好,氟塑料对紫外线稳定,在亚热带户外放置多年,性能不受影响。对放射线的作用也较稳定。常用来制造对性能要求较高的耐腐蚀零件,如管道、容器、阀门等。

18)有机硅塑料 SL(Silicone)

有机硅树脂是一种介于玻璃与有机化合物之间的性能特殊的高分子材料。国外有机硅产品已发展到 400 多种,其中,硅油占 60%,硅橡胶占 25%,硅树脂占 15%。有机硅树脂无论是液体,弹性体或固体状态,都有很高的耐热性,耐寒性,憎水性,耐药品性和电绝缘性,而且各种有机硅均无明显的生理影响,物理性能受温度变化极小。硅油的黏度随温度的变化比其他油类小,在−50℃低温下仍具有流动性,抗剪力大。硅油可用作润滑剂、防水剂、消泡剂、抛光剂及脱模剂等。

(2)塑料成型加工工艺

在现代工业产品的造型设计中引用塑料制品,可使产品的造型取得良好的艺术效果和经济效果。塑料制品可以容易地通过一道工序,获得所需要的任何形状,而且很少再需要进行进一步加工和表面处理,因而使产品的造型设计可以不受形状和线型的约束,并充分实现设计师对产品内外结构和形状的巧妙构思,利用塑料制品的色彩效果和肌理效果,以及表面加工的随意性，大大提高产品外观造型的整体感和艺术质量。所以，应熟悉各种塑料成型加工工艺，并在造型设计中合理地选用塑料制件。

塑料成型加工的方法大体可分为三种：

1)处于玻璃态的塑料，可以采用车、铣、钻刨等机械加工方法和电镀、喷涂等表面处理方法。

2)当塑料处于高弹态时，可以采用热冲压，弯曲、真空成型等加工方法。

3)把塑料加热到黏流态，可以进行注射成型、挤出成型、吹塑成型等加工。

塑料制品的生产过程，一般可分为四个阶段。首先，是根据塑料制品的性能要求进行塑料各组分的配方设计；然后，经混炼操作，将树脂与各种添加剂充分混合，制成多相均态的混合物料；第三步，经造粒工艺，将混合物料塑炼制成便于成型时使用的颗粒状半成品原料；最后，用不同的成型工艺设备，将半成品加工成塑料制件。

注射成型又称注塑。在现代各种塑料成型技术中，用注射成型法生产的产品，比用任何其他方法生产的都多。此法不仅适用于全部热塑性塑料，而且也适用于部分流动性较好的热固性塑料制件的成型。

注射成型方法有很多突出优点：能一次成型出外形复杂，尺寸精确的塑料制件，可以极方便地利用一套模具，成批地制得尺寸、形状，性能完全相同的产品，而且所得制件几乎无须进一步修饰或加工，生产性能好，成型周期短，一般制件只需 30～60 秒可成型，而且可实现自动化或半自动化作业，具有较高的生产效率和技术经济指标，因而该方法已成为现代非金属材料成型技术。整个成型是一个循环的过程，每一成型周期包括定量加料、熔融塑化、施压注射、充模冷却、启模、取件等步骤。

挤出成型。装入料斗的颗粒状物料，被旋转的螺杆推入料筒，由于加热器的外热作用和螺杆对物料的搅拌、剪切、挤压、摩擦产生的热作用，使物料沿螺杆轴线前进的方向不断升温熔融而呈流动状态，并不断被推向机头。由于机头部件的节制作用，使熔融物料在高压下连续地通过型孔或口模，经冷却、定型，硬化后，获得具有特定断面形状的连续型材。

压制成型是各种热固性塑料主要成型方法之一。压制成型主要用于热固性塑料制品的生产，有模压法和层压法两种。压制成型的特点是：制品尺寸范围宽，可压制较大的制品，设备简单，工艺条件容易控制，制件无浇口痕迹，容易修整、表面平整、光洁，制品收缩率小、变形小、各项性能较均匀。不能成型结构和外形过于复杂、加强筋密集、金属嵌件多、壁厚相差较大的塑料制件，对模具材料要求高，成型周期长，生产效率低，较难实现自动化生产。

压延成型是利用热的辊筒，将热塑性塑料经连续辊压、塑化和延展成薄膜或薄片的一种成型方法。常用来生产厚度为 0.05～0.50mm 的软聚氯乙烯薄膜和厚度为 0.25～0.70mm的硬聚氯乙烯片材。

压延成型方法生产能力大，产品质量好，易于实现自动化流水作业，是生产各种大长塑料薄膜，薄板，片材和人造革、壁纸等的主要方法，但其设备投资较大。适用于压延成型加工的塑料，除用得最多的聚氯乙烯外，还有聚乙烯、ABS、聚乙烯醇、醋酸乙烯酯与丁二烯的共聚物等。

吹塑成型是目前生产塑料制品的主要方法之一，用挤出、注射等方法制出管状型坯，然后将压缩空气通入处于热塑状态的型坯内腔中，使其膨胀成为所需形状的塑料制品。分为薄膜吹塑和中空吹塑成型。用于制造塑料薄膜、中空塑料制品（如瓶子、包装桶、油箱、玩具等）。

薄膜吹塑成型是将熔融塑料从挤出机机头口模的环行间隙中呈圆筒形薄管挤出，同时从机头中心孔向薄管内腔吹入压缩空气，将薄管吹胀成直径更大的管状薄膜（俗称泡管），冷却后卷取。薄膜吹塑成型主要用于生产塑料薄膜。

中空吹塑成型是将从挤出机挤出的尚处于软化状态的管状热塑性塑料坯料放入成型模内，然后通入压缩气，利用空气的压力使坯料沿模腔变形，从而吹制成颈口短小中空制品。中空吹塑目前已广泛用来生产各种薄壳形中空制品、化工和日用包装容器以及儿童玩具等。

铸塑成型又称浇铸成型。将加有固化剂和其他助剂的液态树脂混合物料倒入成型模具中，在常温或加热条件下使其逐渐固化而成为具有一定形状的制品。铸塑成型工艺简单，成本低，可以生产大型制件，适用于流动性大而又有收缩性的塑料，如有机玻璃、尼龙、聚氨酯等热塑性塑料和酚醛树脂、不饱和聚酯、环氧树脂等热固性塑料成型。此法生产效率低，产品形状和质量受到一定限制。

缠绕成型是制造圆筒形、球形、管形、方盒形或异形回转体的纤维增强塑料制品（俗称玻璃钢）的一种工艺方法。它是用连续的纤维，如玻璃纤维、碳纤维，以及硼纤维和它们的编织物等作为增强材料，浸以树脂，按照一定规律连续缠绕在芯模或衬胆上，然后固化成型。这种方法可用来制造输油管道、火箭筒、坦克炮筒，以及火箭，导弹的发动机外壳等。这种工艺方法发展极为迅速，制品种类很多，就容器而言，从几立升气瓶到几万立升的储槽，都可以用这种方法制造。

手糊成型是增强塑料成型方法之一，以手工作业为主。在涂有脱模剂的模具上均匀地刷一层树脂，再将按要求剪裁成一定形状的片状增强材料（如纤维增强织物），铺贴到模具上，然后再涂刷树脂，再铺贴增强材料，如此重复直至达到所需厚度和预定形状，然后加热固化，脱模即得制品。成型时要求铺贴平整、无皱折，涂刷树脂要均匀浸透织物层并排出气泡。手糊成型工艺简单、操作方便，不需专用设备，适用性强，不受形状和尺寸限制，但制品精度低，劳动条件差、效率低。多用来制作大型物品，也是制作玻璃钢模型的主要方法。

反应注塑成型简称 RIM，即有化学反应的注射成型法。将能发生化学反应的两种或两种以上液态单体或预聚体按一定比例混合后，立即注射到模具型腔中，快速反应而固化成型，冷却脱模而得制品。反应注塑成型要求原料应具有较高活性，能快速反应固化。主要用于聚氨酯塑料成型。

传递成型又称传递压铸成型，热固性塑料的成型方法之一。将热固性塑料原料在加料腔中加热熔化。然后加压注入成型模腔中使其固化成型，传递模塑成型与模压成型相似，但又具有注射成型的特点，如制品尺寸精确，生产周期短，所用模具结构复杂（设有浇口和流道），适合生产形状复杂和带嵌件的制品。多用于酚醛塑料、氨基塑料、环氧塑料等热固性塑料成型。

喷射成型是增强塑料的成型方法之一。用喷枪将树脂、助剂及切断的短纤维同时喷射到一定形状的模具上，达到一定厚度后固化成型。喷射成型生产效率高，制品形状、尺寸不受限制。制品整体性好，但场地污染大。多用于制造大型制件。也可用于泡沫塑料的成型，通常是将快速反应的树脂（如聚氨酯）和助剂喷射到模具或基体表面上，然后发泡、固化而成型。

塑料零件的表面处理，主要包括涂漆和镀金属。塑料零件涂漆的目的，主要是防止塑料制品老化，提高制品耐化学药品与耐溶剂的能力，以及装饰着色、获得不同的表面肌理等。

塑料零件表面镀金属，是塑料二次加工的重要工艺之一. 它能改善塑料零件的表面性能，达到防护、装饰和美化的目的。例如，使塑料零件具有导电性，提高制品的表面硬度和耐磨性，提高防老化、防潮、防溶剂侵蚀的性能，并使制品具有金属光泽。

2.4.1.2 橡胶

橡胶是一种有机高分子弹性化合物，其分子量一般在几十万以上，有的高达几百万。橡胶在$-50℃\sim150℃$范围内具有优异的高弹性，故在日常工农业生产温度范围内处于高弹态，这是它和其他材料相区别的主要标志。此外，橡胶还具有极高的可挠性，良好的扯断强度、拉伸强度、撕裂强度和耐疲劳强度，以及不透水、不透气、耐热、耐寒、耐磨、耐油、耐酸碱及电绝缘等宝贵性能。因此，橡胶及其制品的用途非常广泛，是一类重要的工程材料。它通常是指经硫化处理的、弹性特别优良的聚合物，有通用橡胶和特种橡胶两种。前者如丁苯橡胶（SBR，Styrene Butadiene Rubber）、顺丁橡胶（BR，Butadiene Rubber）、异戊橡胶（IR，Isoprene Rubber）等，后者如丁腈橡胶（NBR，Nitrile Butadiene Rubber）、硅橡胶SI（Silicone Rubber）、聚硫橡胶（Polysulfide Rubber）等。

2.4.2 陶瓷材料

陶瓷是无机非金属材料，是人类应用最早的材料。它熔点、硬度和化学稳定性很高，具有耐高温、耐腐蚀、耐磨损、绝缘性好等特点，广泛应用于制造日常生活用品和一般电工、化工及机械元件。但陶瓷材料脆性很大。

广义的陶瓷是除金属和有机物外的固体材料。按原料来源不同，陶瓷分为普通陶瓷和特种陶瓷。

（1）普通陶瓷（或传统陶瓷）：普通陶瓷的主要原料为天然硅酸盐材料。常用于日用陶瓷、建筑卫生陶瓷、绝缘陶瓷、化工陶瓷等。

（2）特种陶瓷（或新型陶瓷）：主要为高熔点的氧化物、碳化物、氮化物、硅化物等的烧结产物。常用于制造高温器皿、内燃机的火花塞、磨料与刀具、热电偶套管与炉管、火箭尾喷管的喷嘴、火箭的前锥体等。

（3）金属陶瓷：主要指用陶瓷生产方法制取的金属与碳化物或其他化合物的粉末制品。

氧化铝（Al_2O_3）陶瓷又称刚玉瓷，具有优异的化学稳定性，广泛地用于耐酸泵叶轮、泵体、泵盖、轴套，输送酸的管道内衬和阀门等。氧化铝的含量高于95%的陶瓷具有优异的电绝缘性能和较低的介质损耗等特点，因而在电子、电器方面有十分广阔的应用领域。

氧化铝陶瓷的高硬度和耐磨性在机械领域得到了广泛应用。如制造纺织耐磨零件、刀具。各种发动机中还大量使用氧化铝陶瓷火花塞。透明氧化铝陶瓷对于可见光和红外线有良好的透过性，同时具有高温强度高、耐热性好、耐腐蚀性强等特点。可用于制造高压钠灯灯管、红外检测窗口材料等。

氧化锆(ZrO_2)陶瓷，可分为稳定 ZrO_2 陶瓷材料、部分稳定 ZrO_2 陶瓷。稳定氧化锆陶瓷主要由立方相组成，其耐火度高、比热与导热系数小，是理想的高温隔热材料，可以用做高温炉内衬，也可作为各种耐热涂层。稳定 ZrO_2 陶瓷化学稳定性好，高温时仍能抗酸性和中性物质的腐蚀，但不能抵抗碱性物质的腐蚀。周期表中第 V，VI，VII 族金属元素与其不发生反应，可以用来作为熔炼此金属的坩埚。纯氧化锆是良好的绝缘体，由于其明显的高温离子导电特性，可作为 2000℃使用的发热元件，高温电极材料，还可用作产生紫外线的灯。利用稳定氧化锆的氧离子传导特性，可制成氧气传感器，进行氧浓度的测量。

部分稳定 ZrO_2 陶瓷由四方和立方双相组织组成，具有非常高的强度，断裂韧性和抗热冲击性能，被称为“陶瓷钢”。其热传导系数小，隔热效果好，而热膨胀系数又接近金属，容易与金属部件匹配。可用于制作陶瓷发动机的气缸内壁、活塞、缸盖板，采矿和矿物工业的无润滑轴承，喷砂设备的喷嘴，粉末冶金工业所用的部件，制药用的冲压模，医用器械，纺织工业络筒机用剪刀、羊毛剪，磁带生产中的剪刀，微电子工业用工具。此外由于其不与生物体发生反应，也可用作生物陶瓷材料。

氮化硅(Si_3N_4)陶瓷，热膨胀系数小，具有较好的抗热震性能。在陶瓷材料中，氮化硅的弯曲强度比较高，硬度也很高，同时具有自润滑性，摩擦系数小，作为机械耐磨材料使用具有较大的潜力。氮化硅陶瓷材料的常温电阻率比较高，可以作为较好的绝缘材料。氮化硅陶瓷耐氢氟酸以外的所有无机酸和某些碱液的腐蚀，也不被铅、锡、银、黄铜、镍等熔融金属合金所浸润与腐蚀。高温氧化时材料表面形成的氧化硅膜可以阻碍进一步氧化，抗氧化温度达 1800℃。氮化硅陶瓷可用作热机材料、切削工具、高级耐火材料，还可用作抗腐蚀、耐磨损的密封部件等。

氮化铝(AlN)陶瓷，属于共价键化合物，六方晶系，纤维锌矿型结构，白色或灰白色，密度 $3.26g/cm^3$，无熔点，在 2200℃～2250℃升华分解，热硬度很高，即使在分解温度前也不软化变形。具有优异的抗热震性。AlN 对 Al 和其他熔融金属、砷化镓等具有良好的耐蚀性，尤其对熔融 Al 液具有极好的耐侵蚀性，此外，还具有优良的电绝缘性和介电性质。但氮化铝的高温抗氧化性差，在大气中易吸潮、水解。氮化铝可以用作熔融金属用坩埚、热电偶保护管、真空蒸镀用容器，也可用作真空中蒸镀金的容器、耐热砖等，特别适用于作为 2000℃左右氧化性电炉的炉衬材料。氮化铝的热导率是氧化铝的 2～3 倍，热压时强度比氧化铝还高，可用于高强度、高导热的场合，例如大规模集成电路的基板等。

氮化硼(BN)陶瓷存在着六方与立方结构两种材料。六方氮化硼具有自润滑性，可用于机械密封、高温固体润滑剂，还可用作金属和陶瓷的填料制成轴承。其耐热性非常好，可以在 900℃以下的氧化气氛中和 2800℃以下的氮气和惰性气氛中使用。六方氮化硼对酸碱和玻璃熔渣有良好的耐侵蚀性，对大多数熔融金属既不润湿也不发生反应，因此可以用作熔炼有色金属、贵金属和稀有金属的坩埚、器皿等部件。氮化硼既是热的良导体，又是电的绝缘体，可用来做超高压电线的绝缘材料。BN 对微波和红外线是透明的，可用作透红外和微波的窗口。BN在超高压下性能稳定,可以作为压力传递材料和容器。BN是最轻的陶瓷材料,可以用于飞机和宇宙飞行器的高温结构材料。此外,利用BN的发光性,可用作场致发光材料。涂有BN的无定形碳纤维可用于火箭的喷嘴等。立方BN为闪锌矿结构,化学稳定性高,导热及耐热性能好,其硬度与人造金刚石相近,是性能优良的研磨材料。与金刚石相比,其最突出的优点在于高温下不与铁系金属反应,并且可以在1400℃的温度使用。立方BN除了直接用做磨料外,还可以将其与某些金属或陶瓷混合,经烧结制成块状材料,作为各种高性能切削刀具。

2.4.3 复合材料

复合材料是指两种或两种以上不同化学性质或不同组织结构的材料,通过不同的工艺方法组成的多相固体材料。复合材料的组分材料虽然保持其相对独立性,但是复合材料的性能却不是组分材料性能的简单叠加,而是有着重要的改进。在复合材料中通常有一相为连续相称为基体,而另一相为分散相称为增强材料。分散相是以独立的形态分布在整个连续相中的。两相之间存在着相界面,分散相可以是增强纤维,也可以是颗粒状或弥散的填料。

复合材料的分类方法很多,常见的分类方法有以下几种:

1)按增强材料形态分为连续纤维复合材料,短纤维复合材料,粒状填料复合材料,编织复合材料。

2)按增强纤维种类分类为玻璃纤维复合材料,碳纤维复合材料,有机纤维复合材料,金属纤维复合材料,陶瓷纤维复合材料,混杂复合材料(复合材料的"复合材料")。

3)按基体材料分类为聚合物基复合材料,金属基复合材料,无机非金属基复合材料。

4)按材料作用分类为结构复合材料,功能复合材料。

和传统结构材料相比,复合材料比强度、比模量高,比强度愈大,零件自重越小,比模量愈大,零件的刚性越大。碳纤维增强环氧树脂的比强度是钢的7倍,比模量是钢的3倍。复合材料与具有同等强度的高强度钢零件相比,其自重可减轻70%。高温性能好,一般铝合金升温至400℃时,强度由490MPa降至39MPa,弹性模量降至零。用碳纤维或硼纤维增强的铝合金,在400℃时的强度及模量可保持在室温下的水平。现已广泛应用于航空、航天、军事装备、电力和重要的机械零部件以及日常生活用品。

以玻璃纤维为增强材料,以热塑性树脂为黏结材料(或基体)组成的复合材料一般称为玻璃纤维热塑性增强塑料。不同的塑料有不同的增强效果。

以玻璃纤维为增强材料,热固性树脂为黏结材料组合成的复合材料,称为玻璃纤维热固性增强塑料或俗称为玻璃钢。常用的树脂有环氧树脂、酚醛树脂、聚酯树脂、氨基及有机硅树脂等。玻璃钢有很高的机械强度,质轻,比一般钢铁轻3/4,比铝轻1/2。

以碳纤维为增强材料,热固性树脂为基体材料组合而成的复合材料,是一种具有高强度,高模量、在许多性能方面超过玻璃钢的复合材料。所用树脂有环氧树脂,酚醛树脂、聚酯树脂及聚四氟乙烯等,其中以碳纤维环氧复合材料应用最广泛。碳纤维环氧复合材料具有优良的抗弯、抗压、抗剪、抗摩擦、耐磨、抗疲劳性能,耐热,耐烧融,以及抗冲击性。

聚合物基复合材料成型加工技术有:手糊成型—湿法铺层成型,真空袋压法成型,压力袋成型，树脂注射和树脂传递成型，喷射成型，真空辅助树脂注射成型，夹层结构成型，模压成型，纤维缠绕成型，拉挤成型，连续板材成型，层压或卷制成型，离心浇铸成型，注射成型，挤出成型，热塑性片状膜塑料热冲压成型。

注射成型、挤出成型、热塑性片状膜塑料热冲压成型为热塑性树脂基复合材料成型工艺，分别适用于短纤维增强和连续纤维热塑性复合材料两类。

金属基复合材料的成型加工技术因基体材料的不同而不同，一般有以下几种铸造方法：压力铸造法、机械搅拌法、喷射分散法、离心铸造法、中间合金法、涂覆铸造法、渗透铸造法。

2.5　新材料及应用

随着科学技术的进步，各种先进材料也获得了很大的发展。先进材料是指应用于高科技领域的材料，这些领域包括如激光、生物、集成电路、液晶显示、光纤、航天飞机的热保护系统等方面。其中，智能材料和纳米材料的研究和应用开发得到了广泛重视。

目前，人们一般将那些新出现的或正在发展中的，在成分、组织、结构、形态、作用等方面不同于传统材料，而且有自身特点和优越性的材料称为新材料。

新材料多为功能材料，是指具有特殊的电、磁、光、热、声、力、化学性能和理化效应的各种新材料，用以实现对信息和能量的感受、计测、传导、输运、屏蔽、绝缘、吸收、控制、记忆、存储、显示、发散、转化和变换的目的。这种材料是现代高新技术发展的先导和物质基础。

(1)非晶态合金

非晶态合金的原子聚集状态与玻璃结构相似，即呈无序排列，但它同时具有金属的性质，故又称为“金属玻璃”或“玻璃态金属”。金属玻璃是金属，因为它的主要成分是金属元素，但它又是玻璃，因为它的原子排列形态类似玻璃。金属玻璃不像玻璃那么透明，它具有金属光彩。金属玻璃具有较高的强度、延展性、硬度以及耐腐蚀性和软磁性能好等优点，其物理、化学性能比相应的晶态合金更好。目前非晶态合金已用于制作变压器和磁头等产品，其应用前景可观。

(2)形状记忆合金

这类合金具有形状记忆功能，即合金在一个特定温度时受外力而变形，当外力去除后仍能保持其变形后的形状。在其他条件下发生变形，当温度变回某个特定温度时，合金的形状能根据“记忆”自动恢复到变形前原有的形状，并且这种“改变—恢复”的现象可重复进行。这种合金是一种“有生命的合金”。目前使用的形状记忆合金有 Ni-Ti 合金、Cu-Zn-Al 合金等。

将用形状记忆合金制成的热敏元件作为温度控制器已很普遍，如用于控制温室窗户的开关，汽车散热器风扇的开停，冰箱、空调控制器的接通和断开等的控制器。美国已在 F-14 喷气式战斗机的输油管上使用形状记忆合金制作的管接头，目前没出现一例漏油事故，可靠性很高。在医疗方面，可使用记忆合金制作脑外科微型手术用夹子、骨折用固定板、牙齿矫形器、人工关节、人造心脏等。

(3)敏感材料

敏感材料是指能敏捷地感受被测物体的某些物理量大小和变化的信息，并将其转换为电信号或光信号后输出的材料。敏感材料按物理、化学和结构特征可分为半导体、陶瓷、有机聚合物、金属、复合材料等。按功能可分为力敏材料、热敏材料、气敏材料、湿敏材料、声敏材料、磁敏材料、电化学材料、电压敏材料、生物敏感材料等。利用敏感材料可制成各种传感器，广泛用在自动控制、自动测量、机器人、汽车和计算机外部设备上。

(4)光学功能材料

光学晶体已成为光信息转换、存储及光计算领域的重要功能材料。光传递的信息容量是同轴电缆的10万倍，一束激光可传输100亿路电话或1000万套电视节目。世界上第一条长达6684km的跨大西洋海底光缆最多可同时通4万条话路。光记录材料具有容量大、密度高、存取快速、可存储数字和图像信息的特点，在计算机领域的应用发展迅速。显示显像材料能以可见方式显示信息。光吸收材料最重要的应用是作隐身材料，红外隐身、可见光隐身、声隐身等材料均在发展中。

(5)新能源材料

新能源材料是指在开发、利用新能源(如太阳能、地热能、潮汐能、原子能等)和提高传统能源利用率的技术中起关键作用的材料，包括各种能量转换材料、储能材料、能量输运材料等。

太阳能电池材料是新能源材料研究开发的热点，IBM公司研制的多层复合太阳能电池，转换率高达40%。美国能源部在全部氢能研究经费中，大约有50%用于储氢技术。固体氧化物燃料电池的研究十分活跃，关键是电池材料，如固体电解质薄膜和电池阴极材料，还有质子交换膜型燃料电池用的有机质子交换膜等，都是目前研究的热点。

(6)超塑性合金

超塑性是指金属或合金在特定条件下，即在很低的变形速率($\varepsilon=10^{-2}\sim10^{-4}/s$)，一定的变形温度(约为自身熔点的一半)和均匀的细晶结构(晶粒平均直径为0.2～0.5μm)时，其延伸率超过100%以上的特征。

超塑性合金是一种在某一小应力状态下，产生像麦芽糖一样的黏滞变形，而在达到非常大的拉伸变形量时不出现缩颈也不产生断裂的金属材料。超塑性合金的变形应力较之常态时的变形应力降低几倍至几十倍。利用金属在超塑状态下具有极好的成型性和极小的流动应力的特点，可用小吨位设备加工形状复杂，用其他工艺方法难以加工的精密零件。如飞机上形状复杂的钛合金部件，原来由几十个零件组成，改用超塑成型后则可一次整体成型，大大减轻了构件的质量，提高了结构强度，节省了生产工时。目前已发现了170多种超塑性合金，常用的有锌铝合金、铝基合金、钛合金及高温合金等。其中部分超塑性合金的延伸率为200%～2000%。超塑状态下钢的延伸率超过500%，纯钛超过300%，锌铝合金超过1000%。

(7)超导材料

金属的电阻一般随温度的降低而减小。但某些材料(如纯银、纯铅、铌钛合金等)当温度降到某一定值时其电阻突然消失，该温度称为“临界温度”。这种电阻消失的现象称为超导电性，又称超导性。具有超导电性的材料称为超导材料或超导体。超导材料最主要的特性是:零电阻效应(即材料在极低温度下突然失去电阻)和完全抗磁效应(即金属变成超导体时磁力线会自动排出金属体外)。利用超导材料的零电阻效应,理论上可以无损耗地输送极大电流。利用超导材料制成的超导磁体可用于超导磁悬浮列车、核磁共振成像设备中。

我国科学家在超导研究方面做出了卓越贡献,不仅在低温超导材料的研究方面有较高水平,而且在高温超导研究方面一直位于国际前列。清华大学应用超导研究中心于2001 年 4 月研制成功 340m 铋系高温超导导线,标志着中国创下了生产高温超导长导线的最高纪录和掌握了处于世界先进水平的超导线材的产业化生产技术。

(8)纳米材料

纳米(nm,nano meter)是一种几何尺寸的量度单位。纳米材料是 20 世纪 80 年代初发展起来的新材料,又称超微细材料,其粒子直径范围在 1～100nm(1nm＝10^{-9}m)之间。纳米技术是通过直接操纵和安排原子、分子级的结构而创造新材料,并控制新材料功能的一项综合技术。

1)纳米材料的分类

纳米材料的分类方法多种多样,一般按结构、化学组分、物理性能及应用范围来分类。

按结构分:零维纳米材料、一维纳米材料、二维纳米材料、三维纳米材料。

按化学组分:纳米金属、纳米晶体、纳米陶瓷、纳米玻璃、纳米高分子材料、纳米复合材料等。

按物理性能分:纳米半导体、纳米磁性材料、纳米超导材料、纳米热电材料等。

按应用范围分:纳米电子材料、纳米光电子材料、纳米生物医用材料、纳米敏感材料、纳米储能材料、纳米过滤材料等。

2)纳米材料的应用

纳米超微粒子具有一系列优异的电、磁、光、力学、化学等特征,故具有广泛的应用前景。

①信息领域

纳米技术开发物质潜在的储存和处理信息的能力,实现了信息采集和处理能力的革命性突破。目前,已经研究出存储容量比现有芯片大上千倍的纳米级存储器芯片。国外已运用纳米技术开始研制体积只有针头大小的计算机。

②航天领域

美国于 1995 年提出纳米卫星的概念,纳米卫星的质量不足 10kg,体积稍大于麻雀。这种全部部件均用纳米材料制成的卫星,采用了最先进的微机电一体化集成技术,具有可重组性和再生性,成本低、质量好、可靠性强。

③军事领域

“苍蝇飞机”是一种如同苍蝇般大小的袖珍飞行器;“蚊子导弹”是利用纳米技术制造的如蚊子大小的微型导弹;“蚂蚁士兵”是一种通过声波控制的微型机器人。不难看出,纳米材料的出现使军事装备微型化成为可能。

④制造与加工领域

纽约大学实验室研制的纳米级机器人的手臂,能在指定的位置之间旋转。研究人员认为,这一成果预示着科学家有朝一日能够研制出在纳米级工厂里制造分子的纳米机器人。这些纳米机器人有微小的"手指",可以精巧地处理各种分子;有微小的"电脑"来指挥"手指"如何操作。这种"手指"可以由碳纳米管制造,它的强度是钢的100倍,直径是头发丝的1/50000;这种"电脑"可以由碳纳米管制造,这些碳纳米管既能做晶体管又能做连接它们的导线。

⑤生物与医学领域

目前纳米材料在生物与医学领域中的应用主要集中在以下几方面:

制造计算机组件。用生物材料制成的计算机组件与目前的计算机组件相比,单位体积物质的信息储存和信息处理能力提高了上百万倍。

制造"人造细菌"。利用带状纳米级细管可以向人身体内释放药物。由于这种细管类似细菌的细胞壁,故将它称为"人造细菌"。

选择性治疗。由纳米粒子包裹的智能药物和纳米机器人可在人体内主动搜索并只攻击癌细胞或修补损伤组织。在人工器官移植领域,只要在人工器官外涂上纳米粒子,就可预防人工器官移植的排异反应。

⑥环境保护领域

将纳米材料溶于纤维,不仅能吸收、阻隔95%以上的紫外线和电磁波,而且具有无毒、无刺激,不受洗涤、着色和磨损影响的特点,可做成衬衣、裙装、运动服等,保护人体皮肤免受辐射的伤害。环境科学领域将出现独特的纳米膜,这种膜能够探测到由化学和生物制剂造成的污染,并能够对这些制剂进行过滤,从而消除污染。用拌入纳米微粒的水泥、混凝土建成的楼房,可以吸收、降解汽车尾气,使城市的钢筋水泥能像森林一样"深呼吸",从而净化空气。

(9)医用生物材料

医用生物材料又称医药用仿生材料,这类人工材料或天然材料可以单独或与药物一起用于人体组织或器官,起替代、增强、修复、治疗等作用。

用于医学治疗和康复工程的人工生物实体模型(Biomodel)是医用组织生物材料与快速原型技术相结合的产物。用于快速成型的组织生物材料的研究经过三个阶段,即初级体外模型、中级植入体和高级人体器官。其中,初级体外模型及中级植入体对成型材料的生物相容性要求较低,而高级人体器官则要求成型材料要具有较高的生物相容性和生物可降解性,一般材料中要加有骨生长因子。组织生物材料是目前国际上的研究热点,其中生命体的人工合成和人体器官的人工替代已成为全球瞩目的科学前沿。

第3章　现代生产系统

3.1　概　述

生产系统是与实现确定的生产目标有关的生产单元的组合体，它是生产过程与管理过程有机结合的整体。现代生产系统框图如图 3-1 所示。

生产系统所输入的是生产要素，一般包括人、财、物和信息。人指具有一定智力和体力的劳动者；物指劳动手段和劳动对象，劳动手段包括各种机器设备、工艺装备、仪器仪表等劳动工具和厂房建筑物及其他物质技术的辅助条件，劳动对象包括原材料、辅助材料以及零部件等；财指资金，是劳动手段和劳动对象的货币表现；信息指生产计划、工艺图纸、技术情报、技术档案及各种数据。

转换就是生产过程，即产品的形成过程，也是人力、物力、财力的消耗过程。为了实现生产目标，就需要在产品的生产过程中采用最经济合理的方式进行生产，并对产品的品种、数量、质量、交货期和成本，尽可能作出周密的计划和安排。

生产系统输出的是产品、劳务和信息。产品指制造的具有特定使用价值的成品或半成品，劳务指为恢复或提高原有产品的使用价值而进行的工业生产活动。输出的信息包括产量、质量、消耗、进度、成本等。

反馈将输出端的信息送入输入端，与输入信息比较，使生产管理人员及时掌握生产过程的运行情况，发现差异，查明原因、采取措施并予以解决，控制生产过程、提供信息。

3.2　产品的概念

通常产品是指具有某种特定物质形状和用途的物品，是看得见、摸得着的东西。是在一个企业内已完成全部生产过程，经检验符合规定的质量标准，并可供销售的成品。在市场营销领域，产品是指人们通过购买而获得的能够满足某种需求和欲望的物品的总和，它既包括具有物质形态的产品实体，又包括非物质形态的利益，是产品的“整体概念”。

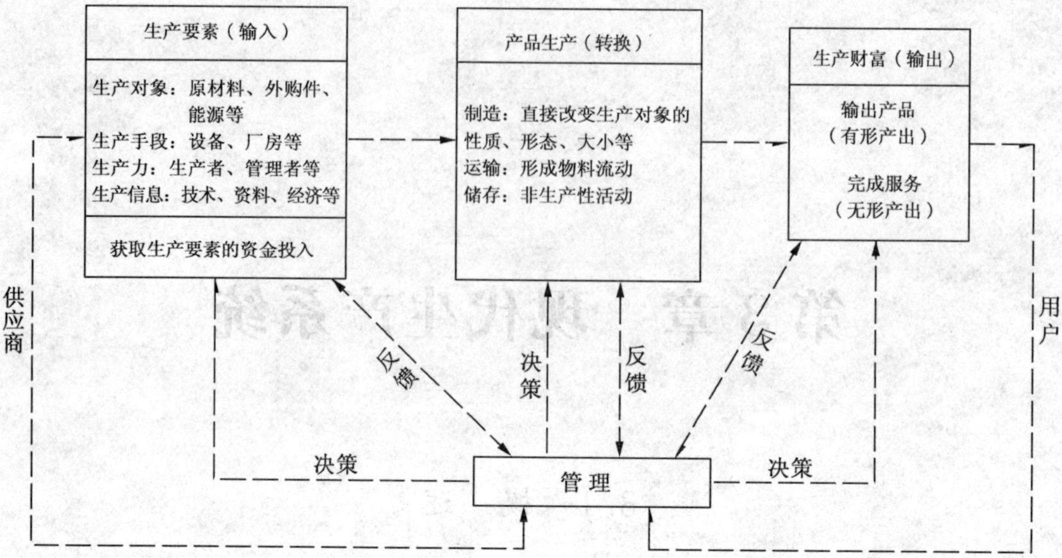

图 3-1　现代生产系统框图

3.2.1　产品的整体概念

3.2.1.1　整体概念

整体概念的组成如图 3-2 所示。核心层必须确保用户购买产品后的基本消费利益，这对于用户而言永远是第一位的。有形层则应确保满足用户的消费功能。延伸层是在对用户提供完善的售前和销后服务的同时，为企业获取相应的利益。

3.2.1.2　寿命周期

狭义产品的寿命周期是指产品完成制造过程后，从投入市场、成长、成熟到最终退出市场的时间段(图 3-3)。广义产品寿命周期大体可以划分为三个阶段：产品研制阶段，指企业根据市场调查的结果和消费者需求，形成产品方案，并详细论证，然后进行初步设计、详细设计，逐步完善改进，形成企业产品最终设计的过程；产品的生产阶段，指企业根据最终设计，从购入原材料开始，组织人员生产，获得产成品，到将产品投放市场为止的整个过程；产品的消费阶段，指产品的销售、使用、维护到报废的整个过程。从经济效益来划分，产品寿命周期可以分为投入期、成长期、成熟期、衰退期，以此来分析各阶段的特征：

(1)投入期。此阶段用户对产品不了解，多数持观望态度，销售慢，无利或微利，风险大。

(2)成长期。此阶段用户开始接受产品，销售增长率大于 10%，企业赢利明显，产品呈现强大的生命力。

(3)成熟期。此阶段用户普遍接受产品，销售量大增，企业赢利额高。此时市场日趋饱和，竞争激烈。

(4)衰退期。此时市场完全饱和,新产品替代老产品。产品逐步滞销,利润下降,市场需求新产品。

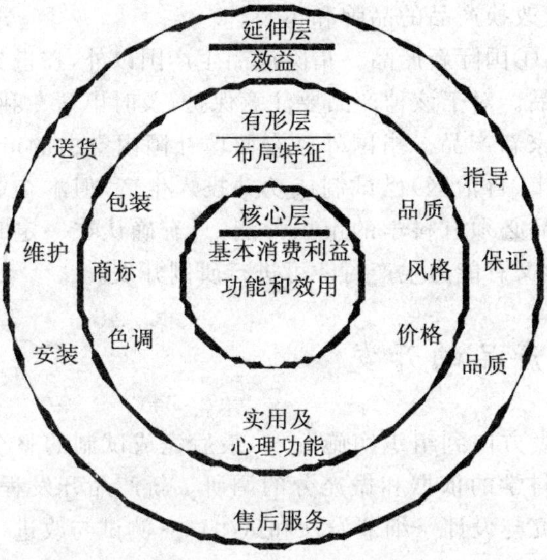

图 3-2　产品整体概念的内涵

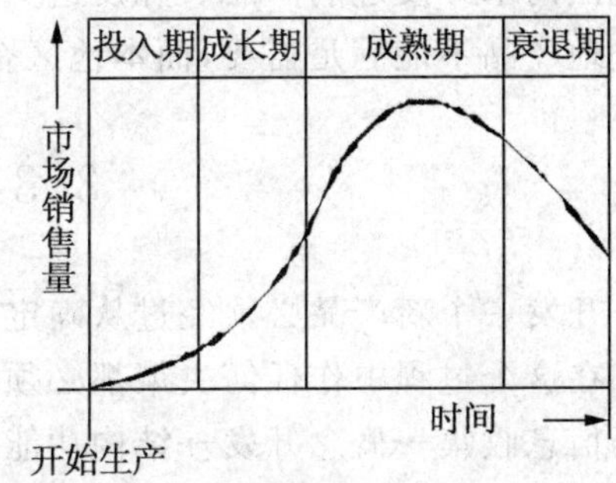

图 3-3　产品的寿命周期

3.2.2　新产品特征及范畴

新产品是相对老产品而言的,是在产品结构、性能、材质、技术特征等某一方面或几方面有显著改进、提高或独创,具有先进性和实用性,能提高经济效益而有推广价值的产品。

3.2.2.1　新产品的特征

新产品必须具备的三个主要特征是新颖性、风险性和商品性。

(1)新颖性。新产品必须在原理、结构、材料、工艺、技术、功能、性能、品质等多项指标中具备一项或多项"新"的特点,而仅有外观、装饰、包装等改进的产品,不应视为新产品。

(2)风险性。新产品的风险性包含"技术风险性",新技术在原理上是否可行;"市场风险性",取决于用户的认可程度;"效益风险性",收回开发投资后的获利情况。

(3)商品性。包括"市场适应性",产品能否满足用户对性能、使用条件、价格及可靠性等的需求;"时效性",适时而有效地占领市场;"可生产性",技术可行、价格合理且能进行工业化生产;"效益性",企业获得合理的利润等。缺乏商品性的开发结果只能称作成果、专利或发明,而不能称为新产品。

3.2.2.2　新产品的分类

新产品按技术性能特征可分为:①改进型新产品。对产品的结构、材料、花色品种等方面作出改进,以提高质量或实现多样化,满足不同消费者需求的产品。如美国的波音飞机系列。②换代型新产品。采用新材料、新技术,使产品性能有重大突破,适应新用途、满足新需求的产品。如用溴化锂取代氟利昂的冰箱及制冷设备,由普通吸尘器派生出来的微型吸尘器、特殊吸尘器等。③全新型新产品。应用新理论、新结构、新技术和新材料，制成的前所未有的产品，如激光器、红外感应延时开关等。④仿制产品，仿制市场上已有的新产品，对产品局部改进和创新的基础上改换产品的品牌和包装。

新产品按产品所在地域范围可分为：①国际新产品。指除产品生产国以外，在世界其他国家和地区都未曾试制成功的独创产品。对于该种产品要注意保护，及时申请专利，以确保其在国际市场上的竞争能力。②国家新产品。指国外已有而填补国内空白的产品。③地区性新产品。指在其他地区（如省、市、自治区）已试制成功并投入生产，但本企业所在地区尚未开发过的产品。开发这类产品必须有科学的市场预测，只有确认在一定时期内外地产品不能满足需要，而本地区企业又有能力生产时才可进行研制开发。

3.3 产品的开发

开发一个新产品必须经过从确定开发方向到组织实施开发，最后完成试制的整个过程。在这个过程中作任何决策都必须有科学的依据和做充分的调研。新产品开发程序：市场信息收集→概念开发→结构功能研究与设计→细节设计和试生产→测试与改进→产品营销。

3.3.1 市场需求和预测

开发新产品的主要目的是为了满足社会的需求，因此，市场需求将成为开发新产品决策时的主要依据，了解市场、分析市场和预测市场非常重要。在美国有70%以上的企业除了有独立的市场调研部门外，还从专门的市场调研公司获取常规或专项市场的调查数据。市场是由用户构成的，不同的用户就构成了不同的市场及需求。

3.3.1.1 影响市场需求的因素

企业在对影响需求的多种因素进行调研时，应重视以下几个方面的内容：

(1)购买力，包括用户的收入、人口多少与构成以及集团消费品购买的意图与走势。

(2)购买动机，购买是一种消费行为，在调查时应分清购买动机是产生于客观需要的理智购买动机，还是以重视需求（如心理需求、精神需求等）为基础的感情购买动机。

(3)潜在需要，市场需求分为现实需求和潜在需求。调查现实需求则可了解整个市场对某个产品的需求能力，即市场容量；研究潜在需求是为了有针对性地将其转换成现实需求，从而开发新产品，占领新市场。

3.3.1.2 市场调查与预测方法

调查和预测的目的是掌握市场的需求和发展趋势，找准企业当前和将来所处环境的状况，为企业正确进行经营决策、产品策划、新产品开发、市场占领提供充分和可靠的依据。

(1)市场调查。市场调查的方法很多，主要采用的方法有以下几种：

1)询问法。通过面谈、电话、会议或函询等方式获得所需资料。

2)观察法。调查人员直接销售产品,或者在不违反被调查者意愿的情况下,利用仪器(如计数器、红外眼球跟踪仪等)间接记录被调查者的活动,从而了解消费者的购买行为的方法。

3)实验法。通过产品小规模的试销,如各种展销会、展览会,在商场设立专柜,开设直销门市部等方法来掌握消费者的反映情况。

4)抽样调查法。能节省调查费用和时间,同时又能获取全面、合理、公正的调查数据。其主要方式有简单随机抽样法、分类随机抽样法、分群随机抽样法以及非随机抽样法等。

5)服务活动调查法。通过售前、售后服务收集市场需求信息,争取更多客户的方法。

(2)市场预测。是在市场调研的基础上,对调查资料进行加工整理,从而对市场未来需求的变化作出估计,以此作为企业进行销售预测和生产决策的依据的方法。常用的市场预测方法有以下几种:

1)购买意图调查法。通过这种方法了解消费者购买行为的可能性,这种可能性意图是对企业评估未来需求非常有价值的参考资料。如当用户在超市购买牙刷时,与之相关的牙膏、牙线及漱口水等的购买预测就可同时进行。

2)销售及专业人员分析法。是对从销售人员处得到的信息与生产厂家专业人员对科技动态、用户需求、竞争对手等掌握的信息进行归纳、整理、分析、综合,借此预测市场需求总趋势的方法。

3)专家意见法(又称为德尔菲法)。其核心是专家匿名对企业需要预测的专题给出书面意见,几批专家间的预测将被相互反馈。此预测方法比较深入、客观,由于采用匿名的方法,不受权威影响,故预测结果有较高的可信度。企业以这种市场预测方法进行决策,其成功的把握性大。

3.3.2 产品开发的方式

目前常用的产品开发方式有以下几种:

(1)独立研制方式。从基础理论研究到应用技术研究,再到产品开发,全部过程都由自己完成的方式。借用他人的基础理论研究成果,自己只进行应用技术研究和产品开发的方式,通常为具有一定实力的较大型的企业或部门所采用。而中小型企业往往会根据自身财力,采用、借用他人的应用技术研究成果,自己只进行产品开发的研究。

(2)技术协作方式。这种方式的核心是集中优秀人才实现资源共享,其形式可以是科技成果转让、企业与大学联合开发、专利转让以及组成不同形式的科研—生产联合体等。

(3)引进国外技术方式。这类技术必须是国际市场上已经成熟且符合本国国情的技术,它的引进能迅速填补国内空白。引进方式可以是通过对引进技术的学习、消化和吸收,从而生产自己的新产品的方式。也可以是直接采用引进技术,结合国内的研究成果生产新产品的方式。

3.3.3 新产品开发的方向

当前新产品开发最活跃的两个领域是新型实用产品和高科技产品开发领域。

(1)新型实用产品的开发。这类产品主要涉及工作及生活两大领域。以提高工作质量和工作效率为目的的新型实用产品，包括大至计算机集成制造系统(CIMS)、小到电子血压计等的产品。以提高生活质量、方便生活为目的的新型实用产品的开发领域大有可为，如开发不用电的吸尘器、不用话筒的电话、不用鱼钩的钓鱼用具、不用轮子的摩托车、不用人控制的熨斗以及各类方便的生活用品、儿童玩具等。

(2)高科技产品的开发。高科技产品可覆盖很多领域，具有代表性的产品有高精尖设备及仪器(如高精度坐标磨床、高精度花键磨床以及高精度遥感遥测装置等)、大型工程及设施(如三峡工程及设备、核能发电站等)、智能产品(如各种机器人、语言同步翻译系统、计算机硬、软件等)以及新能源产品(如采集新能源和使用新能源的产品)等。

3.3.4 新产品开发成功的关键

(1)明确新产品开发的原则

进行新产品开发，须明确和坚持以下原则：新产品开发需面向市场，以市场调研为基础，以用户为关注焦点。坚持战略导向，树立基于资源、能力和技术积累的新产品开发理念，尽可能采用集成化新产品概念开发组织。

(2)新产品开发要具备强有力的组织机构

产品开发是一项复杂而细致的工作，需要供应、生产、技术、财务、销售等各个环节的紧密配合，形成一个相互协作的团队。新产品构思来源于多个方面，这表明有效的新产品开发应是多部门集成式的团队开发。基于此新产品开发的组织架构应能充分体现领导重视、有效沟通、团队协作和快速执行的要求。

(3)要做好深入细致的市场调研

在产品开发中，树立CS(Customer Satisfaction，用户满意)经营战略的全新产品观，站在用户的立场上，制定和实施产品开发战略，才能生产出真正满足消费者需求的新产品。任何企业要开发出适销对路的新产品，都离不开深入细致的市场调研。只有在调研结果的基础上，在广泛征求市场销售人员、经销商和消费者意见的基础上，产生的新产品开发的构思，才能在新产品开发起始避免盲目性。

3.4 产品的设计

产品设计是产品开发的先导，它包括结构功能设计和造型设计。产品设计的优劣将直接影响到产品的成本、价格和利润。

3.4.1 新产品设计程序

新产品设计包括概念设计、结构功能设计和生产工艺设计三个阶段。

(1)概念设计主要任务是编制技术任务书，阐明产品设计的理由及必要性。通过专题研究或模拟实验进行方案论证，以此为依据画出产品结构草图。

(2)结构功能设计是新产品的定型阶段。产品结构的合理性、工艺性、经济性、适用性、可靠性等都取决于此阶段的工作。这一阶段的主要工作内容有画出产品总图、部件和组件的结构装配图、传动及润滑和电气原理图，计算产品主要技术经济参数等。

(3)生产工艺设计是产品设计的最后工作,其内容是提供试制和生产所需的全部资料,如原材料及毛坯、通用件及标准件、外协件明细表,自制件的全部图纸,编制的说明书及使用手册等。设计过程中应尽可能采用标准化设计。

20 世纪 90 年代,我国的市场特征由“企业生产什么,用户购买什么”变为“用户需要什么,厂家就生产什么”,出现了市场竞争。面对功能、品质及价格大同小异、琳琅满目的商品,一方面消费者在选择时更加犹豫不决,另一方面越来越多的消费者已不再仅仅满足于功能的需求,更希望所选择的产品能给自己带来人性(如自信、感情、爱好等)方面的满足,即更注重产品的个性化形象。当两个产品的质量、功能和价格大致相当时,消费者决定取舍的依据是产品的造型和售后服务。先入为主的是产品造型,人们总是愿意买外形和色彩都满意的产品,此时产品造型就成为首选的因素了。

3.4.2　产品造型设计

3.4.2.1　产品造型设计的意义

产品造型设计是指从心理学的角度,运用美学理论来指导产品的外形设计和色彩设计,最大限度地符合不同年龄、不同层次的消费者的心理需要。

如前所述,当两个产品质量、功能和价格相当时,产品造型成为消费者决定取舍的主要因素之一,这说明了好的造型有利于产品在市场中的竞争。另一方面由于同一类产品的使用对象不同,人们对同类产品就有不同的评价、要求和选择。通过市场调查发现,有一部分群体,他们经济条件较好,具有自身的审美观点,在认可产品的质量和功能之后,对产品造型情有独钟,对产品的个性化提出了要求。由于造型新颖等因素会增加商品的价格,但因其能对消费者投其所好,尽管价格偏高,仍然能为他们所接受。这就是为什么精品和名牌产品尽管价格与同类普通产品之间差异很大,仍然有市场的原因之一。可以看出,产品的造型、品牌和商品的价格密切相关。企业只有在满足市场对产品共性(指功能、品质结构、价格、服务、信誉等)需求的同时,也满足消费者对产品个性(即不同个性消费者心理需求的产品特征)的需求,才能在竞争中立于不败之地。

3.4.2.2　产品造型设计的原则

产品造型设计时,必须兼顾产品的技术功能和艺术造型。这两者之间的辩证关系是:功能决定造型,造型表现功能。要强调的是,产品功能始终是第一位的,造型是第二位的。产品造型设计的共性是创造美。设计过程中应遵循“实用、经济、美观”的造型设计三原则。

(1)实用。应表现为适应性强、标准化程度高、技术指标先进、安全可靠、维护方便、人机协调等。对于非艺术品类产品的实用性,应在“实用”两字上下工夫,才能赢得用户和占领市场。

(2)经济。是指能提高生产率、降低成本,结构工艺性好(结构合理,便于安装、加工、测量和装配)以及节省辅助工序及时间等。

(3)美观。是指对产品通过艺术创造,使其具有美的形象、个性及表现力。采用造型设计三原则时,应以实用为前提寻求美观,同时实用与美观必须以经济因素为制约条件。

3.4.2.3 工业产品的造型设计

工业产品的造型设计是落实在有具体功能基础的产品上的,它与科学理论的内涵美及纯粹的艺术表现美是有区别的。工业产品美学包括功能美、工艺美、色彩美、材质美、和谐美、舒适美等要求。工业产品(尤其是机电产品)的美是设计的科学性、制造工艺的先进性以及外观造型的艺术性三者的统一。美的工业产品既具有使用价值,又能给人以美感享受。设计人员在进行整体考虑时必须立足于两个基本观点,即市场是否认可和企业能否制造。从某种意义上讲,产品的美学水平反映一个企业的科学管理和生产管理的总体水平。工业产品造型设计的主要内涵包括以下两个方面:

(1)外形设计

设计工业产品的外形时,设计者在构思阶段,必须考虑产品的功能与美观、组成结构与加工工艺、人与机器的配合、质量与价格、选用材料所占成本的比例等因素,这些因素是工业产品造型设计中的普遍要求。而对每个不同的产品,如用于加工零件的普通机床或数控机床,用于不同地方测量数值的百分表、电流表等,由于他们各自的功能、作业方式以及工作环境不同,设计时必须采用不同的造型与之配合。一般规律是,对于精密的机床、仪器、仪表,应赋予雅致、精细的造型;大型和重型设备的造型应坚固、稳定和深沉。

在考虑产品功能的同时,设计人员还应注意实现这种功能的造型手段,即如何用材和选择合理的成型方法。如机床主轴箱及进给箱类零件内一般装有传动轴、齿轮、轴承等零件,大多数箱体零件受力较大,结构复杂。当批量生产这类零件时应选用铸铁,采用铸造的方法获得;而单件生产时可采用钢板、型材等,用焊接的方法成型,以缩短周期,简化工艺,降低成本。电视机机体、塑料汽车壳体类零件要求质量轻、刚度好,此时应选用塑料板材,利用模具进行板成型制得。

其他因素,如生产管理的优劣、价格定位等也将直接影响产品的外观质量和造型效果。

(2)色彩设计

人们在进行家具、房间的色彩设计时,选择色彩的依据通常是房间的功能。当确定以房间墙壁或地板为主色调(主色调——一组色彩中面积占绝对优势的色彩)后,家具色彩的选择是与之和谐一致还是与之形成对比反差,应根据使用者的喜好来决定。

工业产品的色彩设计与绘画作品和家具设计的共同点是能有助于使用者的情绪调节,提高工作或生活质量。它们之间的不同点是工业产品的色彩设计应考虑的因素更多,如材料的种类与所选用的加工方法之间的直接关系,并同时满足产品的物质功能和色彩功能等因素。

产品色彩设计的关键是色调设计。色调是一组色彩配置的总倾向。色调不同给人的心理感受也是不同的,如红色代表火热,蓝色代表宁静,绿色代表清新等。因此,在满足人们审美要求的同时,产品的色彩设计还要追求色彩与产品的使用环境以及与人的心理感受等的统一协调问题。一个工业产品的色彩设计,不管其组成色彩的数目有多少,必须以获得统一的整体色调为目的。

3.4.3 产品设计原则

合理的设计应该在保证产品使用功能的前提下，使其制造成本最低。

(1)必须满足用户对产品使用功能和服务的要求。设计过程中既要针对产品的使用性能特点，又要使产品具有良好的维修方便性和使用寿命周期长。

(2)符合国家的产业发展政策和有关法令法规。

(3)坚持标准化、通用化、系列化的“三化”原则。

(4)符合社会对环境保护的要求。

(5)符合技术创新的规律，重视对知识产权的保护。

(6)从实际工艺水平和生产能力出发，强调设计与工艺生产相结合。产品设计不单单是产品的图样设计，还应包括工艺设计、生产设计、工艺工装、维修方便性、使用寿命周期长等。

(7)安全可靠性生产设计主要应从以下方面进行研究：①最大限度地实现产品的标准化、通用化、系列化。②尽可能使设计图样中的材料牌号、品种、规格与现有材料的使用情况相一致。③将金属加工工艺及非金属加工工艺更加有效地结合起来考虑。④根据当前正常生产所采用的加工工艺、操作规则、相关信息判断，工艺设计的合理性。⑤综合分析与生产过程相关的信息，对主要零部件进行必要的价值工程分析，使产品降低到最低成本。⑥充分利用先进的科学手段和方法对产品进行设计。操作时能保证安全可靠及环保。

3.5 产品的生产

人们把创造产品或完成服务的有组织的活动称为生产。在生产这个活动过程中，生产要素(指生产对象、生产手段、生产力和生产信息)将转换为有形财富(即产品)和无形的财富(即服务)，达到增加附加价值并产生效用的目的。生产中的转换过程，是真正进行产品制造的部分，它将完成生产要素向生产财产的转变。为了有效地组织和管理生产过程，生产中应该按一定的标志对生产过程进行类别划分，这就是生产类型。

3.5.1 生产类型及经济分析

3.5.1.1 生产类型的划分

生产类型按设备的先进程度分为：技术密集型、劳动密集型。按生产技术的特点分为：合成型(机械等)、调制型(钢铁等)、分解型(炼油厂等)、提取型(炼矿、油田等)。按需求来源分为：订货生产方式、存货生产方式。按生产过程的连续性分为：连续生产(采油作业)、间断生产(机床制造)。按产品生产的重复程度和工作地的专业化程度分为：单件生产、成批生产(大批、中批、小批)、大量生产。

3.5.1.2 不同生产类型的经济性

不同生产类型的工艺特征如表3-1所示。从表3-1中可以看出，工艺特征随着生产类型的变化而变化，很显然，不同生产类型的生产管理也是不相同的。大量生产类型由于产品的产量大、品种少，生产相对稳定，故在生产计划与控制工作中，以保证生产连续地、不间断地进行为重点。此类企业的获利手段主要是依靠降低成本。成批生产的特点是轮番生产，生产管理工作的重点应放在合理安排批量上，要做好生产的成套性和提高设备利用率之间的平衡。单件生产的产品种类复杂多变，因此生产计划应具有较高的灵活性，其管理重点是要及时解决出现的生产"瓶颈"，使生产通畅。

表 3-1　　不同生产类型的工艺特征

比较项目＼生产类型		单件生产	成批生产			大量生产
			小批	中批	大批	
零件年产量（件/年）	重型零件	＜5	5～100	100～300	300～1000	＞1000
	中型零件	＜10	10～200	200～500	500～5000	＞5000
	轻型零件	＜100	100～500	500～5000	5000～5000	＞50000
产品特征		品种多，各品种数量小，品种变化大。很少有订货产品	品种较多，各品种数量较大。一般为自行设计的定型产品			均为标准产品，可为用户提供变型产品
机床设备		通用的（万能型）设备	大部分通用，部分为专用			高效率的专用设备
夹具		很少用专用夹具	广泛使用专用夹具			高效率专用夹具
毛坯成型方法		砂型铸件和自由锻件	常采用金属模铸件和胎模锻件、模锻件			机器造型和压力铸造件，模锻和滚锻件
物料库存	原材料	库存量少。通常在接订单后才采购	库存量中等。部分材料接订单后采购，部分则有储备			库存量大。按生产计划做好储备
	在制品	量大	中等			少
	成品	很少	变动不定			变动不定，一般直接发运给销售系统
劳动力特征	对工人的技术要求	技术熟练	技术比较熟练			调整工技术熟练，操作工熟练程度要求较低
	人工含量/单位产量	很高	高			低
管理特征	在线管理人员	生产线上的管理人员数量多，职能管理人员较少	生产线上的管理人员数量较多，是管理力量的关键。职能管理人员较单件生产多			生产线上的管理人员仍很关键，但职能管理人员增多（从事工艺再设计、能力规划、方法研究、预测等）
	控制措施	通常为利润中心	或为利润中心，或为成本中心			通常为成本中心

生产类型对企业的生产经营有着重要的意义。美国人发明了彩色电视机，20 世纪 60 年代中期，厂家认为该产品处于成长期，故采用批量生产类型。而日本在 20 世纪 60 年代末引进美国的彩电生产技术后，短时间内形成大量生产类型，产品成本大大低于美国，并迅速占有美国和世界彩电市场的大部分销售份额。由此可见，不同生产类型的经济性显然是不相同的。

经济性分析就是对某一技术方案进行定性分析比较和定量计算论证及经济效果分析。以下主要从成本控制入手分析不同生产类型的经济性。

成本控制包括生产过程前和生产过程中的成本控制。生产过程前的成本控制，主要指在产品研制和设计的过程中，对产品的设计、工艺、设备、材料选用等进行技术经济分析和价值分析。生产过程中成本控制的关键是生产成本。产品的生产过程是产品成本形成的主要阶段，在技术经济分析所需考虑的诸多因素中，生产成本是最重要的因素。生产成本是制造一个零件或一台产品所必需的一切费用的总和，其中工艺成本占 70%～75%。工艺成本是与工艺过程直接有关的生产费用，它不是零件的实际成本，而是构成实际成本的最重要部分。

通过对表 3-1 的分析可以看出：在大量生产类型中，采用高效专用机床是经济合理的；而在单件、小批量生产中，假如使用专用机床，因其不能被充分使用而变得不经济、不合理。在大量生产类型中，使用高效专用夹具是合理的；而在单件生产类型中，只有采用通用夹具才能有效地降低生产成本。故可以得出这样的结论：同一种设备或加工方法使用在不同的生产类型中，其技术经济效果是完全不相同的。

下面将用实例对加工不同批量、同一表面的不同加工方案及其经济性进行分析。

【例】(1)加工图 3-4 所示的三种批量不同但螺纹类型及精度等级相同的小丝杠。

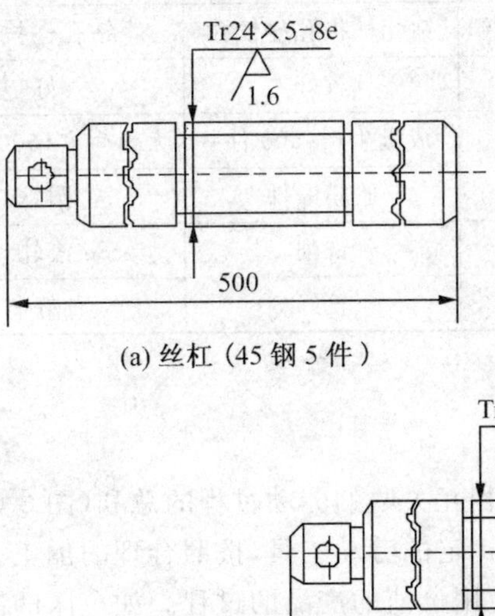

(a) 丝杠 (45 钢 5 件)

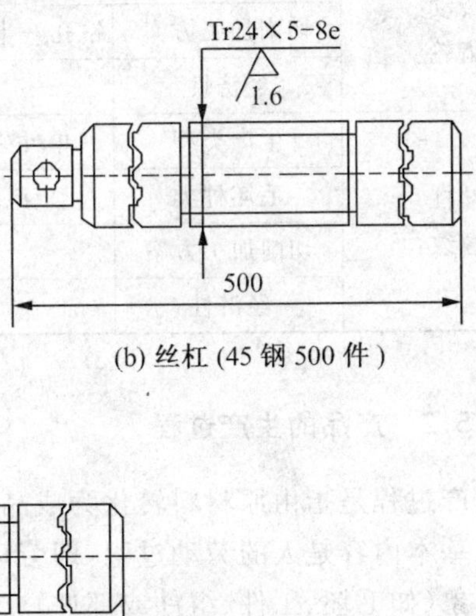

(b) 丝杠 (45 钢 500 件)

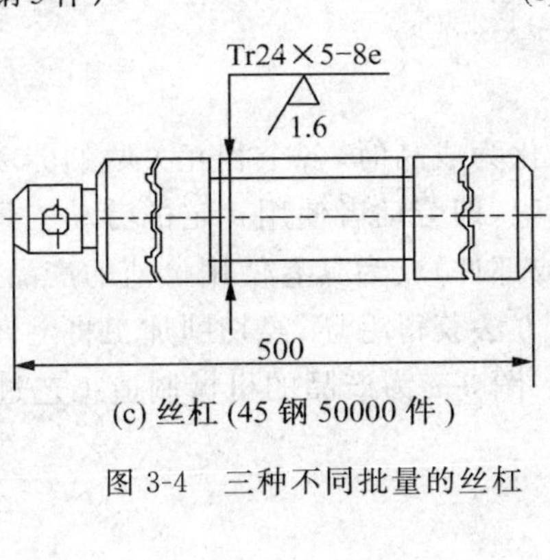

(c) 丝杠 (45 钢 50000 件)

图 3-4　三种不同批量的丝杠

【例】(2)加工图 3-5 所示的三种不同批量齿轮上的∅35H7(Ra 为 1.6μm)的孔。

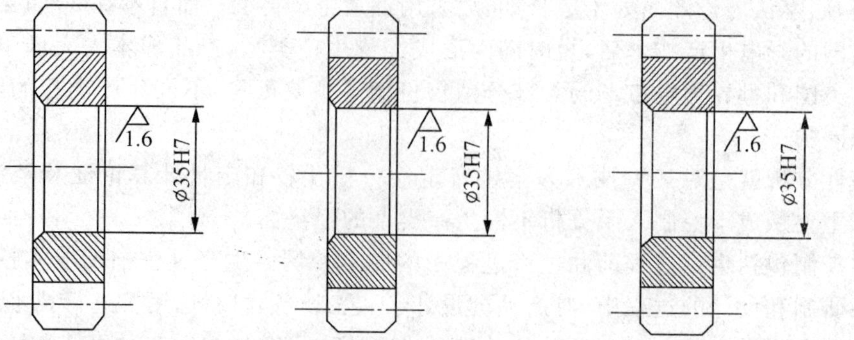

(a) 齿轮 (45 钢 10 件) (b) 齿轮 (45 钢 1000 件) (c) 齿轮 (45 钢 100000 件)

图 3-5 三种不同批量的齿轮

上述两例中产品的加工方案及其经济性的比较如表 3-2 所示。从以上两例可以看出，即使是加工同一种表面，当生产批量不同时所选用的加工方法是不同的，所获得的经济效果也是不同的。

表 3-2 不同生产类型的加工方案及经济性比较

加工内容	比较项目 \ 生产类型	单件生产（10 件）	成批生产（1000 件）	大量生产（100000 件）
传动齿轮	毛坯种类	自由锻件	胎模锻件	模锻件
	切削加工方案	钻孔—半精镗—精镗	钻孔—扩孔—铰孔	钻孔—拉孔
	经济性	差	较好	好
丝杠螺纹	生产类型	单件生产（5 件）	成批生产（500 件）	大量生产（50000 件）
	毛坯种类	自由锻件	胎膜锻件	圆钢
	切削加工方案	车削	铣削	滚轧
	经济性	差	较好	好

3.5.2 产品的生产过程

生产过程是指由原材料转化为成品时，各个相互关联的劳动过程的总和（图 3-6）。

其基本内容是人的劳动过程，即劳动者使用一定的劳动工具，按照合理的加工方法使劳动对象（如毛坯、工件、组件或部件）成为具有使用价值的产品的过程。如车床的制造过程包括先用铸造、锻造、焊接的方法获得毛坯；经切削加工将毛坯变为零件；进而装配成组件—部件，直至成为整台车床。图 3-7 为产品的机械制造工艺过程图。

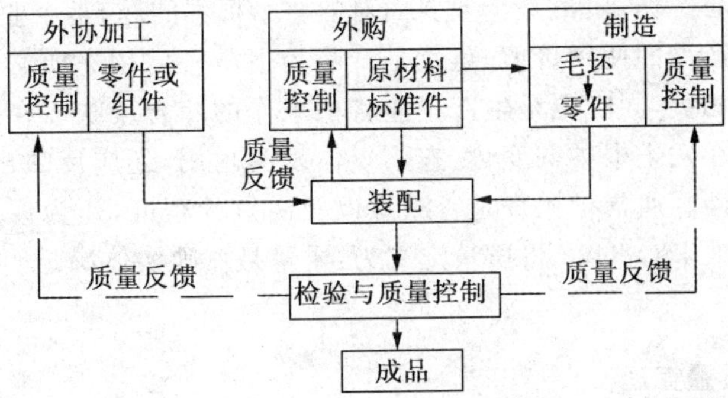

图 3-6　产品生产过程的组成

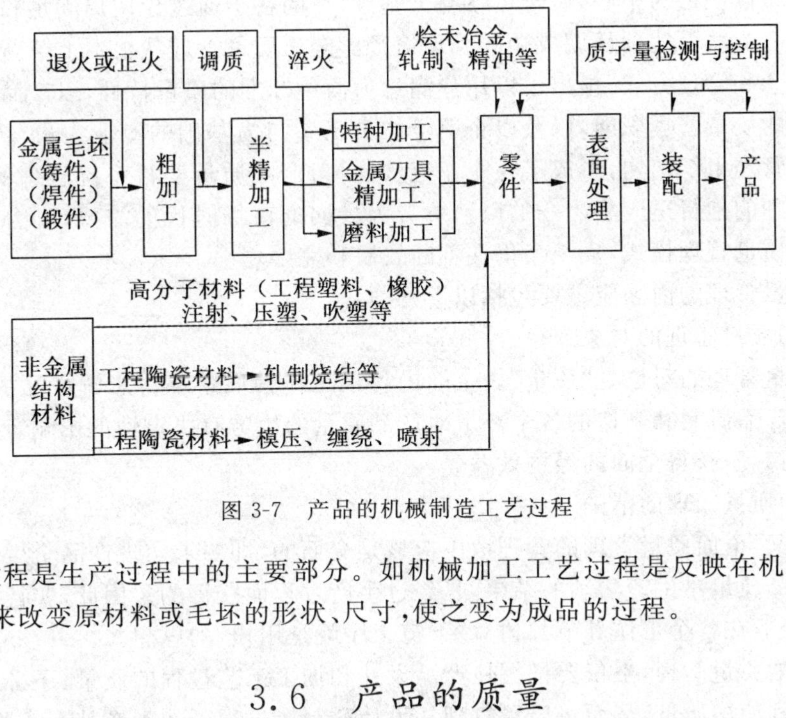

图 3-7　产品的机械制造工艺过程

工艺过程是生产过程中的主要部分。如机械加工工艺过程是反映在机械加工车间里，直接用来改变原材料或毛坯的形状、尺寸，使之变为成品的过程。

3.6　产品的质量

当今世界已进入了全球经济一体化的时代，任何国家、任何企业都面临着一个开放而又竞争激烈的大市场。在这个新的世界市场体系中，竞争的格局已从价格、质量的竞争转为时间、质量、价格和服务之间的竞争，更发展到科技之间的竞争。但时间和价格的竞争优势是依靠质量取得的；而科学技术的竞争，归根结底仍是质量的竞争，质量始终是赢得竞争优势的主要手段，竞争力在于质量。只有产品质量好，才能节约资源，降低消耗，提高生产要素的投入产出率，增加效益；而质量低劣是最大的浪费，是企业、社会机体上的"毒瘤"，企业的经济效益来自质量。企业的形象也依靠质量来塑造，质量不好，产品就会失去市场，企业将不会生存和发展，企业的生命依赖于质量。质量是一个国家经济和科技实力为基础的综合国力水平的重要标志。所以，做好产品的质量和质量管理工作是一个企业生产经营的内在核心工作，质量是企业要面对的一个根本问题，是企业最基本的竞争力。

产品质量是指产品的使用价值，也就是产品为适应一定用途所必备的特性。产品质量与使用者的利益相关，同时也是生产企业各项工作的综合反映。在激烈的市场竞争中产品质量的含义正在发生根本的变化，它不仅体现为耐用，还应反映出可靠、寿命、安全、可维护及经济等特性。通常把用户是否满意以及满意的程度，作为评定一个产品质量优劣的依据。国际标准 ISO 8402 将质量定义为：质量是反映实体满足明确或隐含需要能力的特性总和。

3.6.1 全面质量管理

国际标准 ISO 8402(1994)将全面质量管理(Total Quality Management，TQM)定义为："一个组织以质量为中心，以全员参与为基础，目的在于通过让用户满足和让本组织所有成员及社会受益而达到长期成功的管理途径。"全面质量管理从根本上革新了质量和质量管理的概念和管理方式，提出了以用户满意为衡量标准的质量特性，以产品寿命周期全过程为对象的质量管理职能，以及以企业全体员工参与为基础的专业人员与操作人员相结合的质量管理组织结构，形成了在企业范围内，对产品质量实行系统管理的质量体系。全面质量管理的推行适应了当今的以消费者为导向的市场时代的需要，成为现代企业的一种主要的质量管理模式，且至今仍在不断发展和完善之中。

全面质量管理的内涵应主要包括以下几项：

(1)全面质量管理的对象

全面质量管理的对象是"质量"。企业内各项工作的质量都将影响产品的质量，特别是直接参与产品研制和制造的各个环节对产品质量的优劣有决定性的影响。提高产品质量就能赢得市场，获得全面的经济效益。

(2)全面质量管理的范围

顾名思义，全面质量管理的管理范围应该是全面的，即要求实现产品全生命周期的质量管理。产品质量是生产活动的结果，是经过生产过程而获得的。因此，实行全面质量管理，体现了企业在各个工作环节都树立"下道工序就是用户"的思想。

全过程的质量管理，不仅要把握住产品设计和加工工艺过程的质量，还必须保证产品的出厂质量和使用质量，从而将质量管理从设计—制造过程延伸到产品市场调研、设计与制造、工艺与技术设备、材料与设备供应、生产计划以及售后服务等整个过程。

(3)全面质量管理的人员组成

参与全面质量管理的人员应为企业的领导和广大职工，即要成为全员性的质量管理，在这里"全面"的内涵是指"所有人"。

3.6.2 质量保证体系

企业为保证和提高产品质量，运用系统的概念和方法，通过协调机构，将一系列的质量管理活动组成一个有明确任务、职责、权限，互相协调和促进的整体，即质量保证体系。

3.6.2.1 质量保证的含义

质量保证体现了生产厂内部上下工序及生产厂与用户之间的关系，连接他们的是相关文件或担保条件，如保单、质量保证书、质量契约书等。质量保证应落实在生产合格的产品和提供优质的售后服务两个方面。

3.6.2.2 质量保证体系的基本内容

质量保证体系由设计试制、生产制造、辅助生产和销售使用等环节组成。

(1)设计试制阶段的质量管理。产品的设计与试制是产品质量形成的起点，其质量管理目标是满足来自用户和制造两方面的要求。其工作内容有：调查研究、制订方案、产品结构及工艺设计、试验、试生产、验收鉴定及标准化工作等。

(2)生产制造阶段的质量管理。制造是获得产品的直接过程，它以保证产品制造质量为目的。其管理任务是建立一个受控制状态下的生产系统，工作内容有以下几个方面：

1)加强工艺管理，完善工艺文件，使生产制造过程始终处于稳定的控制状态。

2)确保质量监控，建立严格而行之有效的质量检测制度和组织。把好原材料、零件、部件直至产品的每个质量环节。

3)及时掌握和分析质量动态，做好质量原始数据的记录以及综合统计和分析的工作。

4)控制不合格产品的比例。其主要途径是降低不合格产品的比例。对于可修复的不合格品则修复后使用，这对降低成本，增加企业的经济效益是大有好处的。

5)实行工序质量控制。重点工序必须由专职检验人员进行质量控制，企业内应建立有广泛群众基础的质量小组。

(3)辅助生产阶段的质量管理。它是为生产提供优质服务和物资技术条件的过程，其服务对象为生产资料(如原材料、辅料等)，工、夹、量具，能源，设备维修以及运输保管等。其质量管理任务是为制造过程实现优质、高效、低耗的目的创造必要条件。

(4)产品使用过程的质量管理。它是以保证产品的质量特性在使用中能正常发挥，满足用户需要为目的的质量管理，突出体现了为用户服务的原则。使用过程中的质量管理覆盖了售前服务(如说明书、使用手册及使用培训等)及售后服务(如上门维修、调查及处理质量问题等)。

3.6.3 ISO 9000 质量管理和质量保证系列标准

国际标准化组织(ISO)是世界上最大的非政府性国际标准化机构，也是当今世界上规模最大的国际科学技术组织之一。该组织成立于1947年2月，其主要活动之一是制定各行各业的国际标准，协调世界范围的标准化工作。ISO 9000 质量管理和质量保证系列标准是第一个国际性的质量管理标准，它由质量术语标准、使用和实施指南标准、质量保证模式标准、质量体系要素标准和质量技术标准五大部分组成。其核心部分包括以下五个主标准：

(1)ISO 9000-1 指导性标准。

(2)ISO 9001 质量保证体系——设计、开发、生产、安装和服务的质量保证模式。

(3)ISO 9002 质量保证体系——生产、安装和服务的质量保证模式。

(4)ISO 9003 质量保证体系——最终检验和试验的质量保证模式。

(5)ISO 9004-1 质量管理和质量体系要素标准。

在上述五个主标准中，ISO 9000-1 为指导性标准；ISO 9004-1 为基准性标准；ISO 9001、ISO 9002、ISO 9003 为质量体系标准。这三者间的关系如图 3-8 所示。

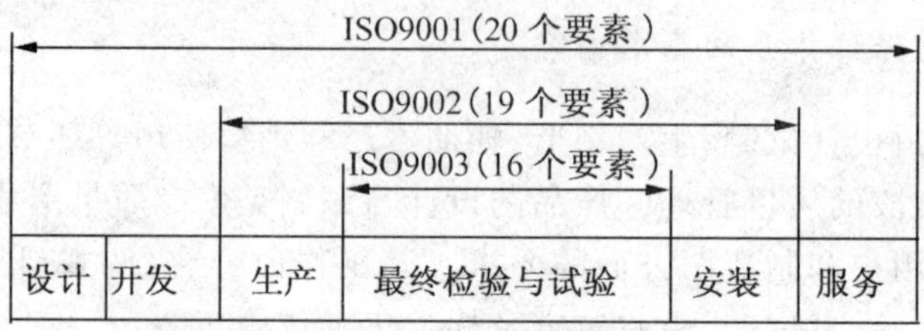

图 3-8　三种质量体系标准之间的关系

贯穿 ISO 9000 系列标准的基本原理是：质量产生于生产全过程；在该过程中必须对影响产品质量的全部因素进行控制；质量管理的目的不仅要使企业具有持续提供符合要求的产品的能力，还要使企业能坚持质量改进和提高。不难看出，ISO 9000 系列标准无论从原理还是要求上都与全面质量管理保持一致。两者都强调以预防为主，实施系统管理；都强调管理层，特别是决策层在质量管理和质量体系建设中的主导作用。目前在企业中开展的 ISO 9000 系列标准的认证工作，是反映企业全面质量管理水平的重要举措。

3.7　产品的销售

对于生产者和消费者而言，产品的销售其实质就是商品流通的过程。在经济活动循环中，生产是起点，消费是终点，流通则是沟通两者的桥梁。一个产品进入市场后，决定其是否畅销的必要条件是：

(1)质量是否可靠。质量是产品的生命。评定产品质量的指标是性能、寿命和安全性。

1)性能——为满足使用要求所具备的技术特性。

2)寿命——产品能正常使用的期限。

3)安全性——在操作和使用产品过程中的安全程度，包括操作时设备和人身的安全以及产品产生公害和环境污染的可能性。

(2)功能是否恰当。在功能设置方面，人们有时会产生错觉，认为功能越多的产品就越好。不可否认，由于一种功能只能完成某些工作，功能越多产品所能完成的工作范围越大，人们使用起来越方便。但事实上，不同的人群、不同的使用要求对产品功能的需求是不相同的。更何况就一般意义而言，功能越多的产品其制造难度越大，导致成本越高。

(3)价格是否合理。价格是产品销售的杠杆。消费者总是希望用最少的钱买到最好的产品，而生产者又总是希望获取最大的利润，因此找到两者之间的结合点是十分重要的。

销售工作既是企业营销活动的组成部分，又是生产经营过程的最后阶段。做好销售工作必须从以下几个方面入手：

3.7.1　销售管理

产品销售属于商品流通范畴。事实上流通不仅是交换的一定要素，也是保证生产和消费得以有效进行的必要条件。现代流通不单纯起到流通商品的作用，同时还必须通过一系列功能活动来保证生产和消费的高效运行。销售管理工作的主要任务有以下几部分：

(1)市场分析。随着经济体制的改革，企业必须根据市场需求来安排自身的生产经营活动。只有科学、客观地做好市场分析，才能做出正确的经营决策。市场分析的具体内容有以下几点：

1)市场面分布。包括掌握产品市场的分布现状，分析其是否合理；市场需求变化的性质(是偶然性还是方向性)；潜在市场的存在可能性及销售量比重是否合理等。

2)市场产品竞争。主要分析具有相同产品、相近产品、替代产品、潜在产品的竞争对手的实力，找准自己在同类产品竞争中的位置及存在的问题。

3)消费群体。掌握不同消费群体的收入情况、购买走向与价格承受能力等。找出消费规律，制定正确的价格政策，主动争取市场。

4)产品分析。指市场对产品的承认程度、对价格变动的敏感性、同类产品的竞争及新产品逐步取代老产品方面的对策等。

(2)制定和实施销售计划。销售计划既是企业销售管理的纲领性文件，又是制定其他计划的重要参考依据。它是市场分析与企业经营目标和现实状况相结合的产物。

实施销售计划必须有科学合理的销售策略，如目标市场策略、价格策略、促销策略等。

(3)组织销售业务活动。为保证销售策略的顺利实施和销售计划的完成，企业应将各种资源与销售的业务活动搭配起来(如市场分析、定价、合同管理、促销、售后服务计划、产品发运、货款回收等)，从而有效地利用资源，保证销售业务的完成。

3.7.2　销售计划

销售计划是企业生产经营计划的重要组成部分，是计划期内销售工作的指南和具体安排。通常情况下销售计划由以下三大部分组成：

(1)销售量计划。其主要目标为销售量和销售收入。它以产品的销售量为依据，推动企业真正做到以销定产，确保企业生产经营活动的正常进行。

(2)销售策略规划。企业为实现销售目标，将潜在用户转变为显在用户，战胜竞争对手，就必须制定一系列的销售策略，以求获得最佳业绩。

(3)销售费用计划。这是一个与成本和经营责任制有关的指标。它将在市场上因销售产品而发生的一切费用(如广告费、人员推销费、营业推销费、公共关系费及相应的不可预知费用等)进行分类统计和计算，从而找到最经济合理的销售资源分配办法。一个销售费用计划是否科学合理，可以用将销售额与销售费用相比较的方法来判断。

3.7.3 销售策略

销售策略是指企业为把产品销售出去，完成销售目标和计划所采用的方法、手段和程序，如市场面选择、宣传与广告、销售渠道、促销策略、商标策略以及品种及价格策略等。这里只介绍市场面选择和价格策略。

(1)市场面选择策略。市场面选择包含确定目标市场和用户范围，是一个复杂的动态平衡过程。要想得到满意的市场，必须做好以下两项基础工作：

1)准确选择目标市场。做好该项工作的基础是对市场要求(如需求方向、购买力、购买方式等)进行详细了解和分析，区分出新老用户、大小用户，从中确定重点目标市场。

2)市场面选择的把握。目标市场数量的多与少是相对的，在无把握时或企业实力较雄厚时，可选择多一些的目标市场，进行试探、摸索、总结后再定重点目标市场。否则可少选目标市场，要集中精力打歼灭战。同时必须正确处理国内与国际市场、本地与外地市场的关系。

(2)产品定价策略。产品的价格不仅与制造成本有关，而且与市场需求、竞争、产品特性以及消费者心理等因素有关，产品价格=成本+利润。一般情况下，价格低则需求上升，价格高则需求下降。产品定价可采用的策略很多，常用的有以下几种：

1)基本定价策略。包括成本导向定位法、需求导向定位法和竞争导向定位法。

2)阶段定价策略。对于产品销售的不同阶段(即导入期、成长期、成熟期、衰退期)制定不同的价格。

3)心理定价策略。根据消费者的购买心理，使消费者对价格产生一种“便宜”感觉的定价方法。这种方法在西方又称奇数定价法，即利用消费者认为奇数比偶数小，小数比整数小的心理感觉，产生购买欲望而完成购买行动。如一件商品定价为 2.00 元和定价为 1.99元，它们之差仅为 0.01 元，但用户会觉得后者比前者便宜很多。

4)价格策略。通过优惠、特价、打折、处理、免费使用、赊销及回扣等方式让利于用户。

3.7.4 销售渠道

产品的销售渠道是指产品从生产者到达用户手中的通道或方式。其组成有批发商、零售商、代理商、运输公司、仓储单位等个人或组织机构。目前常用的销售渠道类型有直接销售渠道(即生产者和消费者之间无任何中介机构，又称为零级渠道)和间接销售渠道(含一级渠道和多级渠道)。

(1)销售渠道的确定

销售渠道的选择与产品特点(如价格、质量、体积、技术复杂程度等)和市场状况(如容量、地理分布、用户集中程度等)等因素有关。确定销售渠道常用以下三种策略：

1)广泛分销策略。此时企业是在某一产品(如日用消费品)的市场上，吸纳尽可能多的中间商从事产品的分销，使销售渠道尽可能地加宽。此方法的优点是产品市场覆盖面广、品牌宣传力度大，潜在用户接触产品的机会较多；缺点是中间商积极性不高，责任心不强。

2)独家分销策略。此时企业在一个地区或一定时间内，只选择一家中间商，授权独家经销技术含量高、价格较高以及属于名牌和较高档的产品。其优点是中间商积极性高、责任心强，但不足之处是产品市场覆盖面小，如遇中间商经营不善或意外情况，将直接影响企业在该地区的发展计划。

3)选择性分销策略。这是一种介于前两者之间的销售策略，即企业在市场上选择部分中间商经销特选精品、高档消费品等。被选中间商一般经营业绩好、信誉度较高，故厂家承担的风险较小，有利于企业对被选中间商进行控制。不过对这类中间商的选择必须准确，否则容易出现前面两种策略引发的缺点。

(2)促销策略

促销是一种企业与用户沟通的行为。企业采用人员或非人员方式动员、说服、引导潜在用户购买自己的产品，或通过接受所提供的服务进而转变态度认同并购买自己的产品，达到影响消费者购买行为的目的。

促销方式五花八门，但最常用的方式有广告宣传、人员推销、营业推广和公共关系等四种。有经验的企业往往将上述三种方式灵活地组织起来，然后根据促销目的、产品性质、市场性质、产品寿命周期等因素的异差，有的放矢地制定以一种方式为主，其余方式为辅的优化组合搭配促销策略。例如饮料、保健品、家用电器等主要采用广告(如电视、报纸、广播、路标等)促销，辅以产品说明书等文字资料；机床及工业生产资料等则主要采用人员推销，辅以产品说明书等文字资料来达到促销的目的。随着市场竞争程度的加剧，一种有效激励购买行为的促销方式——营业推广正在迅速地被用户和中间商所接受。营业推广所包含的促销方式有免费样品、包退包换、减价、有奖销售等。

3.7.5 售后服务

随着市场经济的发展和现代营销观念的深入人心，目前一个企业的产品有无良好的售前、售中及售后服务，服务技术水平的高低，服务质量的好坏等，已经成为影响到企业能否提高企业信誉、增强竞争力、扩大销路、获取经济效益的重要因素，其中售后技术服务最为用户所看重。售后服务的内容应包括：提供通俗易懂的产品使用说明书、安全操作手册，为用户提供及时、正确及安全的技术指导和产品维修，对新产品可免费试用，帮助用户选择型号，开展技术咨询以及送货上门、实行三包等。实践证明，当两个产品的功能、安全性、外观及价格大致相同时，售后服务好的产品就成为用户的首选了。

3.8 环境保护

环境是指周围的情况，如自然环境、社会环境等。随着社会的发展，人类文明程度的提高，新材料、新工艺、新产品的不断涌现，无论是对自然环境还是社会环境都提出了越来越高的要求。产品的设计、生产、使用及报废都与环境保护密切相关。环境保护应该包括，对有可能造成环境污染和破坏的源头的法制化监控，对已被破坏的环境的治理以及对人们进行环境安全的教育等。

3.8.1 环境的监控

环境监控的对象是自然环境，而受益者是社会环境。通过对污染源危害的认识，制定出相应的控制指标和预防措施，并对上述两方面进行法制化的监控，使有可能产生的环境污染尽量减少达到防患于未然的目的。

3.8.1.1 防尘污染

灰尘是把材料变为更小体积时所产生的固体微小颗粒。灰尘颗粒直径的大小用 μm 表示（1μm＝1/1000mm）。灰尘浓度是用单位体积中所含颗粒的数目来描述的。

(1)灰尘的种类及其危害。灰尘无处不在、到处飞散，严重影响环境的质量和人们的身体健康。灰尘的分类及主要危害如下：

灰尘的分类及其危害
- 有机灰尘
  - 羽毛屑——采集或加工棉花时产生，导致气管炎、肺气肿等疾病
  - 棉花屑——收集与加工羽毛时产生（导致急性哮喘、咳嗽等）
  - 木屑尘——加工木材时产生（导致急性哮喘、咳嗽等）
- 无机灰尘
  - 导致神经系统病变的灰尘——如镉尘、石棉灰尘、铍尘、铁尘等
  - 导致肾功能疾病的灰尘——如锰尘、铅尘、水银尘、锌尘等
  - 导致肺部病变的灰尘——如镉尘、铅尘等

目前铅尘仍是最主要的工业毒源之一。它除了对肾及神经系统产生危害外，还能破坏红细胞而造成贫血，导致便秘和结肠，对男、女性生殖系统造成严重损害。此外，石棉灰尘若被吸入肺中则可能造成严重纤维症，形成石棉肺，最后导致肺癌。

(2)防尘限值。对灰尘危害的评估主要从灰尘颗粒的大小、灰尘的浓度、人在灰尘中暴露的时间等三方面进行。

目前防尘限值是用最高限值(TLV)来描述的，即用每立方米空气中所含灰尘的近似毫克数(mg/m^3)来表示。卫生组织对防尘的评估主要用短时间暴露极限值、时间加权平均值和灰尘浓度上限这三类指标的最高限值来评定。

1)短时间暴露极限值。它是指工作群体持续暴露在灰尘中最长 15 分钟内不出现兴奋、昏迷、器官伤害、无法自救或工作效率降低的情况下，所能承受的最大灰尘浓度。

2)时间加权平均值。它是用来评估工作群体可以长期暴露在此类灰尘浓度中，不会产生不利影响的灰尘浓度最高限值，是以每天正常工作 8 小时，一周工作 5 天来进行时间加权平均的。它是控制健康危害的参考底线，而不是安全与危险的分界线。

3)灰尘浓度上限。它所描述的是无论接触时间长短，哪怕是一瞬间接触也不能超过的灰尘浓度。当灰尘浓度超过三类最高限值中的任一种，就可能存在某种物质的潜在危害。

(3)防尘措施。防尘应该从劳动者自身和企业两方面入手。

1)劳动者自身保护。劳动者工作时必须佩戴防尘口罩，工作场地必须通风，下班时必须立即换掉工作服。从事有毒、有害粉尘工作的人员，必须定期做针对可能造成的职业病

的专项检查，加强相关防尘知识的学习和自身的维权意识等。

2)企业的责任。企业以生产和谋利为目的，良好的工作环境是保证企业生存和发展的重要条件，一旦造成劳动者伤亡，企业就会受到经济损失和承担法律责任。因此，企业必须保障劳动者有知情权；注重安全教育；引进新工艺、新设备，尽量使用无毒或少毒材料；采用喷湿法、提供良好的排气通风装置以及封闭产生有毒粉尘的设备，从而减少工人与粉尘接触的时间，达到降低工作环境危险程度的目的。

目前我国已有相关的劳动保护法，其中规定：企业必须定期为工人进行针对有可能造成伤害的专项职业病的检查；对于造成工人职业伤害的企业，一般情况处以10万～30万元的罚款；对于已确诊造成伤害的人员，必须负责其终身治疗等。

3.8.1.2　防噪声污染

噪声是指不和谐、不悦耳的声音。噪音污染是指不同频率和强度的声音无规则地组合在一起，造成对人和环境的影响。噪音是社会公害之一。

(1)噪声的来源与危害

工业噪声，如机械振动、摩擦、撞击和气流扰动等产生的噪声。

交通噪声，如飞机、火车、汽车、轮船以及拖拉机等行驶过程产生的噪声。

生活噪声，如街道或建筑物内部的各种生活设施、人群活动等产生的噪声。

噪音影响人们的休息，降低工作效率，损伤听觉，严重时引起耳聋，诱发疾病，破坏建筑物和仪器设备的正常工作。

(2)噪声的限制值

声音是由机械振动在媒介(如空气、水)中传播到人的听觉器官而产生的声波。声波每秒的振动次数称为声音的频率，单位为赫兹(Hz)。人耳最为敏感的声音频率范围为500～4000Hz。声音的强度或压力用单位贝(Bel)来描述，十分之一贝叫分贝(deciBel, dB)，分贝的标度为0～135dB。

噪声对人的听力的影响和损伤取决于一个人所接收的总声能，因此对人们所能承受的噪声极限要从人暴露在噪声中的时间长短以及声音强度(即分贝数)来评估。表3-3为不同情况下的分贝值范围。

表3-3　不同情况下的分贝值范围

分贝值/dB	情况分类
0	听力开始
10～40	刚刚能听到。比较安静，如图书馆、安静的办公室或教室等
50～80	正常范围，如心平气和的交谈，正常工作的缝纫机、订书机等
90	连续暴露8小时、听力受损的危险限，如处于车床、铣床、钻床等的工作环境
100～110	听力临时性下限位移，如处于纺织机、冲击电钻、电锯等的工作环境
120	造成耳鼓疼痛的极限，如处于空气锤、锻锤、打桩机、玻璃切割机等工作环境
130以上	长时间暴露于其中，会造成内耳鼓膜的永久性损伤，如铆接机、喷气发动机试车、空洞试验等

(3)噪声的预防

为了控制和预防噪声,必须从以下两方面制定相应的控制和预防标准,并切实执行。

1)噪声本身的控制:噪声控制过程中的关键是控制噪声源。可以通过改进设计、提高产品质量、用好的替代产品等方法来降低噪声;对已产生的噪声,通过有效措施(如隔振、隔声屏障,封闭机器设备等)来降低。

2)加强人身保护相应的措施有:戴听觉防护器,如耳罩、耳塞等;如果允许,让人尽可能远离噪声源;缩短人们在噪声中暴露的时间,如延长休息时间、缩短工作时间、定期更换工作场地等。不少国家与地区都已制定了强制性的噪声极限规定,以保证人们的工作和生活质量,例如新加坡、中国香港等都有成功的范例。目前我国已规定居民小区白天的噪声限制值为55分贝,夜间的限制值为50分贝。

3.8.1.3 防光污染

光一般是指能引起视觉的电磁波,即可视光,这类光的波长在红光(0.77μm)至紫光(0.39μm)之间。波长为0.77～1000μm的电磁波称为“红外线”;波长为0.04～0.39μm的电磁波称为“紫外线”。红外线和紫外线不能引起视觉。在光学范畴内,光包括可视光、红外线和紫外线等。

(1)光污染的分类和危害。光污染对环境和人类的危害主要集中在以下几个方面:

工业生产:焊接生产中,电弧辐射产生强烈的弧光、红外线和紫外线,对人的眼睛和皮肤造成伤害。

日常生活:大型的玻璃幕墙,如高层建筑的外墙,严重干扰人们的生活,甚至造成某些疾病。

战争领域:核武器爆炸时的闪光尽管只持续几秒,但它所产生的辐射对人、畜、建筑造成极大的杀伤和破坏。

(2)光污染的预防。制定相应的光污染预防政策法规,做到有法可依、有法必依;改进不合理的设计结构,优化加工参数;做好自身防护以及制止核战争等。

3.8.2 污染源头的治理

在生活和生产中,有些类型的污染是可以通过相应的措施来预防或减少的,污染随着社会进程的发展是必然要产生的,对于这些污染必须要从源头治理,以减轻其危害。

3.8.2.1 废水

水是人们生活和生产中不可缺少的自然资源。废水是指天然水经人类使用后掺入了各种废弃物质后再排出的水,通常废水按利用方式可分为工业废水、生活废水与农业回流水。按物质组成废水可分为有机化合物废水、无机化合物废水、含油类废水、重金属废水、放射性物质废水、热流出物废水等。未经处理的废水任意排放将污染江、河、湖、海等水体,造成水污染,破坏环境和危害人体健康;但经回收处理后废水可成为工农业生产中有用的原料。

在各种废水中工业废水不但排放量大,而且排出的废水中含有大量的有毒、有害物质，是水污染防治的重点和难点。下面主要介绍工业废水。

(1)工业废水的产生源头。产生工业废水的主要源头如下：

工业废水源：
- 石油炼制——产生大量含油、含硫、含碱、含酸、含盐废水以及循环系统排污水等
- 电镀生产——产生含氰、含铬、含碱、含酸废水等
- 造纸生产——产生纸浆废水，纸浆中含悬浮物、生物降解有机物、松香酸等毒性物质以及酸碱物质等
- 钢铁产业——产生矿山废水(以洗选矿废水为主)，高炉煤气洗涤水、冲渣废水，转炉烟气洗涤水，热、冷轧机产生各种含碱、含油、含酸废水等
- 煤炭生产——洗涤矿产生大量含各种杂质的废水
- 印染生产——产生着色剂、悬浮物、淀粉、洗涤剂等物质的废水，废水量大，水质复杂
- 机械制造——机床加工(如车、铣、磨床等)中用过的切削液，热处理产生的废酸液、表面活性剂等，锻造时去除锻件氧化皮的酸洗液

(2)工业废水的处理与回收。利用工业废水中尽管含有许多有毒、有害物质(如铬等)，但可以通过回收处理后再次被利用。其所需措施包括以下两个方面：

1)政策性措施。优化产业结构、合理进行工业布局；完善废水排放标准和相关水污染控制法规与条例；增强突发事件的预测和控制能力；加大执法力度，做到有法必依；注重对全民进行节水、爱水和相关法规的教育和学习。

2)技术性措施。在减少水污染的同时，建立废水处理系统；强化工、农业废水处理以及进行洁水新工艺的研究；提供多品种的安全饮用水。

3.8.2.2　废气

废气是指工业生产和燃料燃烧过程中排出的气体。目前，人类生活和生产活动产生的废气已经对地球造成严重的污染，具体表现为酸雨、温室效应与臭氧层破坏等，它们对公众健康、动植物生长以及生态平衡造成了严重威胁。

(1)大气污染源

大气污染源可分为天然源和人为源。下面仅介绍由人类生活和生产活动造成的人为污染，其主要产生途径如下：

人为污染源的产生：
- 火电生产——火力发电时烟煤燃烧排放的气体，如 SO_2 等，这类污染占大气总污染量的60%左右
- 交通运输——机动车行驶时排放的尾气，如 CO_2、CO、NO_2、铅等
- 机械制造——铸造、锻造、焊接及热处理等释放的各种有毒、有害气体，如 CO、CO_2、SO_2、HCN(氢硫酸，剧毒)以及 Fe_2O_3(导致铁尘肺等)
- 生活污染——燃煤、燃气、燃烧秸秆等
- 其他领域——如生产化肥排出的氟气、氨气等，电池厂排出的铅蒸气、制造水银计、日光灯排出的汞蒸气以及电镀厂排出的镉酸雾等

(2)大气污染源的治理

大气污染源的治理途径主要从采用新技术、新工艺、新设备以及出台并切实执行相关政策、法规入手。

1)燃煤净化技术

煤炭是全过程污染的能源，它在为国民经济做出重大贡献的同时，在其开采和利用过程中成为大气污染的重要源头。利用洁净煤技术来控制烟煤燃烧所产生的大气污染是一项有效的措施。洁净煤技术是指在使煤达到最大使用限度的同时，实现释放污染物最少的目的。该技术主要包括：开采煤时的污染防治，控制污染源头(如燃烧前的洗选净化，用化学方法将煤炭变为洁净燃料等)以及煤炭燃烧中和燃烧后的净化技术等。

2)运输车辆尾气的治理

随着运输车辆的日益增多，车辆尾气排放成为大气污染的主要源头之一，大气能见度下降，空气中会弥漫着刺鼻、刺眼的气味，造成人流泪、咳嗽，对车辆尾气的治理刻不容缓。车辆尾气处理的主要措施有：

①大力发展公共汽车、地铁及高架轻轨电车，以缓解大气污染和交通阻塞。

②使用清洁能源，如电力、天然气、生物气等，使用优质动力油，如无铅汽油等。

③出台相应的政策，如世界有些城市，除了对合坐一辆汽车的人给予经济奖励外，还为 2 人以上合坐的车辆开出专用快捷车道，以减少单位时间内行驶车辆的数量，从而控制和减少尾气对大气的污染。

④从车辆本身的设计、结构、质量入手，减少尾气的排放量，以及安装尾气过滤器等。

3)工业生产废气的治理

工业废气排量大，是环境污染的主要源头之一，必须从以下方面加大投入力度。

①使用高效、节能，能降低废气产出量的机器与设备。

②改进加工工艺，优选加工参数，在不影响加工质量的前提下尽量选用产生有毒气体少的材料或替代品。例如，焊接中选用低尘焊条、低毒焊条等。

③用新设备、新工艺改造老企业。

3.8.2.3 废渣

废渣是指人类生产和生活过程中排出的、倾倒的或投弃的固体废弃物。废渣污染环境，影响生物生长和危害人体健康，但经回收、处理后，废渣可成为工农业生产中有用的原材料。

(1)废渣的分类。废渣主要来自人类生产和生活中，通常按来源做如下分类：

1)生活垃圾。产生于与人们生活有关的和为日常生活提供服务的活动中。

2)工业废渣。包括冶金工业、能源工业、石油化工工业、矿业、轻工业、电子电气业、建筑业以及机械制造业等领域中所产生的炉渣、矿渣、城建渣土、纤维渣土以及金属切屑等。据统计，全世界制造业每年大约产生 55 亿吨无害废物和 7 亿吨有害废物。仅汽车制造业 1996 年全球就有 2400 万辆汽车报废；2000 年全球淘汰的计算机高达 2000 万台。

3)农业废渣。包括农产品深加工后的废弃物、农作物收成后的遗留物、牧畜排泄物和牲畜残体等。

(2)废渣的治理。废渣的治理主要从以下两个方面着手：

1)控制污染源。采用新的生产工艺和新燃料减少废渣的产生，如改燃煤为燃气或燃油；尽量不用或少用不可回收的一次性商品；推广洁净菜工艺等。

2)解决好回收、利用和再循环的问题。重点发展物质循环利用新工艺和绿色制造工艺;对各类废渣进行分类回收;开发新的废渣处理新工艺(如垃圾压缩工艺);建设生态型的回收、处理基地等。

废水、废气、废渣对土壤造成严重的污染,使土壤质量恶化,自然功能失调,土壤中的有害物质通过粮食、蔬菜、瓜果对人体健康构成的危害日益严重。因此必须通过对"三废"的治理来保护土地资源。

3.8.3 环境安全教育

人们越来越希望能够生活在一个安全、优质的环境中。加强与人们生活相关的环境安全教育十分重要。以下仅从日常生活中与人们联系最为紧密的用电与用材两方面进行这个问题的讨论。

3.8.3.1 用电安全

电是实物的一种属性。古代就已观察到"摩擦起电"现象,并认识到电有正负两种;同种电相斥,异种电相吸。生活和生产中必须安全用电,否则对人和物将带来极大的伤害和破坏。

(1)电对人身的伤害和伤害的防止

静电、闪电或接触带有电压的元件都可使人受到伤害甚至造成死亡。人身伤害主要表现为受到电击产生的电烧伤或死亡。电击产生于闪电、雷击或人体直接或间接承受高于安全电压的情况。电压是指静电场或电路中两点间的电势差(电位差),实用单位为V。在交流电路中,电压有瞬时值、平均值和有效值之分,交流电的有效值简称为电压。工业用电的电压一般为380V;我国生活和照明用电的电压为220V,大多数欧美国家的用电电压为110V。目前国际上公认,对于一个正常人而言,所能承受的安全电压为36V。

安全用电的核心是必须普及用电安全知识。在发达国家这方面的教育从幼儿抓起,我国近年来这方面的教育已有进展,但仍有大量工作要做。例如:告诫人们用湿手接触电器受电击的可能性会大大增加;站在潮湿地面时不要接触任何电路;发生火灾时必须停止使用电梯;当人员受到电击时,必须首先切断电源或想办法把带电体从受伤者身上移开,确认他不再带电后立即进行人工呼吸等救护;使用家用电器前必须详细熟悉说明书,确保安装正确,并做到定期由专业人员维护等。

(2)电对环境的危害和危害的防止

电在为人们带来巨大好处和经济效益的同时,也给人们带来各种危害,如火灾、爆炸、电气设备的损坏等。当出现电路短路时将产生大量的热量,引燃可燃材料而导致火灾甚至爆炸;电路及电气设备中通常装有安全保护装置(如保险丝),当设计不合理或保护装置类型与参数选择不当时,有可能产生过热、燃烧和用电设备的损坏等。

电危害的防止措施包括:对于生产活动中的用电必须严格遵守相应的法规;带电操作时要做好安全保护(如戴绝缘手套、使用合格的绝缘工具等);所有机器、设备及连线均应接地;对有防静电要求的工作场所地面及着装应有特殊规定;在存在危险的地方设立"警告"、"危险"、"注意"等标志,提醒人们注意;加强对用电安全和科普知识的宣传。

3.8.3.2　用材安全

人们的衣、食、住、行都会涉及到用材的安全。近年来食品和家装安全越来越受到人们的关注。

(1)食品安全。用材的关键是选材。要大力发展无公害食品,加强食品深加工过程中的质量监控,加大对假冒伪劣产品的打击力度,借鉴国外食品按新鲜程度分别定价促销的做法等,以确保食品安全。

(2)家装安全。劣质家装对人身造成伤害,如甲醛超标引起的中毒、过敏性皮炎、咳嗽、头痛等日益严重。家装纠纷和投诉近年来呈逐年上升的趋势。从某种程度上看,家装过程中对材料的选用比家装结构设计的本身更为重要。前者涉及到人身健康,后者涉及到功能与视觉的感受。

保证家装质量的政策性措施是,主管部门必须出台更具体、可行性更好的相关政策和行业标准,提高自身的诚信度。在严格执行科学、合理并具有环保理念的行业标准的同时,加大执法和解决纠纷的力度以保护消费者的权益;对消费者而言必须加强环保意识,选择资质好的家装队伍,遇到纠纷时用法律的武器维护自身权益。只有通过多方面的努力才能为人们营造一个安全、和谐、健康的生存空间。

保证家装质量的关键是选购安全、环保的材料。在选择墙面、地板、厨具、洁具、家具以及装饰品时,必须以少污染、少辐射,环保安全为出发点,控制家装污染的源头。

3.8.4　ISO 14000 系列环境管理国际标准

国际标准化组织(ISO)下设的 TC 207 管理技术委员会就是专门为制定环境管理国际标准而成立的,并为 TC 207 环境管理技术委员会预备了 101 个标准号,即 ISO 14000～ISO 14100,统称为 ISO 14000 系列环境管理国际标准。其中:

ISO 14000～14009 环境管理体系标准(EMS)

ISO 14010～14019 环境审核标准(EA)

ISO 14020～14029 环境标志标准(EL)

ISO 14030～14039 环境行为标价标准(EPE)

ISO 14040～14049 生命周期评估(LCA)

ISO 14050～14059 术语与定义(T&O)

ISO 14060 产品标准中的环境指标

ISO 14061～14100 备用

我国非常重视 ISO 14000 系列标准的宣传和有效实施工作,为此专门成立了环境管理体系审核机构——国家认可委员会和中国环境管理体系审核人员国家注册委员会,以保证从事 ISO 14000 审核的机构的科学性、公正性和权威性,以及从根本上保证审核人员的素质。

3.9 绿色工程

绿色工程是一个系统工程，是指通过绿色设计与绿色制造，获得绿色产品的整个过程。

(1)绿色产品

绿色产品是相对传统产品而言的，至今还没有权威性的定义。目前人们共识的绿色产品的内涵为：绿色产品在从原材料制备、设计、制造、包装、运输、使用、回收、再生和再用的整个生命周期内，都得做到节约资源和能源，对生态环境少危害或无危害，且对生产者和使用者具有良好的保护性。和谐的环境友好界面、最优的材料资源利用和最大限度的节省能源是绿色产品较之传统产品最鲜明的特点。

(2)绿色设计

传统设计主要考虑的是产品的功能、质量和成本等基本属性，以企业获取最大经济利益为出发点。而绿色设计(也称寿命周期设计)是以保护环境资源为核心，设计时优先考虑的是产品全生命周期里的环境属性，在满足环境目标的同时保证产品的基本性能和使用寿命。

绿色设计是为生产绿色产品所引申的一种发展中的系统化设计方法，是集产品质量、功能、寿命和环保为一体的设计系统。它不仅要满足消费者的需求，更重要的是要持续地运用一体化、预防性的环境保护战略，从根本上实现环境保护、劳动保护和资源能源的优化利用。

(3)绿色制造

绿色制造是一种综合考虑环境影响和资源效率的现代制造模式，它包括三项内容、两个过程和两个目标(图 3-9)。作为一种新的可持续发展模式，它所包含的新理念有以下三个方面：

1)环保新理念。即制造业的每个环节都要求对环境的影响为零或最小，资源消耗尽可能低。在保证产品基本功能的前提下，必须重视节省能源与资源、保护环境和劳动者的健康。

2)设计新理念。即绿色设计是绿色制造的核心，也是实施绿色制造的关键技术。在绿色制造全过程中必须实现绿色控制，从管理的角度来看，不能只停留在获得绿色产品的结果上，还应重视对过程的监控和管理，其中最主要的是污染治理和产品的回收利用。

3)制造工艺新理念。即绿色工艺是绿色制造的基础。随着各种创新技术和成果不断涌现，出现一些如精密成型技术、无切削液加工技术、快速成型技术等绿色制造工艺。这些技术之所以都被归于绿色制造工艺，是因为这些工艺和技术不仅减少了原材料和能源的耗用率或缩短了开发周期、减少了成本，而且有些工艺的改进对环境起到保护作用。绿色制造是人类社会可持续发展在制造业中的体现。这一切除了工艺革新外，还必须依靠信息技术，通过计算机的模拟、仿真，实现绿色制造。

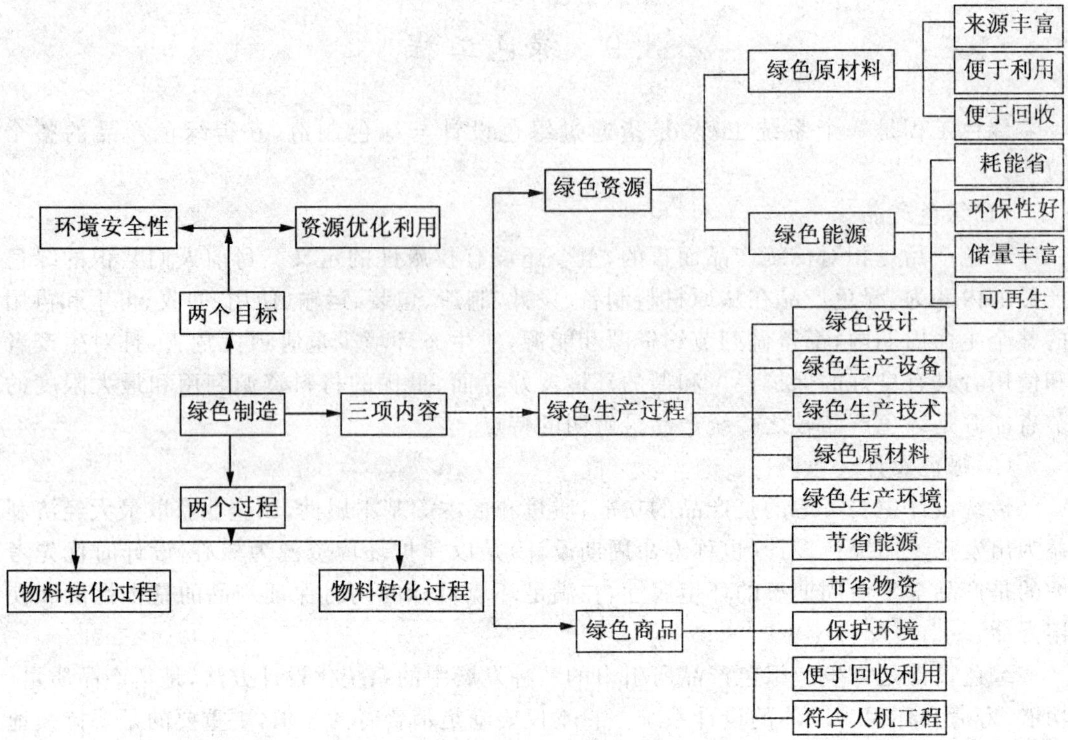

图 3-9 绿色制造的内涵

面对日益严重的环境恶化问题，人们提出了“可持续发展”的综合性战略。这种新概念既能满足当代人的需求，又不对子孙后代所需的生存环境和资源构成危害。新概念将生态环境与经济发展结合成一个既相互制约又相互促进发展的有机整体。

第4章 自动化制造系统

制造自动化是人类在长期的生产活动中不断追求的主要目标。随着科学技术的不断进步，自动化制造的水平也愈来愈高。采用自动化技术，不仅可以大大降低劳动强度、提高劳动生产率，而且可以提高产品质量，改善制造系统响应市场变化的能力，从而提高企业的市场竞争能力。

4.1 自动化制造基本概念

4.1.1 系统定义

系统(System)是具有特定功能的、相互间具有有机联系的许多要素所构成的一个不可分割的整体。一般系统都具有下述性质：

(1)目的性。任何一个物理或组织系统都具有一定的目的。例如，制造系统的目的是将制造资源有效地转变成有用的产品。为了实现系统的目的，系统必须具有处理、控制、调节和管理的功能。

(2)整体性。系统是由两个或两个以上可以相互区别的要素，按照作为系统所应具有的综合整体性而构成。系统的整体性说明，具有独立功能的系统要素以及要素间的相互关系是根据逻辑统一性的要求，协调存在于系统整体之中，对外呈现整体特性。

(3)集成性。任何系统都是由两个或两个以上的要素组成，每个要素都对外呈现出自身的特性，并有其自身的内在规律。但这些要素都要通过系统的整体规划有机地集成为一个整体。因此系统的集成性并不等于集合性，前者构成一个有机的整体，可以实现系统整体运行的最佳化；后者仅是各组成要素的简单叠加，不仅达不到最优，有时系统还会由于参数不匹配而无法运行。

(4)层次性。从系统作为一个相互作用的诸要素的总体来看，它可以分解成由不同级别的分系统构成的层次结构，层次结构表达了不同层次分系统之间的从属关系和相互作用关系。将系统适当分层，是研究和设计复杂大系统的有力手段。

(5)相关性。组成系统的要素是相互联系、相互作用的，相关性说明这些联系之间的特定关系。研究系统的相关性可以弄清楚各个要素之间的相互依存关系，提高系统的延续性，避免系统的内耗，提高系统的整体运行效果。弄清楚各要素的相关性也是实现系统有机集成的前提。

(6)环境适应性。任何系统都必然会受到周围环境的影响，受到外部环境的约束，与外部环境进行物质、能量和信息的交换。一个好的系统应能适应外部环境的改变，能随着外部条件的变化而改变系统的内部结构，使系统始终运行在最佳状态。

4.1.2 自动化制造系统定义

自动化制造系统(Automatic Manufacturing System，AMS)是由一定范围的被加工对象、一定柔性和自动化水平的各种设备和高素质的人组成的一个有机整体，它接受外部信息、能源、资金、配套件和原材料等，在人和计算机控制系统的共同作用下，实现一定程度的柔性自动化制造，最后输出产品、文档资料、废料和对环境的污染。图 4-1 所示为人机一体化自动化制造系统。

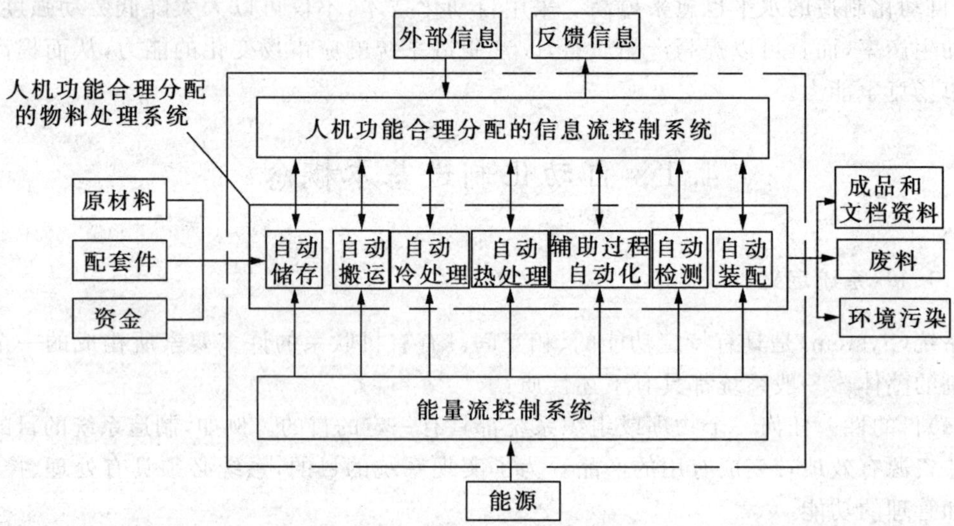

图 4-1 人机一体化的自动化制造系统

4.1.3 自动化制造系统的功能组成

自动化制造系统应由以下子系统组成：毛坯制备自动化子系统、机械加工自动化子系统、储运自动化于系统、装配过程自动化子系统、辅助过程自动化子系统、热处理过程自动化子系统、质量控制自动化子系统和系统控制自动化子系统。人作为自动化制造系统的基本要素，可以与任何自动化子系统相结合。良好的组织管理机构和机制对于设计及优化运行自动化制造系统是必不可少的。自动化制造系统的功能组成可以用图 4-2 来表示。

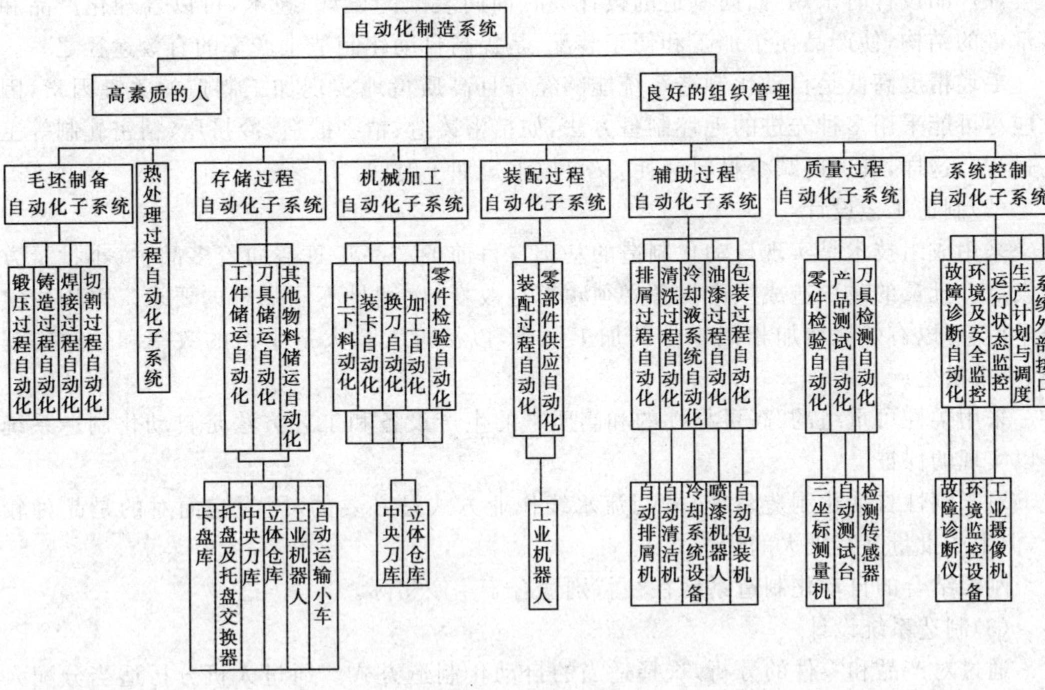

图 4-2　自动化制造系统的功能组成

4.1.4　自动化制造系统的意义

采用自动化制造技术可以有效改善劳动条件，显著提高劳动生产率，大幅度提高产品的质量，有效缩短生产周期，并能显著降低制造成本。

现代制造系统所面对的产品特点是，品种不断增多，批量却在不断减小。在多品种、小批量生产中，被加工零件在车间的总时间的 95%用于搬运、存放和等待加工中，在机床上的时间仅 5%。而在这 5%的时间中，又只有 30%的时间用于切削加工，其余 70%的时间消耗于定位、装夹和测量的辅助动作上。因此，零件在车间的时间中，仅有 1.5%是有效的切削时间。采用自动化技术的主要效益在于可以有效缩短零件 98.5%的无效时间，从而有效缩短了生产周期。

4.1.5　自动化制造系统的实现原则

要经济性地实现自动化制造，既要注重产品的结构、工艺设计，又要注重自动化制造系统的设计。

(1)产品功能结构设计

在产品设计过程中考虑通用化、系列化、标准化和模块化问题，通过采用“四化”措施，可以快速调整产品结构以敏捷地响应市场，又能增加产品品种，减少零部件品种的变化，提高零部件的相似性，可以有效增加加工批量。被加工零件达到一定的批量，是采用自动化制造系统的首要条件。

在产品设计时采用“面向制造的设计”和“面向装配的设计”技术，可以合理化产品和零部件的结构，使产品便于加工和便于装配，是提高自动化制造生产率的有效途径之一。

毛坯精度高低是自动化制造系统能够经济且高质量地实现加工制造的关键因素，因此应尽可能采用多种先进的毛坯制备方法，如精密铸造、精密锻造、冷挤压、精密轧制等工艺过程。这样，既可以减少材料消耗，又可以缩短加工时间。

(2)制造工艺设计

采用成组技术是实现自动化制造的基础。目前的产品正日益向着多品种、小批量方向发展。批量的减少造成生产设备必须频繁地改变，以满足不同品种的要求。采用成组技术后，可以有效地增加相似零件的加工批量，以接近大批大量生产的效率和效益实现中、小批量生产。

采用柔性可重组的、高可靠性的和高质量的生产设备和工艺方法是自动化制造系统得以实现的保证。

对于刚性自动化制造系统，采用流水线作业方式是必要的，因为它面对的是品种较少，但生产批量又特别大的情况。

刚柔结合的自动化制造系统往往特别适合于生产实际。

(3)制造系统设计

通过对产品和零件的分析，选择适当的自动化制造方式。通过人机分析适当分配人和机器的功能，从而充分发挥人、机各自的优势。多采用自动检测装置，在系统中增设反馈控制功能，可以有效提高系统的自动化程度。

4.1.6 自动化制造系统的评价指标

可以从六个方面评价一个自动化制造系统。

(1)生产率。生产率是自动化制造系统的主要衡量指标之一，提高生产率也是人们建造自动化制造系统的主要目的。

(2)产品质量。制造系统的输出应是高质量的产品，否则系统就失去其存在价值。产品质量并非愈高愈好，应根据用户的需求确定适当的质量水平，以达到既满足使用要求，又降低制造成本的目的。自动化制造系统在产品质量方面追求的最高目标是实现“零缺陷”生产。

(3)寿命周期经济性。提高制造系统的经济性不仅可以提高制造企业的经济效益，而且还可以降低销售价格，减轻用户的负担。

(4)寿命周期可靠性。自动化制造系统在其寿命周期内应能够可靠性地工作，经常出故障的系统会给企业带来很大的损失。对于智能化制造系统，应具备故障自诊断和自修复功能，以实现系统的“零故障”运行。

(5)制造柔性。未来自动化制造系统面对的是多品种、小批量生产。这种生产模式要求系统具有很大的柔性，才能适应外部环境快速改变的需求。

(6)可持续发展特性。为了避免工业生产造成“先污染、后治理”的局面，要求制造系统及其产品，优化利用能源和资源，减少乃至消除对环境的污染，对操作者实施劳动保护等。追求的最终目标是对环境的“零污染”和对资源的“零浪费”。制造系统的可持续发展特性已成为自动化制造系统的主要评价指标。

4.1.7 自动化制造系统功能模型的基本概念

在进行复杂系统的规划和设计时，为了使设计人员、用户以及维修人员对系统的功能达成一致的理解，必须采用一种通用性强、规则严格、没有歧义的工具对系统进行描述，称为系统的功能模型。

功能模型是系统分析和设计的有效工具，因此建立系统的功能模型是自动化制造系统总体方案设计的一项非常重要的内容。

一个好的建立功能模型的工具必须满足以下条件：

(1)能够从各个侧面全面描述系统。

(2)系统描述简单明了，容易读懂，便于理解。

(3)具有严格的建模规则，不会产生二义性。

(4)所建立的模型应能够用来进行系统的分析与设计。

描述系统的功能可以有多种方法，可以用数学公式，也可以采用图形，甚至可以采用文字叙述的方式，但对于复杂的大系统，目前最常用的是 IDEF0(ICAM Definition Method)方法，它是 1980 年由美国空军公布的 ICAM(Integrated Computer Aided Manufacturing)工程中使用的结构化分析和设计方法。

IDEF0 方法使用图形语言建立系统模型，称为 IDEF0 模型。它的主要优点是简单明了，准确性高，能全面描述各个活动之间的关系。IDEF0 方法的一个鲜明特点是采用严格的、自顶向下的逐层分解方式来构造模型，这种建模方式特别适合于描述复杂的大系统。

4.1.8 自动化制造系统信息模型的基本概念

自动化制造系统是企业信息流和物流的结合点，有大量的信息需要处理，如它要接收来自管理信息系统的生产控制信息和物料供应信息，来自技术信息系统的各种技术信息，来自质量信息系统的质量控制信息等，它还要向上述系统反馈相关信息。另外，在自动化制造系统内部还有众多的信息需要处理和共享。反映这些信息的数据都必须存储在数据库中，实现统一管理。

自动化制造系统的信息模型是一种描述信息的“概念模式”，它不偏向于任何专门的数据应用，同时还独立于数据的物理存取方式。这个概念模式的主要目的是提供一个数据含义和相互关系的一致定义，从而用来集成化管理数据，并实现数据的共享。

建立信息模型可以采用各种方式，如数据流程图(Data Flow Diagram，DFD)、实体联系图(Entity Relationship Diagram，ER)，甚至文字描述等，但目前最常用的是美国空军于 1981 年公布的 IDEF1x 方法。

该方法支持数据库概念模式开发所必需的语义结构，具有信息管理所必需的一致性、可扩展性、无冗余性和可变换性。IDEF1x 方法结构简单、描述清晰、易读易懂，便于不同阶段、不同类型的人员相互交流，且不易产生误解。

4.1.9 人在自动化制造系统中的作用

在自动化制造系统中，人起着不可替代的作用。在制造过程中总是有各种各样的突发决策问题，需要根据具体情况才能及时作出正确的决策，仅靠计算机显然是不可能的。有些制造环节，由人来完成，既经济又能保证质量。如果由机器来完成，可能它的机械结构和控制系统将十分复杂，不仅占地面积大，系统的可靠性也差，往往还难于保证加工质量。人在自动化制造系统中的作用：

(1)监视系统的运行状态。

(2)随时排除系统的复杂故障。

(3)完成机器无法完成的复杂工作。

(4)完成机器不能经济性完成的工作。

(5)在系统控制和调度中起主导作用。

(6)随时调整系统运行参数。

可以看出，自动化制造系统不仅没有降低对人的要求，反而要求参与自动化制造系统的人具备比过去更全面、更高水平的能力。特别是随着独立制造岛、小组化工作方式等新技术的广泛应用，人在自动化制造系统中的作用将会愈来愈大。

4.2 现有的自动化制造系统

自动化制造包括刚性自动化制造和柔性自动化制造。“刚性”的含义是指该生产线只能生产某种或生产工艺相近的某类产品，表现为生产产品的单一性。刚性制造系统包括组合机床、专用机床、刚性自动化生产线等。“柔性”是指生产组织形式和生产产品及工艺的多样性和可变性，可具体表现为机床的柔性、产品的柔性、加工的柔性、批量的柔性等。柔性制造系统包括柔性制造单元(FMC)、柔性制造系统(FMS)、柔性制造线(FML)、柔性装配线(FAL)、计算机集成制造系统(CIMS)等。

4.2.1 刚性半自动化单机

除上下料外，机床可以自动地完成单个工艺过程的加工循环，这样的机床称为刚性半自动化单机。这种机床采用的是机械或电液复合控制，如单台组合机床、通用多刀半自动车床、转塔车床等。从复杂程度讲，刚性半自动化单机实现的是加工自动化的最低层次，投资少、见效快，适用于产品品种变化范围和生产批量都较大的制造系统。缺点是调整工作量大，加工质量较差，工人的劳动强度也大。

4.2.2 刚性自动化单机

它是在刚性半自动化单机的基础上增加自动上下料装置而形成的自动化机床。实现的也是单个工艺过程的全部加工循环。这种机床往往需要定做或改装，常用于品种变化很小，但生产批量特别大的场合。滚动轴承套圈滚道磨床、超精研机床等。主要特点是投资少、见效快，但通用性差，是大量生产最常见的加工装备。

4.2.3 刚性自动化生产线

刚性自动化生产线是用工件输送系统将各种自动化加工设备和辅助设备按一定的顺序连接起来，在控制系统的作用下完成单个零件加工的复杂系统。在刚性自动线上，被加工零件以一定的生产节拍，顺序通过各个工作位置，自动完成零件预定的全部加工过程和部分检测过程。因此，刚性自动线具有很高的自动化程度，具有统一的控制系统和严格的生产节奏。与自动化单机相比，它的结构复杂，完成的加工工序多，所以生产率也很高，是少品种、大量生产必不可少的加工装备。除此之外，刚性自动线还具有可以有效缩短生产周期，取消半成品的中间库存，缩短物料流程，减少生产面积，改善劳动条件，便于管理等优点。

它的主要缺点是投资大，系统调整周期长，更换产品不方便。为了消除这些缺点，人们发展了组合机床自动线，可以大幅度缩短建线周期，更换产品后只需更换机床的某些部件即可(例如，可换主轴箱)，大大缩短了系统的调整时间，降低了生产成本，并能收到较好的使用效果和经济效果。组合机床自动线主要用于箱体类零件和其他类型非回转件的钻、扩、铰、镗、攻螺纹和铣削等工序的加工。刚性自动化生产线目前正在向刚柔结合的方向发展。

刚性自动线一般由刚性自动化加工设备、工件输送装置、切屑输送装置和控制系统等组成。

1)自动化加工设备。组成刚性自动线的加工设备有组合机床和专用机床，它们是针对某一种或某一组零件的加工工艺而设计、制造的，由于采用多面、多轴、多刀同时加工，所以自动化程度和生产率均很高。加工设备按工件的加工工艺顺序依次排列。

2)工件输送装置。刚性自动线中的工件输送装置以一定的生产节拍将工件从一个工位输送到下一工位。工件输送装置包括工件装卸工位、自动上下料装置、中间储料装置、输送装置、随行夹具返回装置、升降装置和转位装置。输送装置采用各种传送带，如步伐式、链条式、辊道式传送带等。

3)切屑输送装置。刚性自动线中常采用集中排屑方式，切屑输送装置有刮板式、螺旋式等。

4)控制系统。刚性自动线的控制系统对全线机床、工件输送装置、切屑输送装置进行集中控制，控制系统采用传统的电气控制(继电器—接触器)，目前倾向于用可编程控制器。

5)刀具系统。加工机床上的切削刀具由人工安装、调整，实行定时强制换刀。如果出现刀具破损、折断，进行应急换刀。

一般情况下，刚性自动线只完成单个零件的所有相同工序(如切削加工工序)，对于其他自动化制造内容如热处理、锻压、焊接、装配、检验、喷漆甚至包装等单独组线。包括上述内容的复杂大系统称为刚性综合自动化系统。它常用于产品比较单一，但工序内容多，加工批量特别大的零部件的自动化制造。刚性综合自动化系统结构复杂，投资强度大，建线周期长，更换产品困难，但生产效率极高，加工质量稳定，工人劳动强度低。

4.2.4 数控机床

数控机床(Numerical Control Machine Tools)用来完成零件一个工序的自动化循环加工。早期的数控机床的控制系统都采用硬连接电路,即控制逻辑是通过硬件电路实现的,故称为"硬件数控"。这种数控机床虽然可以通过改变控制程序实现不同形状零件的加工,但具有很多缺点,零件编程工作量大,容易出错,不能够实现自适应控制,加工过程中频繁启动纸带阅读机,容易出现输入故障,控制功能由硬件电路决定,系统缺乏灵活性等。为了克服硬件数控的缺点,后来人们采用通用数字计算机代替硬连接电路,实现了软件数控,即统称的计算机数控。

与硬件数控相比,计算机数控具有如下优点:①由于控制程序常驻内存,避免了频繁启动读带机,减少了因反复使用纸带而引起的错误,因而系统的可靠性较高。②允许直接在机床上编制和修改数控加工程序,使系统的操作性能得到改善。③计算机数控使得系统的功能扩展变得非常容易,因为只需要修改零件的程序即可。④计算机数控使得机床的自适应控制成为可能。一般数控机床常用在零件复杂程度不高、品种多变、批量中等的生产场合。

4.2.5 加工中心

加工中心是在数控机床的基础上,增加刀库和自动换刀装置而形成的一类更复杂,但用途更广,效率更高的数控加工设备。由于具有刀库和自动换刀装置,就可以在一台机床上自动完成车、铣、镗、钻、铰、攻螺纹、轮廓加工等多个工序的加工。因此,加工中心机床具有工序集中、可以有效缩短调整时间和搬运时间,减少在制品库存,加工质量高等优点。加工中心常用于零件比较复杂,需要多工序加工,且生产批量中等的生产场合。加工中心又可分为铣削加工中心、车削加工中心和车铣复合加工中心。

4.2.6 成组制造单元

成组制造单元是采用成组技术(Group Technology,GT)原理布置加工设备,包括成组单机(GT-Center)、成组单元(GT-Cell)和成组流水线(GT-Flow Line)。在成组制造单元中,数控设备和普通加工设备并存,各自发挥其最大作用。

成组技术是组织多品种、中小批量生产的一种科学方法。它将企业生产的各种产品、组成产品的各种部件、零件,按结构和工艺上相似性原则进行分类编组,并以"组"为对象组织技术工作和管理生产。成组技术应用的范围已经逐步扩展到整个生产、技术系统,从零件分类编码开始,到成组零件设计,成组工艺设计,成组工装设计,成组单元设计和生产,以及成组作业计划等,而且这些环节形成一个相互联系,相互制约的有机整体,所以可以将成组技术看成是一个系统,称作成组技术系统。

4.2.7 分布式数控系统 DNC

分布式数控系统(Distributed Numerical Control,DNC)是采用一台计算机控制若干台 CNC 机床。因此,这种系统强调的是系统的计划调度和控制功能,对物流和刀具流的自动化并不要求,主要由操作人员完成。DNC 系统的主要优点是系统结构简单,灵活性大、可靠性高、投资小，以软取胜，注重对设备的优化利用，是一种简单的、人机结合的自动化制造系统。

DNC 系统的主要组成部分有：中央计算机及外围存储设备、通信接口、机床及机床控制器。由计算机进行数据管理，从大容量的存储器中取回零件程序并把它传递给机床。然后在这两个方向上控制信息的流动，在多台计算机间分配信息，使各机床控制器能完成各自的操作。最后由计算机监视并处理机床反馈。其中解决计算机与数控机床之间的信息交换和互联，是 DNC 的核心问题。

4.2.8　柔性制造单元

柔性制造单元(Flexible Manufacturing Cell，FMC)是一种小型化柔性制造系统。就其应用范围而言，柔性制造单元常用于品种变化不是很大，生产批量中等的生产规模。

柔性制造单元由 1～3 台数控机床和(或)加工中心，工件自动输送及更换系统，刀具存储、输送及更换系统，设备控制器和单元控制器等组成。单元内的机床在工艺能力上通常是相互补充的，可混流加工不同的零件，具有单元层和设备层两级计算机控制，对外具有接口，可组成柔性制造系统。

图 4-3 所示为一加工回转体零件为主的柔性制造单元。有 1 台数控车床，1 台加工中心。2 台运输小车用于在工件装卸工位 3、数控车床 1 和加工中心 2 之间的输送。龙门式机械手 4 用来为数控车床装卸工件和更换刀具。机器人 5 进行加工中心刀具库和机外刀库 6 之间的刀具交换。控制系统由车床数控装置 7，龙门式机械手控制器 8，小车控制器 9，加工中心控制器 10，机器人控制器 11 和单元控制器 12 等组成。单元控制器负责对单元组成设备的控制、调度、信息交换和监视。

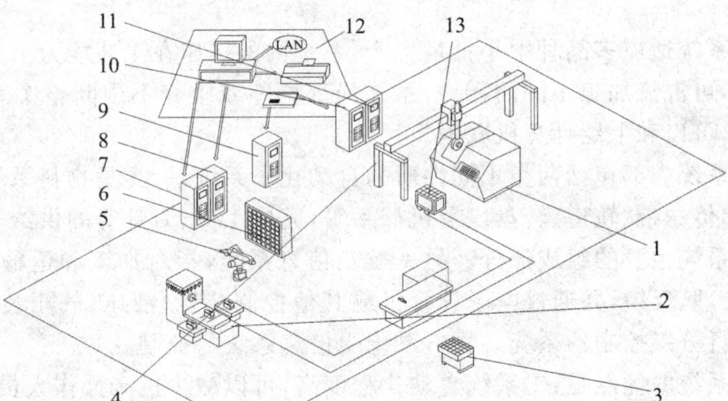

图 4-3　回转体零件为主的柔性制造单元

1—数控车床　2—加工中心　3—装卸工位　4—龙门式机械手　5—机器人
6—机外刀库　7—车床数控装置　8—龙门式机械手控制器　9—小车控制器
10—加工中心控制器　11—机器人控制器　12—单元控制器　13—运输小车

图 4-4 所示为一棱体零件加工柔性制造单元。单元主机是一台卧式加工中心，刀库容量为 70 把，采用双机械手换刀，配有 8 工位自动交换托盘库。托盘库为环形转盘，托盘库台面支承在圆柱环形导轨上，由内侧的环链拖动而回转，链轮由电机驱动。托盘的选择和定位由可编程控制器控制，托盘库具有正反向回转、随机选择及跳跃分度等功能。托盘的交换由设在环形台面中央的液压推拉机构实现。托盘库旁设有工件装卸工位，机床两侧设有自动排屑装置。

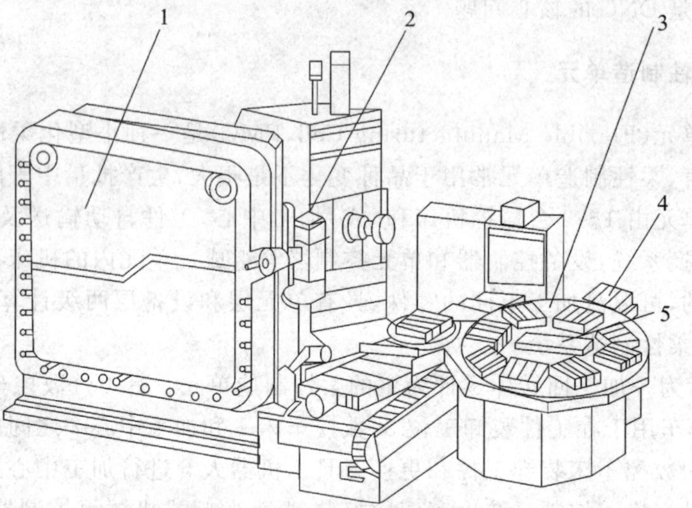

图 4-4　棱体零件加工柔性制造单元

1—刀具库　2—换刀机械手　3—托盘库　4—装卸工位　5—托盘交换机构

4.2.9　柔性制造系统 FMS

柔性制造系统适应多品种中小批量生产，系统内的机床在工艺能力上是相互补充和/或相互替代的，可混流加工不同的零件，系统局部调整或维修不中断整个系统的运作，多层计算机控制，可以和上层计算机联网。

柔性制造系统内部包括两类不同性质的自动化子系统，一类是物料系统，指由多种运输装置构成，如传送带、轨道、转盘以及机械手等，完成工件、刀具等的供给与传送的系统，它是柔性制造系统主要的组成部分。另一类是信息系统，指对加工和运输过程中所需各种信息收集、处理、反馈，并通过电子计算机或其他控制装置（液压、气压装置等），对机床或运输设备实行分级控制的系统。物料系统受信息系统的控制。

柔性制造系统的优点是：①系统自动化程度高，可以减少机床操作人员。②由于配有质量检测和反馈控制装置，零件的加工质量很高。③工序集中，可以有效减少生产面积。④与立体仓库相配合，可以实现 24h 连续工作。⑤由于集中作业，可以减少加工时间。⑥易于和管理信息系统（Management Information System，MIS）、技术信息系统（Technical Information System，TIS）及质量信息系统（Quality Information System，QIS）结合形成更高级的自动化制造系统。

柔性制造系统的缺点是：①系统投资大，投资回收期长。②系统结构复杂，对操作人员的要求很高。③结构复杂使得系统的可靠性较差。

柔性制造系统适用于品种变化不大，批量在 200～2500 件的中等批量生产。目前柔性制造系统有向小型化和简单化发展的趋势。

FMS 是在加工自动化的基础上实现物料流和信息流的自动化，其基本组成部分有：自动化加工设备，工件储运系统，刀具储运系统，多层计算机控制系统等。FMS 原理框图如图 4-5 所示。

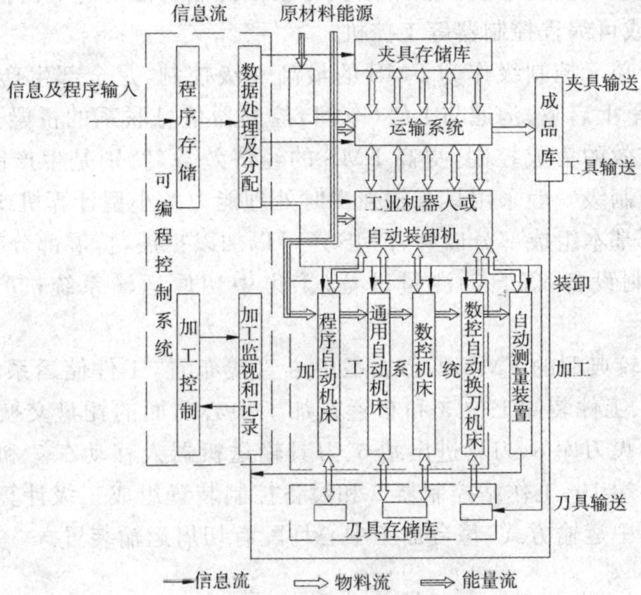

图 4-5　柔性制造系统的基本机构

(1)自动化加工设备。组成 FMS 的自动化加工设备有数控机床、加工中心、车削中心，也可能是柔性制造单元。这些加工设备都是计算机控制的，加工零件的改变一般只需要改变数控程序，因而具有很高的柔性。自动化加工设备是自动化制造系统最基本，也是最重要的设备。

(2)工件储运系统。FMS 工件储运系统由工件库、工件运输设备和更换装置等组成。工件库包括自动化立体仓库和托盘(工件)缓冲站。工件运输设备包括各种传送带、运输小车、机器人或机械手等。工件更换装置包括各种机器人或机械手、托盘交换装置等。

(3)刀具储运系统。FMS 的刀具储运系统由刀具库、刀具输送装置和交换机构等组成。刀具库有中央刀库和机床刀库。刀具输送装置有不同形式的运输小车、机器人或机械手。刀具交换装置通常是指机床上的换刀机构，如换刀机械手。

(4)多层计算机控制系统。FMS 的控制系统采用计算机多层控制，通常是三层控制，即单元层(多组不同工艺设备)、工作站层(一组同工艺设备)和设备层(一台设备)。

设备控制层。是针对各种设备，如机器人、机床、坐标测量机、小车、传送装置以及储存/检索等的单机控制。这一级的控制系统向上与工作站控制系统用接口连接，向下与设备连接。设备控制器的功能是把工作站控制器命令转换成可操作的、有次序的简单任务，并通过各种传感器监控这些任务的执行。

工作站控制层。FMS工作站一般分成加工工作站和物流工作站。加工工作站完成各工位的加工工艺流程、刀具更换、检验等管理；物流工作站完成原料、成品及半成品的储存、运输、工位变换等管理。这一级控制系统是指挥和协调单元中一个设备小组的活动，处理由物料储运系统交来的零件托盘，并通过控制工件调整、零件夹紧、切削加工、切屑清除、加工过程中检验、卸下工件以及清洗工件等功能对设备级各子系统进行调度。设备控制级和工作站控制级等控制系统一般采用具有较强控制功能的有实时控制功能的微型计算机、总线控制机或可编程控制器等工控机。

单元控制层。单元控制级作为FMS的最高一级控制，是全部生产活动的总体控制系统，同时它还是承上启下、沟通与上级(车间)控制器信息联系的桥梁。因此，单元控制器对实现底三层有效的集成控制，提高FMS的经济效益，特别是生产能力，具有十分重要的意义。单元控制级一般采用具有较强实时处理能力的小型计算机或工作站。

除了上述4个基本组成部分以外，FMS还可以加以扩展，扩展部分有：①自动清洗工作站；②自动去毛刺设备；③自动测量设备；④集中切屑运输系统；⑤集中冷却润滑系统等。

图4-6是一种较典型的FMS，4台加工中心直线布置，工件储运系统由托盘站2、托盘运输无轨小车4、工件装卸工位3和布置在加工中心前面的托盘交换装置12等组成。刀具储运系统由中央刀库8、刀具进出站6、刀具输送机器人移动车7和刀具预调仪5等组成。单元控制终端10、工作站控制器9和设备控制装置组成三级计算机控制。切屑运输系统没有采用集中运输方式，每台加工中心均配有切屑运输装置。

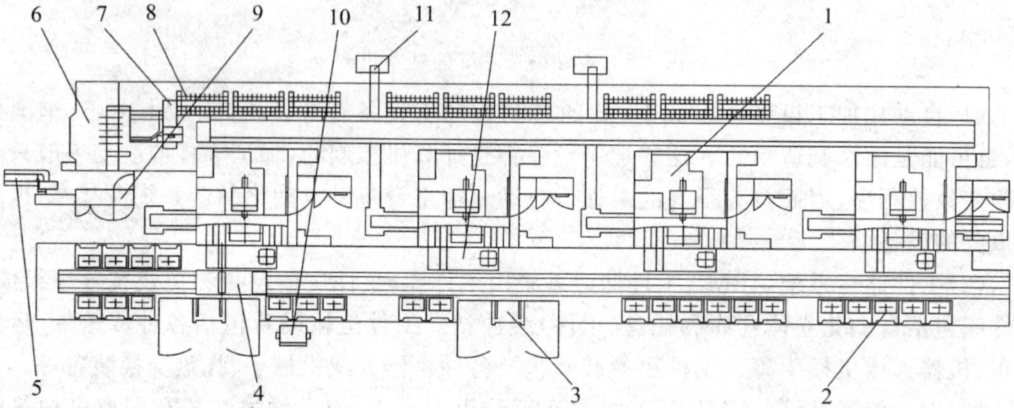

图4-6　柔性制造系统的组成

1—加工中心　2—托盘站　3—工件装卸工位　4—托盘输送车　5—刀具预调仪　6—刀具进出站
7—机器人移动车　8—刀具库　9—工作站控制器　10—单元控制终端　11—切屑输送装置　12—托盘交换装置

4.2.10　柔性制造线

柔性制造线(Flexible Manufacturing Line,FML)同时具有刚性自动线和 FMS 的某些特征。在柔性上接近 FMS,在生产率上接近刚性自动线。

柔性制造线与柔性制造系统相比,柔性制造线像刚性自动线(特别是组合机床自动线)一样,具有一定的生产节拍,工件沿一定的方向顺序传送,柔性制造系统则没有一定的生产节拍,工件的输送方向也是随机性质的。柔性制造线主要适用于品种变化不大的中批和大批量生产,线中的机床主要是多轴主轴箱的换箱式和转塔式加工中心。在工件变换以后,各机床的主轴箱可自动进行更换,同时调入相应的数控程序,生产节拍也会作相应的调整。

柔性制造线具有刚性自动线的绝大部分优点,当批量不很大时,生产成本比刚性自动线低,当品种改变时,系统所需的调整时间又比刚性自动线少,但建立系统的总费用比刚性自动线要高。有时为了节省投资,提高系统的运行效率,柔性制造线常采用刚柔结合的形式,即生产线的一部分设备采用刚性专用设备(主要是组合机床),另一部分采用换箱或换刀式柔性加工机床。

柔性制造线由自动化加工设备、工件输送系统和控制系统等组成。

1)自动化加工设备。组成 FML 的自动化加工设备有数控机床、可换主轴箱机床。可换主轴箱机床是介于加工中心和组合机床之间的一种中间机型。可换主轴箱机床周围有主轴箱库,根据加工工件的需要更换主轴箱。主轴箱通常是多轴的,可换主轴箱机床对工件进行多面、多轴、多刀同时加工,是一种高效机床。

2)工件输送系统。FML 的工件输送系统和刚性自动线类似,采用各种传送带输送工件,工件的流向与加工顺序一致,依次通过各加工站。

3)刀具系统。可换主轴箱上装有多把刀具,主轴箱本身起着刀具库的作用,刀具的安装、调整一般由人工进行,采用定时强制换刀。

图 4-7 为一加工箱体零件的柔性自动线示意图,它由 2 台对面布置的数控铣床、4 台两两对面布置的转塔式换箱机床和 1 台循式换箱机床组成。采用辊道传送带输送工件。这条自动线看起来和刚性自动线没有什么区别,但它具有一定的柔性。

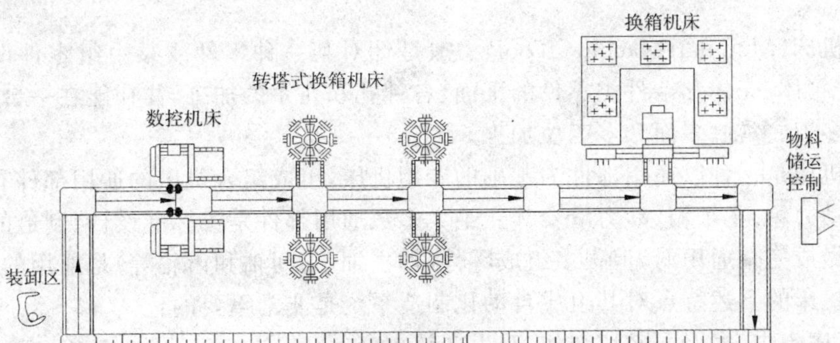

图 4-7　加工箱体零件的柔性自动线示意图

4.2.11 计算机集成制造系统 CIMS

计算机集成制造系统是一种集市场分析、产品设计、加工制造、经营管理、售后服务于一体,借助于计算机的控制与信息处理功能,使企业运作的信息流、物质流、价值流和人力资源有机融合,实现产品快速更新、生产率大幅提高、质量稳定、资金有效利用、损耗降低、人员合理配置、市场快速反馈和良好服务的全新的企业生产模式。

计算机集成制造系统是目前最高级别的自动化制造系统,我国的 CIMS 已经改变为现代集成制造系统(Contemporary Integrated Manufacturing System)。它已在广度与深度上拓展了原 CIMS 的内涵。其中,"现代"的含义是计算机化、信息化、智能化。

CIMS 的功能构成包括下列内容:

1)管理功能。CIMS 能够对生产计划、材料采购、仓储和运输、资金和财务以及人力资源进行合理配置和有效协调。

2)设计功能。CIMS 能够运用 CAD、CAE、CAPP(计算机辅助工艺编制)、NCP(数控程序编制)等技术手段实现产品设计、工艺设计等。

3)制造功能。CIMS 能够按工艺要求,自动组织协调生产设备(CNC、FMC、FMS、FAL、机器人等)、储运设备和辅助设备(送料、排屑、清洗等设备)完成制造过程。

4)质量控制功能。CIMS 运用 CAQ(计算机辅助质量管理)来完成生产过程的质量管理和质量保证,它不仅在软件上形成质量管理体系,在硬件上还参与生产过程的测试与监控。

5)集成控制与网络功能。CIMS 采用多层计算机管理模式,例如工厂控制级、车间控制级、单元控制级、工作站控制级、设备控制级等,各级间分工明确,资源共享,并依赖网络实现信息传递。CIMS 还能够与客户建立网络沟通渠道,实现自动订货、服务反馈、外协合作等。

4.3 自动化加工设备

4.3.1 组合机床

组合机床(Modular Machine Tool)一般是针对某一种零件或某一组零件设计、制造的,常用于箱体、壳体和杂件类零件的平面、各种孔和孔系的加工,往往能在一台机床上对工件进行多刀、多轴、多面和多工位加工。

组合机床是一种以通用部件为基础的专用机床,组成组合机床的通用部件有床身、底座、立柱、动力箱、主轴箱、动力滑台等。绝大多数通用部件是按标准设计、制造的,主轴箱虽然不能做成完全通用的,但很多组成零件(如主轴、中间轴和齿轮等)是通用的。

组合机床的下述特点对其组成自动化制造系统是非常重要的:

(1)工序集中,多刀同时切削加工,生产效率高。

(2)采用专用夹具和刀具(如复合刀具、导向套),加工质量稳定。

(3)常用液压、气动装置对工件定位、夹紧和松开,实现工件装夹自动化。

(4)常用随行夹具,方便工件装卸和输送。

(5)更换主轴箱可适应同组零件的加工,有一定的柔性。

(6)采用可编程控制器(Programmable Logic Controller,PLC)控制可与上层控制计算机通信。

(7)机床主要由通用部件组成,设计、制造周期短,建造自动化速度快。

4.3.2 数控机床

现代数控机床常采用计算机进行控制即 CNC。数控机床是组成自动化制造系统的重要设备。

(1)一般数控机床

一般数控机床通常是指数控车床、数控铣床、数控镗铣床等,它们的下述特点对其组成自动化制造系统是非常重要的。

1)柔性高。数控机床按照数控程序加工零件,当加工零件改变时,一般只需要更换数控程序和配备所需的刀具,不需要靠模、样板、钻镗模等专用工艺装备。数控机床可以很快地从加工一种零件转变为加工另一种零件,生产准备周期短,适合于多品种小批量生产。

2)自动化程度高。数控程序是数控机床加工零件所需的几何信息和工艺信息的集合。几何信息有走刀路径、插补参数、刀具长度半径补偿值;工艺信息有刀具、主轴转速、进给速度、冷却液开/关等。在切削加工过程中,自动实现刀具和工件的相对运动,自动变换切削速度和进给速度,自动开/关冷却液,数控车床自动转位换刀。操作者的任务是装卸工件、换刀、操作按键、监视加工过程等。

3)加工精度高、质量稳定。现代数控机床装备有 CNC 数控装置和新型伺服系统,具有很高的控制精度,普遍达到 1μm,高精度数控机床可达到 0.2μm。数控机床的进给伺服系统采用闭环或半闭环控制,对反向间隙和丝杠螺距误差以及刀具磨损进行补偿,因而数控机床能达到较高的加工精度。对中小型数控机床,定位精度普遍可达到 0.03μm,重复定位精度可达到 0.01μm。数控机床的传动系统和机床结构都具有很高的刚度和稳定性,制造精度也比普通机床高。当数控机床有 3~5 轴联动功能时,可加工各种复杂曲面,并能获得较高精度。由于按照数控程序自动加工,避免了人为的操作误差,因而同一批加工零件的尺寸一致性好,加工质量稳定。

4)生产效率较高。零件加工时间由机动时间和辅助时间组成,数控机床加工的机动时间和辅助时间比普通机床明显减少。数控机床主轴转速范围和进给速度范围比普通机床大,主轴转速范围通常在 10~6000r/min,高速切削加工时可达 15000r/min,进给速度范围上限可达到 10~12m/min,高速切削加工进给速度超甚至过 30m/min,快速移动速度超过 30~60m/min。主运动和进给运动一般为无级变速,每道工序都能选用最有利的切削用量,空行程时间明显减少。数控机床的主轴电动机和进给驱动电动机的驱动能力比同规格的普通机床大,机床的结构刚度高,有的数控机床能进行强力切削,有效地减少机动时间。

5)具有刀具寿命管理功能。构成 FMC 和 FMS 的数控机床具有刀具寿命管理功能,可对每把刀的切削时间进行统计，当达到给定的刀具耐用度时，自动换下磨损刀具，并换上备用刀具。

6)具有通信功能。现代CNC数控机床一般都具有通信接口，可以实现上层计算机与CNC之间的通信，也可以实现几台CNC之间的数据通信控制。通信功能是实现DNC、FMC、FMS的必备条件。

(2)加工中心

加工中心(Machining Center，MC)通常是指镗铣加工中心，主要用于加工箱体及壳体类零件，工艺范围广。加工中心具有刀具库及自动换刀机构、回转工作台、交换工作台等，有的加工中心还具有可交换式主轴头或卧—立式主轴。加工中心目前已成为一类广泛应用的自动化加工设备，它们可作为单机使用也可作为FMC、FMS中的单元加工设备。加工中心有立式和卧式两种基本形式，前者适合于平面形零件的单面加工，后者特别适合于大型箱体零件的多面加工。

加工中心除了具有一般数控机床的特点外，它还具有其自身的特点。加工中心必须具有刀具库及刀具自动交换机构，其结构形式和布局是多种多样的。刀具库通常位于机床的侧面或顶部。刀具库远离工作主轴的优点是少受切屑液的污染，使操作者在加工时调换库中刀具免受伤害。FMC和FMS中的加工中心通常需要大量刀具，除了满足不同零件的加工外，还需要后备刀具，以实现在加工过程中实时更换破损刀具和磨损刀具，因而要求刀库的容量较大。换刀机械手有单臂机械手和双臂机械手，180°布置的双臂机械手应用最普遍。

加工中心刀具的存取方式有顺序方式和随机方式，刀具随机存取是最主要的方式。随机存取就是在任何时候可以取用刀库中任一把刀，选刀次序是任意的，可以多次选取同一把刀，从主轴卸下的刀允许放在不同于先前所在的刀座上，CNC可以记忆刀具所在的位置。采用顺序存取方式时，刀具严格按数控程序调用刀具的次序排列。程序开始时，刀具按照排列次序一个接着一个取用，用过的刀具仍放回原刀座上，以保持确定的顺序不变。正确地安放刀具是成功地执行数控程序的基本条件。

回转工作台是卧式加工中心实现B轴运动的部件，B轴的运动可作为分度运动或进给运动。回转工作台有两种结构形式，仅用于分度的回转工作台用鼠齿盘定位，分度前工作台抬起，使上下鼠齿盘分离，分度后落下定位，上下鼠齿盘啮合，实现机械刚性连接。用于进给运动的回转工作台用伺服电机驱动，用回转式感应同步器检测及定位，并控制回转速度，也称数控工作台。数控工作台和X、Y、Z轴及其他附加运动构成4～5轴轮廓控制，可加工复杂轮廓表面。

卧式加工中心可对工件进行4面加工，带有卧—立式主轴的加工中心可对工件进行5面加工。卧—立式主轴是采用正交的主轴头附件，可以改变主轴角度方位90°。减少了机床的非加工时间和单件工时，提高了机床的利用率。

加工中心的交换工作台和托盘交换装置配合使用，实现了工件的自动更换，从而缩短了消耗在更换工件上的辅助时间。

(3)车削中心

车削中心(Turning Center，TC)比数控车床工艺范围宽，工件一次安装，几乎能完成所有表面的加工，如内外圆表面、端面、沟槽、内外圆及端面上的螺旋槽、非回转轴心线上的轴向孔、径向孔等。

车削中心回转刀架上可安装如钻头、铣刀、铰刀、丝锥等回转刀具，它们由单独电动机驱动，也称自驱动刀具。在车削中心上用自驱动刀具对工件的加工分为两种情况：一种是主轴分度定位后固定，对工件进行钻、铣、攻螺纹等加工；另一种是主轴运动作为一个控制轴(C 轴)，C 轴运动和 X、Z 轴运动合成为进给运动，即三坐标联动，铣刀在工件表面上铣削各种形状的沟槽、凸台、平面等。在很多情况下，工件无须专门安排一道工序，单独进行钻、铣加工，消除了二次安装引起的同轴度误差，缩短了加工周期。

车削中心回转刀架通常可装刀具 12～16 把，这对无人看管柔性加工来说，刀架上的刀具数是不够的。因此，有的车削中心装备有刀具库，刀库有筒形或链形，刀具更换和存储系统位于机床一侧，刀库和刀架间的刀具交换由机械手或专门机构进行。

车削中心采用可快速更换的卡盘和卡爪，普通卡爪更换时间需要 20～30min，而快速更换卡盘、卡爪的时间可控制在 2min 以内。卡盘有 3～5 套快速更换卡爪，以适应不同直径的工件。如果工件直径变化很大，则需要更换卡盘。有时也采用人工在机床外部用卡盘夹持好工件，用夹持有新工件的卡盘更换已加工的工件卡盘，工件—卡盘系统更换常采用自动更换装置。由于工件装卸在机床外部，实现了辅助时间上和机动时间的重合，因而几乎没有停机时间。

现代车削中心工艺范围宽，加工柔性高，人工介入少，加工精度、生产效率和机床利用率都很高。

4.4　工件储运系统

4.4.1　工件储运系统的组成

工件储运系统由存储设备、运输设备和辅助设备等组成。存储是将工件毛坯、在制品或成品在仓库中暂时保存起来，以便根据需要取出，投入制造过程，立体仓库是典型的自动化仓储设备。运输是工件在制造过程中的流动，例如工件在仓库或托盘站与工作站之间的输送，以及在各工作站之间的输送等。广泛应用的自动输送设备有传送带、运输小车、机器人及机械手等。辅助设备是指立体仓库与运输小车、小车与机床工作站之间的连接或工件托盘交换装置。图 4-8 是工件储运系统的组成设备及分类。

4.4.2　工件输送设备

4.4.2.1　传送带

传送带广泛用于自动化制造系统中工件或工件托盘的输送，传送带的形式有多种，如步伐式传送带、链式传送带、辊道式传送带、履带式传送带等。

(1)步伐式传送带

步伐式传送带常用在刚性自动线中，输送箱体类工件或工件托盘。步伐式传送带有棘爪式、摆杆式等多种形式。图 4-9 是棘爪步伐式传送带，它能完成向前输送和向后退回的往复动作，实现工件单向输送。

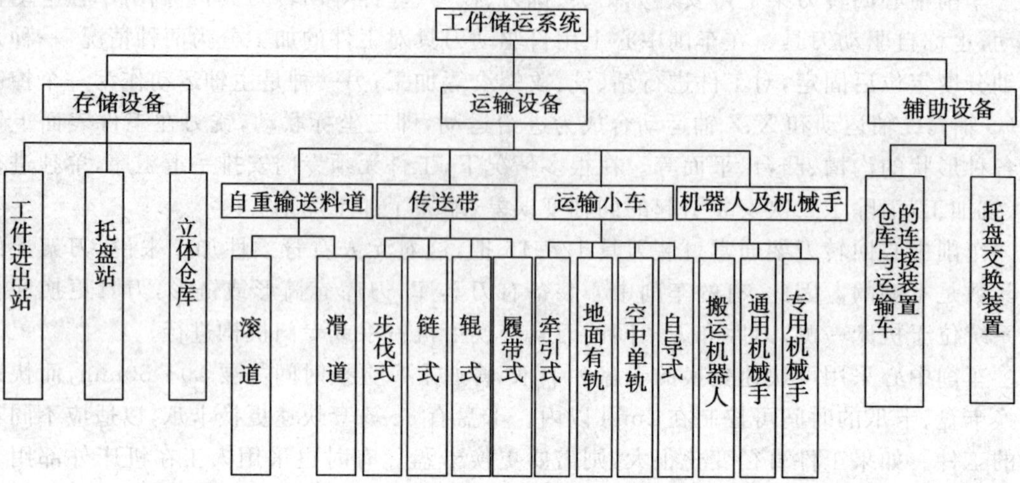

图 4-8　工件储运系统的组成

传送带由首端棘爪 1、中间棘爪 2、末端棘爪 3 和上下侧板 4、5 等组成。传送带向前推进工件，棘爪 2 被销 7 挡住，带动工件向前移动一个步距；输送带后退时，棘爪 2 被后一个工件压下，在工件下方滑过；棘爪 2 脱离工件时，在弹簧的作用下又恢复原位。这种传送带的缺点是缺少对工件的定位机构，在传送带速度较高时容易导致工件的惯性位移。为保持工件终止位置的准确，运行速度不能太高。要防止切屑和杂物掉在弹簧上，否则弹簧卡死，造成输送工件不顺利。因此，棘爪要保持灵活。

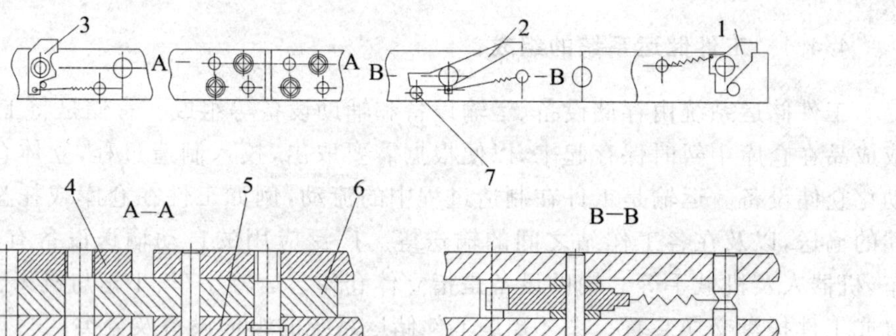

图 4-9　步伐式传送带

1—首端棘爪　2—中间棘爪　3—末端棘爪　4—上侧板　5—下侧板　6—连扳　7—销

图 4-10 是步伐式传送带的机械传动装置。传动工件时，高速传动电动机 6 启动，通过丝杠、螺母驱动滑台 3 带动传送带前进，接近终点位置时，快速电动机 6 停止，启动慢速电动机 5，使传送带上的工件低速运行而到达准确的终点位置，工件定位夹紧后快速电动机 6 反转，使滑台 3 带动传送带快速退回原位。

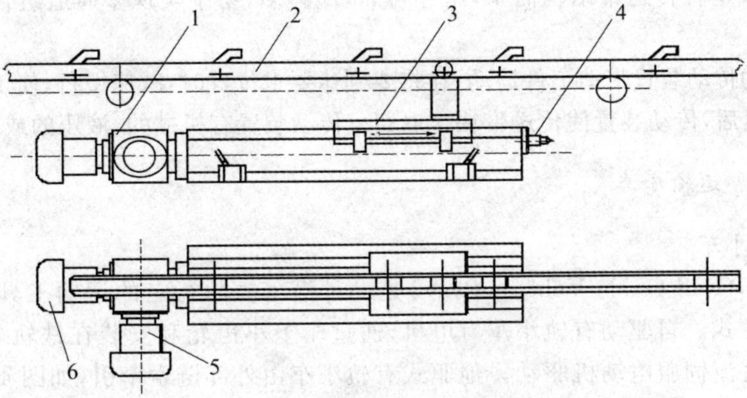

图 4-10　步伐式传送带的机械传动装置

1—传动箱　2—传送带　3—输送台　4—输送位置控制器

5—低速驱动电机　6—高速驱动电机

(2)摆杆步伐式传送带

摆杆步伐式传送带避免了弹簧步伐式传送带的缺点。摆杆步伐式传送带具有刚性棘爪和限位挡块。输送摆杆除前进、后退的往复运动外,还需作回转摆动,以便使棘爪和挡块回转到脱开工件的位置,等返回后再转至原来位置,为下一个步伐做好准备。这种传送带可以保证终止位置准确,输送速度较高,常用的输送速度为 20m/min。图 4-11 为一摆杆式输送带,它由一条圆管形摆杆 1 和若干刚性挡块(每个工件有两个挡块)组成。在驱动液缸 5 的推动下,摆杆向前移动,杆上挡块卡着工件输送到下一个工位。摆杆在返回前,在回转机构 2 的作用下,旋转一定角度。使挡块让开工件,然后摆杆返回原位并转至原来位置。摆杆的位置可设在工件的侧面或下方。

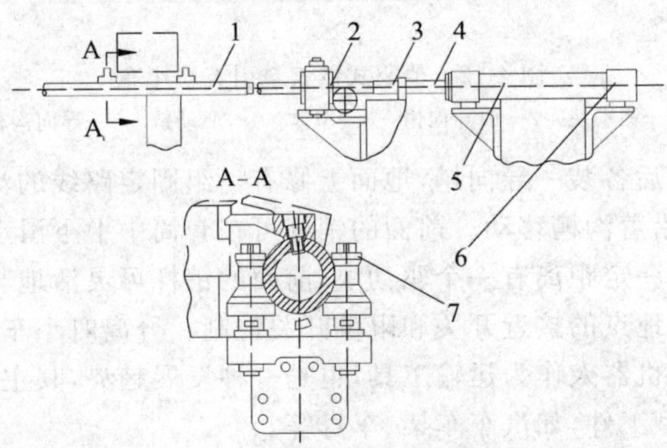

图 4-11　摆杆式输送带

1—输送带　2—回转机构　3—回转接头　4—活塞杆　5—驱动液压缸

6—液压缓冲装置　7—支承辊

(3)链板履带式传送带

链板履带式传送带是用一节节带齿的链板连接而成,靠摩擦力传送工件。链板下的齿与传动链轮啮合,作单向循环运动。为防止链带下垂,用两条光滑的托板支承。多条链带并列或形成多通道,在其上设置分路挡板及拨料装置,可实现分料、合料、拨料、限位及返回等运动。这种传送带结构简单,工作可靠,储料多,易于实现多通道组合和自动化,且通用性好。

传送带的传动装置带动工件运动,在将要到达要求位置时,减速慢行,使工件准确定位。工件定位夹紧后,传动装置使传送带快速退回。传动装置有机械的、液压的或气动的。

4.4.2.2 运输小车

(1)有轨小车

有轨小车(Rail Guide Vehicle,RGV)是一种沿着铁轨行走的运输工具,有自驱和他驱两种驱动方式。自驱动有轨小车有电机,通过车上小齿轮和安装在铁轨一侧的齿条啮合,利用交、直流伺服电动机驱动。他驱式有轨小车由外部链索牵引,如图 4-12 所示。

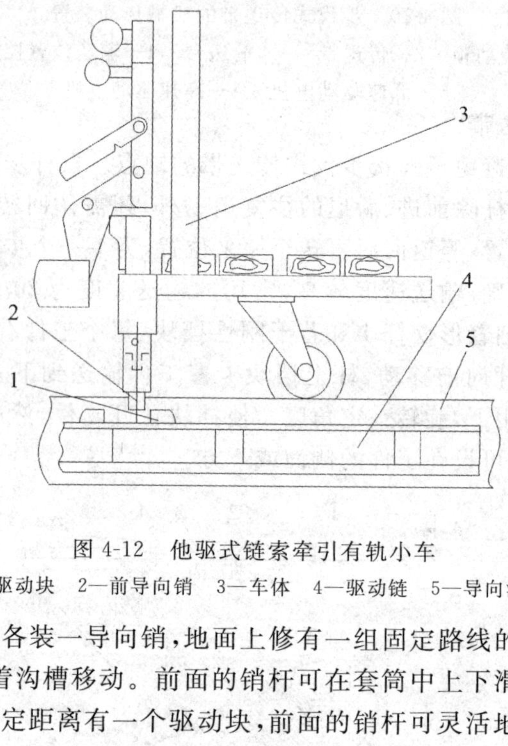

图 4-12 他驱式链索牵引有轨小车

1—驱动块 2—前导向销 3—车体 4—驱动链 5—导向沟槽

在小车底盘的前后各装一导向销,地面上修有一组固定路线的沟槽,导向销嵌入沟槽内,保证小车行进时沿着沟槽移动。前面的销杆可在套筒中上下滑动,即使导向机构又是驱动机构。链索每隔一定距离有一个驱动块,前面的销杆可灵活地与驱动块啮合或分离,由埋设在沟槽内适当地点的接近开关和限位开关控制。分离时小车就停止。采用空架导轨和悬挂式机械手或机器人作为运输工具,也是一种发展趋势,其主要优点是充分利用空间,适合于运送中大型工件,如汽车车架、车身等。

有轨小车的特点是:①加速和移动速度都比较快,适合运送重型工件。②因导轨固定,行走平稳,停车位置比较准确。③控制系统简单、可靠性好、制造成本低、便于推广应用。④行走路线不便改变,转弯角度不能太小。⑤噪声较大,影响操作工监听加工状况及保护自身安全。

(2)自动导向小车

自动导向小车(Automatic Guide Vehicle,AGV)是一种无人驾驶的,以蓄电瓶驱动的物料搬运设备,其行驶路线和停靠位置是可编程的。20 世纪 70 年代以来,电子技术和计算机技术推动了 AGV 技术的发展,如磁感应、红外线、激光、语言编程、语音等。AGV 技术仍在发展中,目前有些语音控制的 AGV 能识别 4000 个词汇。

1)AGV 的结构

在自动化制造系统中用的 AGV 大多数是磁感应式 AGV,图 4-13 是一种能同时运送两个工件的 AGV,它由运输小车、地下电缆和控制器三部分组成。小车由蓄电池提供动力,沿着埋在地板槽内的用交变电流激磁的电缆行走,地板槽埋没在地下 4cm 左右深处,地沟用环氧树脂灌封,形成光滑的地表,以便清扫和维护。导向电缆铺设的路线和车间工件的流动路线及仓库的布局相适应,AGV 行走的路线一般可分为直线、分支、环路或网状。

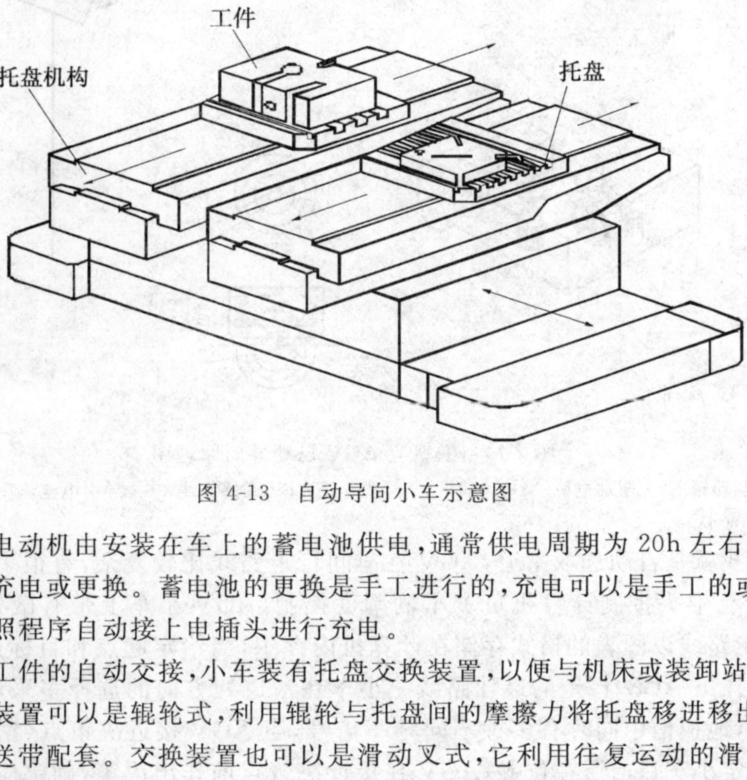

图 4-13　自动导向小车示意图

小车驱动电动机由安装在车上的蓄电池供电,通常供电周期为 20h 左右,因此,必须定期到维护区充电或更换。蓄电池的更换是手工进行的,充电可以是手工的或者自动的,有些小车能按照程序自动接上电插头进行充电。

为了实现工件的自动交接,小车装有托盘交换装置,以便与机床或装卸站之间进行自动连接。交换装置可以是辊轮式,利用辊轮与托盘间的摩擦力将托盘移进移出,这种装置一般与辊式传送带配套。交换装置也可以是滑动叉式,它利用往复运动的滑动叉将托盘推出或拉入。升降台式交换装置是利用升降台将托盘升高,物料托架上的托物叉伸入托盘底部,升降台下降,托物叉回缩,将托盘移出。托盘移入的工作过程相反。小车还装有升降对齐装置,以便消除工件交接时的高度差。

AGV 小车上设有安全防护装置,小车前后有黄色警示信号灯,当小车连续行走或准备行走时,黄色信号灯闪烁。每个驱动轮带有安全制动器,断电时,制动器自动接上。小车每一面都有急停按钮和安全保险杠,其上有传感器,当小车轻微接触障碍物时,保险杠受压,小车停止。

2)AGV 的自动导向

图 4-14 是磁感应 AGV 自动导向原理图,小车底部装有弓形天线 3,跨设于以感应导线 4 为中心且与感应线垂直的平面内。感应线通以交变电流 6,产生交变磁场 5。当天线

3 偏离感应线任何一侧时，天线的两对称线图中感应电压有差值，误差信号经过放大，驱动左、右电动机 2，左右电动机有转速差，经驱动轮 1 使小车转向，使感应线重新位于天线中心，直至误差信号为零。

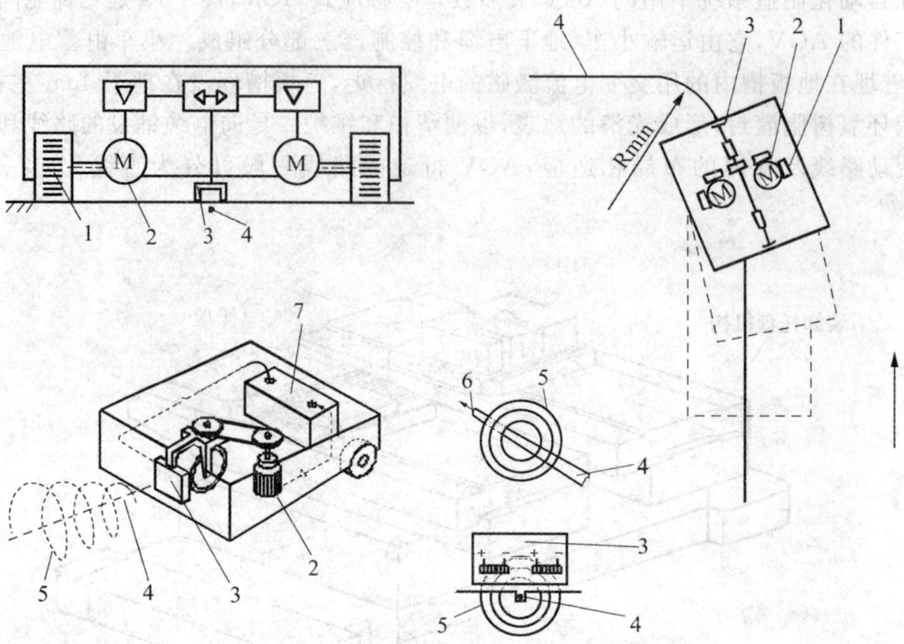

图 4-14　磁感应 AGV 自动导向原理图

1—驱动轮　2—驱动电机　3—天线　4—感应导线　5—磁感应线　6—导引电流　7—放大器

3)路径寻找

路径寻找就是自动选取岔道，AGV 在车间行走路线比较复杂，有很多分岔点和交汇点。地面上有中央控制计算机负责车辆调度控制，AGV 小车上带有微处理器控制板，AGV 的行走路线以图表的格式存储在计算机内存中，当给定起点和目标点位置后，控制程序自动选择出 AGV 行走的最佳路线。小车在岔道处方向的选择多采用频率选择法，在决策点处，地板槽中同时有多种不同频率信号，当 AGV 接近决策点(岔道口)时，通过编码装置确定小车目前所在位置，AGV 在接近决策点前作出决策，确定应跟踪的频率信号，从而实现自动寻找路径。

自动导向小车的行走路线是可编程的，FMS 控制系统可根据需要改变作业计划，重新安排小车的路线，具有柔性特征。AGV 小车工作安全可靠，停靠定位精度可以达到±3mm，能与机床、传送带等相关设备交接传递货物，运输过程中对工件无损伤，噪声低。

4.4.2.3　工业机器人

(1)概述

工业机器人是一种可编程的多功能操作设备，用于搬运物料、工件和工具，或者通过不同的编程以完成各种任务。机器人和机械手的主要区别是：机械手是没有自主能力，只能完成定位点不变的简单的重复动作。机器人是由计算机控制的，可重复编程，能完成任意定位的复杂运动。由于受抓举载荷能力限制，搬运机器人通常搬运与装卸中、小型工件或工具。

(2)工业机器人的结构

工业机器人一般由主构架(手臂)、手腕、驱动系统、测量系统、控制器及传感器等组成。机器人手臂具有 3 个自由度，机器人作业空间由手臂运动范围决定。手腕是操作工具(如焊枪、喷嘴、机加工刀具、夹爪)与主构架的连接机构，它具有 3 个自由度。驱动系统为机器人各运动部件提供力、力矩、速度、加速度。测量系统用于机器人运动部件的位移、速度和加速度的测量。控制器用于控制机器人各运动部件的位置、速度和加速度，使机器人手爪或机器人工具的中心点以给定的速度沿着给定轨迹到达目标点。通过传感器获得搬运对象和机器人本身的状态信息，如工件及其位置的识别，障碍物的识别，抓举工件的重量是否过载等。

工业机器人运动由主构架和手腕完成，主构架具有 3 个运动坐标轴，各个轴不同运动的组合，形成四种类型的机器人：①直角坐标型(三个直线坐标轴)；②圆柱坐标型(两个直线坐标轴和一个回转轴)；③球坐标型(一个直线坐标轴和两个回转轴)；④关节型(三个回转轴)。

4.4.2.4　托盘及托盘交换装置

(1)托盘

托盘是工件和夹具与输送设备和加工设备之间的接口。托盘有箱式、板式等多种结构，箱式托盘不进入机床的工作空间，主要用于小型工件及回转体工件的储存和运输。板式托盘主要用于较大型非回转体工件，工件在托盘上通常是单件安装，大型托盘上可安装多个相同或不相同的工件。板式托盘不仅是工件输送和储存的载体，而且还随工件进入机床的工作空间，在加工过程中定位夹持工件，承受切削力。托盘的形式是多种多样的，有正方形、长方形、圆形、多角形等。托盘的上表面有便于安装的 T 型槽、矩阵螺孔(或配合孔)。托盘的下表面有供在机床工作台上定位的基面和输送基面，托盘在机床工作台上定位通常采用锥形定位器，用气动或液动钩形压板夹紧。输送基面在结构上与系统的输送方式、操作方式相适应。对托盘有定位精度、刚性、抗振性、防护切屑和冷却液侵蚀等要求。

(2)托盘交换装置

托盘交换装置是加工中心与工件输送设备之间的连接装置，起着桥梁和接口的作用。托盘交换装置的常用形式是回转式和往复式。回转式托盘交换装置有两位和多位。多位托盘交换装置可以存储多个相同或不同的工件，所以也称托盘库。

4.4.3　工件储存系统——自动化立体仓库

自动化立体仓库是一种先进的仓储设备，其功能是将物料存放在正确的位置，以便于随时向制造系统供应物料。主要特点有：①利用计算机管理，物资库存账目清楚，物料存放位置准确，对自动化制造系统物料需求响应速度快。②与搬运设备衔接，可靠及时供给物料。③减少库存量,加速资金周转。④充分利用空间,减少厂房面积。⑤减少工件损伤和物料丢失。⑥可存放的物料范围宽。⑦减少管理人员,降低管理费用。⑧耗资较大,适用于一定规模的生产。

自动化立体仓库主要由库房、货架、堆垛起重机、外围输送设备、自动控制装置等组成。

堆垛起重机是立体仓库内部的搬运设备。堆垛起重机可采用有轨或无轨方式,其控制原理与运输小车相似。仓库高度很高的立体仓库常采用有轨堆垛起重机。为增加稳定性,采用两条平行导轨,即天轨和地轨。堆垛起重机的运动有沿巷道的水平移动、升降台的垂直上下升降和货叉的伸缩。堆垛机上有检测水平移动和升降高度的传感器,辨认货物的位置,一旦找到需要的货位,在水平和垂直方向上制动,货叉将货物自动推入货格,或将货物从货格中取出。堆垛机上有货格状态检测器,采用光电检测方法,利用零件表面对光的反射作用,探测货格内有无货箱,防止取空或存货干涉。

自动化立体仓库实现仓库管理自动化和出入库作业自动化。仓库管理自动化包括对账目、货箱、货位及其他信息的计算机管理。出入库作业自动化包括货箱零件的自动识别、自动认址、货格状态的自动检测以及堆垛机各种动作的自动控制等。

(1)货物的自动识别与存取。货物的自动识别是自动化仓库运行的关键,货物的自动识别通常采用编码技术,对货格进行编码,或对货箱(托盘)进行编码,或同时对货格和货箱进行编码,通过扫描器阅读条码及译码。信息的存储方式常采用光信号、磁信号或射频信号。

(2)计算机管理。自动化仓库的计算机管理包括物资管理、账目管理、货位管理及信息管理。入库时将货箱合理分配到各个巷道作业区,出库时按“先进先出”原则,或其他排队原则。系统可定期或不定期地打印报表,并可随时查询某一零件存放在何处。当系统出现故障时,通过总控台进行运行中的动态改账及信息修正,并判断出发生故障的巷道,及时封锁发生机电故障的巷道,暂停该巷道的出入库作业。

(3)计算机控制。自动化仓库的控制主要是对堆垛起重机的控制。堆垛起重机的主要工作是入库、搬库和出库。从控制计算机得到作业命令后,屏幕上显示作业的目的地址、运行地址、移动方向和速度等,并显示伸叉方向及堆垛机的运行状态。控制堆垛机的移动位置和速度,以合理的速度快速接近目的地,然后慢速到位,以保证定位精度在±10mm范围内。控制系统具有货叉占位报警、取箱无货报警、存货占位报警等功能。如发生存货占位报警,将货叉上的货箱改存到另外指定的货格中。系统还有暂停功能,以备堆垛机或其他机电设备发生短时故障暂时停止工作,故障排除后,系统继续运行。

4.5 刀具准备及储运系统

4.5.1 概述

刀具准备与储运系统为各加工设备及时提供所需要的刀具,实现刀具供给自动化,使自动化制造系统的自动化程度进一步提高。

在刚性自动线中,被加工零件品种比较单一,生产批量比较大,属于少品种大批量生产。为了提高自动线的生产效率和简化制造工艺，多采用多刀、复合刀具、成型刀具和专用刀具加工，一般是多轴、多面同时加工。刀具的更换是定时强制换刀，人工进行。

在 FMS 中，被加工零件品种较多。零件加工工艺比较复杂且工序高度集中，需要的刀具种类、规格、数量是很多的。随着被加工零件的变化和刀具磨损、破损需要定时强制性换刀和随机换刀。系统运行过程中，刀具频繁地在各机床之间、机床和刀库之间进行交换，刀具流的运行、管理和监控自动完成。

4.5.2　刀具准备与储运系统的组成

刀具准备与储运系统由刀具组装台、刀具预调仪、刀具进出站、中央刀库、机床刀库、刀具输送装置和刀具交换机构、刀具计算机管理系统等组成。图 4-15 是刀具储运系统的示意图。

(1)刀具组装

在数控机床和加工中心上广泛使用模块化结构的组合刀具，刀具组件有刀柄、刀夹、刀杆、刀片、紧固件等，这些组件是标准件。例如刀片有各种形式的不重磨刀片。组合刀具可以提高刀具的柔性，减少刀具组件的数量，充分发挥刀柄、刀夹、刀杆等标准件的作用，降低刀具费用。在一批新的工件加工之前，按照刀具清单组装出一批刀具，刀具组装工作通常由人工进行。整体刀具也有使用，一般是特殊刀具。整体刀具磨损后需要重磨。

(2)刀具预调

组装好一把完整的刀具后，上刀具预调仪按刀具清单进行调整，使其几何参数与名义值一致，并测量刀具补偿值，如刀具长度、刀具直径、刀尖半径等，测量结果记录在刀具调整卡上，随刀具送到机床操作者手中，以便将刀具补偿值送入数控装置。在 FMS 系统中，如果对刀具实行计算机集中管理和调度，要对刀具进行编码，测量结果可以自动录入刀具管理计算机，刀具和刀具数据按调度指令同时输送到指定机床。

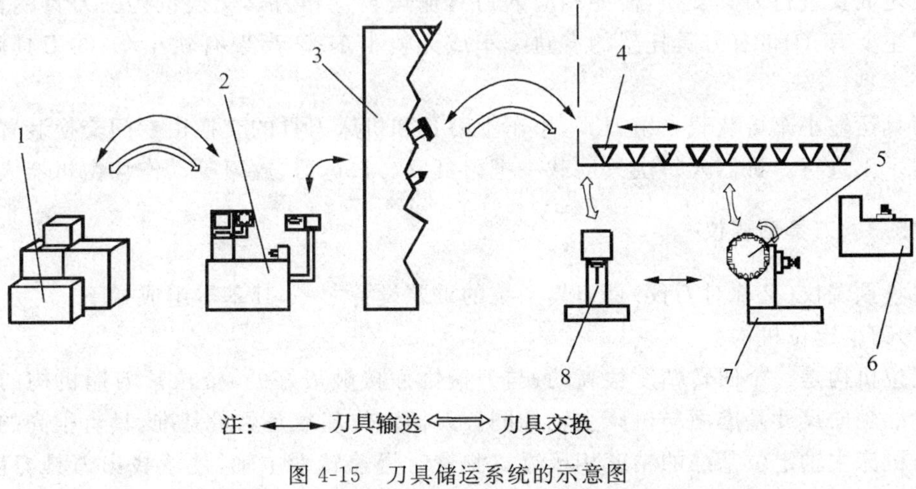

图 4-15　刀具储运系统的示意图

1—刀具组装台　2—刀具预调仪　3—刀具进出站　4—中央刀库　5—机床刀库　6—刀具输送和交换装置　7—加工中心　8—数控机床

(3)刀具进出站

刀具经预调、编码后，其准备工作宣告结束，将刀具送入刀具进出站，以便进入中央刀库。磨损、破损的刀具或在一定生产周期内不使用的刀具，从中央刀库取出，送回进出站。刀具进出站是刀具流外部与内部的界面，刀具进出站多为框架式结构，设有多个刀座位。刀具在进出站上的装卸可以是人工操作，也可以是机器人操作。

(4)中央刀库

中央刀库用于存储FMS加工工件所需的各种刀具及备用刀具，中央刀库通过刀具自动输送装置与机床刀库连接起来，构成自动刀具供给系统。中央刀库容量对FMS的柔性有很大影响，尤其是混流加工(同时加工多种工件)和有相互替代的机床的FMS。中央刀库不但为各机床提供后续零件加工刀具，而且周转和协调各机床刀库的刀具，提高刀具的利用率。当从一个加工任务转换到另一个加工任务时，刀具管理和调度系统可以直接在中央刀库中组织新加工任务所需要的刀具组，并通过输送装置送到各机床刀库中去，数控程序中所需要的刀具数据也及时送到机床数控装置中。

(5)机床刀库及换刀机械手

机床刀库有固定式和可换式。固定式刀库不能从机床上移开，库中的刀库容量较大(40把以上)。可换式刀库可以从机床上移开，并用另一个装有刀具的刀库替换，刀库容量一般比固定式刀库要小。一般情况下，机床刀库用来装载当前工件加工所需要的刀具，刀具来源可以是刀具室、中央刀库或其他机床刀库。采用机械手进行机床上的刀具自动交换方式应用最广。机械手按具有一个或两个刀具夹持器分为单臂式和双臂式两种。双臂机械手又分为钩手、抱手、伸缩手和叉手。这几种机械手能完成抓刀、拔刀、回转、插刀、放刀及返回等全部动作。

(6)刀具输送装置和交换机构

刀具输送装置和交换机构的任务是为各种机床刀库及时提供所需要的刀具，将磨损、破损的刀具送出系统。机床刀库与中央刀库，机床刀库与其他机床刀库，中央刀库与刀具进出站之间要进行刀具交换，需要相应的刀具输送装置和刀具交换机构。刀具的自动输送装置主要有：①带有刀具托架的有轨小车或无轨小车；②高架有轨小车；③刀具搬运机器人等类型。

刀具运输小车可装载一组刀具，小车上刀具和机床刀具的交换由专门交换装置进行，也可由手工进行。机器人每次只运载一把刀具，取刀、运刀、放刀等动作均由机器人完成。

4.5.3 刀具预调仪

刀具预调仪(又称对刀仪)是刀具系统的重要设备之一，其基本组成如下：

(1)刀柄定位机构

定位机构是一个回转精度很高的、与刀柄锥面接触很好的、带拉紧刀柄机构的主轴，该主轴的轴向尺寸基准面与机床主轴相同。刀柄定位基准是测量基准，具有很高的精度，一般与机床主轴定位基准的精度相接近。测量时慢速转动主轴，便于找出刀具刀齿的最高点。刀具预调仪主轴中心线对测量轴Z、X有很高的平行度和垂直度。

(2)测量头

测量头有接触式测量头和非接触式测量头。接触式测量用百分表(或扭簧仪)直接测出刀齿的最高点和最外点，测量精度可达0.002～0.01mm。测量比较直观，但容易损伤表头和刀刃。

非接触式测量用得较多的是投影光屏，投影物镜放大倍数有8、10、15和30倍等。测量精度受光屏的质量、测量技巧、视觉误差等因素的影响，其测量精度在0.005mm左右。这种测量不太直观，但可以综合检查刀刃质量。

(3)Z、X轴测量机构

通过Z、X两个坐标轴的移动，带动测量头测得Z和X轴尺寸，即刀具的轴向尺寸和径向尺寸。两轴使用的实测元件有许多种，机械式的有游标刻线尺，精密丝杆和刻线尺加读数头；电测量有光栅数显、感应同步器数显和磁尺数显等。

(4)测量数据处理

在有些FMS中对刀具进行计算机管理和调度时，刀具预调数据随刀具一起自动送到指定机床。要做到这一点，需要对刀具进行编码，以便自动识别刀具。刀具的编码方法有很多种，如机械编码、磁性编码、条形码和新发展的磁性芯片。刀具编码在刀具准备阶段完成。此外，在刀具预调仪上配置计算机及附属装置，它可存储、输出和打印刀具预调数据，并与上一级计算机(刀具管理工作站、单元控制器)联网，形成FMS系统中刀具计算机管理系统。

4.6 检测与监控系统

4.6.1 概述

检测与监控系统的功能是保证自动化制造系统可靠正常运行及其加工质量。检测与监控的对象有加工设备、工件储运系统、刀具及其储运系统、工件质量、环境及安全参数等。检测与监控信号有几何的、力学的、电学的、光学的、声学的、温度和状态的(空、忙，进、出，运行、停止)等。检测与监控的方法有直接的与间接的，接触式的与非接触式的，在线的(On-Line)与离线的(Off-Line)，全部的与抽样的等。

4.6.2 坐标测量机

坐标测量机(Coordinate Measuring Machine，CMM)是一种检测工件尺寸误差、形位误差以及复杂轮廓形状的自动检测设备。它可以单独使用或集成到FMS中。测量数据精确、可靠。

CMM和数控机床一样，其结构布局有立式和卧式两类，立式CMM有时是龙门式结构，卧式CMM有时是悬臂结构。两种结构形式的CMM都有不同的尺寸规格，从小型台式到大型落地式。

CMM的工作台、导轨、横梁多用高质量的花岗岩组成。花岗岩的热稳定性和尺寸稳定性好，强度、刚度和表面性能高，结构完整性好，校准周期长(两次校准的日期间隔)。CMM的安装地基采用实心钢筋混凝土，要求抗振性能好。许多CMM能自动保持水平，采用抗振气压系统，有效地减少机械振动和冲击，但有些情况下不需要单独专门地基。因此在一般情况下,CMM要求控制周围环境,它的测量精度及可靠性与周围环境的稳定性有关,CMM必须安装在恒温环境中,防止敞露的表面和关键部件受污染。随着温度、湿度变化自动补偿及防止污染等技术的广泛应用,CMM的性能已能适应车间工作环境。

CMM测量头的精度非常高,其形式也有很多种,以适应测量工作的需要。有些测量头是接触式的,测量头触针连接在开关上,当触针偏转时,开关闭合,有电流通过。CMM控制系统中有软件连续扫描测量头的输入,当检测出开关闭合时,系统采集CMM各坐标轴位置寄存器的当前值。测量精度与开关的可重复性、位置寄存器中的数值精确度和采集位置寄存器数值的速度有关。有些测量头能自动重新校准,有一种电动测量头可以连续测量复杂的形状,如工件内部型腔表面。

CMM和数控机床一样,其工作过程由事先编制好的程序控制,各坐标轴的运动也和数控机床一样,由数控装置发出移动脉冲,经位置伺服进给系统驱动移动部件运动,位置检测装置(旋转变压器、感应同步器、角度编码器、光栅尺、磁栅尺等)检测移动部件实际位置。当测量头接触工件测量表面时产生信号,读取各坐标轴位置寄存值,经数据处理后得出测量结果。CMM将测量结果与事先输入的制造允差进行比较,并把信号回送到FMS单元计算机或CMM计算机。CMM计算机通常与FMS单元计算机联网,上载和下载测量数据和CMM零件测量程序。零件测量程序一般存储在单元计算机中,测量时将程序下载给CMM计算机。CMM计算机在测量过程中起重要控制作用。其主要功能有:①控制图形显示和测量数据的硬拷贝输出;②储存和查询测量数据;③确定尺寸偏差;④向单元计算机传送数据文件;⑤储存机床校正数据;⑥比较测量结果;⑦通过程序控制测量过程。

4.6.3 利用数控机床进行测量

现代数控机床,特别是加工中心类机床,常具有自动测量功能。数控机床和CMM在工作原理上没有本质区别,将测量头安装在机床主轴或刀架上,就能像CMM一样工作。测量头可以安放在机床刀库中,需要检测工件时,由换刀机械手取出,并装入机床主轴孔中。工件在数控机床上加工结束后,经高压冷却液冲洗,并用压缩空气吹干后进行检验,测量工作原理与CMM相同。在这种情况下,需要为数控机床配置专门外围设备,如各种测量头和统计分析处理软件等。测量程序可以从FMS单元计算机下载到机床控制计算机,对测量结果进行归档,需要时可打印输出。

在数控机床上进行测量有如下特点:①不需要昂贵的CMM,然而损失机床的切削加工时间;②可以针对尺寸偏差自动进行机床及刀具补偿,加工精度高;③不需要工件来回运输和等待。

4.6.4 测量机器人

测量机器人在FMS中已得到应用。机器人测量具有在线、灵活、高效等特点,特别适合于FMS中工序间和过程测量。直接测量时要求机器人具有高的运动精度和定位精度,因而造价也较高。间接测量又称辅助测量,在测量过程中机器人坐标运动是辅助运动,其任务是模拟人的动作,将测量工具或传感器送至测量位置。这种测量方法有如下特点:①机器人可以是通用工业机器人,如车削中心上,机器人可以在完成上下料工作后进行测量,而不必为测量专门设置一台机器人,使机器人同时具有多种用途;②对传感器和测量装置要求较高,由于允许机器人在测量过程中存在运动和定位误差,因此传感器和测量装置有一定的智能和柔性,能进行姿态和位置调整,并独立完成测量工作。

4.6.5　刀具磨损和破损的检测与监控

在金属切削加工过程中,由于刀具的磨损和破损未能及时发现,将导致切削过程的中断,引起工件报废或机床损坏,甚至使整个FMS停止运行,造成很大的经济损失。因此,应在FMS中设置刀具磨损和破损的检测与监控装置。刀具磨损最简单的检测方法是记录每把刀具的实际切削时间,并与刀具寿命的极限值进行比较,达到极限值就发出换刀信号。刀具破损的简单检测方法是将每把刀具在切削加工开始前或切削加工结束后移近固定的检测装置,以检测是否破损。在切削加工过程中对刀具的磨损和破损的检测与监控需要附加检测装置,技术上比较复杂,费用较高。常用的检测与监控方式有如下几种:

(1)功率检测。切削时,磨损刀具消耗的功率比锋利刀具大,用测量主轴电动机负载的方法检测刀具磨损,如果功率超过预定的极限值,警示刀具过度磨损,发出换刀信号。

(2)声发射检测。在切削过程中发射出超声频率的声脉冲波,当刀具差不多破损时,声发射强度增加到正常值的3～7倍。如果声强传感器检测出声强迅速增加,中断进给,触发换刀。

(3)学习模式。这是一种进给力监测系统,它记录下锋利刀具切削时传感器的信号值,如果进给力超过预先确定的百分比,在本工步结束后更换刀具。在刀具发生破损时,监测器检测到进给力突然增加,给控制系统发信号,停止进给并更换刀具。

(4)力检测。通常采用检测作用在主轴或滚珠丝杠上力的方式,传感器安放在滚珠丝杠驱动机构上,检测进给力的变化,如果进给力变大到预定级别,触发换刀。

4.6.6　环境及安全监测

自动化制造系统的生产环境和安全特性监测主要内容有:①电网的电压及电流值监测;②空气的温度及湿度监测;③供水、供气压力和流量的监测;④火灾监测;⑤人员安全监测等。

(1)电网监测。电网的监测装置主要是电网监测传感器。通过改变传感器输入信号的数值,进行电网的过压与欠压监测。缺相、反相及电网断电则是通过电机保护器实现保护的。

(2)火灾监测。火灾的监测主要是为了及时发现火情,以便于监控系统快速准确地采取措施,使损失减到最小。此外,在可能的情况下,尽早发现火灾发生的前兆,防患于未然。

火灾的监测装置主要有:空气离化装置、热(温度)检测装置、火焰(光)检测装置和可燃气体检测装置等。火灾探测器有感温式、感烟式、感光式、可燃气体探测式、复合式等类型。其中紫外线和红外线火焰探测器反应速度最快(一秒至数秒),带感光的复合式火灾探测器也较快(数秒以内),感烟式探测器也能在几十秒内作出反应,其他感温、感光型探测器则反应较慢(1min)。

火灾探测器一般可设置在天花板上或悬吊在空中。此外,为防止来自控制装置的火灾,在全部电器控制板和机械热源部位设置感温式火灾探测器。当火灾探测器检测到火灾信号时,自动切断系统全部电源并发出警报。

(3)人员安全监视。人员安全监视是为了保护人身安全,防止触电、机械伤害和其他意外事故。自动化制造系统一般都设有安全防护网和安全门,系统运行时,人员不得进入防护网内,如果有人在防护网内,监视系统发出信号,甚至中断系统工作。当系统不工作时,人员进入防护内检修,安全门自动打开。人员进出防护网的监视一般在出入口处安装一个能监测一定距离范围内有无人员的传感器。检测人员接近的装置一般有三种:图像检测装置、超声波检测装置和红外线检测装置。也可以根据人的相貌特征和物体特征来判断人或物体是否进入监测区。超声波和红外线的检测都是利用人或物体反射回来的反射波来检测的,红外线检测最为经济,应用较普遍。

4.7 辅助设备

零件的清洗、去毛刺、切屑和冷却液的处理是制造过程中不可缺少的工序。零件在检验、存储和装配前必须要清洗及去毛刺。切屑必须随时被排除、运走并回收利用,冷却液的回收、净化和再利用,可以减少污染,保护工作环境。有些 FMS 集成有清洗站和去毛刺设备,实现清洗及去毛刺自动化。

4.7.1 清洗站

清洗站有许多种类、规格和结构,但是一般按其工作是否连续分为间歇式(批处理式)和连续通过式(流水线式),批处理式清洗站用于清洗质量和体积较大的零件,属中小批量清洗,流水线式清洗机用于零件通过量大的场合。

批处理式清洗机有倾斜封闭式清洗机、工件摇摆式清洗机和机器人式清洗机。机器人式清洗机是用机器人操作喷头,工件固定不动。有些大型批处理式清洗站内部有悬挂式环形有轨车,工件托盘安放在环形有轨车上,绕环形轨道作闭环运行。流水线式清洗站用辊子传送带运送工件,零件从清洗站的一端送入,零件在通过清洗站的过程中被清洗,在清洗站的另一端送出。再通过传送带与托盘交接机构相连接,进入零件装卸区。

清洗机有高压喷嘴,喷嘴的大小、安装位置和方向考虑到零件的清洗部位,保证零件的凹部和难清洗的部位均能清洗干净。为了彻底冲洗夹具和托盘上的切屑,清洗液应有足够大的流量和压力。高压清洗液能粉碎结团的杂渣和油脂,能很好地清洗工件、夹具和托盘。对清洗过的工件进行检查时,要特别注意不通孔和凹入处是否清洗干净。确定工件的安装位置和方向时,应考虑到最有效清洗和清洗液的排出。

吹风是清洗站重要的工序之一,它缩短干燥时间,防止清洗液外流到其他机械设备或 FMS 的其他区域,保持工作区的洁净。有些清洗站采用循环对流的热空气吹干,将空气用煤气、蒸汽或电加热,以便快速吹干工件,防止生锈。

批处理式清洗站的切屑和冷却液往往直接排入 FMS 的集中冷却液与切屑处理系统,冷却液最后回到中央冷却液存储箱中。流水线式清洗站一般有自备的冷却液(或清洗液)存储器,用于回收切屑,循环利用冷却液(或清洗液)。

清洗机可以说是污物、杂渣收集器。筛网和折流板用于过滤金属粉末、杂渣、油泥和其也杂质,必须定期对其进行清洗。油泥输送装置通过一个斜坡将废物送入油泥沉淀箱,沉淀后清除废物,液体流回中央存储箱。存储箱的定时清理非常重要,购买清洗设备时,必须考虑中央存储箱的检修和便于清洗。

4.7.2　去毛刺设备

工业机器人手持钢丝刷或砂轮打磨毛刺。打磨工具安放在工具存储架上,根据不同零件和去毛刺的需要,机器人可自动更换打磨工具。在很多情况下,通用机器人不是理想的去毛刺设备,因为机器人关节臂的刚度和精度不够,而且许多零件要求对其不同的部位采用不同的去毛刺方法。

对于小型回转体或棱体零件的毛刺,可将零件分批装入一个筒状的大容器罐内,用陶瓷卵石作为介质,卵石大小因零件类型、尺寸和材料而异。盛有零件的容器罐快速往复振动,在陶瓷介质中搅拌零件,去毛刺和氧化皮。振动强烈程度可以改变,猛烈的搅拌用于恶劣型毛刺,柔缓地搅拌用于精密零件的打磨和研磨。

用高温去毛刺和飞边,将待处理的零件装入一个小密闭室里,充满压缩易燃气体和氧气的混合物,将零件及其周边的毛刺、毛边完全包围,无论是外部、内部或盲孔都浸入混合气体中。用火星将煤气混合物点燃,产生猛烈的热爆炸,毛刺或飞边燃烧成火焰,立刻被氧化并转化为粉末,前后经历时间为 25～30s,然后用溶剂清洗零件。优点是能极好地除去零件所有表面上的多余材料,即使是不易触及的内部凹入部位和孔相贯部位也不例外。适用零件范围宽,包括各种黑色金属和有色金属。

通过电化学反应对工件去毛刺或成型。与工件型腔形状相似或任意的电极工具作为负极,工件作为正极,直流电流通过电解液,毛刺处形成强电场,毛刺被溶解。优点是电极工具不接触工件,无磨损,去毛刺过程中不产生热量,因此不引起工件热变形和机械变形。非常适合于高硬度材料去毛刺。

4.7.3　切屑和冷却液的处理

切屑的处理包括三个方面的内容:①把切屑从加工区域清除出去;②把切屑输送到系统以外;③把切屑从冷却液中分离出去。

(1)切屑排除

从加工区域清除切屑有下列几种方法:

1)靠重力或刀具回转离心力将切屑甩出,靠切屑的自重落到机床下面的切屑输送带上。床身结构应易于排屑,例如倾斜床身或将机床安置在倾斜的基座土,并利用切屑挡板或保护板使加工空间完全密闭,防止切屑飞散,使之容易聚集。便于清除,同时也使环境安全、整洁。

2)用大流量冷却液冲洗加工部位,将切屑冲走,然后用过滤器把切屑从冷却液中分离出来。

3)采用压缩空气吹屑。

4)采用真空吸屑,此方法最适合于干式磨削工序和铸铁等脆性材料在加工时形成的粉末状切屑,在每一加工工位附近,安装与主吸管相通的真空吸管。

(2)切屑输送

切屑集中输送机一般设置在机床底座下的地沟中,从加工区域排出来的切屑和冷却液直接落入地沟,由切屑输送机运出系统外。切屑输送机有机械式、流体式和空压式,机械式应用范围广,适合于各种类型的切屑。机械式排屑机有多种类型其中以平板链式、刮板式和螺旋式切屑输送机较为常见。

1)平板链式切屑输送机。图 4-16 所示为平板链式切屑输送机,以滚轮链轮牵引的钢质平板链带在封密箱中运转,加工中的切屑落到链带上被带出机床,由 AGV 将切屑仓斗运送到切屑收集区,将切屑压制成块,以便运走。这种切屑输送机一般为每台机床配置一台,在车削类机床上使用时多与机床冷却液箱合为一体,以简化机床结构。

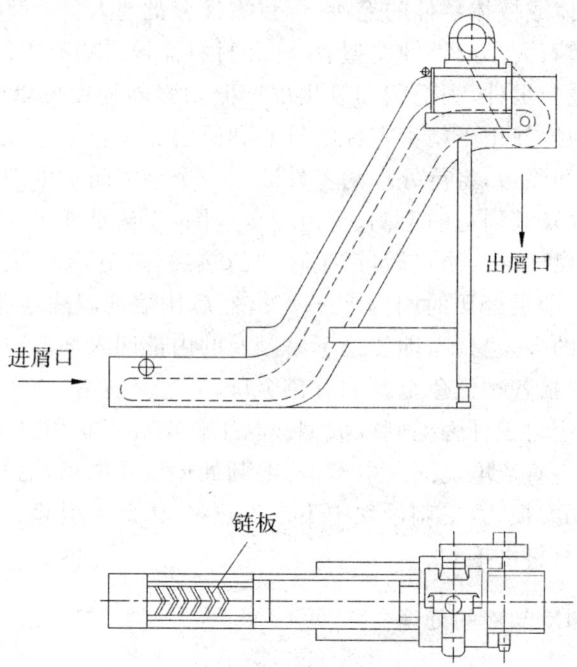

图 4-16 平板链式切屑输送机

2)刮板式切屑输送机。图 4-17 所示为敷设在地沟内的刮板式切屑输送机,封闭式链条 3 装在两个链轮 5 和 6 上。焊在链条两侧的刮板 2 将地沟中的切屑和冷却液刮到地下储液池中,提升机将切屑提起倒入运输车中运走。下面的链条用纵贯全线的底支承 1 托着,使刮板不与槽底接触。为了不使上边的链条下垂,用上支承 4 托住。主动轮要根据刮屑方向确定,保证链条下边是紧边。双输送沟槽用于黑色和有色切屑的分类输送,沟槽中的切屑分路挡板控制黑色或有色切屑分别进入其收集仓斗,避免不同切屑混合在一起,从而增加废料的使用价值。

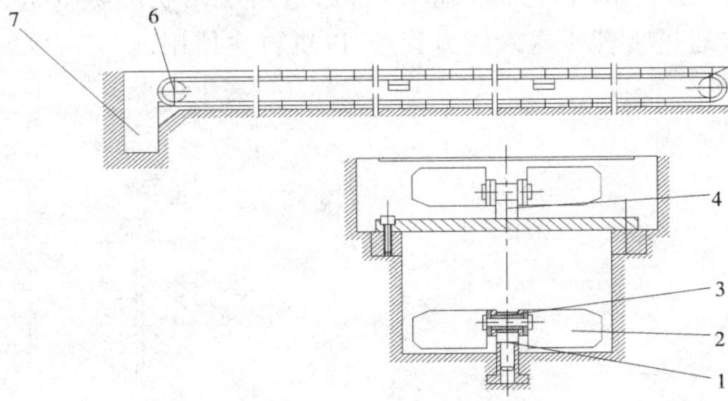

图 4-17　刮板式切屑输送机

1—底支承　2—刮板　3—链条　4—上支承　5、6—链轮　7—储液池

3)螺旋式切屑输送机。图 4-18 所示为螺旋式切屑输送机,电动机经减速装置驱动安装在排屑槽中的螺旋杆。螺杆转动时,槽中的切屑由螺旋杆推动连续向前运动,最终排入切屑收集箱内。螺旋杆有两种形式,一种是用扁形钢条卷成螺旋弹簧状;另一种是在轴上焊接螺旋形钢板。螺杆 3 和减速器 1 用万向接头 2 连接,这样可随着磨损而下降,保证螺旋和屑槽紧密贴合。螺旋式切屑输送长度可调节,螺杆可一节一节地连接起来,常在一台机床上设置一台,或几台机床设置一台,也可贯穿全线。螺旋式切屑输送机结构简单,占据空间小,排屑性能良好,但只适合于水平或小角度倾斜直线方向排屑,不能大角度倾斜、提升或转向排屑。

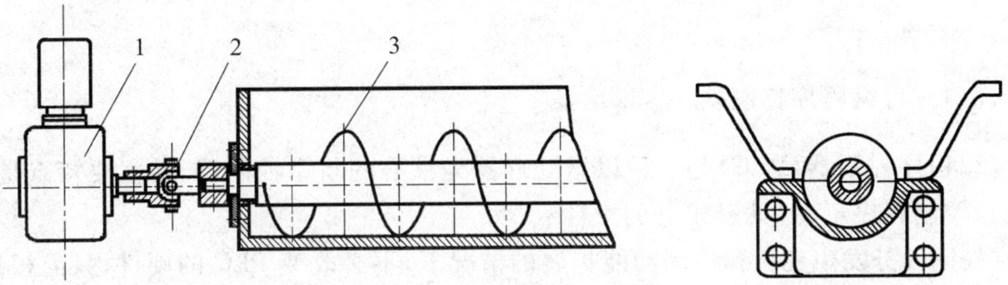

图 4-18　螺旋式切屑输送机

1—减速器　2—万向联轴器　3—螺杆

(3)切屑分离

1)将切屑连同冷却液一起排送到冷却站。通过孔板或漏网时,冷却液漏入沉淀池中,通过迷宫式隔板及过滤器进一步清除悬浮杂物后被泵重新送入压力主管路。留在孔板上的切屑可用刮板式排屑、输屑装置将其排出和集中。

2)切屑和冷却液一起直接送入沉淀池,然后用输屑装置将切屑运出池外,这种方法适用于冷却液冲洗切屑而在自动线上使用任何排屑装置的场合。

图 4-19 所示为带刮板式输屑装置的单独冷却站。切屑和冷却液一起沿着斜槽 2 进入沉淀池的接收室。在沉淀池内,大部分切屑向下沉淀,顺着挡板 6 落到刮板式输屑装置

1 上，随即将切屑排出池外。冷却液流入室 7，再通过两层网状隔板 5 进入室 8。已经净化的冷却液可由泵 3 通过吸管 4 送入压力管路，以供再次使用。

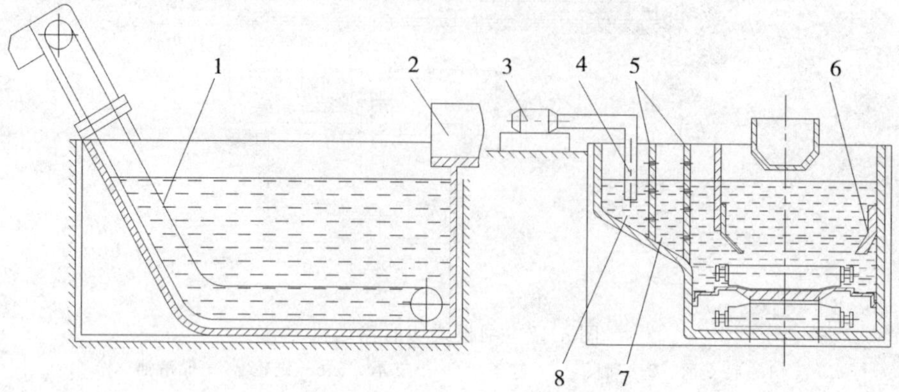

图 4-19　带刮板式输屑装置的单独冷却站
1—输屑装置　2—斜槽　3—泵　4—吸管
5—网状隔板　6—挡板　7、8—液室

对于极细碎的切屑或磨屑的处理，一般在冷却站内采用电磁带式输屑装置，将碎屑或粉屑吸在皮带上排送池外。从浮化池中分离出细的铝屑是很困难的，因为它们不容易沉淀，可使用专门的纸质或布质的过滤器、纸带或布带不断地从一个滚筒缠到另一个滚筒上，从而将沉淀在带表面上的屑末不断地清除掉。

4.8　自动化制造系统的控制系统

4.8.1　可编程序控制器

可编程序控制器(PLC)是一种以微处理器为核心的新型控制器，其主要特点是：

(1)控制程序可变，具有很好的柔性

在控制任务发生变化和控制功能扩展的情况下，不必改变 PLC 的硬件，只需根据需要重新编程就可适应。PLC 的应用范围不断扩大，除了代替硬接线的继电器—接触器控制外，还进入了工业过程控制计算机的应用领域，从自动化单机到自动化制造系统都得到应用。

(2)工作可靠性高，适用于工业环境

PLC 产品平均无故障时间一般可达 5 年以上，它经得起振动、噪声、温度、湿度、粉尘、磁场等的干扰，是一种高度可靠的工业产品，可直接应用于工业现场。

(3)功能完善

早期的 PLC 仅具有逻辑控制功能，现代 PLC 具有数字和模拟量输入输出、逻辑和算术运算、定时、计数、顺序控制、PID 调节、各种智能模块、远程 I/O 模块、通信、人—机对话、自诊断、记录和图形显示等功能。

(4)易于掌握、便于维修

PLC 使用编程器进行编程和监控，使用人员只需掌握工程上通用的梯形图语言(或语句表、流程图)就可进行用户程序的编制和调试。即使不太懂计算机的操作人员也能掌握和使用。PLC 有完善的自诊断功能,输入输出均有明显的指示,在线监控的软件功能很强,能很快查出故障的原因,迅速排除故障。

(5)体积小、省电

与传统的控制系统相比,PLC 的体积很小,一台收录机大小的 PLC 具有相当于 1.8m 高的继电器控制柜的功能。PLC 消耗的功率只是传统控制系统的 1/3～1/2。

(6)价格低廉

随着集成电路芯片功能的提高和价格的降低,PLC 的硬件价格也在不断下降,PLC 的软件价格所占的比重在不断提高。但由于使用 PLC,减少了设计、编程和调试费用,总的费用是低廉的,而且还呈不断下降的趋势。

图 4-20 是托盘交换工作台示意图,用 PLC 控制托盘交换工作台的动作。闭合开关 S1 启动输送带 MI,托盘从倾斜的滚道进入输送带。若行程开关 S2 动作,输送带 M1 停止,并且使气动升降台向上移动,如果开关 S4 动作,向上移动停止,输送带 M1 和 M2 都启动。如果 S5 动作,两条输带都停止,升降台向下移动,直至行程开关 S3 动作。S0 用于整个设备的接通和断开。

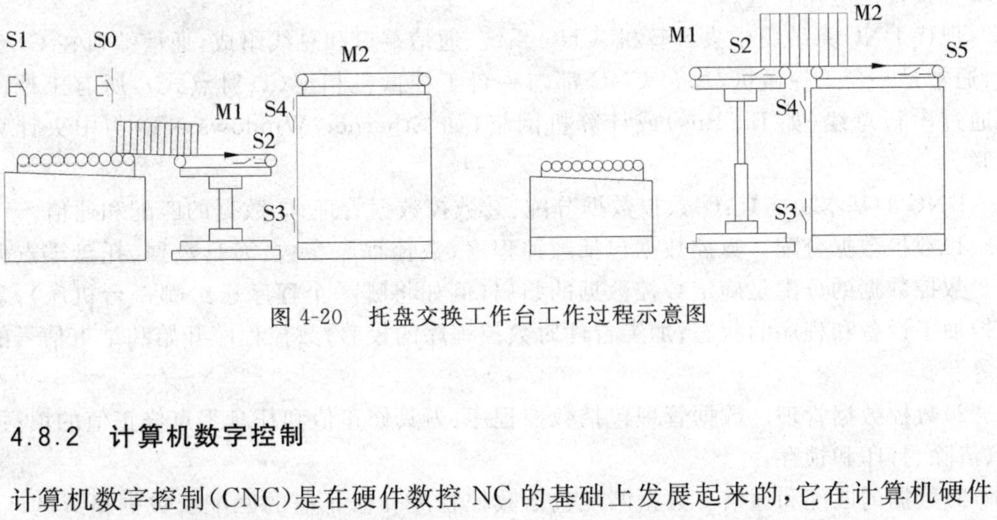

图 4-20　托盘交换工作台工作过程示意图

4.8.2　计算机数字控制

计算机数字控制(CNC)是在硬件数控 NC 的基础上发展起来的,它在计算机硬件的支持下,由软件实现数控的部分或全部功能。为了满足不同控制要求,只须改变相应的软件,无须改变硬件电路。微型计算机是 CNC 的核心,外围设备接口电路通过总线(BUS)和 CPU 连接。CNC 具有大容量存储器,可存储一个或多个零件数控程序。CNC 相对 NC 具有较高的通用性和柔性,易于实现多功能和复杂程序的控制,工作可靠,维修方便,具有通信接口,便于集成等特点。

数控加工设备的功能不断扩展和增强,如数控机床的功能由基本的数控数据输入输出,直线和圆弧插补运算,刀具补偿,间隙补偿,螺距误差补偿,固定循环和子程序,位置伺服控制等,扩展到一些更高级或带有某些智能的功能,如螺旋线、抛物线插补、样条插补、宏程序、刀具监控、在线测量、自适应控制、故障诊断、软键(Soft Key)菜单、会话型编程、图形仿真等。数控加工设备的大部分功能对实时性要求很强,尽管微处理器处理速度比以往提高了好多倍,单微处理器仍无法实现上述任务的并行处理,因而出现了多微处理器数控系统。

多微处理器数控系统通过总线将多个并行工作的微处理器互联起来,把控制任务分解到各独立功能单元,实现控制任务的并行处理。各微处理器及其相应的软件完成各自确定的功能。多微处理器数控系统是一模块化结构系统,硬件和软件按功能划分模块,各模块间的通信按照事先规定的约定和程序进行。

4.8.3 分布式数字控制

分布式数字控制(DNC)是用一台中央计算机对多台数控机床进行集中控制的自动化制造系统,主要实现信息流自动化。一个 DNC 系统由中央计算机直接为数控机床供给数控程序,取代故障率较高的纸带阅读机,使信息流的自动化程度、工作可靠性、数控程序的可用性和柔性得到提高。

中央计算机和 CNC 之间传送数控程序方式有程序段方式和程序块方式。程序段方式传送就是一次只传送一个程序段;程序块方式传送一次可以传送若干个程序段,甚至一个完整的程序。现代 CNC 具有大容量的程序存储器,程序段方式传送已失去意义。程序块方式传送应用普遍。

现代 DNC 系统由中央计算机、CNC 系统、通信端口和总线组成,通信端口在 CNC 一侧,通常是一台工控微机,每台 CNC 都与一台工控微机相连(点对点式),所有工控微机都通过串行总线(如 Bit Bus)或计算机网络(如 Ethernet,Windows-NT)与中央计算机互联。

DNC 的基本功能有:①数控数据分配;②数控数据管理;③数据的匹配和通信。

1)数控数据分配。数控数据包括数控程序、数控程序参数、刀具数据、托盘零点偏移等。数控数据的分配是确定数控数据的归属(例如将哪一个程序送给哪一台机床);掌握数控加工设备和程序的状态;加工首件时数控程序的校验;数控程序开始和结束信号的管理等。

2)数控数据管理。数据管理包括数控程序、刀具修正值和托盘零点修正值的填写、修改、清除、打印和锁存。

3)数据的匹配和通信。数据匹配包括数控程序和修正值的匹配及数据格式的匹配;通信方面包括文档的形成,内部向外部的通信转换等。

DNC 系统中央计算机和通信端口之间的数据传送称为外部通信,通信端口和 CNC 间的通信称为内部通信。DNC 外部通信主要基于 LSV2,3964S 或 MAP。MAP 至今还处于试用阶段,但其应用前景广阔。目前在 DNC 外部通信中常用 LSV2,这种方法称为握手方式。LSV2 是按程序块传送的。

4.8.4 多层计算机控制系统

(1)基本概念

DNC 系统主要实现信息流自动化。现代自动化制造系统 FMC、FMS 同时实现了信息流和物料流的自动化,所控制的设备除了机床外还有工件储运和更换设备、刀具储运和更换设备、自动测量、自动清洗、自动排屑设备等，控制任务复杂，普遍采用多层计算机控制系统对整个系统进行调度、指挥、协调和实时控制。

多层计算机控制系统的基本思想是将一个复杂的系统划分成若干层次，各层次分别独立完成各自的功能，层与层之间保持信息交换，上层向下层发送命令，下层向上层回送执行结果，通过信息联系，构成完整的控制系统。多层计算机控制系统的工作原理是通过计算机网络将各层计算机互联起来，建立信息通信联系，彼此传递信息。在自动化制造领域一般采用局域网 LAN，通信距离为 0.1～10km。局域网通常有四个基本要素，即通信介质、结点、拓扑结构和通信协议。

通信介质有双绞线、同轴电缆和光导纤维（简称光纤）。网络中的各计算机为结点，它能独立工作，并与其他结点通信联系。拓扑结构是指网中各结点间的连接形式，有星形、环形、树状形、总线型等。通信协议是网络的核心，它是各计算机间进行通信的标准，自动化制造协议 MAP 是其中的一种。

（2）FMS 控制系统

美国国家标准局（NBS）在 CIMS 参考模型中提出五层递阶控制系统结构，自上至下分别为工厂层、车间层、单元层、工作站层和设备层。FMS 覆盖了其中的底三层，即单元层、工作站层和设备层。各层任务是：

1）工厂层

中期（月）生产作业计划，物料需求计划，刀具计划，数控编程等。

2）车间层

短期（旬）生产作业计划，单元间任务调度和资源分配。根据月计划要求进行任务的分批与平衡，确定全部零件加工批次。

3）单元层

单元层是 FMS 的最高层控制，全面管理、协调和控制 FMS 制造活动。规划时间范围可以从几小时到几个工作日。主要任务有：①排序和调度。根据批次作业计划和系统设备状态（如机床是否有故障，刀具、夹具、托盘是否准备就绪）决定进入系统的工作流。②工件和刀具储运系统控制。③刀具管理。对系统内部的全部刀具（中央刀库和机床刀库）的状态数据进行管理。④数据分配。包括数控程序、测量程序、机器人控制程序等。⑤系统监视。实时采集系统设备的工作状态数据，并进行分析评价。⑥对中断作出反应。当系统出现局部故障时，即时作出反应。

4）工作站层

协调和控制工作站内的设备，例如一个典型的加工工作站可由 1 台机床、1 台机器人、1 个物料储存装置和 1 台控制计算机组成。控制计算机对站内的设备进行调度。规范时间范围可以从几分钟到几小时。

5）设备层

对各种设备进行实时控制、信息采集和信息反馈。其规划时间可以从几毫秒到几分钟。

上述控制任务的分配不是绝对的，只是一种参考。实际生产中 FMS 的控制系统有二、三、四层，目前常用的是二、三层。

第5章 数控加工技术

5.1 数控机床的组成及工作原理

5.1.1 数控机床的工作原理

数控机床的所有运动，包括主运动、进给运动和各种辅助运动，都是用输入到数控装置的数字信号来控制的。数控机床的工作过程，即工件的加工过程如图 5-1 所示。其主要步骤是：

1)根据被加工工件的形状、尺寸、材料及技术要求等制定加工工艺过程，确定刀具相对工件的运动轨迹、切削参数以及辅助动作顺序等，进行工件加工程序设计并存储。

2)将存储器上的加工程序输入给数控装置。

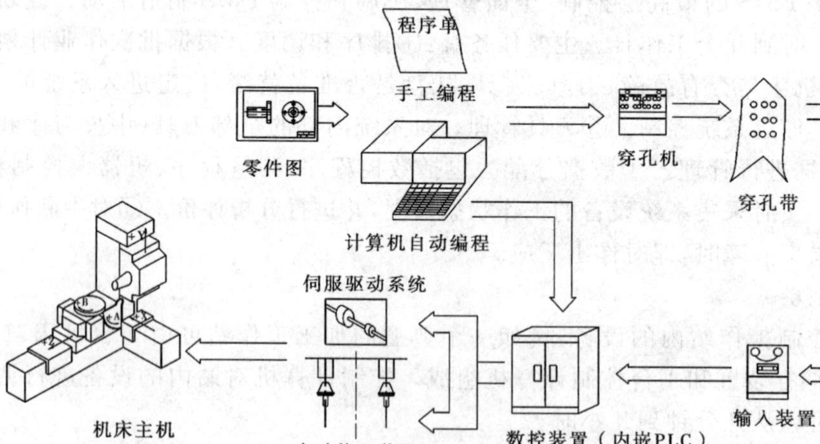

图 5-1 数控机床的工作过程

3)数控装置根据输入的信息进行一系列的运算和控制处理，将结果以脉冲的形式送往机床的伺服机构、主轴驱动机构及其他辅助动作机构。

4)驱动、动作机构驱动机床的运动部件,实现刀具相对于工件按程序预定的轨迹运动,从而加工出合格的工件。

5.1.2　数控机床的基本组成

数控机床由存储装置(控制介质)、输入装置(或通信网络)、数控装置(内嵌 PLC)、伺服系统(包括检测系统)、辅助控制装置和机床本体组成,如图 5-2 所示。

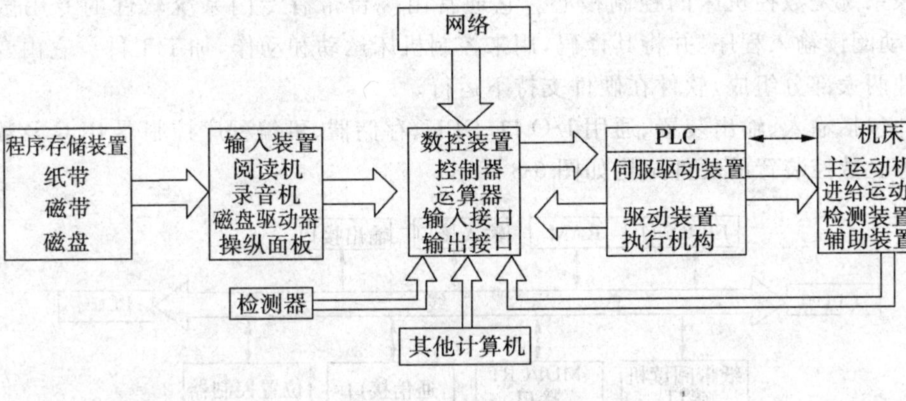

图 5-2　数控机床组成

(1)程序存储装置

程序存储装置有穿孔纸带、穿孔卡、磁带、磁卡、磁盘等。目前,穿孔纸带和穿孔卡已经很少使用。数控机床大都利用键盘直接将数控程序输入,还可以利用 CAD/CAM 软件先在计算机上编写程序,然后通过计算机与数控系统通信,将数控加工程序直接传送给数控装置。

(2)输入装置

输入装置的功能是将加工程序输入数控装置。主要有光电纸带阅读机、录音机、磁盘驱动器、通信接口等。数控机床的程序输入方式有:

1)手工输入。利用光电纸带阅读机、录音机、磁盘驱动器、键盘和显示器,将程序指令输入到数控系统中。手工输入有如下几种途径。

手工数据输入(Manual Data Input,MDI)。即通过机床数控装置操作面板的按键,把数控程序指令逐条输入存储器中,这种方法一般只适用于一些较为简短的加工程序的输入。

在数控显示装置的程序编辑界面,利用数控装置面板上的按键或键盘输入加工程序指令并存入内存中,用这种方法还可以调出已存入数控系统的加工程序并对其进行编辑和修改。

对话功能软件的数控装置,根据软件的逻辑格式和显示屏上的对话提示,选择不同的菜单,输入有关的数字和信息后,自动生成加工程序并存入内存,这种方法虽然是手工输入,但却是自动编程。图文交互自动编程是利用 CAD 软件的图形编辑功能将工件的几何图形绘制到计算机上,形成工件的图形文件,然后调用数控编辑软件模块,采用人机交互的方式在计算机屏幕上指定工件的被加工部位,通过键盘手工输入相应的加工参数后,计算机自动编制出数控加工程序。

通过手动操作操作界面上的一些控制开关、按钮，对数控机床进行某些控制，例如数控机床上的速度倍率开关、手动进给按钮等。

2)通信输入。从自动编程机上、其他计算机上或网络上，通过通信接口将编制好的数控加工程序直接输入到数控装置的存储器中。相应的输入装置为通信口。

(3)数控装置

数控系统是数控机床的控制核心。它通常由一台带有专门系统软件的专用微机构成，能自动阅读输入程序，并将其译码，用来控制机床运动和动作，加工工件。它由专用软件和硬件两大部分组成，软件在硬件支持下运行。

硬件包括输入、输出装置、通用I/O口、CPU、存储器、可编程序控制器PLC及数字通信接口等。数控装置的硬件结构如图5-3所示。

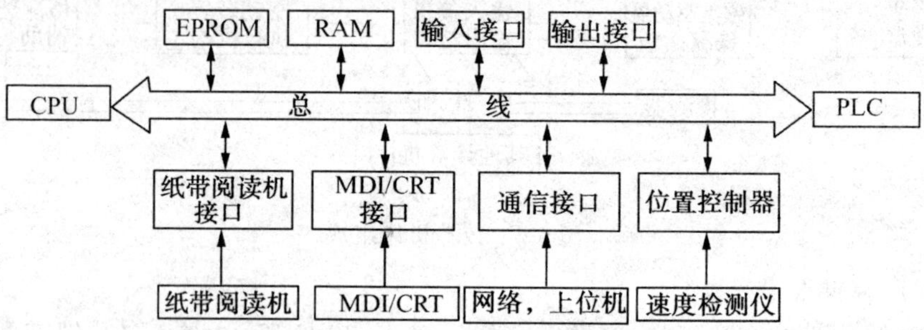

图5-3　数控装置的硬件结构示意图

软件包括管理软件和控制软件。管理软件用来管理工件加工程序的输入、输出，显示工件加工程序、刀具位置、系统参数及报警，诊断数控装置是否正常并检查故障原因。控制软件则完成译码、刀具补偿、插补运算、位置控制等。数控装置的主要功能是读入数据、存储、运算处理，从而产生控制信息来控制机床按确定的顺序和设定的条件运行。

CPU把运算器、控制器集成在芯片上。运算器最基本的工作就是进行插补运算和刀具轨迹运算。系统将位置检测器测得的实际位置与插补运算后的坐标位置进行比较，产生控制指令。微机拥有大容量存储器，只读存储器存放系统控制程序，随机存储器存放系统运行的工作参数及用户的工件加工程序。控制运行和运算都是通过软件来实现的。输入、输出I/O接口也都采用集成电路，可以实现数字信号与电量信号之间的转换。控制器发出的指令通过输出接口把控制信号输送到伺服系统进而控制机床动作。机床输入接口接收检测装置反馈信号并输送到数控装置。另外还接收操作面板上的各种开关、按钮及机床各种限位开关的电平信号。

PLC代替继电器控制，实现数控机床动作的顺序控制，使数控机床结构更紧凑，功能更丰富，响应速度和可靠性大大提高。

继电器逻辑电路(Relay Logic Circuit，RLC)是将继电器、接触器、按钮、开关等机电式控制器件用导线连接而成的以实现规定的顺序控制功能的电路。RLC存在一些难以克服的缺点。如：只能解决开关量的简单逻辑运算，以及定时、计数等有限几种功能控制，难以实现复杂的逻辑运算、算术运算、数据处理，以及数控机床所需要的许多特殊控制功能。修改控制逻辑需要增减控制元器件和重新布线，安装和调整周期长，工作量大。继电器、接触器等器件体积较大，每个器件工作触点有限。当机床受控对象较多，或控制动作顺序较复杂时，需要采用大量的器件，因而整个RLC体积庞大，功耗高，可靠性差等。因此，目前数控机床的顺序动作主要由PLC完成。

PLC具有如下特点：

1)PLC是由计算机简化而来的。为适应顺序控制的要求，PLC省去了计算机的一些数字运算功能，而强化了逻辑运算控制功能，是一种功能介于继电器控制和计算机控制之间的自动控制装置。具有面向用户的指令和专用于存储用户程序的存储器。用户控制逻辑用软件实现。适用于控制对象动作复杂、控制逻辑需要灵活变更的场合。

2)用户程序多采用图形符号和逻辑顺序关系与继电器电路十分近似的"梯形图"编辑。梯形图形象直观，工作原理易于理解和掌握。

3)PLC可与专用编程机、编程器、个人计算机等设备连接，可以很方便地实现程序的显示、编辑、诊断、存储和传送等操作。

4)PLC利用光电耦合器件和大功率开关器件输出，没有继电器那种接触不良、触点熔焊、磨损和线圈烧断等故障。运行中无振动、无噪音，且具有较强的抗干扰能力，可以在环境较差(如粉尘、高温、潮湿等)的条件下稳定、可靠地工作。

5)PLC结构紧凑、体积小、容易装入机床内部或电气箱内，便于实现数控机床的机电一体化。

数控机床用PLC可分为两类：一类是专为实现数控机床顺序控制而设计制造的"内装型"(Built-in Type)PLC；另一类是输入/输出信号接口技术规范、输入/输出点数、程序存储容量以及运算和控制功能等均能满足数控机床控制要求的"独立型"(Stand-alone Type)PLC。随着集成电路的集成度的提高，带与不带PLC功能，CNC装置的外形尺寸已没有明显的变化。采用内装型PLC省去了PLC与NC间的连线，又具有结构紧凑、可靠性好、安装和操作方便等优点，得到广泛应用。

(4)伺服系统

伺服系统包括驱动装置、执行机构及位置、速度反馈装置。伺服电机是伺服系统的执行机构，驱动装置则是伺服电机的动力源。数控系统发出的指令信号与位置反馈信号比较后作为方向、速度和位移指令，经过驱动装置功率放大后驱动电动机运转，通过传动装置拖动工作台或刀架运动。指令信息是以脉冲信息体现的，每一脉冲使机床移动产生的位移量叫脉冲当量(常用的脉冲当量为0.001～0.01mm/脉冲)。

目前数控机床的伺服系统中，常用的位移执行装置有功率步进电动机、直流伺服电动机和交流伺服电动机，后两者均带有光电编码器、光栅尺等位置测量元件。

(5)辅助控制装置

辅助控制装置是数控装置、机床机械和液压部件之间的强电控制装置。它接受数控装置发出的主运动变速、刀具选择交换、辅助装置动作等指令信号，经必要的编译、逻辑判断、功率放大后直接驱动各种交流电动机、液压系统的电磁阀及电磁离合器等。此外，有些开关信号经它送到数控装置进行处理。

(6)机床本体

数控机床的机床本体是指其机械结构实体，又称光机。由主传动系统、进给传动机构、工作台、床身以及立柱等部分组成。与普通机床相比，数控机床的整体布局、外观造型、传动机构、工具系统及操作机构等方面有所变化。

1)采用高性能主传动部件。具有传递功率大、刚性好、抗振性好及热变形小等优点。

2)进给传动采用高效传动件。具有传动链短、结构简单、传动精度高等特点，如采用滚珠丝杆副、直线滚动导轨等传动件。

3)具有完善的刀具自动交换和管理系统。

4)在加工中心上还有刀具自动交换、夹紧和放松机构。

5)机床本体有很高的动、静刚度。

6)机床采用全封闭罩壳。由于数控机床是自动完成加工，为了操作安全等，一般采用移动门结构的全封闭罩壳，对机床的加工部位进行全封闭。

5.2 数控机床的分类

数控机床的品种规格很多，分类方法也各不相同。一般可根据功能和结构，按下面四种原则进行分类。

5.2.1 按机床运动的控制轨迹进行分类

(1)点位控制的数控机床

点位控制只要求控制机床的移动部件从一点移动到另一点的准确定位，对于点与点之间的运动轨迹的要求并不严格，在移动过程中不进行加工，各轴之间的运动可以不相关的。为了实现既快又精确的定位，两点间位移的移动一般先快速移动，然后慢速趋近定位点，以保证定位精度。

需要点位控制功能的机床主要是数控钻床、数控镗床、数控冲床等。随着数控技术的发展和数控系统价格的降低，已没有仅具有点位控制功能的数控系统。

(2)直线控制数控机床

直线控制数控机床也称为平行控制数控机床，其特点是除了控制点与点之间的准确定位外，还要控制两相关点之间的移动速度和路线(轨迹)，但其运动路线只是与机床坐标轴平行移动，也就是说同时控制的坐标轴只有一个，在移位的过程中刀具能以指定的进给速度进行切削，一般只能加工矩形、台阶形工件。

需要直线控制功能的机床主要是简单的数控车床、数控铣床、数控磨床等。目前已没有仅具有直线控制功能的数控系统。

(3)轮廓控制数控机床

轮廓控制数控机床也称连续控制数控机床，其控制特点是能够对两个或两个以上的运动坐标的位移和速度同时进行控制。为了满足刀具沿工件轮廓的相对运动轨迹符合工件加工轮廓的要求，必须将各坐标运动的位移控制和速度控制按照规定的函数关系精确地协调起来，要求数控装置具有插补运算功能。所谓插补，就是根据程序输入的基本数据(如直线的终点坐标、圆弧的终点坐标和圆心坐标或半径)，通过数控系统内插补运算器的数学处理，把直线或圆弧的形状描述出来，也就是一边计算，一边根据计算结果向各坐标轴控制器分配脉冲，从而控制各坐标轴的联动位移量与要求的轮廓相符合。在运动过程中刀具对工作表面连续进行切削，可以进行各种直线、圆弧、曲线的加工。

需要轮廓控制功能的机床主要是数控车床、数控铣床、数控线切割机床、加工中心等，这种数控装置称为轮廓控制数控系统。依据所控制的联动坐标轴数不同，又可以分为下面几种形式：

1)二轴联动。主要用于数控车床加工旋转曲面或数控铣床加工曲线柱面。

2)三轴联动。一般分为两类：一是X、Y、Z三个直线坐标轴联动，比较多地用于数控铣床、数控铣削加工中心等；二是X、Y、Z中两个直线坐标轴和围绕其中某一直线坐标轴旋转的旋转坐标轴联动。如车削加工中心，它除了纵向(Z轴)、横向(X轴)两个直线坐标轴联动外，还需同时控制围绕Z轴旋转的主轴(C轴)联动。可实现二维半空间型面的加工。

3)四轴联动。X、Y、Z三个直线坐标轴与某一旋转坐标轴联动。可实现简单三维空间型面的加工。

4)五轴联动。X、Y、Z三个直线坐标轴与围绕这些直线坐标轴旋转的A、B、C坐标轴中的两个坐标轴联动。这时刀具可以被定位在空间的任意方向。如控制刀具同时绕X轴和Y轴两个方向摆动，使得刀具在其切削点上始终保持与被加工的轮廓曲面成法线方向，以保证被加工曲面的光滑性，提高其加工精度和加工效率，减小被加工表面的粗糙度值。可实现高精度复杂三维空间型面的加工。

5.2.2 按伺服控制的方式进行分类

(1)开环控制数控机床

这类机床的伺服进给控制系统没有检测反馈装置，它的驱动电动机一般为步进电机。步进电机的主要特征是控制电路每变换一次指令脉冲信号，电动机就转动一个步距角，并且电动机本身又有自锁能力。数控系统输出的进给指令信号通过脉冲分配器来控制驱动电路，它以变换脉冲的分配顺序来控制位移的方向。因此这种控制方式的最大特点是控制方便、结构简单、价格便宜。数控系统发出的指令信号流是单向的，所以不存在控制系统的稳定性问题，由于机械传动的误差不经过反馈校正，位移精度低。一般经济型数控系统多采用这种控制方式。

(2)闭环控制机床

这类数控机床的伺服进给控制系统有检测反馈装置，其驱动电动机采用直流或交流伺服电机，配置位置反馈和速度反馈装置。在加工中，能随时检测移动部件的实际位移量，并及时反馈给数控系统中的比较器，与插补运算所得到的指令信号进行比较，其差值又作为伺服驱动的控制信号，进而带动位移部件以消除位移误差。按位置反馈检测元件的安装部位和所使用的反馈装置的不同，又分为全闭环和半闭环控制方式。

1)全闭环控制。如图5-4(a)所示，其位置反馈装置采用直线位移检测元件(如光栅尺)，安装在机床的床鞍部位，即直接检测机床坐标的直线位移量，通过反馈可以消除从电动机到机床床鞍的整个机械传动误差，得到很高的机床静态定位精度。但是，由于在整个控制环内，许多机械传动环节的摩擦特性、刚性和间隙均为非线性，并且整个机械传动链的动态响应时间与电气响应时间相比又非常大，所以给整个闭环系统的稳定性校正带来很大困难，系统的设计和调整也都相当复杂。因此，这种全闭环控制方式主要用于精度要求很高的数控坐标镗床、数控精密磨床、数控精密电加工机床等。

2)半闭环控制。如图 5-4(b)所示，其位置反馈采用转角检测元件(如编码器等)，直接安装在伺服电动机或丝杠端部。由于大部分机械传动环节未包括在系统闭环环路内，因此可获得较稳定的控制特性。丝杠等机械传动误差不能通过反馈来随时校正，但是可采用软件定值补偿方法来适当提高其精度。普通精度的数控机床采用半闭环控制方式。

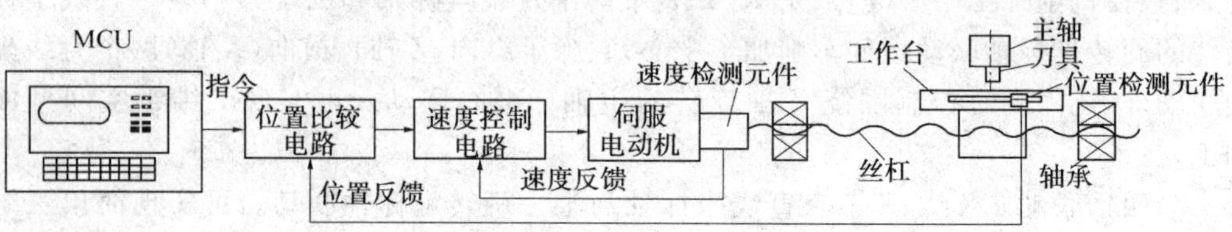

(a) 全闭环控制系统框图

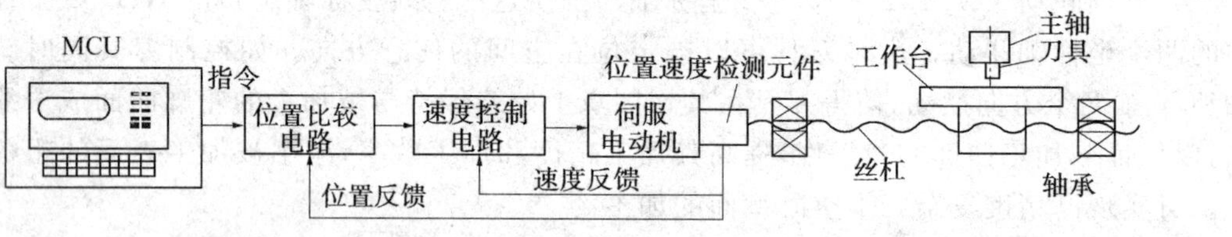

(b) 半闭环控制系统框图

图 5-4　闭环控制系统框图

5.2.3 按数控系统的功能水平分类

按数控系统的功能水平，通常把数控系统分为低、中、高三类。这种分类方式，在我国用得较多。低、中、高三档的界限是相对的，不同时期，划分标准也会不同。就目前的发展水平看，可以根据表 5-1 的一些功能来分类。在我国还有经济型数控的提法，主要是指依据机床确定的功能去掉多余功能的中、高档数控。功能简化，价格较低。

表 5-1　不同档次数控系统的功能及指标

功能	低档	中档	高档
系统分辨率	10μm	1μm	0.1μm
G00 速度	3～8m/min	10～24m/min	24～100m/min
伺服类型	开环及步进电机	半闭环及直、交流伺服	闭环及直、交流伺服
联运轴数	2～3	2～4	5 轴或 5 轴以上
通信功能	无	RS 232 或 DNC	RS 232、DNC、MAP(制造自动化协议)接口

续表

显示功能	数码管显示	CRT:图形、人机对话	CRT:三维图形、自诊断
内装 PLC	无	有	功能强大的内装 PLC
主 CPU	8位、16位 CPU	16位、32位 CPU	32位、64位 CPU
结构	单片机或单板机	单微处理器或多微处理器	分布式多微处理器

5.2.4 按加工工艺及机床用途的类型分类

(1)切削类

指采用车、铣、膛、铰、钻、磨、刨等各种切削工艺的数控机床。它又可分为如下两类：

1)普通型数控机床。如数控车床、数控铣床、数控磨床等。

2)加工中心。其主要特点是具有自动换刀机构的刀具库，工件经一次装夹后，通过自动更换各种刀具，在同一台机床上对工件各加工面连续进行铣/镗、铰、钻、攻螺纹等多种工序的加工，如(镗/铣类)加工中心、车削中心、钻削中心等。

(2)成型类

指采用挤、冲、压、拉等成型工艺的数控机床，常用的有数控压力机、数控折弯机、数控弯管机、数控旋压机等。

(3)特种加工类

主要有数控电火花线切割机、数控电火花成型机、数控火焰切割机、数控激光加工机等。

5.2.5 数控机床的坐标系

为了便于编程时描述机床的运动，简化程序的编制方法及保证记录数据的互换性，数控机床的坐标和运动的方向均已标准化。

(1)坐标确定原则

1)刀具相对于静止工件而运动的原则。这样编程人员在不知是刀具移近工件还是工件移近刀具的情况下，就可以依据工件图纸，确定加工的过程。

2)标准坐标系原则。由机床坐标系确定机床上运动的大小与方向，以完成一系列的成型运动和辅助运动。

3)运动方向原则。数控机床的某一部件运动的正方向，是增大工件与刀具距离的方向。

(2)坐标的确定

1)Z坐标。标准规定，Z坐标的运动由传递切削力的主轴所决定，与主轴轴线平行的标准坐标轴即为Z坐标，若机床没有主轴(如刨床等)，则Z坐标垂直于工件装夹面。若机床有几个主轴，可选择一个垂直于工件装夹面的主要轴作为主轴，并以它确定Z坐标。

2)X坐标。X坐标一般是水平的，平行于装夹平面。对于工件旋转的机床(如车床、磨床等)，X坐标的方向在工件的径向上。对于刀具旋转的机床则作如下规定：

①当 Z 轴水平时，从刀具主轴后向工件看，正 X 为右方向。

②当 Z 轴处于铅垂面时，对于单立柱式，从刀具主轴向立柱看，正 X 为右方向；龙门式，从刀具主轴向右侧看，正 X 为右方向。

3）Y、A、B、C 及 U、V、W 等坐标。由右手笛卡儿坐标系来确定 Y 坐标，A、B、C 表示绕 X、Y、Z 坐标的旋转运动，正方向按照右手螺旋法则确定。若有第二直角坐标系，可用 U、V、W 表示。

4）坐标方向判定。当某一坐标上刀具移动时，用不加撇号的字母表示该轴运动的正方向，当某一坐标上工件移动时，则用加撇号的字母（如 A′、X′等）表示。加与不加撇号所表示的运动方向正好相反。

（3）数控机床的坐标简图举例

1）二坐标车床，如图 5-5 所示。

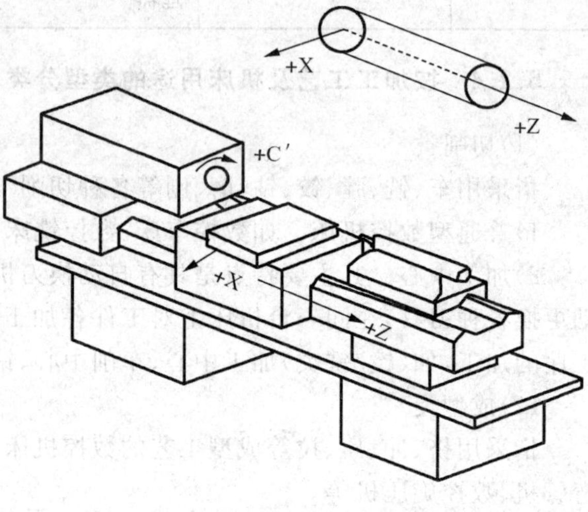

图 5-5　二坐标车床

2）三坐标卧式铣床，如图 5-6 所示（当 Z 轴水平时，从刀具主轴后向工件看，正 X 为右方向）。

3）三坐标立式铣床，如图 5-7 所示［当 Z 轴处于铅垂面时，从刀具主轴向立柱看，正 X 为右方向；若有第二附加直角坐标系，可用（U，V，W）表示］。

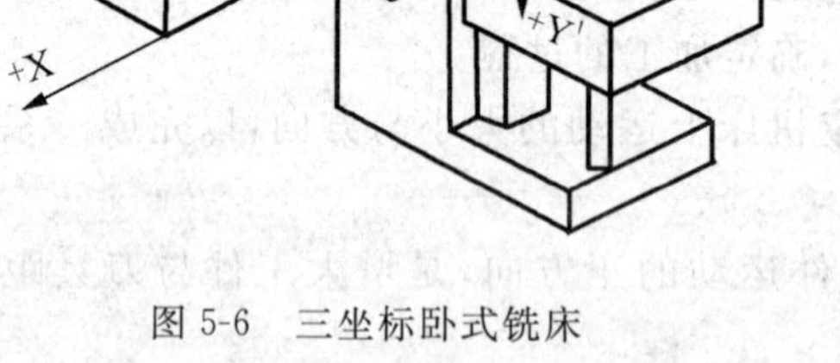

图 5-6　三坐标卧式铣床

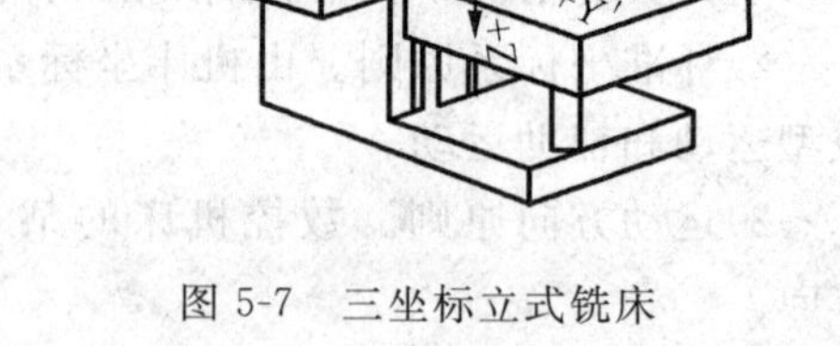

图 5-7　三坐标立式铣床

4）多坐标卧式镗铣床，如图 5-8 所示。

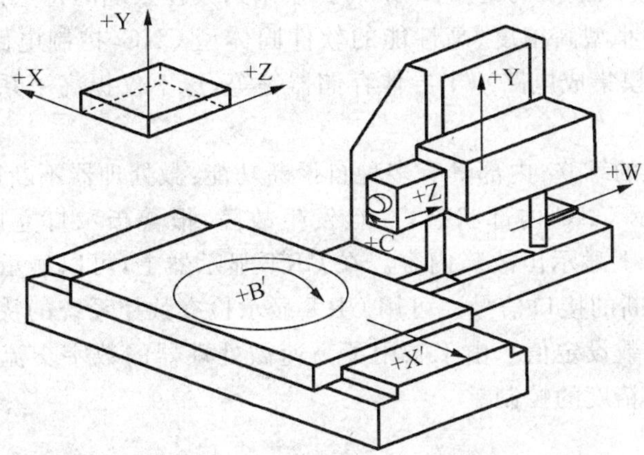

图 5-8 多坐标卧式镗铣床

(4)机床坐标系和工件坐标系

机床坐标系是帮助机床生产厂家确定机床参考点(零点)的,不能直接用来供用户编程。机床参考点由厂家设定后,用户不得随意改变,否则将影响机床的精度。供用户编程的工件坐标系(编程坐标系)和机床坐标系通过机床零点发生联系。

5.3 常见数控系统介绍

5.3.1 FANUC 公司数控装置概述

FANUC 公司是专门从事生产数控装置及工业机器人的著名厂家,也是世界上最有影响的专业厂家之一。该公司自 20 世纪 50 年代末期生产数控系统以来,现已开发出 40 多种数控系统,特别是 20 世纪 70 年代中期开发出 FS5、FS7 系统以后,所生产的数控系统都是 CN 系统。20 世纪 80 年代,FANUC 公司较有代表性的系统是 F6 和 F11。

目前主要产品有:高性能数控系统为 F15、F15i、F150i 称 15 系列,有 64 位 CPU,高分辨率编码器,16~24 轴联动,为高档产品,在中国内地不销售。中档性能数控系统 F16、F16i、F160i、F160is,有 32 位 CPU,8 轴 6 联动。标准中档性能数控系统 F18、F18i、F180is 比 FS16 系列略低,可实现 6 轴 4 联动。一般性能数控系统,0i 系列为在 F16i、F18i、21i 等小型数控基础开发出的简化版系统,现在 0i-A 已经基本不用,用得多 0i-B 及 0i-C。F0 系统也为一般性能数控系统,是日本 1985 年的产品。FS0i mate 质量和性能上有所降低,主要用在车床上。POWER mate 为运动控制系统,主要用于位置控制,在组合机床上使用,不使用在联动场合。

(1)F0 系列

它是在 1985 年开发成功的先进的数控系统,曾经是在中国市场销售量最大的一个系列,该系列产品具有极高的可靠性,在车床、铣床、加工中心、磨床、冲床等机床得到广泛的应用。随着产品的不断完善和发展,分别有 A、B、C、D 等系列,各产品又有不同。而在这

四种系列中,在国内使用最多的是C、D系列。该系列数控系统的特点是:

1)本系统是一种小型高精度、高性能的软件固体型CNC,控制电路中采用高速微处理器、专用151(大规模集成电路)、半导体存储器等等,这不仅提高了系统可靠性,还提高了系统的性能价格比。

2)为了便于系统的维修,内部具有多种自诊断功能:微处理器不断监视系统内部的工作状态,并能分类显示CNC内部状态,一旦发生故障,报警指示灯立即发亮,并使CNC停止工作,同时CRT上显示出故障内容。在CRT显示器上,可以显示从CNC输出或向CNC输出的接通、关断的接口信号。可用CRT显示检查数控系统的快速进给速度、加减速时间常数等各种参数设定值。由于采用了高速微处理器的数字交流伺服系统,无漂移影响,实现了高速、高精度的控制。

(2)F15系列

它是在1987年开发成功的先进的数控系统,是一种模块化、多总线结构的微处理器控制系统,也被称为人工智能(Artificial Intelligence,AI)CNC。采用了高速度、高精度、高效率加工的数字伺服单元,数字主轴单元和纯电子式绝对位置检出器,还增加了MAP(Manufacturing Automatic Protocol)、窗口功能等。它们具有下述特点:

1)在插补功能上除具有直线、圆弧、螺旋线插补之外,还具有假想轴插补、极坐标插补、圆柱面插补、指数函数插补、渐开线插补等多种插补算法。

2)在补偿功能方面,具有螺距误差补偿、丝杠反向间隙补偿、坡度补偿、线性度补偿以及各种刀具补偿。

3)在切削进给加/减速功能方面,具有插补前直线加/减速、插补后直线加/减速以及插补后钟形加/减速等多种。

4)在故障诊断方面引进了专家系统,即采用了人工智能。该系统以知识库做依据,采用推理软件查找故障原因。

(3)F16/18/21系列及F160/F180系列

它是专门为工厂自动化设计的数控系统,是目前国际上工艺与性能最先进的数控系统之一。F16最多可控8轴,6轴联动。F18最多可控8轴,4轴联动。F21最多可控4轴,4轴联动。它具有以下特点:

1)采用超大规模集成电路。系统的开发与微机芯片的发展同步,采用超大规模集成芯片,如CPU为80486、66MHz主频;机床的强电控制程序和零件加工程序存储在存储芯片和存储卡中。用户可方便地调用、修改PMC程序,并省去了EPROM的写入设备,加工程序、系统参数、机床参数均可存入存储卡,更换与操作极为方便,为了提高系统的处理速度和处理能力,采用了64位的RISC芯片,与80486并行运行。伺服进给使用32位数字信号处理器;除了通用芯片外,FANUC公司还开发出专用超大规模逻辑电路芯片。如地址译码锁存、位置反馈信号的处理、细插补、位置误差的比较与误差的脉宽调制等。

2)立体化,高密集度的元件安装。

3)采用超薄TFT彩色液晶显示器。

4)可靠性高。

5)系统功能强。主要表现为高速、高精度,有多种特殊曲线的插补功能,如渐开线、抛物线、指数函数曲线、圆弧螺纹、多头螺纹、变螺距螺纹、锥螺纹、端面螺纹、柱面体形槽、极坐标插补等，并有多种固定加工循环。

6)系统可以集成通用微机板。可使用 MS-DOS 和 Windows、WS 操作系统。在此基础上，还开发出 MMC(Man Machine Control)人机会话功能，方便了系统的操作、诊断与维修。系统具有操作历史和报警历史的记忆与显示、伺服波形图的显示；还有 HELP 功能，该功能实际是一个用于系统维护的专家系统，当出现报警和故障时，提示操作和维修人员应采用的处理措施。

7)高速 PMC。

8)多种在机编程方法。如菜单编程、图形会话编程、符号图形编程以及示教编程。

9)高精度、智能型数字式交流伺服系统的应用；智能型高效率数字式交流主轴系统的应用。

10)联网功能。可以通过 REMOTE BUFFER 接口与个人计算机连接，由计算机控制加工，实现信息传递。

F160/F180 系列是在 F16/F18 基础上开发出来的，它提供了一个开放的系统接口，如与 IBMPC 兼容功能，便于用户实现个性化的功能。

(4)F16i/18i/21i/0iB/0i mate B/0iC/0i mate C 系列

20 世纪 90 年代末的产品，FANUC 公司把总线控制技术应用到系统伺服和 PMC 控制，先后开发出具有网络控制功能的超小型数控系统 F16i/18i/21i。在 F16i/18i/21i 的基础上，开发性价比优越的 0iB/0i mate B/0iC/0i mate C 系统。

F0iB/0i mate B 是在 F21i 分离型(CNC 系统和显示装置是分体的)基础上开发的系统，F0iB 系统由主模块和 I/O 模块组成，F/0i mate B 系统只有主模块。

F0iC/0i mate C 系列是在 F21i 一体型(CNC 系统和显示装置一体化)基础上开发的系统，F0iC 系统在基本单元的基础上可增加两个扩展功能板，F/0i mate C 系统只有基本单元，无扩展功能板。

(5)F30i/31i/32i/0iD/0i mate D 系统

F30i/31i/32i 系统是 FANUC 公司新推出的系统，F0iD 系统是 F32i 的简化版。

该系列数控系统伺服采用多通道控制，即并行处理。它使系统可以同时处理多个程序，提高了系统的性能与可靠性，降低了成本。运用这一技术，可以较好地解决多单元复合、多轴机床的控制问题。F30i 系统为 4 个通道，总控制轴数 26 轴(CNC 轴数为 20 轴，6 主轴)，联动轴数为 24 轴；F31i 系统为 10 个通道，总控制轴数 40 轴(CNC 轴数为 32 轴，8 主轴)，联动轴数为 5 轴(F31iA5 为 5 轴)；F32i 系统为 2 个通道，总控制轴数 11 轴(CNC 轴数为 9 轴，2 主轴)，联动轴数为 4 轴。F0iTD 系统(适用于车床)为 2 个通道，总控制轴数 10 轴(CNC 轴数为 8 轴，2 主轴)，联动轴数为 4 轴；F0iMD 系统(适用于铣床)为 1 个通道，总控制轴数 7 轴(CNC 轴数为 5 轴，2 主轴)，联动轴数为 4 轴；F0i mate D 系统为 1 个通道，总控制轴数 4 轴(CNC 轴数为 3 轴，1 主轴)，联动轴数为 3 轴。

系统有 Profibus、Device Net 和 FL Net 总线功能板(为系统功能选择)，F0i D 系统只能有 Profibus 总线板选择。选择总线功能板，系统就可以和其他公司 PLC(如西门子公司、AB 公司的 PLC)模块兼容，实现数据的采集和处理。

系统有内置以太网、快速以太网(数据服务器)和 PCMCIA(Personal Computer Memory Card International Association)以太网卡供选配。F0i D 系统内置以太网功能为标配,其他两个为选配。F0i mate D 系统无快速以太网(数据服务器)功能。

5.3.2 SIEMENS 数控系统介绍

SIEMENS 公司是生产数控系统的著名厂家,它的 CNC 数控装置主要有:SIN3/8/810/820/850/802/840 系列,其产品及主要特点如下:

(1)SIN810 系列系统是 SIEMENS 公司 20 世纪 80 年代推出的数控产品,按功能分为:8l0T(车床类)、810M(铣床及加工中心类)、810G(磨床类)、810N(冲床类)按型号分为:810(GA1)、810(GA2)、810(GA3),即 810 的Ⅰ、Ⅱ、Ⅲ型机。810 系统为紧凑型连续轨迹数控装置,适合于低档及中档功能的中小机床,具有很好的性能价格比。

该系统三种型号的差别如表 5-2 所示。

表 5-2　　SIN810 的Ⅰ、Ⅱ、Ⅲ型机差别

系统	控制功能	控制轴数	联动轴数	存储容量
810Ⅰ	T、M	3	2～3	32KB
810Ⅱ	T、M、G	4	3	64KB
810Ⅲ	T、M、G、N	5	3	128KB

系统结构:系统由 CPU 模块、位置控制模块、系统程序存储模块、文字图形处理模块、接口模块、I/O 模块、CRT 显示器及操作面板组成。主要特点是:

1)主 CPU 为 8086,采用通道式结构,有主通道和辅助通道,两个通道以同一方式工作,通道经过 PLC 同步。

2)可控制 2～4 坐标轴,其基本插补功能有:任意两坐标的直线和圆弧插补,任意三坐标的螺旋线插补,三坐标的直线插补。

3)可用屏幕的对话、图形功能、使用软键及软键菜单操作系统的功能。并可用图形模拟来调试程序。可用极坐标、圆弧半径编程及轮廓描述编程。

4)诊断功能完善,有内部安全监控、主轴监控和接口诊断等,在屏幕上可以显示机床参数、机床报警信息以及 PLC 的接口状态。

5)PLC 最大 128 点输入/64 点输出,用户 PLC 程序容量为 12KB,小型扩展机箱 EU 可安装 SINUMERIKI/O 模块,也可选用 SIMATICU 系列模块和 W7F25/WF726 定位模块。

6)在加工同时可以输入程序以缩短停机时间。数据和程序的输入/输出可通过两个 RS-232C 串行口与外设进行通信。

(2)SIN850/880 系统

该系统是 SIEMENS 公司 20 世纪 80 年代末开发的高自动化水平的机床及柔性制造系统,具有机器人功能。适合高功能复杂机床 FMS、CIMS 的需要,是一种多 CPU 轮廓控制的 CNC 系统。850/880 为柔性通道结构的 CNC 系统,最多可有 16 个通道和 4 个

PLC 通道,使控制轴数可扩展到 24 个 NC 轴和 6 个主轴,并可实现 16 个工位的联动控制。存储容量为 1MB。系统构成:主要由中央控制器和操作面板组成。SIN850/880 采用两个机架支撑两列中央控制器,中央控制器包括 NC-CW、SV-CPU(伺服 CPU)、COM-CPU(通信 CPU)、PLC-CPU(可编程控制器 CPU)及插入式扩展模块。插入式扩展模块有:测量回路模块、存储器模块、NC-CPUZ-4、SV-CPUZ-4、PLC 输入/输出板及扩展单元和接口模块。面板带有 12 英寸彩色显示器、全功能键盘及两个串口。

主要特点:①CNC 装置的主 CPU 采用 32 位的 80386CPU,除了用做数据处理的主 CPU,还有伺服 CPU、通信 CPU 及 PLC-CPU,上述 CPU 除通信外均可扩展至 CPUZ-4。②用户程序存储器 RAM 容量为 128KB,EPROM 容量为 128KB,用户数据存储器 RAM 容量为 48KB,I/O 点最大为 1024,计时器 256,计数器 128 个,可满足复杂机床的控制要求。③采用 SIN-NECHI 总线连接方式的计算机联网,在加工的同时与柔性制造系统进行信息交换,SINNEC 是以以太网为基础开发的,具有很强的通信功能,可与 CIMS 通信,能适应机床复合化和多功能化的发展方向。④COM 部分负责零件程序、子程序公用数据的存储和管理。它有两个通道,一个用于零件程序的图形仿真,一个用于输入/输出接口,中央程序存储器 RAM 容量达 1280KB。⑤输入分辨率为 0.0001mm、0.001mm、0.01 mm,回转坐标为 0.001°;位置控制分辨率与输入分辨率无关,可选用 0.00005mm、0.0005 mm、0.005mm,回转坐标为 0.005°。⑥进给与快速移动输入分辨率为 0.01mm 时,0.1~980m/min 时;0.01mm 时,0.01~98m/min;0.001mm 时,0.001~9.8m/min。

SIN850/880 系统的主要功能差别如表 5-3 所示。

表 5-3　　SIN850/880 系统主要功能差别

功能	SIN850 系统	SIN880 系统
控制轴数	最多 12 个 NC 轴	最多 24 个 NC 轴
NC 通道数	最多 8 个	最多 16 个
控制主轴数	最多 4 个	最多 6 个
测量电路	12 个	30 个
PLC 型号	S5-130WB	S5-135WB
可连接的 PLC 数	2 个	1 个

(3)SIN840C 系统

SIN840C 系统是 SIEMENS 公司 20 世纪 90 年代初开发出来的数控系统,是 SIEMENS 公司的超级全功能数控系统,最多可控 30 个轴(其中最多 6 个主轴)具有 5 轴联动、蓝图编程、M 维图形模拟、6 个 CNC 通道、多 CPU、网络接口等功能,PLC 为功能强大的 PLC135WB2。可控制模拟驱动、数字驱动或者两者混合控制,特别适合于高级复杂数控的改造,适用于全功能数控车床、铣床和加工中心及 FMS、CIM 的轨迹控制的模块微处理 CNC 的改造。

主要构成:由 CPU、中央控制组件、外围组件、输入/输出组件、接口组件、手持操作单元、14英寸彩色显示器等组成。中央控制组件有NC-CPU、MMC-CPU、PLC-CPU。采用分布式机床外设(DMP)。

主要特点:①4个轴同时独立运行,5轴联动,2个手轮同时独立运行,双溜板和双主轴结构。输入分辨率为10～0.001mm,坐标轴0.01°～0.00001°。②采用32位CPU,配有计算机辅助功能,使用标准的多任务操作系统。③PLC用户程序存储器32KB(RAM),可扩展至256KB,用户数据存储器8KB,可扩至48KB。CNC用户存储器1512KB,硬盘可扩至40MB。

(4)SIN840D系统

该系统是SIEMENS公司最新推向市场的中档数控系统,它与以往数控系统的不同点是数控与驱动的接口信号是数字量,它的人机界面是建立在FlexOs基础上的,更易操作,更易掌握。另外,它的硬件结构更加简单,软件内容更加丰富。840D的计算机化、驱动的模块化、控制与驱动接口的数字化,这“三化”代表着当今数控的发展趋势。

系统结构:①MMC/102是840D的人机操作面板,它通过一根MPI电缆与NCU相连,本身是一台计算机。②NCU是840D的核心,840D的NCK与PLC都集成在这个模块上,它最多可控制8个轴(其中可有5个主轴)。③E/R模块。它向NCU提供24V工作电源,也向611D提供600V直流母线电压。④611D主轴与进给模块。它由E/R电源模块供电,受控于NCU,并带动主轴或进给电动机运转。⑤IM361是PLC的输入/输出接口模块,它一边通过总线与I/O模块相连,另一方面它通过一根电缆与NCU中的PLC相连,PLC语言采用STEP7编程软件进行编程,也可采用高级语言如C语言进行编程。

SIN840D是先进的全功能的数字式数控系统,整个CNC(包括集成式PLC)缩小为单个模块并集成于驱动系统中。中英文操作显示,最多可控制31个轴。

SIN840Di与SIN840D相比,是一种真正的基于工业PC的数控平台,在真实工业PC的基础上开发出的数控系统。

SIN840D sl与SIN840D相比,不仅是一种模块化、开放性和柔性的系统,而且具有标准化的操作、编程和可视化结构。具有综合的用户界面、CNC和PLC的开放性和无限制的柔性。

SIN840Di sl同时具有SIN840Di和SIN840Di sl的特点。

(5)SIEMENS802系统

SIEMENS802系列系统包括802S/Se/Sbase line、802C/Ce/Cbase line、802D等型号,它是SIEMENS公司20世纪90年代末开发的集CNC、PLC于一体的经济型控制系统。系统性能价格比较高,比较适合于经济型、普及型车、铣、磨床的控制,近年来在国产经济型、普及型数控机床上有较大量的使用。SIEMENS802系列数控系统的共同特点是结构简单、体积小、可靠性高;此外系统软件功能也较强。

SIEMENS 802S、802C系列是SIEMENS公司专为简易数控机床开发的经济型系统,两种系统的区别是:802S/Se/Sbase line系列采用步进电动机驱动;802C/Ce/Cbase line系列采用数字式交流伺服驱动系统。

SIEMENS 802S、802C系列系统的CNC结构完全相同,可以进行3轴控制以及轴联动;系统带有±10V的主轴模拟量输出接口,可以配具有模拟量输入功能的主轴驱动系统(如:变频器)。

SIEMENS 802S、802C 系列系统可以配 OP020 独立操作面板与 MCP 机床操作面板,显示器为 7in 或 5.7in 单色液晶显示。集成内置式 PLC 最大可以控制 64 点输入与 64 点输出,PLC 的 I/O 模块与 ECU 间通过总线连接,系统体积小,结构紧凑,性能价格比高。

802D 与 802S、802C 有较大的不同,在功能上比 802S/C 系统有了改进与提高,系统采用 SIEMENS PCU210 模块,控制轴数为 4 轴/4 轴联动,可以通过 611U 伺服驱动器携带 10V 主轴模拟量输出,以驱动带模拟量输入的主轴驱动系统。

系统可以配 OP020 独立 NC 键盘、MCP 机床操作面板(与 802S/C 相同),802D 采用了 10.4in 彩色液晶显示器,比 802S/C(5.7in 或 7in 单色液晶显示)具有更好的操作性能。系统与驱动、I/O 模块间利用 PROFIBUS 总线进行连接;I/O 模块采用独立的输入、输出单元(PP72/48 I/O 单元),每一系统最大可以配备两个 PP72/48 I/O 单元,点数比 802S/C 系统大大增加,最大可以到 144/96 点。

其伺服驱动与 802C 相同,通常采用 SIEMENS611 数字式交流伺服驱动系统,驱动器的调试可以直接利用 SIMOCOMU 软件完成,调整十分方便。

在软件上,802D 除保留了 SIEMENS 传统的编程功能外,主要在以下两方面进行了改进:一是增加了 PLC 程序“梯形图”显示功能,方便了维修;二是可以使用非 SIEMENS 代码指令进行编程,系统的开放性更强。

802D sl 集成了以太网卡,内存扩大到 3M,可以使用 CF(Compact Flash)卡。可以通过网络执行大型的加工程序和进行远程故障诊断。

802S/SE、802C/CE、802D 的系统结构如图 5-9～5-11 所示。SIEMENS802S、802C、802D 接口信号构成如图 5-12 所示。

(6)SINUMERIK 828D

SINUMERIK 828D 是 SIEMENS 推出了一款专门针对紧凑型机床的强大数控系统,总体性能介于 SINUMERIK 802D sl 与 SINUMERIK 840D 之间。最大控制轴数 6(车系统 8 轴),同时插补 4 轴。系统支持各种车、铣机床的应用。可选水平和垂直面板布局,同时可与两个系统性能等级自由组合,进而满足不同安装形式和不同性能机床的需要。该系统功能强大且操作简单。集成了智能的坐标转换,高效的刀具管理以及 80 位浮点数纳米计算精度(NANOFP)等一系列过去仅用于高档数控系统的高级功能。系统支持各种图形编程及高级语言指令,还可使用 ISO 编程指令。包括中文在内的多种语言可以方便地在系统上切换,中文还可以应用于刀具名称和程序注释等处,从而最大限度地满足中国用户的需要。

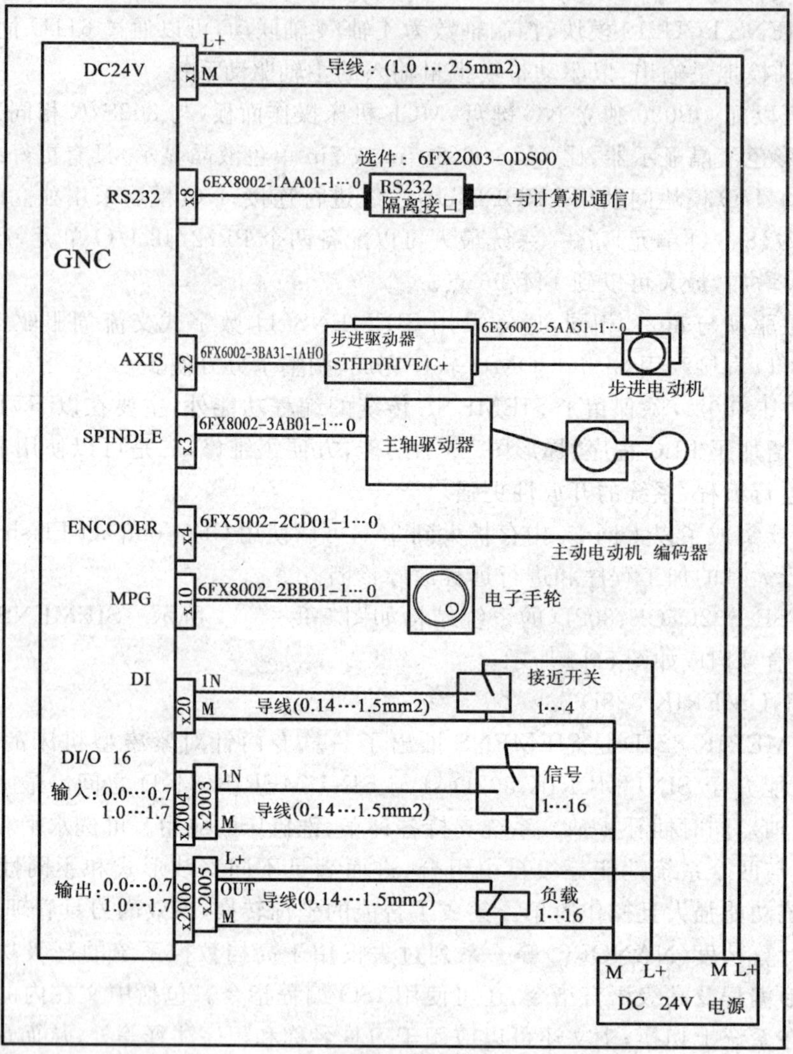

图 5-9 SIEMENS 802S/SE 系统结构图

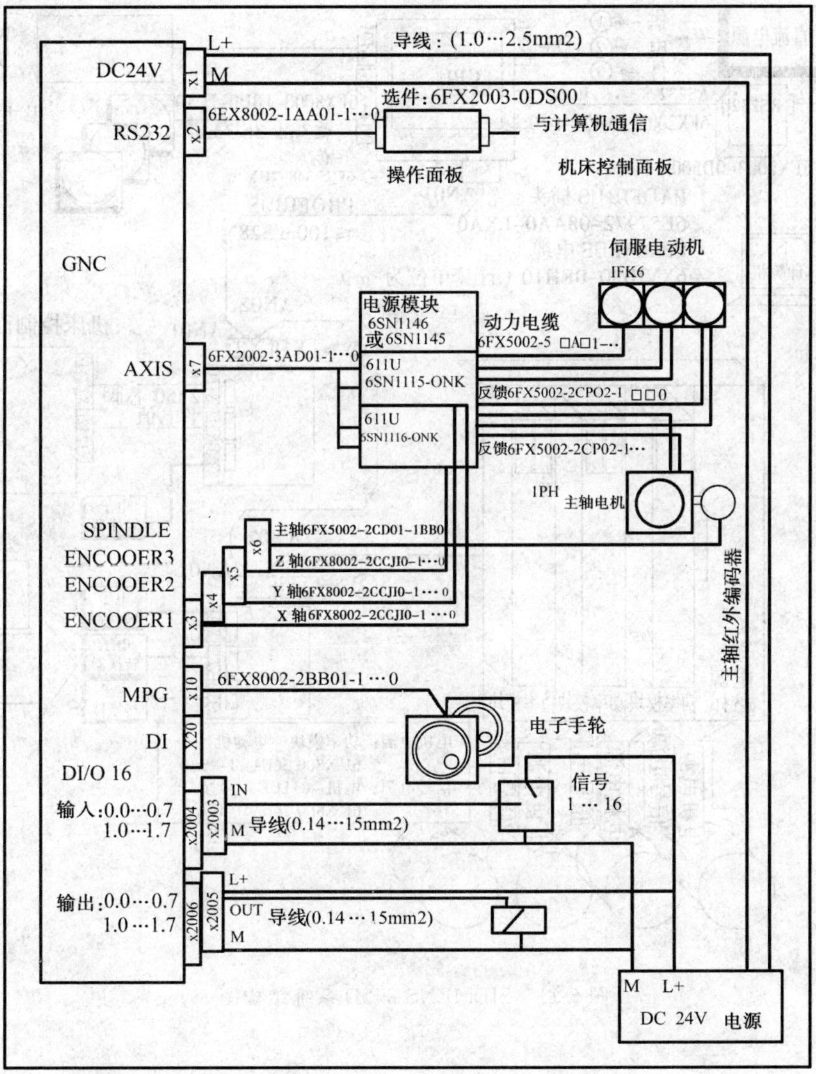

图 5-10　SIEMENS 802C、CE 系统结构图

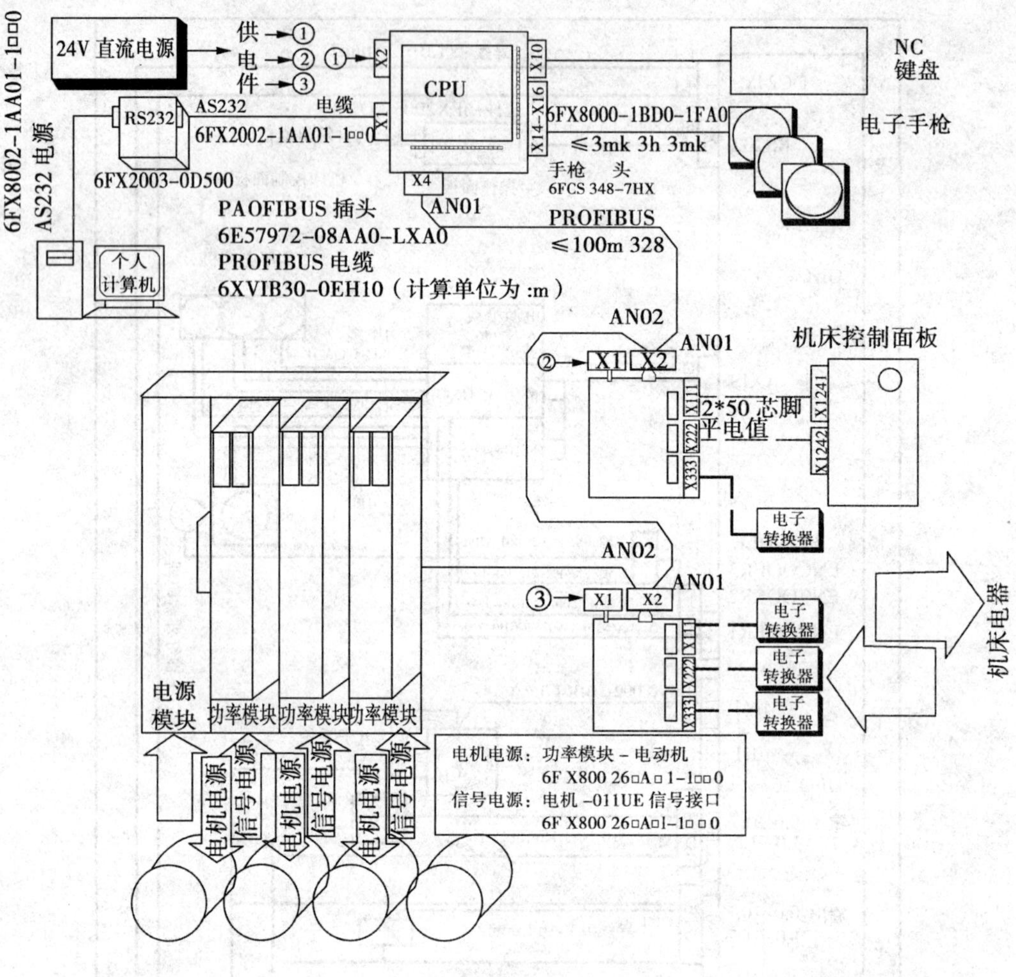

图 5-11　SIEMENS 802D 系统结构图

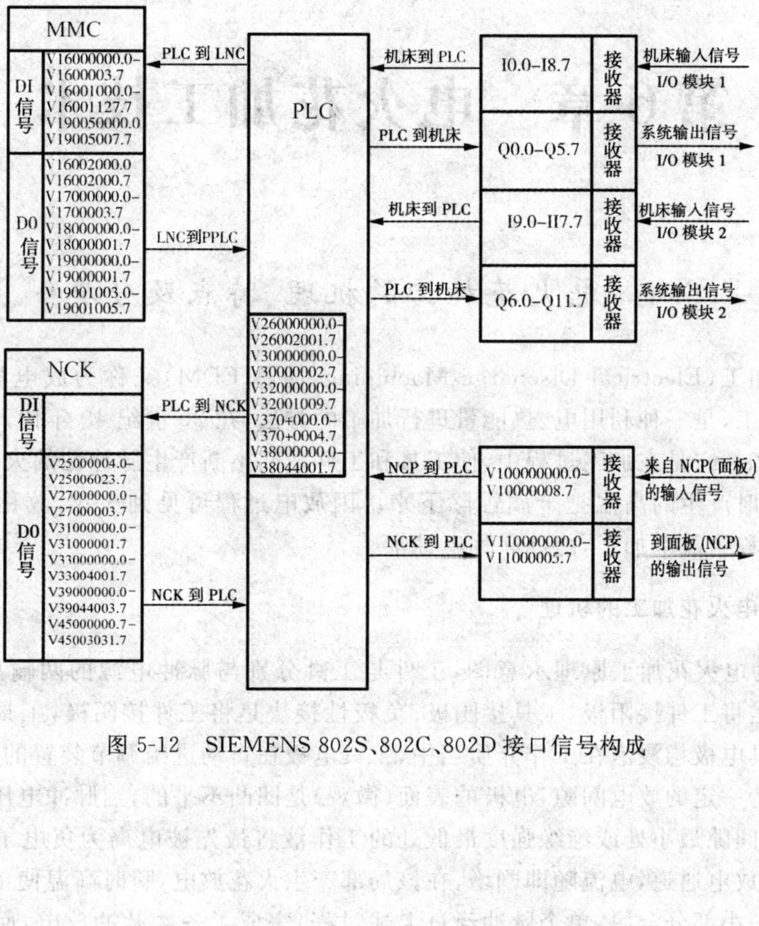

图 5-12　SIEMENS 802S、802C、802D 接口信号构成

第6章　电火花加工技术

6.1　电火花加工的机理、特点及分类

电火花加工(Electrical Discharge Machining,简称 EDM)又称为放电加工、电蚀加工、电脉冲加工,是一种利用电、热能量进行加工的方法,在 20 世纪 40 年代开始研究并逐步应用于生产。它是在加工过程中,使工具和工件之间不断产生脉冲性的火花放电,靠放电时局部、瞬时产生的高温把金属蚀除下来。因放电过程可见到火花,故称为电火花加工,日、英、美称为放电加工,前苏联称电蚀加工。

6.1.1　电火花加工的机理

图 6-1 为电火花加工原理示意图,工件与工具分别与脉冲电源的两输出端相连接。正极性接法是将工件接阳极,工具接阴极;负极性接法是将工件接阴极,工具接阳极。工件电极和工具电极均浸泡在工作介质当中,工具电极在自动进给调节装置的驱动下,与工件电极间保持一定的放电间隙,电极的表面(微观)是凹凸不平的,当脉冲电压加到两极上时,某一相对间隙最小处或绝缘强度最低处的工作液将最先被电离为负电子和正电子而被击穿,形成放电通道,电流随即剧增,在该局部产生火花放电,瞬时高温使工件和工具表面都蚀除掉一小部分金属,单个脉冲经过上述过程,完成了一次脉冲放电,而在工件表面留下一个带有凸边的小凹坑,如图 6-2 所示。这样以很高频率连续不断地重复放电,工具电极不断地向工件进给,就将工具的形状复制在工件上,加工出所需要的零件。

每次电火花腐蚀的微观过程是电力、热力、磁力、流体动力等综合作用的过程。这一过程一般可分为四个连续的阶段:极间介质的电离、击穿,形成放电通道;介质热分解、电极材料熔化、气化热膨胀;蚀除产物的抛出;间隙介质的消电离。

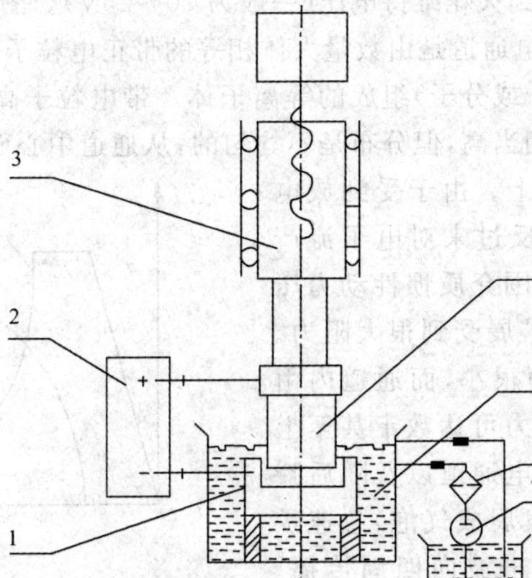

图 6-1　电火花加工原理示意图

1—工件　2—脉冲电源　3—自动进给调节装置　4—工具电极

5—工作液　6—过滤器　7—工作液泵

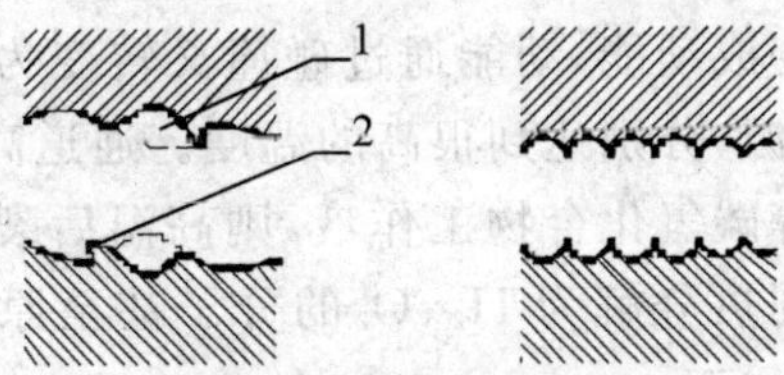

图 6-2　电火花加工表面示意图

1—蚀除凹坑　2—黏滞凸缘

(1)极间介质的电离击穿形成放电通道

当脉冲电压施加于工具电极与工件电极之间时，两极之间形成一个电场。随着极间距离的减小，极间电场强度也将随着增大。由于工具电极和工件电极的微观表面是凸凹不平的，极间距离又很小，因而极间电场强度是很不均匀的，两极间离得最近的突出点或尖端处的电场强度一般为最大。液体介质中不可避免地含有导电的杂质(如金属微粒、碳粒子、胶体粒子等)及一些自由电子。在电场作用下，这些带电粒子将在电场强度最大处搭桥，致使极间电场更不均匀，当阴极表面某处的场强增加到 10^5 V/mm 以上时，就会产生场致电子发射，由阴极表面逸出电子。在电场作用下，电子高速向阳极运动并撞击工作液介质中的分子或中性原子，产生碰撞电离。形成带负电的粒子(主要是电子)和带正电的粒子(正离子)，导致带电粒子雪崩式增多，使介质击穿而形成放电通道。

从雪崩电离开始到建立放电通道的过程非常迅速，一般为 0.1～0.01μs，间隙电阻从绝缘状况迅速降低到几分之一欧姆，间隙电流迅速上升到最大值(几安到几百安)。由于通道直径很小(初始直径大约 10μm)，通道中的电流密度可高达 10^5～10^6 A/cm^2。间隙电压由击穿电压迅速下降到火花维持电压(一般为 20～25V)。图 6-3 为矩形波脉冲放电时的电压和电流波形。放电通道是由数量大体相等的带正电粒子(正离子)和带负电粒子(电子)以及中性粒子(原子或分子)组成的等离子体。带电粒子高速运动时相互碰撞，产生大量的热，使通道温度相当高，但分布是不均匀的，从通道中心向边缘逐渐降低，通道中心温度可高达 10000℃以上。由于受到放电时电流产生磁场，磁场又反过来对电子流产生向心的磁压缩效应和周围介质惯性动力压缩效应的作用，通道瞬间扩展受到很大阻力。故放电开始阶段通道截面很小，而通道内由高温热膨胀形成的初始压力可达数十甚至上百个兆帕。高压高温的放电通道以及随后瞬时气化形成的气体(以后发展成气泡)急速扩展、并产生一个强烈的冲击波向四周传播。在放电过程中，同时还伴随着一系列派生现象，其中有热效应、电磁效应、光效应、声效应及频率范围很宽的电磁波辐射和爆炸冲击波等。

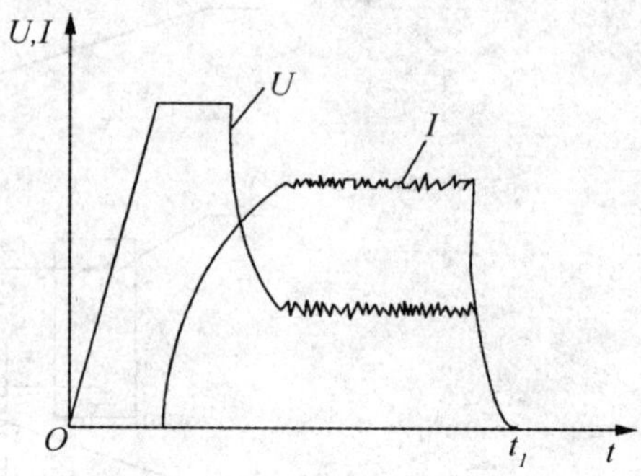

图 6-3 矩形波脉冲放电极间电压和电流波形

(2)介质热分解、电极材料熔化、气化热膨胀

极间介质一旦被电离、击穿、形成放电通道后，脉冲电源使通道间的电子高速奔向正极，正离子奔向负极。电能变成动能，动能通过碰撞又转变为热能。于是在通道内、正极和负极表面分别成为瞬时热源，分别达到很高的温度。通道高温首先把工作液介质汽化，进而热裂分解气化(如煤油等碳氢化合物工作液，则高温后裂解为 H_2、CH_2、C_2H_2、C_2H_4 和游离碳等，如水基工作液则热分解为 H_2、O_2 的分子甚至原子等)。煤油等碳氢化合物的电离化气过程可大致表示如下：

$$C_nH_{2n+2} \rightarrow C_nH_{2n+1} + H^0$$
$$C_mH_{2m+2} \rightarrow C_mH_{2m+1} + H^0$$
$$2H^0 \rightarrow H_2 \uparrow$$

式中：H^0—氢的游离基

正负极表面的高温除使工作液气化、热分解气化外，也使金属材料熔化、直至沸腾气化。这些气化后的工作液和金属蒸气，瞬时间体积猛增，迅速热膨胀，具有爆炸的特性。观察电火花加工过程，可以见到放电间隙间冒出很多小气泡和听到轻微而清脆的爆炸声。

(3)蚀除产物的抛出

通道和正负极表面放电点瞬时高温使工作液气化和金属材料熔化、气化，热膨胀产生很高的瞬时压力。通道中心的压力最高，使气化了的气体体积不断向外膨胀，形成一个扩张的“气泡”，气泡上下、内外的瞬时压力并不相等，压力高处的熔融金属液体和蒸气，就被排挤、抛出而进入工作液中。高速 X 光影像分析和光谱分析表明，蚀除产物的抛出是在脉冲结束后的爆炸抛出，而不是在脉冲持续时间内连续抛出。

由于表面张力和内聚力的作用，使抛出的材料具有最小的表面积，冷凝时凝聚成细小的圆球颗粒(直径为 0.1～500μm，随脉冲能量而异，多数为 3～5μm)。图 6-4 为放电过程中放电间隙状态的示意图。

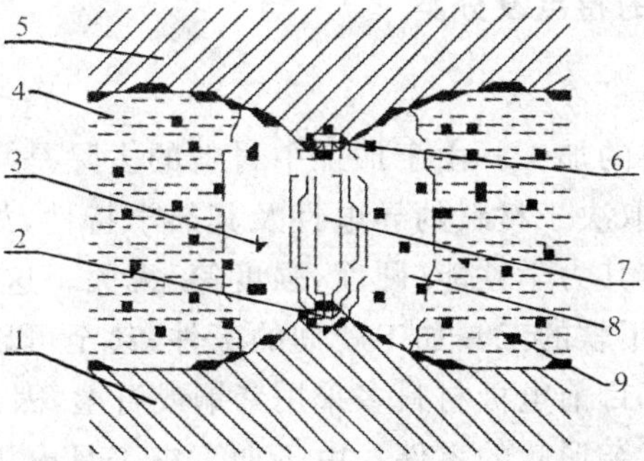

图 6-4　放电过程中放电间隙状态的示意图

1—工件电极　2—工件电极上的相变区　3—气泡中的蚀除颗粒　4—工作液　5—工具电极
6—工具电极上的相变区　7—放电通道　8—介质气化区　9—液介中蚀除颗粒

实际上金属材料的蚀除、抛出过程远比上述的要复杂。熔融材料抛出后，在电极表面形成放电痕，熔化区未被抛出的材料冷凝后残留在电极表面，形成熔化层，在四周形成稍凸起的翻边。熔化层下面是热影响层，再往下才是无变化的材料基体。

总之，材料的抛出是热爆炸力、电动力、流体动力等综合作用的结果，对这一复杂的抛出机理的认识还在不断深化中。正极、负极受电子、正离子撞击的能量、热量不同，不同电极材料的熔点、气化点不同，脉冲宽度，脉冲电流大小不同，正、负电极上被抛出材料的数量也不会相同，目前还无法定量计算。

(4)极间介质的消电离

一次脉冲放电结束后，应有一段间隔时间，使间隔介质消电离，即放电通道中的带电粒子复合为中性粒子，恢复本次放电通道处间隙介质的绝缘强度，以免总是重复在同一处发生放电而导致电弧放电，这样可以保证按两极相对最近处或电阻率最小处形成下一击穿放电通道。

在加工过程中产生的电蚀产物(如金属微粒、碳粒子、气泡等)如果来不及排除、扩散出去，就会改变间隙介质的成分和降低绝缘强度，脉冲火花放电时产生的热量如不及时传出，带电粒子的自由能不易降低，将大大减少复合的几率，使消电离过程不充分，结果将使下一个脉冲放电通道不能顺利地转移到其他部位，而始终集中在某一部位，使该处介质局部过热而破坏消电离过程，脉冲火花放电将恶性循环转变为有害的稳定电弧放电，同时工作液局部高温分解后可能结炭，在该处聚成焦粒而在两极间搭桥，使加工无法进行下去，并烧伤电极对。

由此可见，为了保证电火花加工过程正常地进行，在两次脉冲放电之间一般都应有足够的脉冲间隔时间，这一脉冲间隔时间的选择，不仅要考虑介质本身消电离所需的时间(与脉冲能量有关)，还要考虑电蚀产物排离出放电区域的难易程度(与脉冲爆炸力大小、放电间隙大小、抬刀及加工面积有关)。

到目前为止，人们对于电火花加工微观过程的了解还是很不够的，诸如工作液成分作用、间隙介质的击穿、放电间隙内的状况、正负电极间能量的转换与分配、材料的抛出，电火花加工过程中热场、流场、力场的变化，通道结构及其振荡等等，都还需要进一步研究。

6.1.2 电火花加工的特点及分类

(1)电火花加工的特点

1)适合于难切削材料的加工。由于加工中材料的去除是靠放电时的电、热作用实现的，材料的可加工性主要取决于材料的导电性及其热学特性，如熔点、沸点，比热容、导热系数、电阻率等，而几乎与其力学性能(硬度，强度等)无关。这样可以突破传统切削加工对刀具的限制，可以实现用软的工具加工硬韧的工件，甚至可以加工像聚晶金刚石、立方氮化硼一类的超硬材料。目前电极材料多采用紫铜或石墨，因此工具电极较容易加工。

2)可以加工特殊及复杂形状的零件。由于加工中工具电极和工件不直接接触，没有机械加工的切削力，因此适宜加工低刚度工件及微细加工。由于可以简单地将工具电极的形状复制到工件上，因此特别适用于复杂几何形状工件的加工，如复杂型腔模具加工等。

3)脉冲参数可以在一个较大的范围内调节，可以在同一台机床上连续进行粗、半精及精加工。精加工时精度一般为 0.01mm，表面粗糙度为 0.63～1.25μm；微细加工时精度可达 0.002～0.004mm，表面粗糙度为 0.04～0.16μm。

4)直接利用电能进行加工，便于实现自动化。

电火花加工的局限性：

1)主要用于加工金属等导电材料，但在一定条件下也可以加工半导体和非导体材料。

2)一般加工速度较慢。因此通常安排工艺时多采用切削来去除大部分余量，然后再进行电火花加工，以求提高生产率。但最新的研究成果表明，采用特殊水基不燃性工作液进行电火花加工，其生产率甚至高于切削加工。

3)存在电极损耗。由于电极损耗多集中在尖角或底面，影响成型精度。但最近的机床产品已能将电极相对损耗比降至 1%以下，甚至更小。

4)最小角部半径有限制。一般电火花加工能得到的最小角部半径等于加工间隙(通常为 0.02～0.3mm)，若电极有损耗或采用平动或摇动加工则角部半径还要增大。

(2)电火花加工工艺方法分类

按工具电极的形状、工具电极和工件相对运动的方式和用途的不同，大致可分为电火花穿孔成型加工，电火花线切割加工，电火花磨削和镗磨，电火花展成加工(同步共轭回转加工)，电火花表面强化与刻字。前四类属电火花成型、尺寸加工，是用于改变零件形状或尺寸的加工方法，后者则属表面加工方法，用于改善或改变零件表面性质。以上以电火花穿孔成型加工和电火花线切割应用最为广泛。表 6-1 列出了总的分类情况及各类加工方法的主要特点和用途。

表 6-1　各种电火花加工方法

加工方法			运动分析	特点及应用	典型机床
成型穿孔加工	成型加工	型腔型面加工	工具和工件之间只要有一个相对的伺服进给运动	型腔型面加工：加工各种型腔模及各种带型面、型腔零件	D7125、D7140 等电火花成型机床
成型穿孔加工	成型加工	雕刻打印加工	工具为成型电极，与被加工表面有相同的截面或形状	电火花刻字、雕刻图案、打印记	
成型穿孔加工	穿孔加工	型孔加工	利用数控系统，可用简单工具电极通过 3～4 个坐标进给运动完成成型加工	型孔加工：加工各种冲模、挤压模、粉末冶金模、各种异形孔、微孔等片电极切割侧面成型加工反拷贝加工	D7125、D7140 等电火花成型机床
成型穿孔加工	穿孔加工	高速小孔加工	用直径 0.3～3mm 的细管电极加工时电极回转，管中通高压工作液	加工线切割预穿丝孔，加工深径比大的小孔，穿孔效率高，可达60mm/min	D7003A 电火花高速小孔加工机床
线切割加工			工具电极为丝状。快速走丝时，丝状电极作高速往复运动；慢速走丝时，丝状电极作单方向慢速移动。工件装于工作台，工作台在两个水平方向作进给运动。多坐标切割时，丝架可绕两个水平轴作摆动	切割各种冲模，切割具有直纹面的零件，包括两端面为不同大小或形状的直纹面零件	DK7725、DK7732 数控电火花切割机床
磨削加工	工具电极磨削、铣削、镗削		工具和工件间有相对回转运动，工具和工件间有径向和轴向进给运动，类似磨、铣、镗等加工运动	加工高精度低表面粗糙度的小孔，如拉丝模、挤压模、微型轴承内环、钻套等上的孔；加工外圆、小模数滚刀等加工平面	D6310 电火花小孔内圆磨床
磨削加工	线电极磨削		采用线状电极，工件回转，并作两个方向的进给运动	加工高精度低表面粗糙度的针状零件、小直径的轴类零件	

续表

展成加工	成型工具电极与工件均作旋转运动，以同步回转、倍角速回转，展成回转加工工具对工件作径向和轴向进给运动	加工各种复杂型面零件，如齿轮、螺纹、异形齿轮、螺纹环规、蜗轮蜗杆等；加工高精度、低表面粗糙度外回转体表面	JN-2、JN-8 内外螺纹电火花加工机床
表面处理	工具在工件表面上振动，工具相对工件移动	运动导轨、刀具、量具和模具刃口表面强化和镀覆	D9105 电火花强化机

6.2 电火花加工中的基本工艺规律

6.2.1 影响材料放电腐蚀的主要因素

电火花加工过程中，材料被放电腐蚀的规律是十分复杂的综合性问题。研究影响材料放电腐蚀的因素，对于应用电火花加工方法，提高电火花加工的生产率，降低工具电极的损耗是极为重要的。

6.2.1.1 极性效应

在电火花加工过程中，无论是正极还是负极，都会受到不同程度的电蚀。即使是相同材料，例如钢加工钢，正、负电极的电蚀量也是不同的。这种单纯由于正、负极性不同而彼此电蚀量不一样的现象叫做极性效应。如果两极材料不同，则极性效应更加复杂。

产生极性效应的原因很复杂，对这一问题的笼统解释是：在火花放电过程中，正、负电极表面分别受到负电子和正离子的轰击和瞬时热源的作用，在两极表面所分配到的能量不一样，因而熔化、气化抛出的电蚀量也不一样。这是因为电子的质量和惯性均小，容易获得很高的加速度和速度，在击穿放电的初始阶段就有大量的电子奔向正极，把能量传递给阳极表面，使电极材料迅速熔化和气化，而正离子则由于质量和惯性较大，启动和加速较慢，在击穿放电的初始阶段，大量的正离子来不及到达负极表面，到达负极表面并传递能量的只有一小部分离子。所以在用短脉冲加工时，电子的轰击作用大于离子的轰击作用，正极的蚀除速度大于负极的蚀除速度，这时工件应接正极。当采用长脉冲（即放电持续时间较长）加工时，质量和惯性大的正离子将有足够的时间加速，到达并轰击负极表面的离子数将随放电时间的增长而增多；由于正离子的质量大，对负极表面的轰击破坏作用强，同时自由电子挣脱负极时要从负极获取逸出功，而正离子到达负极后与电子结合释放位能，故负极的蚀除速度将大于正极，这时工件应接负极。因此，当采用窄脉冲（例如紫铜电极加工钢时，$t_i<10\sim20\mu s$）加工时，应选用正极性加工；当采用长脉冲（例如紫铜电极加工钢时，$t_i>20\mu s$）加工时，应采用负极性加工。实际操作过程中，正负极性的采用视具体的加工条件而定，没有统一的脉冲宽度分界线。

能量在两极上的分配对两个电极电蚀量的影响是一个极为重要的因素，而电子和正离子对电极表面的轰击则是影响能量分布的主要因素,因此,电子轰击和离子轰击无疑是影响极性效应的重要因素。但是,近年来的生产实践和研究结果表明,电极表面的吸附、覆盖和镀覆作用对极性效应的影响在某些条件下也不可忽视。例如,紫铜电极加工钢工件,当脉宽为 8μs 时,通常的脉冲电源必须采用正极性加工,但在用分组脉冲进行加工时,虽然脉宽也为 8μs,却需采用负极性加工,这时在正极紫铜表面明显地存在着吸附的炭黑膜,保护了正极,因而使钢工件负极的蚀除速度大大超过了正极。在普通脉冲电源上的实验也证实了黑膜对极性效应的影响,当采用脉宽为 12μs,脉间为 15μs,往往正极蚀除速度大于负极,应采用正极性加工。当脉宽不变,逐步把脉间减少(应配之以抬刀,以防止拉弧),使有利于黑膜在正极上的形成,就会使负极蚀除速度大于正极而必须改用负极性加工。实际上是极性效应和正极吸附炭黑之后对正极的保护作用的综合效果。

由此可见,极性效应是一个较为复杂的问题。除了脉宽、脉间的影响外,还有脉冲峰值电流、放电电压,工作液以及电极对的材料等都会影响到极性效应,从提高加工生产率和减少工具电极损耗的角度来看,极性效应愈显著愈好,故在电火花加工过程中必须充分利用。当用交变的脉冲电流加工时,单个脉冲的极效应便相互抵消,增加了工具的损耗。因此,电火花加工一般都采用单向脉冲电源。

为了充分地利用极性效应,最大限度地降低工具电极的损耗,应合理选用工具电极的材料,根据电极对材料的物理性能、加工要求选用最佳的电参数,正确地选用极性,使工件的蚀除速度最高,工具损耗尽可能小。

6.2.1.2　电参数对电蚀量的影响

在电火花加工过程中,无论正极或负极,都存在单个脉冲的蚀除量 q 与单个脉冲能量 W_M 在一定范围内成正比的关系。某一段时间内的总蚀除量 q 约等于这段时间内各单个有效脉冲蚀除量的总和,故正、负极的蚀除速度与单个脉冲能量、脉冲频率成正比。用公式表示为:

$$q_a = K_a W_M f\ t$$

$$q_c = K_c W_M f\ t$$

$$v_a = \frac{q_a}{t} = K_a W_M f$$

$$v_c = \frac{q_c}{t} = K_c W_M f$$

式中:q_a, q_c—正极、负极的总蚀除量

v_a, v_c—正极、负极的蚀除速度,亦即工件生产率或工具损耗速度

W_M—单个脉冲能量

f—脉冲频率

t—加工时间

K_a, K_c—与电极材料、脉冲参数、工作液等有关的工艺系数,又称阴、阳极的极间能量分配系数

(以上符号中,角标 a 表示正极,c 表示负极)

单个脉冲放电所释放的能量取决于极间放电电压,放电电流和放电持续时间,所以单

个脉冲放电能量为：

$$W_M = \int_0^{t_e} u(t)i(t)\mathrm{d}t$$

式中：t_e—单个脉冲实际放电时间(s)

$u(t)$—放电间隙中随时间而变化的电压(V)

$i(t)$—放电间隙中随时间而变化的电流(A)

W_M—单个脉冲放电能量(J)

由于火花放电间隙的电阻的非线性特性，击穿后间隙上的火花维持电压是一个与电极对材料及工作液种类有关的数值(如在煤油中用紫铜加工钢时约为25V，用石墨加工钢时为30～35V；而在乳化液中用钼丝加工钢时则为16～18V)。火花维持电压与脉冲电压幅值、极间距离以及放电电流大小等的关系不大，因而可以说，正负极的电蚀量正比于平均放电电流的大小和电流脉宽；对于矩形波脉冲电流，实际上正比于放电电流的幅值。在通常的晶体管脉冲电源中，脉冲电流近似地为一矩形波，故当紫铜电极加工钢时的单个脉冲能量为：

$$W_M = (20 \sim 25)\hat{i}_e t_e$$

式中：$\hat{i}_e$—脉冲电流幅值(A)

由此可见，提高电蚀量和生产率的途径在于：提高脉冲频率 f，增加单个脉冲能量 W_M，或者说增加平均放电电流 i_e(对矩形脉冲即为峰值电流 $\hat{i}_e$)和脉冲宽度 t_i，减小脉间 t_0，设法提高系数 K_a、K_c。当然，实际生产时要考虑到这些因素之间的相互制约关系和对其他工艺指标的影响，例如脉冲间隔时间过短，将产生电弧放电，随着单个脉冲能量的增加，加工表面粗糙度精度也随之降低等等。

6.2.1.3 金属材料热学常数对电蚀量的影响

热学常数是指熔点、沸点(气化点)、热导率(导热系数)、比热容、熔化潜热、气化潜热等。几种常用材料的热学常数如表6-2所示。

表6-2 常用材料的热学常数

热学物理常数	材料				
	铜	石墨	钢	钨	铝
熔点 T_r(℃)	1083	3727	1535	3410	657
比热容 c[J/(kg·K)]	394	1675	695	130	1000
熔化潜热 q_r(J/kg)	179258		209340	159098	385185
沸点 T_f(℃)	2595	4830	3000	5930	2450
气化潜热 q_f(J/kg)	5304257	46054800	6290667		10894054
导热系数 λ[J/(m·s·K)]	399	80	82	170	238
热扩散率 $a=\lambda/c\rho$(cm²/s)	1.179	0.217	0.150	0.568	0.920
密度 ρ(g/cm³)	8.9	2.2	7.9	19.3	2.54

每次脉冲放电时，通道内及正、负电极放电点都瞬时获得大量热能。而正、负电极放电点所获得的热能，除一部分由于热传导散失到电极其他部分和工作液中外，其余部分将依次消耗在：①使局部金属材料温度升高直至达到熔点，而每千克金属材料升高 1℃（或 1K）所需之热量即为该金属材料的比热；②每熔化 1kg 材料所需之热量即为该金属的熔化潜热；③使熔化的金属液体继续升温至沸点，每千克材料升高 1℃所需之热量即为该熔融金属的比热；④使熔融金属气化，每气化 1kg 材料所需的热量称为该金属的气化潜热；⑤使金属蒸气缎续加热成过热蒸气，每千克金属蒸气升高 1℃所需的热量为该蒸气的比热。

显然，当脉冲放电能量相同时，金属的熔点、沸点、比热容、熔化潜热、气化潜热愈高，电蚀量将愈少，愈难加工；另一方面，导热系数愈大的金属，由于较多地把瞬时产生的热量传导散失到其他部位，降低了本身的蚀除量。所以，对于像金属一类具有熔点的材料，在电火花加工过程中，当单个脉冲能量一定时，脉冲电流幅值 $\hat{i}_e$ 愈小，即脉冲宽度 t_i 愈长，散失的热量也愈多，从而影响电蚀量的减少；相反，若脉冲宽度 t_i 愈短，脉冲电流幅值 $\hat{i}_e$ 愈大，由于热量过于集中而来不及传导扩散，虽使散失的热量减少，但抛出的金属中气化部分比例增大，多耗用不少气化热，电蚀量也会降低。对于像氮化硅、碳化硅等一类分解升华的工程材料，有其特有的规律，参看有关章节或资料。总之，电极的蚀除量与电极材料的导热系数以及其他热学常数、放电持续时间、单个脉冲能量有密切关系。

由此可见，当脉冲能量一定时，都会各有一个使工件电蚀量最大的最佳脉宽。由于各种金属材料的热学常数不同，故获得最大电蚀量的最佳脉宽也是不同的，另外，获得最大电量的最佳脉宽还与脉冲电流幅值有相互匹配的关系，它将随脉冲电流幅值 $\hat{i}_e$ 的不同而变化。

通过对放电过程进行模型化分析，结合实验研究，得到放电痕熔化体积的公式如下：

$$V=\frac{Q}{c\rho(T_r-T_0)+\rho q_r}$$

式中：V—电极上脉冲放电痕熔化体积（cm^3）

Q—电极上脉冲放电区域集聚的热量（J）

c—比热容[J/(kg·K)]

ρ—密度（g/cm^3）

T_r—熔点（℃）

T_0—原始温度（℃）

q_r—熔化潜热（J/kg）

图 6-5 示意地描绘了在相同放电电流情况下，不同电极材料的电蚀量与脉宽的关系。从图中可以看出，当采用不同的工具、工件材料时，选择脉冲宽度在 t_i 附近时，再加以正确选择极性，就既可以获得较高的生产率，又可以获得较低的工具损耗，有利于实现“高效低损耗”加工。

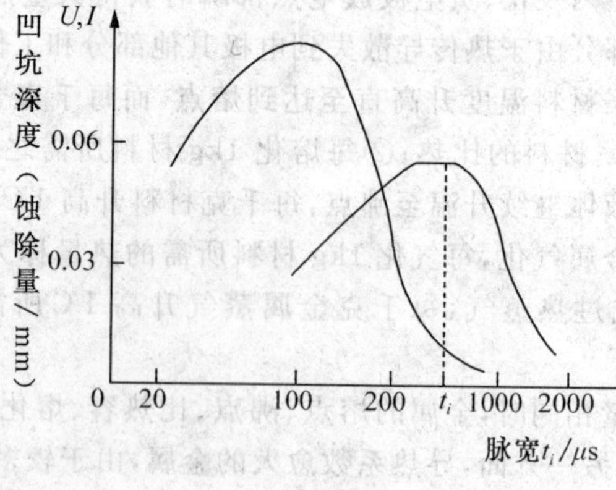

图 6-5　铜和钢两种材料的脉宽与蚀除量的关系

6.2.1.4　工作液对电蚀量的影响

在电火花加工过程中，工作液的作用是：形成火花击穿放电通道，并在放电结束后迅速恢复间隙的绝缘状态，对放电通道产生压缩作用，帮助电蚀产物的抛出和排除，对工具、工件的冷却作用，因而对电蚀量也有较大的影响。介电性能好、密度和黏度大的工作液有利于压缩放电通道，提高放电的能量密度，强化电蚀产物的抛出效应，但黏度大不利于电蚀产物的排出，影响正常放电。

目前，常用的工作液有 L-AN（全损耗系统用油）、煤油、去离子水、乳化液等。L-AN 油黏度大，有利于压缩放电通道，提高放电通道的能量密度，增强蚀除物的抛出，但放电产生的炭黑多，黏度大对排屑不利，多用于粗加工。煤油黏度低，排屑条件好，多用于半精、精加工。水基工作液蚀除速度快，利于排屑，但绝缘强度低，易锈蚀机床，对放电通道的压缩作用差，蚀除量小。

6.2.1.5　影响电蚀量的一些其他因素

影响电蚀量的还有其他一些因素。首先是加工过程的稳定性，加工过程不稳定，将干扰以致破坏正常的火花放电，使有效脉冲利用率降低。随着加工深度、加工面积的增加，或加工型面复杂程度的增加，都不利于电蚀产物的排出，影响加工稳定性，降低加工速度，严重时将造成结炭拉弧，使加工难以进行。为了改善排屑条件，提高加工速度和防止拉弧，常采用强迫冲油和工具电极定时抬刀等措施。

如果加工面积较小，而采用的加工电流较大，也会使局部电蚀产物浓度过高，放电点不能分散转移，放电后的余热来不及传播扩散而积累起来，造成过热，形成电弧，破坏加工的稳定性。电极材料对加工稳定性也有影响，钢电极加工钢时不易稳定，紫铜、黄铜加工钢时则比较稳定。

加工极性也影响加工稳定性，通过对液体介质的击穿机理模型化分析研究知，无论脉宽的大小，正极性加工都有利于放电通道的形成，从而提高加工稳定性。脉冲电源的波形及其前后沿陡度影响着输入能量的集中或分散程度，对电蚀量也有很大影响。

电火花加工过程中电极材料瞬时熔化或气化而抛出，如果抛出速度很高，就会冲击另一电极表面而使其蚀除量增大；如果抛出速度较低，则当喷射到另一电极表面时，会反黏附和涂覆在电极表面，减少其蚀除量。此外，黑膜的形成也将影响到电极的蚀除量。如果工作液是以水溶液为基础的，如去离子水、乳化液等，还会产生电化学阳极溶解和阴极电镀沉积现象。影响电极的蚀除量。

6.2.2　电火花加工的加工速度和工具的损耗速度

电火花加工时，工具和工件同时遭到不同程度的电蚀，单位时间内工件的电蚀量称为加工速度，亦即生产率，单位时间内工具的电蚀量称为损耗速度，它们是一个问题的两个方面。

6.2.2.1　加工速度

一般采用体积加工速度 v_W（mm^3/min）来表示，即被加工掉的体积 V 除以加工时间 t：

$$v_W = V/t$$

有时为了测量方便，也采用重量加工速度 v_G 来表示，单位为 g/min。或直线加工速度 v_L，单位为 mm/min。

根据前面对电蚀量的讨论，提高加工速度的途径在于提高脉冲频率 f 或增加单个脉冲能量 W_M，设法提高极间能量分配系数 K_a 或 K_c。同时还应考虑这些因素间的相互制约关系和对其他工艺指标的影响。

提高脉冲频率，靠缩小脉冲停歇时间，但脉冲停歇时间过短，会使加工区工作液来不及消电离、排除电蚀产物及气泡，恢复其介电性能，以致形成破坏性的稳定电弧放电，使电火花加工过程不能正常进行。

增加单个脉冲能量主要靠加大脉冲电流和增加脉冲宽度。单个脉冲能量的增加可以提高加工速度，但同时会使表面粗糙度变差和降低加工精度，因此一般只用于粗加工和半精加工的场合。

提高极间能量分配系数 K_a 或 K_c 的途径很多，例如合理选用电极材料、电参数和工作液，改善工作液的循环过滤方式等。在具体条件下，特定数值的确定还有待于深入研究。

电火花成型加工的加工速度，粗加工（加工表面粗糙度 10～20μm）时可达 200～1000mm^3/min，半精加工（2.5～10μm）时降低到 20～100mm^3/min，精加工（0.32～2.5μm）时一般都在 10mm^3/min 以下。随着表面粗糙度的改善，加工速度明显下降。

6.2.2.2　工具电极损耗速度

在生产实际中用来衡量工具电极是否耐损耗，不只是看工具损耗速度 v_E，还要看同时能达到的加工速度 v_W，因此，采用相对损耗或称损耗比 θ 作为衡量工具电极耐损耗的指标，即：

$$\theta = v_E / v_W \times 100\%$$

上式中的加工速度和损耗速度均以 mm^3/min 为单位计算，则 θ 为体积相对损耗。如以 g/min 为单位计算，则 θ 为重量相对损耗；如以 mm/min 为单位计算，则 θ 为直线相对损耗。

在电火花加工过程中，降低工具电极的损耗具有重大意义，因此，一直是人们努力追求的目标。为了降低工具电极的相对损耗，必须很好地利用电火花加工过程中的各种效应，这些效应主要包括：极性效应，吸附效应，传热效应等，这些效应又是相互影响、综合作用的。具体做法是：

(1)正确地选择极性。一般来说，在短脉冲精加工时采用正极性加工(即工件接电源正极)，而在长脉冲粗加工时则采用负极性加工。人们曾对不同脉冲宽度和加工极性的关系做过许多试验，得出了如图 6-6 所示的试验曲线。试验用的工具电极为直径 6mm 的紫铜，加工工件 为钢，工作液为煤油，矩形波脉冲电源，加工电流峰值为 10A。由图可见，负极性加工时，紫铜电极的相对损耗随脉冲宽度的增加而减少，当脉冲宽度大于 120μs 后，电极相对损耗将小于 1%，可以实现低损耗加工(相对损耗小于 1%的加工)。如果采用正极性加工，不论采用哪一挡脉冲宽度，电极的相对损耗都难于低 10%。然而在脉宽小于 15μs 的窄脉宽范围内，正极性加工的工具电极相对损耗比负极性加工小。

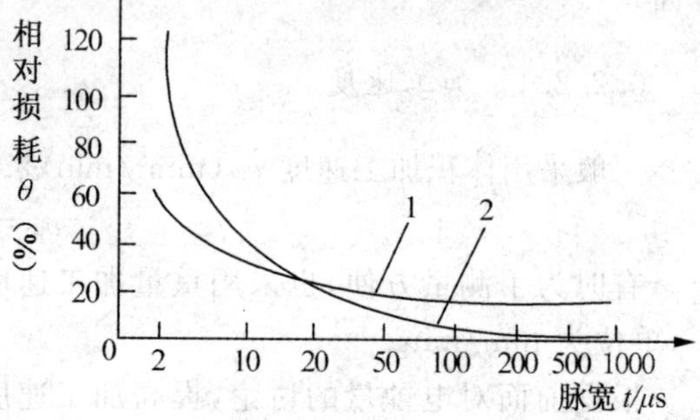

图 6-6 电极相对损耗与极性、脉宽关系

1—正极性加工 2—负极性加工

(2)利用吸附效应。在用煤油之类的碳氢化合物作为工作液时，在放电过程中将发生热分解，而产生大量的碳，还能和金属结合形成金属碳化物的微粒，即胶团。中性的胶团在电场作用下可能与其可动层(胶团的外层)脱离，而成为带电荷的碳胶粒。电火花加工中的碳胶粒一般带负电荷，因此，在电场作用下会向正极移动，并吸附在正极表面。如果电极表面温度合适(瞬时高于 400℃，低于电极材料的熔点)，且能保持一定时间，即能形成一定厚度的化学吸附碳层，通常称之为黑膜，对电极起到保护和补偿作用，从而实现"低损耗"加工。

由于黑膜只能在正极表面形成，因此，要利用黑膜的补偿作用来实现电极的低损耗，必须采用负极性加工。为了保持合适的温度场和吸附炭黑的时间，增加脉冲宽度是有利的，试验表明，当峰值电流，脉冲间隔一定时，黑膜厚度随脉宽的增加而增厚。而当脉冲宽度和峰值电流一定时，黑膜厚度随脉冲间隔的增大而减薄，这是由于脉冲间隔加大，引起放电间隙中介质消电离作用增强，胶粒扩散，放电通道分散，电极表面温度降低，使"吸附效应"减少。反之，随着脉冲间隔的减少，电极损耗随之降低。但过小的脉冲间隔将使放电间隙来不及消电离和使电蚀产物扩散，因而造成拉弧烧伤。

影响"吸附效应"的除上述电参数外，还有冲、抽油的影响。采用强迫冲、抽油，有利于间隙内电蚀产物的排除，使加工稳定。但强迫冲、抽油使吸附、镀覆效应减弱，因而增加了电极的损耗，因此，在加工过程中采用冲、抽油时，要注意控制其冲、抽油压力。

(3)利用传热效应。对电极表面温度场分布的研究表明，电极表面放电点的瞬时温度不仅与瞬时放电的总热量(与放电能量成正比)有关，而且与放电通道的截面积有关，还与电极材料的导热性能有关。因此，在放电初期限制脉冲电流的增长率对降低电极损耗是有利的，使电流密度不致太高，也就使电极表面温度不致过高而遭受较大的损耗。脉冲电流增长率太高时，对在热冲击波作用下易脆裂的工具电极（如石墨）的损耗，影响尤为显著。另外，由于一般采用的工具电极的导热性能比工件好，如果采用较大的脉冲宽度和较小的脉冲电流进行加工，导热作用使电极表面温度较低而减少损耗，工件表面温度仍比较高而遭到蚀除。

(4)选用合适的工具电极材料。钨、钼的熔点和沸点较高，损耗小，但其机械加工性能不好，价格又贵，所以除线切割外很少采用。铜的熔点虽较低，但其导热性好，因此损耗也较少，且能制成各种精密、复杂电极，常用作中、小型腔加工用的工具电极。石墨电极不仅热学性能好，而且在长脉冲粗加工时能吸附游离的碳来补偿电极的损耗，所以相对损耗很低，目前已广泛用作型腔加工的电极。铜碳、铜钨、银钨合金等复合材料，不仅导热性好，而且熔点高，因而电极损耗小，但由于其价格较贵，制造成型比较困难，因而一般只在精密电火花加工时采用。

上述诸因素对电极损耗的影响是综合作用的，根据实际生产经验，在煤油中采用负极性加工时，脉冲电流幅值与放电脉冲宽度的比值（$\hat{i}_e/t_e$）满足如下条件时，可以获得低损耗加工。

石墨加工钢　　$\hat{i}_e/t_e \leqslant 0.1 \sim 0.2\text{A}/\mu\text{s}$

铜加工钢　　$\hat{i}_e/t_e \leqslant 0.06 \sim 0.12\text{A}/\mu\text{s}$

钢加工钢　　$\hat{i}_e/t_e \leqslant 0.04 \sim 0.08\text{A}/\mu\text{s}$

以上低损耗条件的经验公式并不完善，其中没有包含脉冲间隔对电极损耗的影响，但在生产中仍有很大的参考价值。在实际应用中，由于有的脉冲电源没有等脉冲功能，因此常以电压脉宽 t_i 代替 t_e，以便于参数的设定。

6.2.3　影响加工精度的主要因素

影响加工精度的因素很多，机床本身的各种误差，以及工件和工具电极的定位、安装误差都会影响到加工精度，这里主要讨论与电火花加工工艺有关的因素。

主要影响因素有放电间隙的大小及其一致性、工具电极的损耗及其稳定。电火花加工时，工具电极与工件电极之间存在着一定的放电间隙，如果加工过程中放电间隙能保持不变，则可以通过修正工具电极的尺寸，对放电间隙进行补偿，能够获得较高的加工精度。然而，放电间隙的大小实际上是变化的，影响着加工精度。

放电间隙可用下列经验公式来表示：

$$S = K_u \hat{u}_i + K_R W_M^{0.4} + S_m$$

式中：S—放电间隙（指单面放电间隙，μm）

$\hat{u}_i$—开路电压(V)

K_u—与工作液介电强度有关的常数，纯煤油时为 5×10^{-2}，含有电蚀产物后 K_u 增大

K_R—常数，与加工材料有关，一般易熔金属的值较大，对铁，$K_R=2.5\times10^2$；硬质合金，$K_R=1.4\times10^2$；铜，$K_R=2.3\times10^2$

W_M—单个脉冲能量(J)

S_m— 考虑热膨胀、收缩、振动等影响的机械间隙,约为 3μm

除了间隙能否保持一致性外,间隙大小对加工精度也有影响,尤其是对复杂形状的加工表面,棱角部位电场强度分布不均,间隙越大,影响越严重。因此,为了减少加工误差,应该采用较弱的加工规准,缩小放电间隙,这样不但能提高仿形精度,而且放电间隙愈小,可能产生的间隙变化量也愈小;另外,还必须尽可能使加工过程稳定。电参数对放电间隙的影响是非常显著的,精加工的放电间隙一般只有 0.01mm(单面),而在粗加工时则可达 0.5mm 以上。

工具电极的损耗对尺寸精度和形状精度都有影响。电火花穿孔加工时,电极可以贯穿型孔而补偿电极的损耗,型腔加工时则无法采用这一方法,精密型腔加工时可采用更换电极的方法。

影响电火花加工形状精度的因素还有"二次放电",二次放电是指已加工表面上由于电蚀产物等的介入而再次进行的非正常放电,集中反映在加工深度方向产生斜度和加工棱角棱边变钝方面。

产生加工斜度的情况如图 6-7 所示,由于工具电极下端部加工时间长,绝对损耗大,而电极入口处的放电间隙则由于电蚀产物的存在,"二次放电"的几率大而扩大,因而产生了加工斜度。

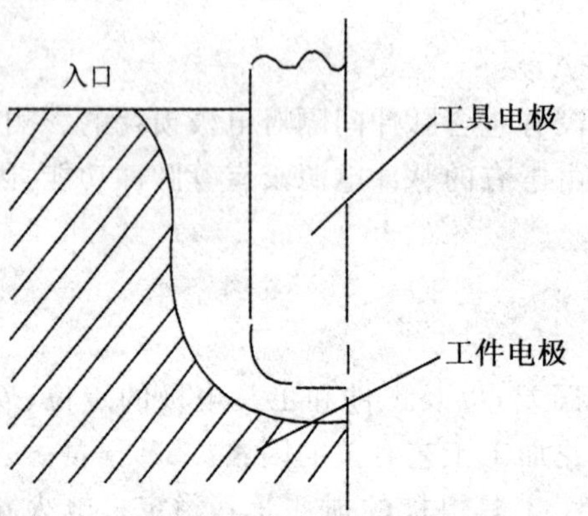

图 6-7 电火花加工产生斜度的示意图

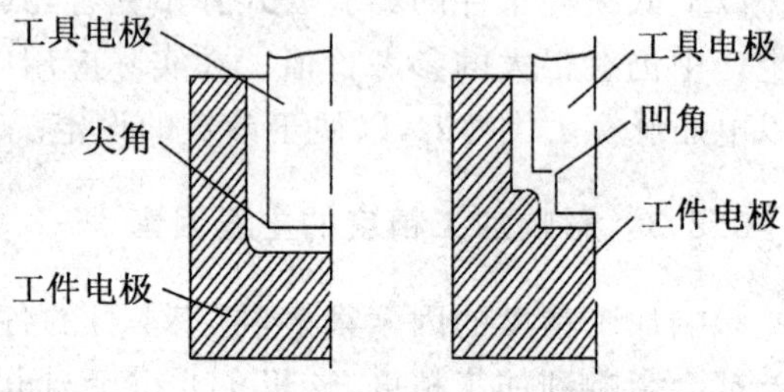

(a)工具电极有尖角时 (b)工具电极有凹角时

图 6-8 电火花成型加工时圆角的形成

电火花加工时,工具的尖角或凹角很难精确地复制在工件上,这是因为当工具为凹角时,工件上对应的尖角处放电蚀除的几率大,容易遭受腐蚀而成为圆角,如图 6-8(a)所示。当工具为尖角时,一则由于放电间隙的等距性,工件上只能加工出以尖角顶点为圆心,放电间隙为半径的圆弧;二则工具上的尖角本身因尖端放电蚀除的几率大而损耗成圆角,如图 6-8(b)所示。采用高频窄脉宽精加工,放电间隙小,圆角半径可以明显减小,因而提高了仿形精度,可以获得圆角半径小于 0.01mm 的尖棱,这对于加工精密小模数齿轮等冲模是很重要的。

目前,电火花加工的精度可达 0.01～0.05mm。

6.2.4 影响电火花加工表面质量的主要因素

电火花加工的表面质量主要包括表面粗糙度，表面变质层和表面力学性能三部分。

6.2.4.1 表面粗糙度

电火花加工表面和机械加工的表面不同，它由无方向性的无数小坑和硬凸边组成，特别有利于保存润滑油；而机械加工表面则存在着切削或磨削刀痕，具有方向性。两者相比，在相同的表面粗糙度和有润滑油的情况下，表面的润滑性能和耐磨损性能均比机械加工表面好。

与切削加工一样，电火花加工表面粗糙度通常用微观不平度的平均算术偏差 R_a 表示，也有用不平度的最大高度值 R_{max} 表示的。对表面粗糙度影响最大的是单个脉冲能量，因为脉冲能量大，每次脉冲放电的蚀除量也大，放电凹坑既大又深，从而使表面粗糙度变差。表面粗糙度和脉冲能量之间的关系，可用如下实验公式来表示：

$$R_{max}=K_R t_e^{0.3}\hat{i}_e^{0.4}$$

式中：R_{max}—实测的表面粗糙度（μm）

K_R—常数，铜加工钢时常取 2.3

t_e—脉冲放电时间（μs）

$\hat{i}_e$—峰值电流（A）

电火花加工的表面粗糙度和加工速度之间存在着很大的矛盾，例如从 2.5μm 提高到 1.25μm，加工速度要下降 5 倍以上。按目前的工艺水平，电火花成型加工要达到优于 0.32μm 是比较困难的，但是采用平动或摇动加工工艺，可以大为改善。目前，电火花穿孔加工侧面的最佳表面粗糙度为 1.25～0.32μm，电火花成型加工加平动或摇动后最佳表面粗糙度为 0.63～0.04μm，而类似电火花磨削的加工方法，其表面粗糙度可优于 0.04～0.02μm，这时加工速度很低。因此，一般电火花加工到 2.5～0.63μm 之后采用其他研磨方法改善其表面粗糙度比较经济。

工件材料对加工表面粗糙度也有影响，熔点高的材料（如硬质合金），在相同能量下加工的表面粗糙度要比熔点低的材料（如钢）好。当然，加工速度会相应下降。

精加工时，工具电极的表面粗糙度也将影响到加工表面粗糙度。由于石墨电极很难加工到非常光滑的表面，因此用石墨电极的加工表面粗糙度较差。

6.2.4.2 表面变质层

电火花加工过程中，在火花放电的瞬时高温和工作液的快速冷却作用下，材料的表面层发生了很大的变化，粗略地可把它分为熔化凝固层和热影响层。

(1)熔化凝固层。位于工件表面最上层，它被放电时瞬时高温熔化而又滞留下来，受工作液快速冷却而凝固。对于碳钢来说，熔化层在金相照片上呈现白色，故又称为白层，它与基体金属完全不同，是一种树枝状的淬火铸造组织，与内层的结合也不甚牢固。它由马氏体、晶粒极细的残余奥氏体和某些碳化物组成。

熔化凝固层的厚度随脉冲能量的增大而变厚，一般为 1～2 倍的 R_{max}，但一般不超过

0.1mm。

(2)热影响层。它介于熔化层和基体之间。热影响层的金属材料并没有熔化，只是受到高温的影响，使材料的金相组织发生了变化，它和基体材料之间并没有明显的界限。由于温度场分布和冷却速度的不同，对淬火钢，热影响层包括再淬火区、高温回火区和低温回火区；对未淬火钢，热影响层主要为淬火区。因此，淬火钢的热影响层厚度比未淬火钢大。

热影响层中靠近熔化凝固层部分，由于受到高温作用并迅速冷却，形成淬火区，其厚度与具体条件有关，一般为 2～3 倍的最大微观不平度值。对淬火钢，与淬火层相邻的部分受接近相变温度的影响和较缓慢的冷却，而形成高温、低温回火区，回火区的厚度约为最大微观不平度的 3～4 倍。

不同金属材料的热影响层金相组织结构是不同的，耐热合金的热影响层与基体差异不大。

(3)显微裂纹。电火花加工表面由于受到瞬时高温作用并迅速冷却而产生拉应力，往往出现显微裂纹。试验表明，一般裂纹仅在熔化层内出现，只有在脉冲能量很大情况下(粗加工时)才有可能扩展到热影响层。

脉冲能量对显微裂纹的影响是非常明显的，能量愈大，显微裂纹愈宽愈深。脉冲能量很小时(例如加工表面粗糙度优于 1.25μm 时)，一般不出现微裂纹。不同工件材料对裂纹的敏感性也不同，硬脆材料容易产生裂纹。工件预先的热处理状态对裂纹产生的影响也很明显；加工淬火材料要比加工淬火后回火或退火的材料容易产生裂纹，因为淬火材料脆硬，原始内应力也较大。

6.2.4.3 表面力学性能

(1)显微硬度及耐磨性。电火花加工后表面层的硬度一般均比较高，但对某些淬火钢，也可能稍低于基体硬度。对未淬火钢，特别是原来含碳量低的钢，热影响层的硬度都比基体材料高，对淬火钢，热影响层中的再淬火区硬度稍高或接近于基体硬度，而回火区的硬度比基体低，高温回火区又比低温回火区的硬度低。因此，一般来说，电火花加工表面最外层的硬度比较高，耐磨性好。但对于滚动摩擦，由于是交变载荷，尤其是干摩擦，则因熔化凝固层和基体的结合不牢固，容易剥落而磨损。

(2)残余应力。电火花加工表面存在着由于瞬时先热后冷作用而形成的残余应力，而且大部分表现为拉应力。残余应力的大小和分布，主要和材料在加工前的热处理状态及加工时的脉冲能量有关。因此，对表面层要求质量较高的工件，应尽量避免使用较大的加工规准。

(3)耐疲劳性能。电火花加工表面存在着较大的拉应力，还可能存在显微裂纹，因此其耐疲劳性能比机械加工表面低许多倍。采用回火处理、喷丸处理等，有助于降低残余应力，或使残余拉应力转变为压应力，从而提高其耐疲劳性能。

试验表明，当表面粗糙度在 0.32～0.08μm 范围内时，电火花加工表面的耐疲劳性能将与机械加工表面相近，这是因为电火花精微加工表面所使用的加工规准很小，熔化凝固层和热影响层均非常薄，不会出现显微裂纹，而且表面的残余拉应力也非常小的原因。

6.3 电火花加工设备和工作液

6.3.1 电火花加工机床

电火花加工在特种加工中是比较成熟的工艺，在民用、国防生产部门和科学研究中已经获得广泛应用，它相应的机床设备比较定型，并有专业工厂从事生产制造。电火花加工工艺及机床设备的类型较多，但按工艺过程中，工具与工件相对运动的特点和用途等来分，大致可以分为六大类，其中应用最广，数量较多的是电火花线切割机床和电火花成型加工机床，总的分类如前表 6-1 所列。

电火花成型加工机床主要由主机（包括自动调节系统的执行机构）、脉冲电源，自动进给调节系统、工作液净化及循环系统几部分组成。

主机主要包括主轴头、床身、立柱、工作台及工作液槽几部分，机床的整体布局，按机床型号的大小，油箱与电源箱放入机床内部成为整体，为整体式；否则，为分离式。一般以分离式的较多。

床身和立柱是机床的主要结构件，要有足够的刚度，床身工作台面与立柱导轨面间应有一定的垂直度要求，还应有较好的精度保持性，这就要求导轨具有良好的耐磨性和充分消除材料内应力等。

作纵横向移动的工作台一般都带有坐标装置。常用的是靠刻度手轮来调整位置随着要求加工精度的提高，可采用光学坐标读数装置、磁尺数显等装置。

近年来，由于工艺水平的提高及微机、数控技术的发展，已有三坐标伺服控制的以及主轴和工作台回转运动并加三向伺服控制的五坐标数控电火花机床，有的机床还带有工具电极库，可以自动更换工具电极，机床的坐标位移精度为 $1\mu m$。

主轴头是电火花成型机床中最关键的部件，是自动调节系统中的执行机构，对加工工艺指标的影响极大。对主轴头的要求是：结构简单、传动链短、传动间隙小、热变形小、具有足够的精度和刚度，以适应自动调节系统的惯性小、灵敏度好、能承受一定负载的要求。主轴头主要由进给系统、导向防扭机构、电极装夹及其调节环节组成。

液压主轴头结构有两种：一种是液压缸固定、活塞连同主轴上下移动，另一种是活塞固定、液压缸体连同主轴上下移动。前者结构简单，但刚性差，主轴导向部分为滑动摩擦，灵敏度差；后者结构复杂些，但刚性好，导向部分可制成静压导轨或滚动导轨，灵敏度高些。由于步进电机、力矩电机和数控直流、交流伺服电机的出现，电火花机床中已越来越多地采用电—机械式主轴头，它们的传动链短，可由电机直接带动进给丝杠，主轴头的导轨可采用矩形滚柱或滚针导轨。

工具电极的装夹及其调节装置的形式很多，其作用是调节工具电极和工作台的垂直度以及调节工具电极在水平面内微量的扭转角。常用的有十字铰链式和球面铰链式。

6.3.2 脉冲电源

电火花加工用的脉冲电源的作用是把工频交流电流转换成一定频率的单向脉冲电

流，以供给电极放电间隙所需要的能量来蚀除金属。脉冲电源对电火花加工的生产率、表面质量、加工精度、加工过程的稳定性和工具电极损耗等技术经济指标有很大的影响。

6.3.2.1　对脉冲电源的要求及其分类

对电火花加工用脉冲电源总的要求是：

(1)有较高的加工速度。不但在粗加工时要有较高的加工速度[$v_W > 10mm^3/(min \cdot A)$]，在精加工时也应有较高的加工速度；精加工时表面粗糙度应小于 1.25μm。

(2)工具电极损耗低。粗加工时应实现电极低损耗(相对损耗 $\theta < 1\%$)，中、精加工时也要使电极损耗尽可能低。

(3)加工过程稳定性好。在给定的各种脉冲参数下能保持稳定加工，抗干扰能力强、不易产生电弧放电，可靠性高、操作方便。

(4)工艺范围广。不仅能适应粗、中、精加工的要求，而且要适应不同工件材料的加工，以及采用不同工具电极材料进行加工的要求。

脉冲电源要都满足上述各项要求是困难的，一般来说，为了满足这些总的要求，对电火花加工脉冲电源的具体要求是：

(1)脉冲电压波形的前后沿应该较陡，这样才能减少电极间隙的变化及油污程度等对脉冲放电宽度和能量等参数的影响，使工艺过程较稳定。因此一般常采用矩形波脉冲电源。

(2)所产生的脉冲应该是单向，且是极性可调的，没有负半波或负半波很小，这样才能最大限度地利用极性效应，提高生产率和减少工具电极的损耗。

(3)脉冲的主要参数如峰值电流 $\hat{i}_e$、脉冲宽度 t_i、脉冲间隔 t_0 等应能在很宽的范围内可以调节，以满足粗、中、精加工的要求。近年来随着微电子技术的发展出现了可调节各种脉冲波形的电源，以适应不同加工工件材料和不同工具电极材料。

(4)脉冲电源应工作稳定可靠、成本低、寿命长，操作维修方便和体积小等，还要考虑节省电能。

关于电火花加工用脉冲电源的分类，目前尚无统一的规定。按其作用原理和所用的主要元件、脉冲波形等可分为多种类型，如表 6-3 所示。

表 6-3　电火花加工用脉冲电源分类

按主回路中主要元件种类	弛张式，电子管式，闸流管式，脉冲发电机式，可控硅式，晶体管式，MOS 管式，集成元件
按输出脉冲波形	矩形波，梳状波分组脉冲，三角形波，阶梯波，正弦波，高低压复合脉冲
按间隙状态对脉冲参数的影响	非独立式，独立式，可控(半独立)式
按工作回路数目	单回路，多回路

6.3.2.2　RC、RLC 线路脉冲电源

这类脉冲电源有各种不同的线路结构,但共同的工作原理都是利用电容器充电储存电能,而后瞬时放出,形成火花放电来蚀除金属。因为电容器时而充电,时而放电,一弛一张,故又称"弛张式"脉冲电源。

RC 线路是弛张式脉冲电源中最简单最基本的一种,图 6-9 是它的工作原理图。它由两个回路组成:一个是充电回路,由直流电源 D_C、充电电阻 R(可调节充电速度,同时限流以防电流过大及转变为电弧放电,故又称为限流电阻)和电容器 C(储能元件)所组成;另一个回路是放电回路,由电容器 C、工具电极和工件及其间的放电间隙所组成。

当直流电源接通后,电源经限流电阻 R 向电容 C 充电,电容 C 两端的电压按指数曲线逐步上升,因为电容两端的电压就是工具电极和工件间隙两端的电压,因此当电容 C 两端的电压上升到等于工具电极和工件间隙的击穿电压 U_d 时,间隙就被击穿,电阻变得很小,电容器上储存的能量瞬时放出,形成较大的脉冲电流 i_e,如图 6-10 所示。能量释放后,电压下降到接近于零,间隙中的工作液又迅速恢复绝缘状态。此后电容器再次充电,又重复前述过程。如果工具电极和工件电极间的间隙过大,则电容器上的电压 U_C 按指数曲线上升到直流电源电压 U。

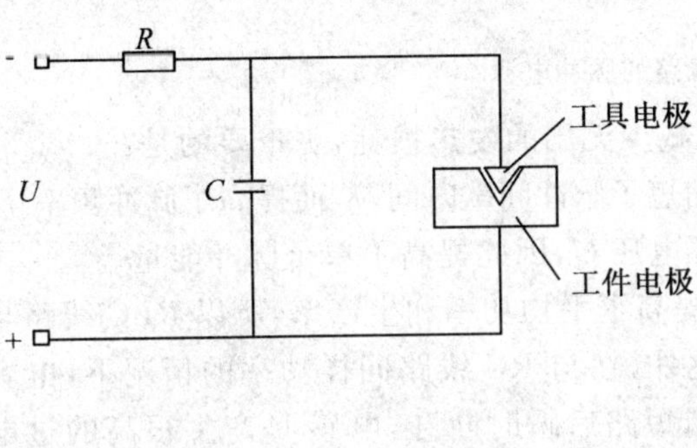

图 6-9　RC 线路的脉冲电源

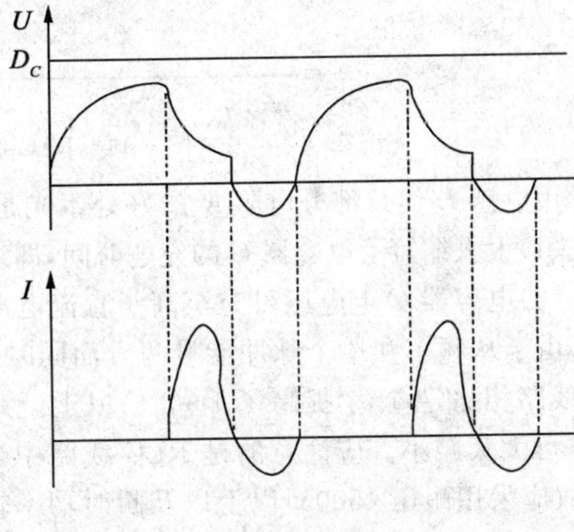

图 6-10　RC 线路的脉冲电源电压、电流波形

RC 线路充电、放电时间常数,充放电周期、频率,平均功率等的计算,可见参考有关文献。

RC 线路脉冲电源的最大优点为:

(1)结构简单,工作可靠,成本低。

(2)在小功率时可以获得很窄的脉宽(小于 0.1μs)和很小的单个脉冲能量,可用作光整加工和精微加工。

RC 线路脉冲电源的缺点是:

(1)电能利用效率很低,最大不超过 36%,因大部分电能经过电阻 R 时转化为热能损失掉了,这在大功率加工时是很不经济的。

(2) 生产效率低，因为电容器的充电时间 t_c 比放电时间 t_e 长很多(见图 6-11)，脉冲间歇系数太大。

(3)工艺参数不稳定。因为两电极间隙一直存在电压，击穿的随机性大，随时受电极间距离变动情况及工作液绝缘性能的综合影响，脉冲频率、脉冲能量等参数受干扰很大。

(4)由于放电回路存在寄生电感的影响，有反向脉冲存在，所以工具电极损耗大。

RC 线路脉冲电源主要用于小功率的精微加工。

为了改进 RC 线路脉冲电源的电能利用效率低和脉冲间歇系数大等缺点，可把充电电阻一分为二，其中一部分电阻用以限制短路电流，另一部分电阻用电感 L 代替，即成为 RLC 线路脉冲电源，如图 6-11 所示。因为单纯的电感虽然对直流电的阻力很小，但对交流或脉冲电流却具有感抗阻力，起限流作用，可是它并不会引起发热而消耗电能，所以 RLC 线路脉冲电源的电能利用效率要比 RC 线路的高，可达 60%～80%。

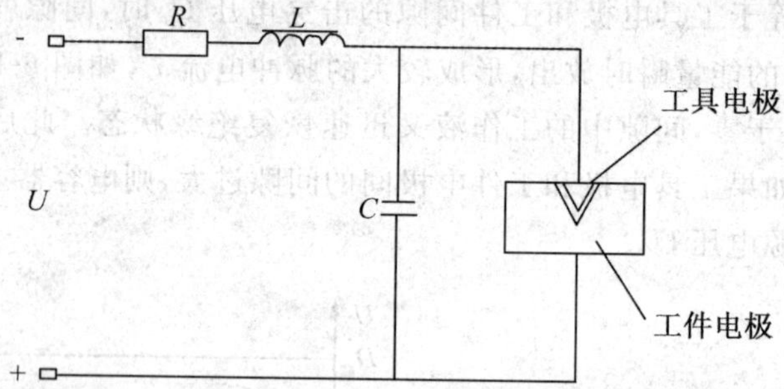

图 6-11　RLC 线路的脉冲电源

用电感 L 代替部分电阻 R 的好处不光是减少无用的发热损耗，更重要的是：

(1)大大缩短了电容器 C 的充电时间，即缩短了脉冲间歇时间，从而提高了脉冲频率 f。

(2)电容器 C 上电压可充至高于直流电源电压 U，因此提高了单个脉冲能量。

由于从频率和单个脉冲能量两方面同时提高了平均功率和生产率，所以 RLC 线路与 RC 线路相比，生产率提高了 1～2 倍以上。此外，在与 RC 线路同样功率的情况下，电容量 C 可大大减小。应注意的是 RLC 线路中当短路后瞬时断开，电感 L 产生很高的过电压，故应采用耐压 1500V 以上以及瞬时功率较大的电容器。同时这种情况自然也增加了加工过程中拉弧后断开的困难。

为了适当增加电流脉冲宽度，即把电容器放电过程拉长，在放电回路中常串入一个 $L_1=5\mu H$ 左右的空心电感 L 成为 RLCL 线路脉冲电源，如图 6-12(a)所示。它比 RLC 线路又可以提高 10%左右的生产率。此外还可在放电电路中并联数个 CL 回路，以进一步增大脉宽，如图 6-12(b)所示。

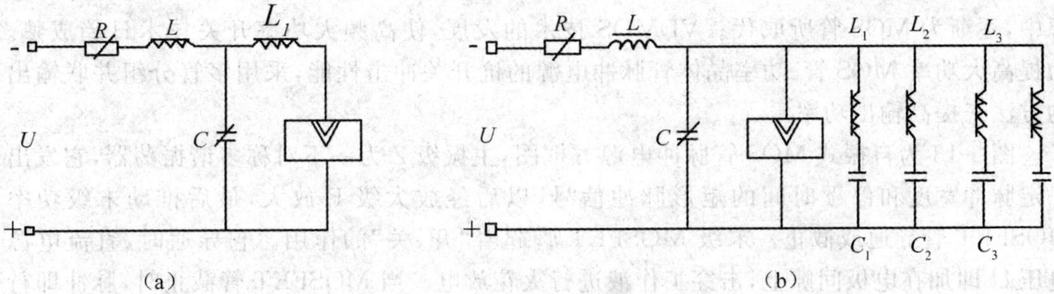

图 6-12 RLCL 线路的脉冲电源

上述各类弛张式脉冲电源的共同优点是线路简单可靠，成本低廉，容易掌握，但它们的共同缺点是生产率低、工具损除大，因为电容放电时间较短，很难获得生产率高、损耗低的长脉宽。此外是稳定性差，因为这类电源本身并不“独立”形成和发生脉冲，而是靠电极间隙中工作液的击穿和消电离使脉冲电流导通和切断，所以间隙大小、间隙中电蚀产物的污染程度及排出情况等，都影响脉冲参数，因此脉冲频率、宽度、能量都不稳定，而且放电间隙经过限流电阻始终和直流电源直接联通，没有开关元件使之隔离开来，所以随时都有放电的可能，并容易转为电弧放电。针对这些缺点，人们在实践中研制出了放电间隙和直流电源各自独立、互相隔离、能独立形成和发生脉冲的电源。它们可以大大减少电极间隙物理状态参数变化的影响。这类电源为区别于前述弛张式脉冲电源，称为独立式脉冲电源，如闸流管式、电子管式，可控硅式、晶体管式等脉冲电源。

6.3.2.3 闸流管式和电子管式脉冲电源

闸流管式和电子管式脉冲电源属于独立式脉冲电源，它们是以末级功率开关器件而命名。闸流管和电子管均为高阻抗开关元件，因此主回路中常为高压小电流，必须采用脉冲变压器变换为大电流的低压脉冲，才能用于电火花加工。

闸流管式和电子管式脉冲电源，由于受到末级功率管以及脉冲变压器性能的限制，脉冲宽度比较窄，脉冲电流也不可能太大，且耗能大，故主要用于冲模类穿孔加工等精加工场合，不适于型腔加工。因此，已为晶体管式、可控硅式脉冲电源所替代。

6.3.2.4 可控硅式、晶体管式、MOS 管式脉冲电源

可控硅式脉冲电源是利用可控硅作为开关元件而获得单向脉冲的。由于可控硅的功率较大，脉冲电源所采用的功率管数目可大大减少，因此，200A 以上的大功率粗加工脉冲电源，一般采用可控硅。

晶体管式脉冲电源的输出功率及其最高生产率不易做到可控硅式脉冲电源那样大，但它具有脉冲频率高、脉冲参数容易调节、脉冲波形较好、易于实现多回路加工和自适应控制等自动化要求的优点。所以应用非常广泛，特别在中、小型脉冲电源中，都采用晶体管式电源。

晶体管式脉冲电源是利用功率晶体管作为开关元件而获得单向脉冲的。目前晶体管

的功率都还较小(和可控硅相比),高频开关的效率较低(和 MOS 管相比),因此在脉冲电源中,逐渐为 MOS 管所取代。VDMOS 技术的发展,使高频大功率开关技术日趋成熟。为提高大功率 MOS 管、功率晶体管脉冲电源的抗开关冲击性能,采用多管分组并联输出的方法来提高输出功率。

图 6-13 为自振式 MOS 管脉冲电源方框图,主振级 Z 为一不对称多谐振荡器,它发出一定脉冲宽度和停歇时间的矩形脉冲信号,以后经放大级 F 放大,最后推动末级功率 MOSFET 管导通或截止。末级 MOSFET 管起着"开、关"的作用。它导通时,直流电源电压 U 即加在电极间隙上,击穿工作液进行火花放电。当 MOSFET 管截止时,脉冲即行结束,工作液恢复绝缘,准备下一脉冲的到来。为了加大功率,及可调节粗、中、精加工规准,整个功率级由几十只大功率高频 MOSFET 管分为若干路并联,精加工只用其中一或二路。为了在放电间隙短路时不致损坏 MOSFET 管,每只 MOSFET 管均串联有限流电阻 R,并可以在各管之间起均流作用。图 6-13 即为 MOSFET 管脉冲电源某一路主回路的电路简图。

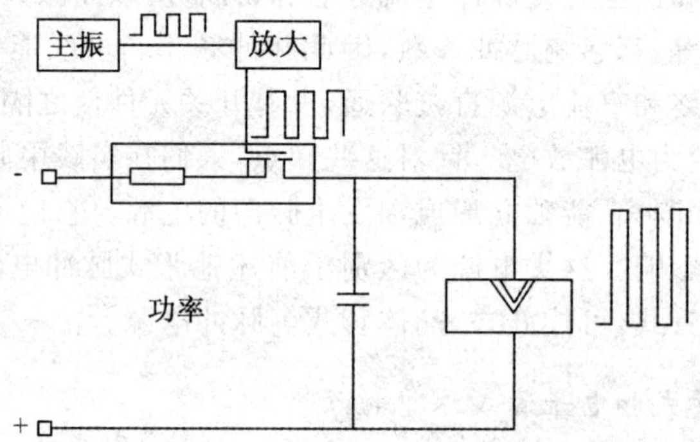

图 6-13　自振式 MOSFET 脉冲电源方框图

近年来随着电火花加工技术的发展,为进一步提高有效脉冲利用率,达到高速、低耗、稳定加工以及一些特殊需要,在可控硅式或 MOSFET 式脉冲电源的基础上,派生出不少新型电源和线路,如高、低压复合脉冲电源,多回路脉冲电源以及多功能电源等。

6.3.2.5　各种派生脉冲电源

(1)高低压复合脉冲电源

高低压复合回路脉冲电源,与放电间隙并联两个供电回路:一个为高压脉冲回路,其脉冲电压较高(300V 左右),平均电流很小,主要起击穿间隙的作用,也就是控制低压脉冲的放电击穿点,保证前沿击穿,因而也称之为高压引燃回路;另一个为低压脉冲回路,其脉冲电压比较低(60～80V),电流比较大,起着蚀除金属的作用,所以称之为加工回路。低压回路中串接二极管,用以阻止高压脉冲进入低压回路。所谓高低压复合脉冲,就是在每个工作脉冲电压(60～80V)波形上再叠加一个小能量的高压脉冲(300V 左右),使电极间隙先击穿引燃而后再放电加工,大大提高了脉冲的击穿率和利用率,并使放电间隙变大,排屑良好,加工稳定,在"钢打钢"时显出很大的优越性。

近年来在生产实践中，在复合脉冲的形式方面，除了高压脉冲和低压脉冲同时触发加到放电间隙去之外，还出现了两种低压脉冲比高压脉冲滞后一短时间 Δt 触发的形式。因为高压方波加到电极间隙上去之后，往往也需有一小段延时才能击穿，在高压击穿之前低压脉冲不起作用。而在精加工窄脉冲时，高压脉冲不提前，低压脉冲往往来不及起作用而成为空载脉冲，为此，应使高压脉冲提前触发，与低压同时结束。

(2)多回路脉冲电源

多回路脉冲电源，即在加工电源的功率级分割出相互隔离绝缘的多个输出端，可以同时供给多个回路的放电加工。这样不依靠增大单个脉冲放电能量，不使表面粗糙度变差而可以提高生产率，这在大面积、多工具、多孔加工时很有必要，如电机定、转子冲模、筛孔等等穿孔加工以及大型腔模加工中经常采用。

多回路电源总的生产率并不与回路数目完全成正比增加，因为多回路电源加工时，电极进给调节系统的工作状态变坏，当某一回路放电间隙短路时，电极回升，全部回路都得停止工作。回路数愈多，这种相互牵制干扰损失也愈大，因此回路数必须选取得当，一般常采用2～4个回路，加工愈稳定，回路数可取得愈多。多回路脉冲电源中，同样还可采用高低压复合脉冲回路。

(3)等脉冲电源

等脉冲电源是指每个脉冲在介质击穿后所释放的单个脉冲能量相等。对于矩形波脉冲电流来说，由于每次放电过程的电流幅值基本相同，因而等脉冲电源的每个脉冲放电电流持续时间也完全相同。

独立式、等频率脉冲电源，虽然电压脉冲宽度和脉冲间隔在加工过程中保持不变，但每次脉冲放电所释放的能量往往不相等。因为放电间隙物理状态总是不断变化的，每个脉冲的击穿延时随机性很大，各不相同，结果使实际放电的脉冲电流宽度发生变化，影响单个脉冲能量，因而也就影响加工表面粗糙度。等脉冲电源能自动保持脉冲电流宽度相等，用相同的脉冲能量进行加工，从而可以在保证一定表面粗糙度情况下，进一步提高加工速度。

为了获得等脉冲输出，通常是利用火花击穿讯号来控制电源的脉冲发生器，作为脉冲电流的起始时间，经过一定的单稳延时之后，立即中断脉冲输出，切断火花通道，从而完成一个脉冲输出。经过一定的脉冲间隔，又发出下一个脉冲电压，开始第二个脉冲输出过程。

(4)自适应控制脉冲电源

自适应控制脉冲电源有一个较完善的控制系统，能不同程度地代替人工监控功能，即能根据某一给定目标(保证一定粗糙度下提高生产率)来连续不断地检测放电加工状态，并与最佳模型(数学模型或经验模型)进行比较运算，然后用其计算结果控制有关参数，以获得最佳加工效果。这类脉冲电源实际上已是一个自适应控制系统，它的参数是随加工条件和极间状态而变化的。当工件和工具材料、粗、中、精不同的加工规准、工作液的污染程度与排屑条件、加工深度及加工面积等条件变化时，自适应控制系统都能自动地，连续不断地调节有关脉冲参数如脉间和进给、抬刀参数，以达到生产率最高的最佳稳定放电状态。

由此可知，自适应控制电源已超出了一般脉冲电源的研究范围，实际上它已属于自动控制系统的研究范围。要实现脉冲电源的自适应控制，首要问题是极间放电状态的识别与检测，其次是建立电火花加工过程的预报模型，找出被控量与控制信号之间的关系，即建立“评价函数”，然后根据系统的评价函数设计出控制环节。

对脉冲电源的研究，除研究元件性能对加工性能的影响外，也十分重视脉冲波形对加工性能的影响。高频分组脉冲和梳形波脉冲波形在一定程度上都具有高频脉冲加工表面粗糙度值小和低频脉冲加工速度高、电极损耗低的双重优点。梳形脉冲波不同于分组脉冲波之处在于大脉宽期间电压不过零，始终加有一较低的正电压，其作用为当负极性精加工时，使正极工具能吸附碳膜获得低损耗。

6.3.3 自动进给调节系统

6.3.3.1 自动进给调节系统的作用、技术要求和分类

电火花加工时，如果工具和工件的间隙过大，则不会产生放电，必须使电极工具进给靠拢；在放电过程中，电极工具工件不断被蚀除，间隙逐渐增大，必须使工具补偿进给，以维持所需的放电间隙；当工具工件间短路时，必须使工具回退，随即再重新进给调节到所需的放电间隙，这是正常加工所必须解决的问题。由于电火花加工放电间隙很小(0.01～0.2mm)，而且电蚀量、放电间隙在瞬时都不是常值而在一定范围内动荡变化，因此人工进给或恒速的“机动”进给很难满足要求，必须采用自动进给和调节装置。

自动进给调节系统的任务在于维持一定的放电间隙 S，保证电火花加工正常而稳定地进行，以获得较好的加工效果，可以用间隙蚀除特性曲线和进给调节特性曲线来说明。

图 6-14 中放电间隙 S 值与蚀除速度 v_W 有密切的关系。当间隙太大时，极间介质不易击穿，使有效脉冲利用率降低，因而使蚀除速度降低。当间隙太小时，又会因电蚀产物难于及时排除，产生二次放电，短路率增加，蚀除速度也将明显下降，甚至还会引起短路和烧伤，使加工难以进行。因此，必有一最佳放电间隙 S，对应于最大蚀除速度 B 点，图 6-14 中上凸的曲线 1 即间隙蚀除特性曲线，图中横坐标为放电间隙 S 或间隙平均电压 U_e(因 U_e 与 S 成对应关系)，纵坐标为加工速度 v_W。如果粗、精加工采用的规准不同，S 和 v_W 的对应值也不同，但趋势是大体相同的。

自动进给调节系统的进给调节特性曲线见图 6-14 中倾斜曲线 2，纵坐标为电极进给或回退速度。当间隙过大，例如大于等于 60μm，为 A 点的开路电压时，电极工具将以较大的空载速度 v_{dA} 向工件进给。随着放电间隙减小和火花率的提高，向下进给速度也逐渐减小，直至为零。当间隙短路时，工具将反向以 v_{d0} 高速回退。实际电火花加工时整个系统将力图自动趋向处于两条曲线的交点，因为只有在此交点上，进给速度等于蚀除速度，才是稳定的工作点和稳定的放电间隙（交点之右，进给速度大于蚀除速度，放电间隙将逐渐变小，反之，交点之左，间隙将逐渐变大）。在设计自动进给调节系统时，应根据这两特性曲线来使其工作点交在最佳放电间隙 S_B 附近，以获得最高加工速度。此外，空载时(间隙在 A 点或更右)，应以较快速度 v_{dA} 接近最高加工速度区(B 点附近)，一般 $v_{dA}=(5\sim15)v_{dB}$；间隙短路时也应以较快速度 v_{d0} 回退。一般认为，v_{d0} 为 200～300mm/min 时，即可快速有效地消除短路。

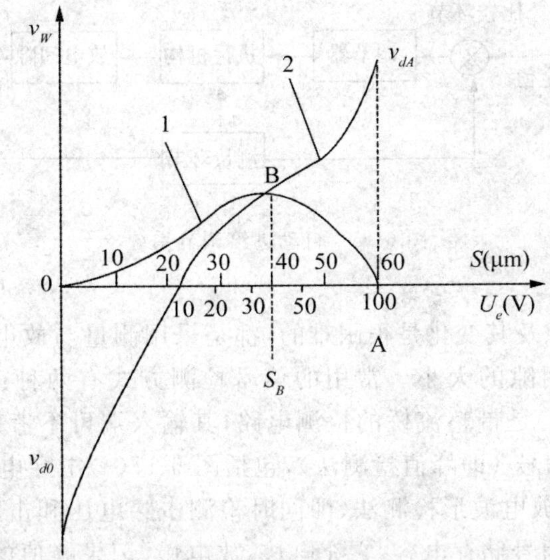

图 6-14　间隙蚀除特性与调节特性

1—蚀除特性曲线　2—调节特性曲线

对自动进给调节系统的一般要求如下：

(1)有较广的速度调节跟踪范围。在电火花加工过程中，加工规准、加工面积等条件的变化，都会影响其进给速度，调节系统应有较宽的调节范围，以适应加工的需要。

(2)有足够的灵敏度和快速性。放电加工的频率很高，放电间隙的状态瞬息万变，要求进给调节系统根据间隙状态的微弱信号能相应地快速调节。为此整个系统的不灵敏区、时间常数，可动部分的质量等惯性要求要小，放大倍数应足够，过渡过程应短。

(3)有必要的稳定性。电蚀速度一般不高，加工进给量也不必过大，所以应有很好的低速性能，均匀、稳定地进给，避免低速爬行，超调量要小，传动刚度应高，传动链中不得有明显间隙，抗干扰能力要强。

此外，自动进给装置还要求体积小，结构简单可靠及维修操作方便等。

目前电火花加工用的自动进给调节系统的种类很多，按执行元件大致可分为：电液压式(喷嘴—挡板、伺服阀)，步进电机宽调速力矩电机，直流伺服电机，交流伺服电机，直线电机。

虽然它们类型构造不同，但都是由几个基本环节组成的。

6.3.3.2　自动进给调节系统的基本组成部分

电火花加工用的进给调节和其他任何一个完善的调节装置一样，也是由测量环节、放大环节、执行环节等几个主要环节组成，图 6-15 是其基本组成部分方框图。实际上根据电火花加工机床的简、繁或不同的完善程度，基本组成部分可能略有增减。

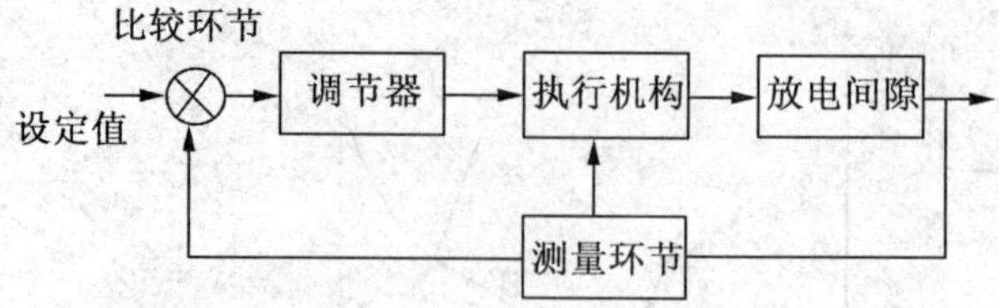

图 6-15　自动进给调节系统

(1) 测量环节

直接测量电极间隙及其变化是很困难的,都是采用测量与放电间隙成比例关系的电参数来间接反映放电间隙的大小。常用的信号检测方式有两种:一种是平均值测量法(见图 6-16),图 6-16(b)是带整流桥的检测电路,其输入端可不考虑间隙的极性;另一种是取脉冲电压的峰值信号(即峰值检测法),包括图 6-17(a)击穿电压检测法、图 6-17(b)击穿延时检测法,以及放电波形检测法(即同时检测击穿电压和击穿延时两个信号)。检测电路中的电容 C 为信号储存电容,它充电快,放电慢,记录峰值的大小,二极管 V_1 的作用是阻止负半波以及防止电容 C 所记录的电压信号再向输入端倒流放掉;稳压管 V_2 能阻止和滤除比其稳压值低的火花维持电压,从而突出空载峰值电压的控制作用,亦即只有出现多次空载波时才能输出进给信号。

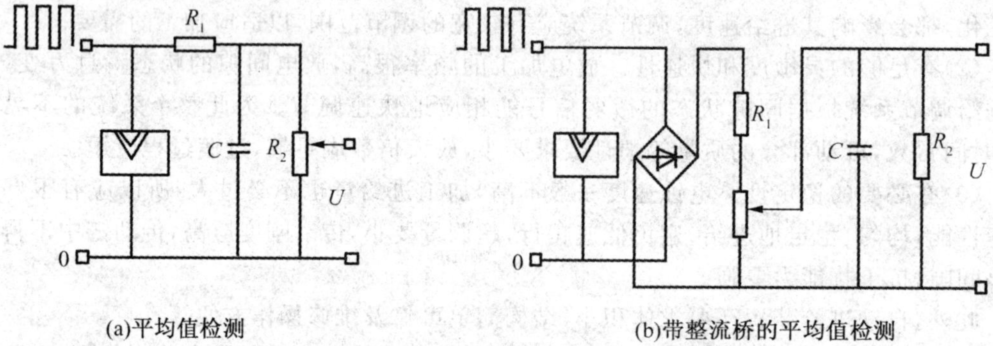

(a)平均值检测　　(b)带整流桥的平均值检测

图 6-16　平均值检测电路

图 6-17(a)击穿电压检测电路和图 6-17(b)击穿延时检测电路的差别,是电容 C 的充电时间常数不同。图 6-17(a)击穿电压检测电路中电容 C 的充电时间常数,远小于图 6-17(b)击穿延时检测电路中电容 C 的充电时间常数。因而,图 6-17(a)电容 C 上的电压,可以快速达到间隙上的峰值电压;图 6-17(b)电容 C 上的电压,随峰值电压的作用时间而变化,即可以反映击穿延时。

对于弛张式脉冲电源,一般可采用平均值检测法。独立式脉冲电源则采用峰值检测法,因为在脉冲间歇期间,两极间电压总是为零,故平均电压很低,对极间距离变化的反映不及峰值电压灵敏。

更合理的应是检测间隙间的放电状态。通常放电状态有空载、火花、短路三种,更完善一些还应能检测、区分电弧和不稳定电弧(电弧前兆)等。

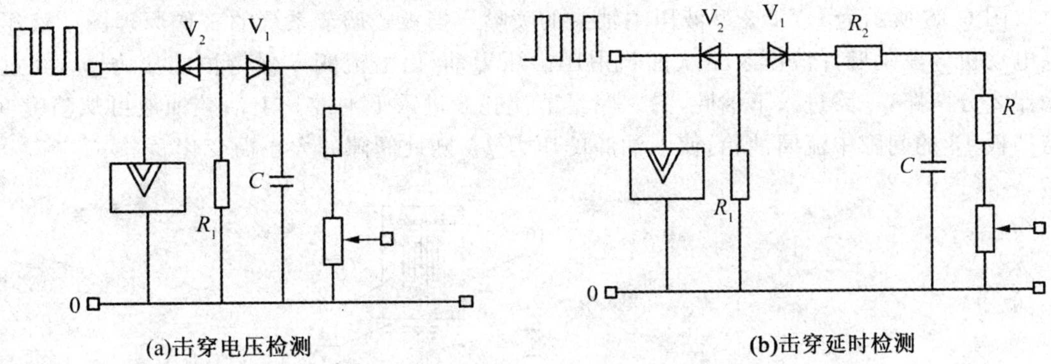

图 6-17　峰值检测电路

(2) 比较环节

比较环节用以根据“给定值”来调节进给速度,以适应粗、中、精不同的加工规准。实质上是把从测量环节得来的信号和“给定值”的信号进行比较,再按此差值来控制加工过程。大多数比较环节包含或合并在测量环节之中。

(3) 放大环节

由测量环节获得的信号,一般都很小,难于推动执行元件,必须要有一个放大环节,通常称它为放大器。为了获得足够的推动功率,放大器要有一定的放大倍数,然而,放大倍数过高也不好,它将会使系统产生过大的超调,即出现自激现象,使工具电极时进时退,调节不稳定。

常用的放大器主要是晶体管放大器和电液压放大器。

(4) 执行环节

执行环节也称执行机构,它根据控制信号的大小及时地调整工具电极的进给,以保持合适的放电间隙,从而保证电火花加工正常进行。由于它对自动调节系统有很大影响,通常要求它的机电时间常数尽可能小,以便能够快速反映间隙状态变化,机械传动间隙和摩擦力应当尽量小,以减少系统的不灵敏区;具有较宽的调速范围,以适应各种加工规准和工艺条件的变化。

6.3.3.3　电液自动进给调节系统

在电液自动进给调节系统中,液压缸、活塞是执行机构,事实上已和机床主轴连成一体。由于传动链短及液体的基本不可压缩性,所以传动链中无间隙、刚度大、不灵敏区小;又因为加工时进给速度很低,所以正、反向惯性很小,反应迅速,特别适合于电火花加工等的低速进给,得到了广泛的应用。按照控制方式,又可分为喷嘴—挡板式和伺服阀式两种,国内以喷嘴—挡板式应用最广。

喷嘴—挡板式电液自动进给系统的工作原理是:测量环节从放电间隙检测出电压信号,与给定值进行比较后输出一个控制信号,再经放大、传输给电—机械转换器,它使液压放大器中的喷嘴挡板有一个成比例的位移，因而改变喷嘴的出油量，造成液压缸上下油腔压力差变化，从而使主轴相应运动，调节放电间隙大小。

图 6-18 所示为 DYT-2 型液压主轴头的喷嘴一挡板式调节系统的工作原理图。液压泵电动机 3 驱动叶片液压泵 4 从油箱中压出压力油，由溢流阀 5 保持恒定压力 p_0，经过滤器 2 分两路，一路进入下油腔，另一路经节流孔 8 进入上油腔。上油腔油液可从喷嘴 9 与挡板 13 的间隙中流回油箱，使上油腔的压力 p_1，随此间隙的大小而变化。

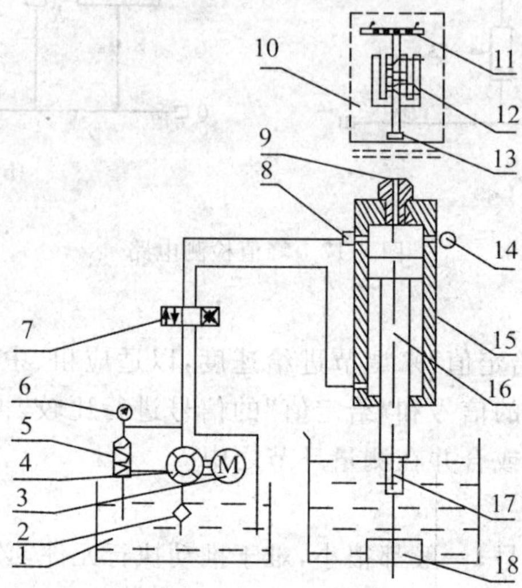

图 6-18　喷嘴—挡板式调节系统的工作原理图

1—油箱　2—过滤器　3—电动机　4—液压泵　5—溢流阀　6、14—压力表　7—换向阀　8—节流孔　9—喷嘴　10—电机械转换器　11—动圈　12—静圈　13—挡板　15—液压缸　16—活塞　17—工具电极　18—工件电极

电—机械转换器 10 主要由动圈(控制线圈)11 与静圈(励磁线圈)12 等组成。动圈处在励磁线圈的磁路中，与挡板 13 连成一体。改变输入动圈的电流，可使挡板随着而移动，从而改变挡板与喷嘴间的间隙。当动圈两端电压为零，此时动圈不受电磁力的作用，挡板处于最高位置，喷嘴与挡板间开口为最大，使油液流经喷嘴的流量为最大，上油腔的压力降亦为最大，压力 p_1 下降到最小值。设 A_2、A_1 分别为上、下油腔的工作面积，G 为活塞等执行机构移动部分的重量，这时 $p_0A_1>G+p_1A_2$，活塞杆带动工具上升。当动圈电压为最大时，挡板下移处于最低位置，喷嘴的出油口全部关闭，上、下油腔压强相等，使 $p_0A_1<G+p_1A_2$，活塞上的向下作用力大于向上作用力，活塞杆下降。当挡板处于平衡位置时，$p_0A_1=G+p_1A_2$，活塞处于静止状态。由此可见，主轴的移动是由电—机械转换器中控制线圈电流的大小来实现的。控制线圈电流的大小则由加工间隙的电压或电流信号来控制，因而实现了进给的自动调节。

6.3.3.4　电—机械式自动进给调节系统

在 20 世纪 60 年代，电—机械式自动调节系统是采用普通直流伺服电机的形式，由于其机械减速系统传动链长、惯性大、刚性差，因而灵敏度低，70 年代为电液自动调节系统所替代。80 年代以来，采用步进电机和力矩电机的电—机械式自动调节系统得到迅速发展。由于它们的低速性能好，可直接带动丝杠进退，因而传动链短、灵敏度高、体积小、结构简单，而且惯性小，有利于实现加工过程的自动控制和数字程序控制，因而在中、小型电火花机床中得到越来越广泛的应用。目前，采用直线电机的电—机械式自动调节系统得到推广应用。高响应速度的直线伺服系统省去滚珠丝杠传动，无振动、无噪音，可以实现 0.1μm 的控制当量和 36m/min 超高速回退。从而保证了加工的高效率、高精度及设备的高精度保持性。

图 6-19 是步进电机自动调节系统的原理方框图。检测环节对放电间隙进行检测后，输出一个反映间隙状态的电压信号。变频电路则将该信号加以放大，并转换成不同频率的脉冲，为环形分配器提供进给触发脉冲。同时，多谐振荡器发出恒频率的回退触发脉冲。根据放电间隙的物理状态，两种触发脉冲由判别电路选其一种送至环形分配器，决定进给或是回退。当极间放电状态正常时，判别电路通过单稳电路打开进给与门 1，当极间放电状态异常（短路或形成有害的电弧）时，则判别电路通过单稳电路打开回退与门 2，分别驱动相对应的环形分配器的相序，使步进电机正向或反向转动，使主轴进给或退回。

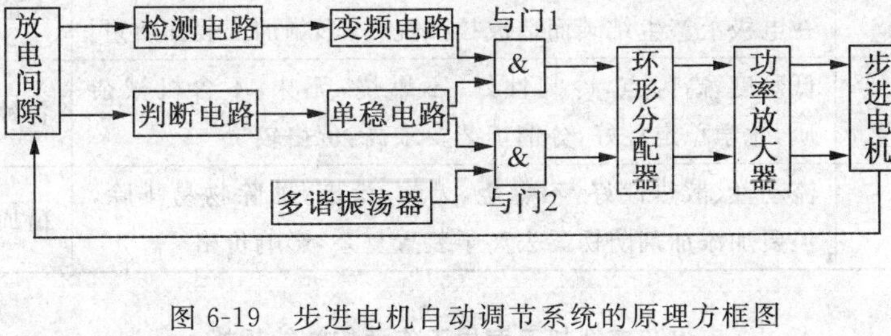

图 6-19 步进电机自动调节系统的原理方框图

在步进电机自动调节系统中，应注意控制当量（步距）的选择。控制当量是输入一个脉冲信号时，步进电机转动一“步”时主轴的位移量。它的大小与电火花加工工艺密切有关，控制当量太大，会常短路，使加工稳定性和加工速度明显降低，控制当量太小，又会影响主轴的进给和回退速度，特别是在放电间隙发生短路或有害电弧时，使电极来不及快速回退而导致电极与工件的烧伤（直线伺服电机无此缺陷）。

随着数控技术的发展，国内外的高档电火花加工机床均采用了高性能直流或交流伺服电机，并采用直接拖动丝杆的传动方式，以及使用直线伺服电机，再配以光电码盘、光栅、磁尺等作为位置检测环节。因而大大提高了机床的进给精度、功能和自动化程度。

6.3.4 工作液及其循环过滤系统

6.3.4.1 工作液的作用

电火花加工中，工作液的作用如下：

(1)压缩放电通道的区域，提高放电的能量密度，提高蚀除效果。

(2)加速极间介质的冷却和消电离过程，防止电弧放电。

(3)加剧放电时的流体动力过程，以利于蚀除金属的抛出。

(4)通过工作液的流动,加速了蚀除金属的排出,以保持放电工作稳定。

(5)改变工件表面层的理化性质。

(6)减少工具电极损耗,加强电极覆盖效应。

6.3.4.2 常用工作液

常用的工作液分油性和水溶性两大类,其中油性工作液主要有煤油、L-AN油、变压器油、锭子油等;水溶性工作液主要有去离子水、蒸馏水等。通常,应用最多的是煤油和去离子水。除通用的工作液,不少单位还研制了专用工作液,性能上各有特色。

表6-4列出了常用电火花加工工作液,表6-5列出了电火花成型加工专用工作液的性能规格。

表6-4　常用电火花加工工作液

种　类	特　点	适用场合
普通煤油	黏度低,排屑条件好,可利用极性效应减少和补偿工具电极损耗,闪点较低,油气挥发大	广泛使用,更适于半精和精加工
L-AN油,变压器油,锭子油	闪点较高,黏度较大,排屑困难,工作中分解的炭黑易粘在电极上产生结碳而造成拉弧烧伤,影响加工表面质量	大能量粗加工
电火花成型加工专用工作液	低黏度,高闪点,冷却性好,不燃烧,无味,不含机械杂质,化学稳定性好,分馏工艺要求高,价格较贵	各种规准加工
去离子水,蒸馏水	流动性、散热性好,不燃烧,无味,价廉,蚀除物易排除,但要加添加剂防锈。去离子装置复杂,影响价格	精加工、高速穿孔

表6-5　电火花成型加工专用工作液的性能规格

项　目		1号	2号	特1号
外观		清亮透明	清亮透明	无色透明
运动黏度(40℃)/(mm^2/s)		1.5～2.2	1.8～2.4	2.0～3.0
闪点(闭口)/℃	≥	80	100	80
馏程:干点/℃	≤	250	260	250
酸值/(KOH mol/kg)	≤	0.178	0.178	0.178
硫含量(质量分数)(%)	≤	0.05	0.05	0.05
水溶性酸、碱		无	无	无
机械杂质		无	无	无
水分		无	无	无

目前,混粉工作液的推广应用日趋广泛。从电火花加工机理可知,要降低加工表面粗糙度,就要减小单脉冲放电能量。对小面积电火花加工而言,是非常有效的,但对大面积电火花加工,由于极间电容相应变大,对放电能量的储能作用加强,当极间电压达到击穿

值进行脉冲放电时，放电能量已远大于单个脉冲能量。因此，单纯依靠减小单脉冲放电能量效果有限。20 世纪 80 年代末，日本学者研究出在工作液中添加一定数量的硅、铝、镍等微粉，能有效降低电火花加工后的表面粗糙度值，达到类似镜面的效果，并已逐步用于生产。混粉工作液的作用机理可分析如下：

(1)加工中放电间隙明显增大，使放电对工件表面的冲击力减小，从而使放电凹坑中蚀除抛出量减少，形成较浅的放电凹坑。

(2)金属及半导体微粉与被加工表面之间将产生微放电，形成分散式放电状况，有效地防止放电凹坑的多次重叠，使凹坑较浅。

(3)分散极间电容，使极间电容减小，从而有效地减小了放电脉冲能量。

(4)混粉工作液中的微粉对工件表面有抛光、磨料喷射加工等作用。

在油性和水溶性工作液中加一些添加剂以改善工作液的性能和效果是行之有效的，如电极低损耗添加剂、提高加工速度添加剂、降低表面粗糙度添加剂等，是值得研究开发的重要方向。

6.3.4.3　工作液循环过滤系统

工作液循环过滤系统包括工作液(煤油)箱、电动机、泵、过滤装置、工作液槽、油杯、管道、阀门、引射器以及测量仪表等。放电间隙中的电蚀产物除了靠自然扩散、定期抬刀以及使工具电极附加振动等排除外，常采用强迫循环的办法加以排除，以免间隙中电蚀产物过多，引起已加工过的侧表面间“二次放电”，影响加工精度，此外也可带走一部分热量。图 6-20 为工作液强迫循环的两种方式，图 6-20(a)(b)为冲油式，较易实现，排屑冲刷能力强，一般常采用，但电蚀产物仍通过已加工区，稍影响加工精度；图 6-20(c)(d)为抽油式，在加工过程中，分解出来的气体(H_2，C_2H_2等)易积聚在抽油回路的死角处，遇电火花引燃会爆炸“放炮”，因此一般用得较少，但在要求小间隙、精加工时也有使用的。

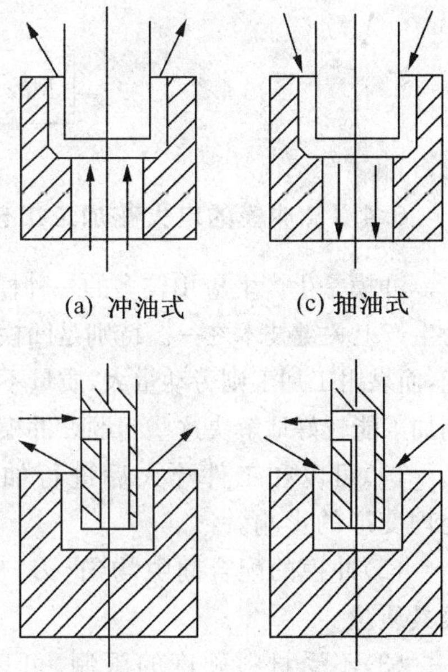

图 6-20　工作液循环方式

为了不使工作液越用越脏，影响加工性能，必须加以净化、过滤。其具体方法有：

(1)自然沉淀法。这种方法速度太慢，周期太长，只用于单件小用量或精微加工，否则，需要很大体积的工作液槽。

(2)介质过滤法。此法常用黄砂、木屑、棉纱头、过滤纸、硅藻土、活性炭等为过滤介质，各有优缺点。但对中小型工件，加工用量不大时，一般都能满足过滤要求，可就地取材，因地制宜。其中以过滤纸效率较高，性能较好，已有专用纸过滤装置生产。

(3)高压静电过滤、离心过滤法等。这些方法技术上比较复杂，采用较少。

目前生产上应用的循环系统形式很多，常用的工作液循环过滤系统应可以冲油，也可以抽油，目前国内已有多家专业工厂生产工作液过滤循环装置。

6.4　电火花穿孔成型加工

电火花穿孔成型加工是利用火花放电腐蚀金属的原理，用工具电极对工件进行复制加工的工艺方法，其应用范围可归纳为：

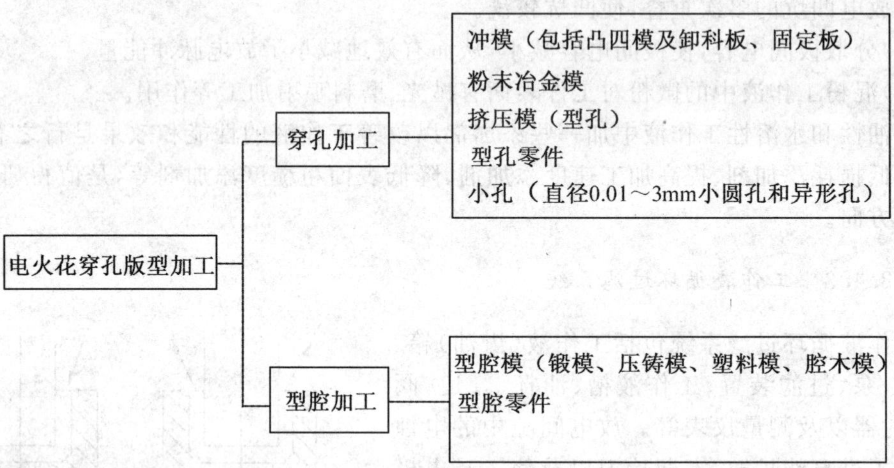

6.4.1　冲模的电火花加工工艺

冲模是生产上应用较多的一种模具，由于形状复杂和尺寸精度要求高，所以它的制造已成为生产上关键技术之一。特别是凹模，应用一般的机械加工是困难的，在某些情况下甚至不可能，而靠钳工加工则劳动量大，质量不易保证，还常因淬火变形而报废，采用电火花加工或线切割加工能较好地解决这些问题。冲模采用电火花加工工艺比机械加工有如下优点：

(1)可以在工件淬火后进行加工，避免了热处理变形的影响。

(2)冲模的配合间隙均匀，刃口耐磨，提高了模具质量。

(3)不受材料硬度的限制，可以加工硬质合金等冲模，扩大了模具材料的选用范围。

(4)对于中、小型复杂的凹模可以不用镶拼结构，而采用整体式，简化了模具的结构，提高了模具强度。

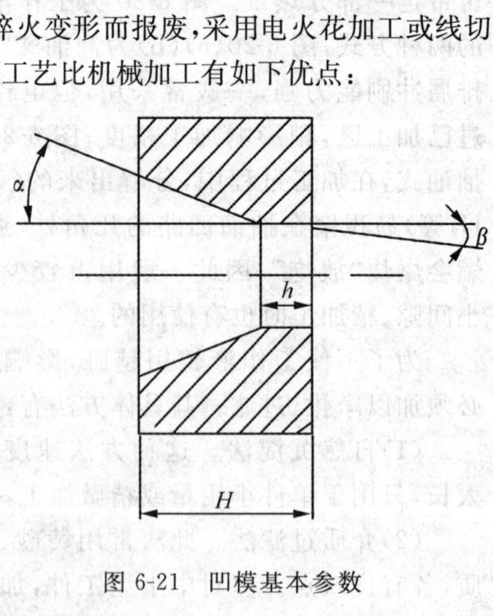

图 6-21　凹模基本参数

对凹模来说，主要质量指标是尺寸精度，冲头与凹模的配合间隙 δ_p，刃口高度 h，刃口斜度 β 和落料角 α(图 6-21)。β 角一般为 $5'\sim10'$。凹模的材料一般为 T10A、T8A、Cr12、GCr15 等，其中 Cr12 采用较多。

6.4.1.1 冲模的电火花加工工艺方法

凹模的尺寸精度主要靠工具电极来保证，因此，对工具电极的精度和表面粗糙度都应有一定的要求。如凹模的尺寸为 L_2，工具电极相应的尺寸为 L_1（图 6-22），单面火花间隙值为 S_L，则

$$L_2 = L_1 + 2S_L$$

其中火花间隙值 S_L，主要决定于脉冲参数与机床的精度，只要加工规准选择恰当，保证加工的稳定性，火花间隙值 S_L 的误差是很小的，因此，只要工具电极的尺寸精确，用它加工出的凹模也是比较精确的。

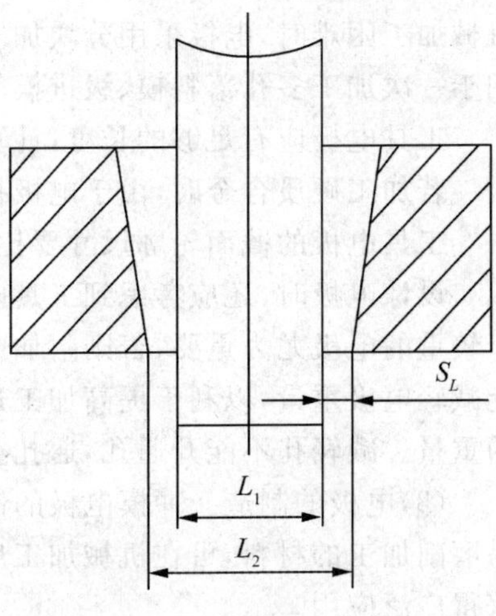

图 6-22 凹模电火花加工

对冲模，配合间隙 δ_p 是一个很重要的质量指标，它的大小与均匀性都直接影响冲片的质量及模具的寿命，在加工中必须给予保证。达到配合间隙的方法有很多种，电火花穿孔加工常用直接配合法。

直接配合法是直接用加长的钢凸模作为电极加工凹模，加工时将凹模刃口端朝下形成向上的"喇叭口"，加工后将工件翻过来使"喇叭口"向下作为凹模，电极也倒过来把损耗部分切除或用低熔点合金浇固作为凸摸。

配合间隙靠调节脉冲参数、控制火花放电间隙来保证。这样，电火花加工后的凹模就可以不经任何修正而直接与凸模配合。这种方法可以获得均匀的配合间隙，具有模具质量高、电极制造方便以及钳工工作量少的优点。

但这种"钢打钢"时工具电极和工件都是磁性材料，在直流分量的作用下易产生磁性，电蚀下来的金属屑被吸附在电极放电间隙的磁场中而形成不稳定的二次放电，使加工过程很不稳定。近年来由于采用了具有附加 300V 高压击穿（高低压复合回路）的脉冲电源，情况有了很大改善。目前，电火花加工冲模时的单边间隙可小至 0.02mm，甚至达到 0.01mm，所以，对一般的冲模加工，采用控制电极尺寸和火花间隙的方法可以保证冲模配合间隙的要求，故直接配合法在生产中已得到广泛的应用。

刃口斜度 β 角是指刃口斜面与轴线的夹角，在电火花加工中主要是靠精规准加工时"二次放电"形成的锥角来保证的，目前已可控制到 $2'\sim4'$ 的锥角，一般可达到 $10'$ 以内，而 β 角则为 $5'\sim10'$，基本上可以满足要求。

由于线切割加工机床性能不断提高和完善，可以很方便地加工出任何配合间隙的冲模，而且在有锥度切割功能的线切割机床上还可以切割出刃口斜度 β 和落料角 α。因此绝大多数冲模都已采用线切割加工。

6.4.1.2 工具电极

(1)电极材料的选择。凸模一般选优质高碳钢 T8A、T10A 或铬钢 Cr12、GCr15、硬质

合金等。应注意凸、凹模不要选用同一种钢材型号，否则电火花加工时更不易稳定。

(2)电极的设计。由于凹模的精度主要决定于工具电极的精度，因而对它有较为严格的要求，要求工具电极的尺寸精度和表面粗糙度比凹模高一级，一般精度不低于IT7，表面粗糙度小于1.25μm，且直线度、平面度和平行度在100mm长度上不大于0.01mm。

电极结构有整体式、镶拼式和组合式三种类型。整体式是最常用的，镶拼式结构用于机械加工困难时，电极采用分块加工再镶拼成整体。组合电极是将多个电极组合在一起，用于一次加工多孔落料模、级进模等。

工具电极应有足够的长度，计算公式可参考有关资料。

若加工硬质合金时，由于电极损耗较大，电极还应适当加长。

工具电极的截面轮廓尺寸要比预定加工的型孔尺寸均匀地缩小一个加工间隙。

设计电极时，还应考虑到工具电极与主轴连接后，其重心应位于主轴中心线上，这对于较重的电极尤为重要，否则附加的偏心矩易使电极轴线偏斜，影响模具的精度。应尽可能减轻电极重量，以利于提高加工过程的稳定性，一般是采用开减轻孔的方法来减轻电极的重量。减轻孔不能开通孔，通孔会影响工作液的强迫循环。

(3)电极的制造。冲模电极的制造，一般先经普通机械加工，然后成型磨削。一些不易磨削加工的材料，可在机械加工后，由钳工精修。目前，直接用电火花线切割加工电极获得广泛应用。

采用钢凸模淬火后直接作为电极加工钢凹模时，可用线切割或成型磨削磨出。如果凸凹模配合间隙不在电火花加工间隙范围内，则作为电极的部分必须在此基础上增大或缩小。常用的如化学浸蚀的办法做出一段台阶，均匀减小到尺寸要求。或采用镀铜、镀锌的办法扩大到要求的尺寸。为了提高凹模加工的生产率，常把钢凸模电极的下端浸蚀成为阶梯形，用它先粗加工，然后再用未浸蚀部分做精加工。

化学浸蚀的方法也称酸洗法，是采用含酸水溶液浸蚀电极，去除一层金属，这种方法在冲模电极制造中应用较广泛。浸蚀用酸的水溶液配方种类很多，表6-6是浸蚀钢电极的几种酸洗配方，可供参考。每分钟的浸蚀速度为0.005～0.01mm，应预试验一下。

表6-6　浸蚀钢电极的几种酸洗配方

	1	2	3	4
酸的水溶液配方（酸洗时液温为60℃～80℃）	硫酸54mL 硝酸30mL 盐酸30mL 磷酸15mL 氢氟酸6mL 水165mL	硝酸14% 氢氟酸6% 水80% （按体积比）	硝酸25% 水75% （按体积比）	盐酸40mL 过氧化氢50mL 水100mL
备　注	对Cr12钢最佳			对T10A钢最佳

6.4.1.3　工件的准备

电火花加工前，工件（凹模）型孔部分要加工预孔，并留适当的电火花加工余量。余量的大小应能补偿电火花加工的定位、找正误差及机械加工误差。一般情况下，单边余量为 0.3～1.5mm 为宜，并力求均匀。对形状复杂的型孔，余量要适当加大。

6.4.1.4　电规准的选择及转换

电规准是指电火花加工过程中一组电参数，如电压、电流、脉宽、脉间等。电规准选择正确与否，将直接影响着模具加工工艺指标。应根据工件的要求、电极和工件的材料、加工工艺指标（主要是加工速度、表面粗糙度、电极损耗比）和经济效果等因素来确定电规准，并在加工过程中及时地转换。

冲模加工中，常选择粗、中、精三种规准。每一种又可分几挡。对粗规准的要求是：生产率高（不低于 $50mm^3/min$）；工具电极的损耗小。转换中规准之前的表面粗糙度应小于 $10\mu m$，否则将增加中精加工的加工余量与加工时间；加工过程要稳定。所以，粗规准主要采用较大的电流，较长的脉冲宽度（$t_i = 20 \sim 200\mu s$），采用铜电极时电极相对损耗应低于 1%。

中规准用于过渡性加工，以减少精加工时的加工余量，提高加工速度，中规准采用的脉冲宽度一般为 $6 \sim 20\mu s$。

精规准用来最终保证模具所要求的配合间隙、表面粗糙度、刃口斜度等质量指标，并在此前提下尽可能地提高其生产率。故应采用小的电流、高的频率、短的脉冲宽度（一般为 $2 \sim 6\mu s$）。

粗规准和精规准的正确配合，可以适当的解决电火花加工时的质量和生产率之间的矛盾。

6.4.2　型腔模的电火花加工工艺

6.4.2.1　型腔模电火花加工的工艺方法

型腔模包括锻模、压铸模、胶木模、塑料模、挤压模等，它的加工比较困难。主要因为均是盲孔加工，工作液循环和电蚀产物排除条件差，工具电极损耗后无法靠进给补偿精度，金属蚀除量大，其次是加工面积变化大，加工过程中电规准的调节范围也较大，并由于型腔复杂，电极损耗不均匀，对加工精度影响很大。因此，对型腔模的电火花加工，既要求蚀除量大，加工速度高，又要求电极损耗低，并保证所要求的精度和表面粗糙度。

型腔模电火花加工主要有单电极平动法、多电极更换法和分解电极加工法等。

(1)单电极平动法。单电极平动法在型腔模电火花加工中应用最广泛。它是采用一个电极完成型腔的粗、中、精加工的。首先采用低损耗（$\theta < 1\%$）、高生产率的粗规准进行加工，然后利用平动头作平面小圆运动，如图 6-23 所示，按照粗、中、精的顺序逐级改变电规准。与此同时，依次加大电极的平动量，以补偿前后两个加工规准之间型腔侧面放电间隙差和表面微观不平度差，实现型腔侧面仿型修光，

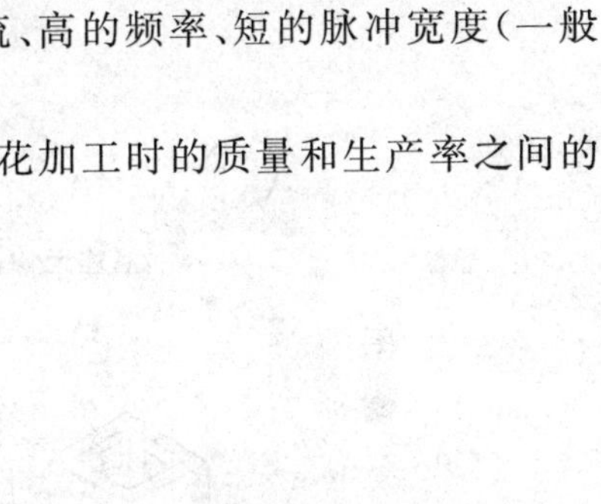

图 6-23　平动头加工示意图

完成整个型腔模的加工。

单电极平动法的最大优点是只需一个电极、一次装夹定位,便可达到±0.05mm 的加工精度,并方便了排除电蚀产物。它的缺点是难以获得高精度的型腔模,特别是难以加工出清棱、清角的型腔。因为平动时,使电极上的每一个点都按平动头的偏心半径作圆周运动,清角半径由偏心半径决定。此外,电极在粗加工中容易引起不平的表面龟裂状的积炭层,影响型腔表面粗糙度。为弥补这一缺点,可采用精度较高的重复定位夹具,将粗加工后的电极取下,经均匀修光后,再重复定位装夹,再用平动头完成型腔的终加工,可消除上述缺陷。

采用 3 轴以上的数控电火花加工机床时,是利用工作台按一定轨迹做微量移动来修光侧面的,为区别于夹持在主轴头上的平动头的运动,通常将其称作摇动。由于摇动轨迹是靠数控控制器产生的,所以具有更灵活多样的模式,除了小圆轨迹运动外,还有方形、十字形运动,因此更能适应复杂形状的侧面修光的需要,尤其可以做到尖角处的“清根”,这是平动头所无法做到的。图 6-24(a)为基本摇动模式,图 6-24(b)为工作台变半径圆形摇动,主轴上下数控联动,可以修光或加工出锥面、球面。由此可见,数控电火花加工机床更适合单电极法加工。

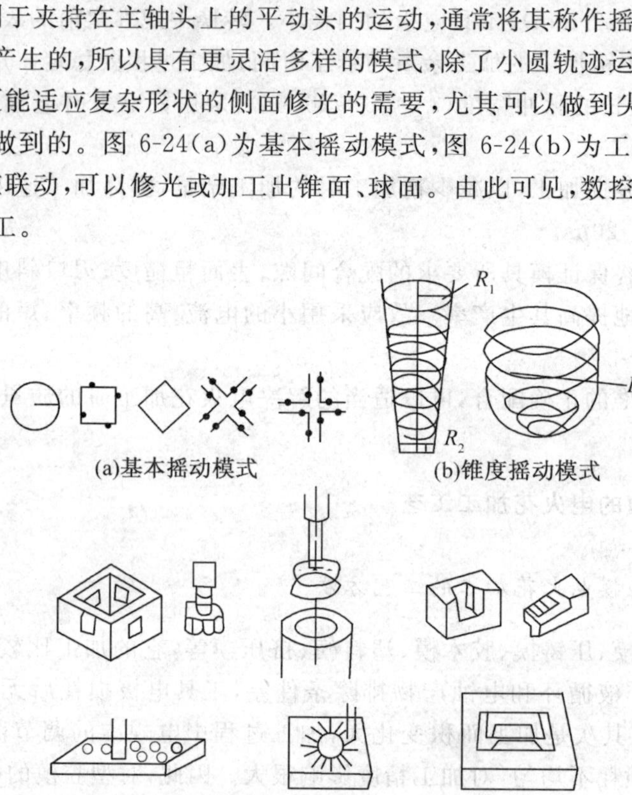

图 6-24　几种典型的摇动模式和加工实例

R_1—起始半径　R_2—终了半径　R—球面半径

另外,可以利用数控功能加工出以往普通机床难以或不能实现的零件。如利用简单电极 配合侧向(X、Y 向)、转动、分度等多轴控制,可加工复杂曲面、螺旋面、坐标孔、槽等,如图 6-24(c)所示。

(2)多电极更换法。多电极更换法是采用多个电极依次更换加工同一个型腔,每个电极加工时必须把上一规准的放电痕迹去掉。一般用两个电极进行粗、精加工就可满足要求。当型腔模的精度和表面质量要求很高时,才采用 3 个或更多个电极进行加工。

多电极加工的仿形精度高，尤其适用于尖角、窄缝多的型腔模加工。但要求多个电极的一致性好、制造精度高；另外，更换电极时要求定位装夹精度高，因此一般只用于精密型腔的加工，例如盒式磁带、收录机、电视机等机壳的模具，都是用多个电极加工出来的。

(3)分解电极法。分解电极法是单电极平动加工法和多电极更换加工法的综合应用。根据型腔的几何形状，把电极分解成主型腔和副型腔电极分别制造。先加工出主型腔，后用副型腔电极加工尖角、窄缝等部位的副型腔。此方法的优点是可以根据主、副型腔不同的加工条件，选择不同的加工规准，有利于提高加工速度和改善加工表面质量；同时还可以简化电极制造，便于修整电极。缺点是更换电极时主型腔和副型腔电极之间要求有精确的定位。

近年来，国外已广泛采用像加工中心那样具有电极库的 3～5 轴数控电火花机床，事先把复杂型腔分解为简单表面和相应的简单电极，编制好程序，加工过程中自动更换电极和转换规准，实现复杂型腔的加工。同时配合一套高精度辅助工具、夹具系统，可以大大提高电极的装夹定位精度，使采用分解电极法加工的模具精度大大提高。

6.4.2.2　型腔模加工用工具电极

(1)电极材料的选择。为了提高型腔模的加工精度，在电极方面，首先是寻找耐蚀性高的电极材料，如铜钨合金、银钨合金以及石墨电极等。由于铜钨合金和银钨合金的成本高，机械加工比较困难，故采用的较少，常用的为紫铜和石墨。这两种材料的共同特点是在宽脉冲粗加工时都能实现低损耗。

紫铜有如下优点：

1)不容易产生电弧，在较困难的条件下也能稳定加工。

2)精加工比石墨电极损耗小。

3)采用精微加工能达到优于 0.63μm 的表面粗糙度。

4)经锻造后还可做其他型腔加工用的电极，材料利用率高。

但其机械加工性能不如石墨好。

石墨电极的优点是：

1)机械加工成型容易，容易修正。

2)电火花加工的性能也很好，在宽脉冲大电流情况下具有更小的电极损耗。

石墨电极的缺点是容易产生电弧烧伤现象，因此在加工时应配合有短路快速切断装置；精加工时电极损耗较大，表面粗糙度只能达到 1.25μm。对石墨电极材料的要求是颗粒小、组织细密、强度高和导电性好。

(2)电极的设计。加工型腔模时的工具电极尺寸，一方面与模具的大小、形状、复杂程度有关，而且与电极材料、加工电流、深度、余量及间隙等因素有关。当采用平动法加工时，还应考虑所选用的平动量。

与主轴头进给方向垂直的电极尺寸称为水平尺寸(见图 6-25)，可用下式确定：

$$a = A \pm Kb$$

式中：a—电极水平方向尺寸

A—型腔图纸上名义尺寸

K—与型腔尺寸注法有关的系数[直径方向(双边)$K=2$，半径方向(单边)$K=1$]

b—电极单边缩放量(或平动头偏心量，一般取 0.7～0.9mm)

$$b=S_L+H_{\max}+h_{\max}$$

式中：S_L—电火花加工时单面加工间隙

$H_{\max}$—前一规堆加工时表面微观不平度最大值

$h_{\max}$—本规准加工时表面微观不平度最大值

式中的"±"号按缩、放原则确定，如图 6-25 中计算 a_1 时用"－"号，计算 a_2 时用"＋"号。

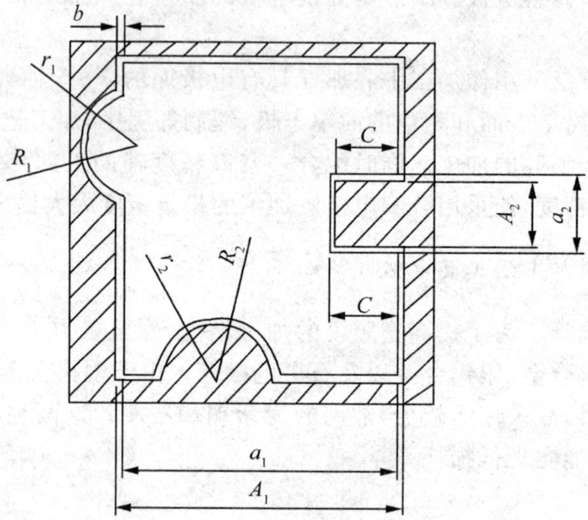

图 6-25　电极水平尺寸计算图

1—工具电极　2—工件电极

(3)排气孔和冲油孔设计。型腔加工一般均为盲孔加工，排气、排屑状况将直接影响加工速度、稳定性和表面质量。一般情况下，在不易排屑的拐角、穿缝处应开有冲油孔，而在蚀除面积较大以及电极端部有凹入的部位开排气孔。冲油孔和排气孔的直径一般为 1～2mm。若孔过大，则加工后残留的凸起太大，不易清除。孔的数目应以不产生蚀除物堆积为宜。孔距在 20～40mm，孔要适当错开。

6.4.2.3　工作液强迫循环的应用

型腔加工是盲孔加工，电蚀产物的排除比较困难，电火花加工时产生的大量气体如果不能及时排除，积累起来就会产生"放炮"现象。采用排气孔，使电蚀产物及气体从孔中排出。当型腔较浅时尚可满足工艺要求，但当型腔小而较深时，光靠电极上的排气孔，不足以使电蚀产物、气体及时排出，往往需要采用强迫冲油。这时电极上应开有冲油孔。

采用的冲油压力一般为 20kPa 左右，可随深度的增加而有所增加。冲油对电极损耗有影响，随着冲油压力的增加，电极损耗也增加了。这是因为冲油压力增加后，对电极表面的冲刷力也增加，因而使电蚀产物不易反粘到电极表面以补偿其损耗。同时由于游离碳浓度随冲油而降低，因而影响了黑膜的生成，且流场不均，电极局部冲刷和反粘及黑膜厚度不同，严重影响加工精度。电极的损耗又将影响到型腔模的加工精度，故对要求很高的锻模(如精锻齿轮的锻模)往往不采用冲油而采用定时抬刀的方法来排除电蚀产物，以保证加工精度，但生产率有所降低。

6.4.2.4　电规准的选择、转换，平动量的分配

在粗加工时，要求高生产率和低电极损耗，这时应优先考虑采用较宽的脉冲宽度(如在 400μs 以上)，然后选择合适的脉冲峰值电流，并应注意加工面积和加工电流之间的配合关系。通常，石墨电极加工钢时，平均电流密度为 $3\sim5A/cm^2$，紫铜电极加工钢时，平均电流密度可大些(大约 $10A/cm^2$)。

中规准与粗规准之间并没有明显的界限，应按具体加工对象划分。一般选用的脉冲宽度 t_i 为 20～400μs、电流峰值 $\hat{i}_e$ 为 10～25A 进行中加工。

精加工窄脉宽时，电极损耗率较大，一般为 10%～20%，好在加工留量很小，一般单边不超过 0.1～0.2mm。表面粗糙度应优于 2.5μm，一般都选用窄脉宽($t_i=2\sim20\mu s$)、小峰值电流($\hat{i}_e<10A$)进行加工。

加工规准转换的挡数，应根据所加工型腔的精度，形状复杂程度和尺寸大小等具体条件确定。当加工表面刚好达到本挡规准对应的表面粗糙度时，就应及时转换规准，这样既达到修光的目的，又可使各挡的金属蚀除量最少，得到尽可能高的加工速度和低电极损耗(参见《日本沙迪克公司电火花加工机床使用手册》)。

平动量的分配是单电极平动加工法的一个关键问题，主要取决于被加工表面由粗变细的修光量，此外还和电极损耗、平动头原始偏心量、主轴进给运动的精度等有关。一般中规准加工平动量为总平动量的 75%～80%，中规准加工后，型腔基本成型，只留很少余量用于精规准修光。

6.4.2.5　电火花加工工艺参数曲线图表

不管是电火花穿孔或型腔加工，都可应用电火花加工工艺参数曲线图表来正确选择各挡的加工规准。因为穿孔和型腔加工的主要工艺指标均为：表面粗糙度、精度(侧面放电间隙)、生产率(蚀除速度)和电极损耗。其主要脉冲参数为：极性、脉宽、脉间、峰值电流、峰值电压。对加工过程起重大影响的主要因素有电极工具、工件材料、冲抽油、抬刀、平动等情况。当然它们相互影响，错综复杂。

为了能指导正确选择电火花加工规准，使之有章可循，人们根据工具电极和工件电极材料、加工极性、脉宽，峰值电流等主要参数对电极损耗率、表面粗糙度、蚀除速度和放电间隙等的影响，作成如图 6-26、图 6-27、图 6-28、图 6-29 所示的工艺曲线图表，并可按此图来选择电火花穿孔和型腔的加工规准。

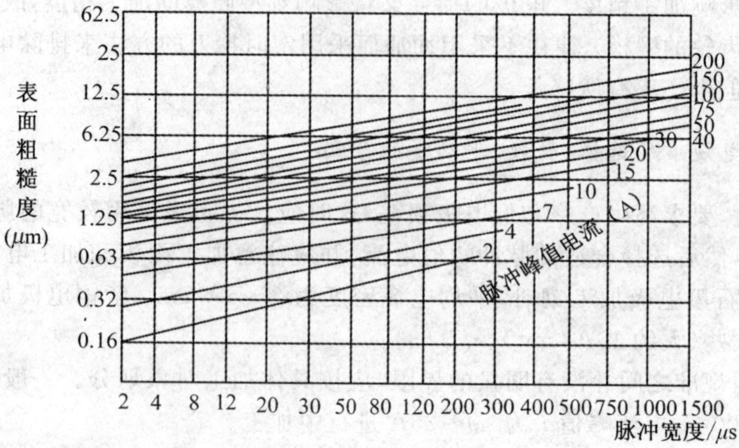

图 6-26 铜(+)打钢(−)时表面粗糙度与脉宽和峰值电流的关系曲线

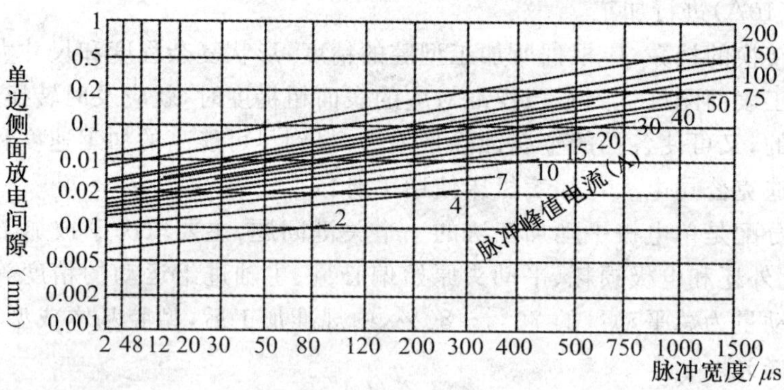

图 6-27 铜(+)打钢(−)时单边侧面放电间隙与脉宽和峰值电流的关系曲线

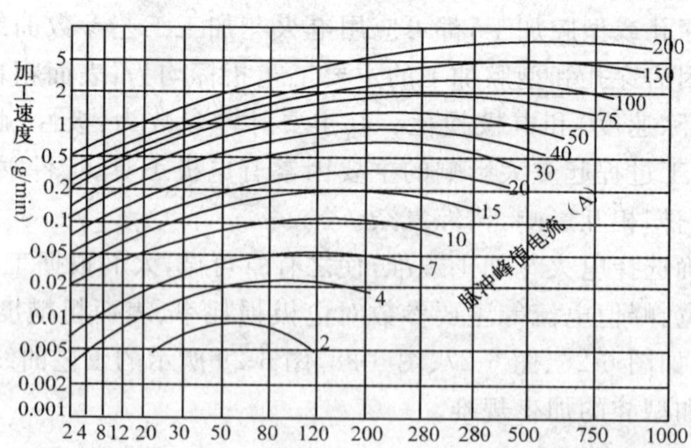

图 6-28 铜(+)打钢(−)时工件蚀除速度与脉宽和峰值电流的关系曲线

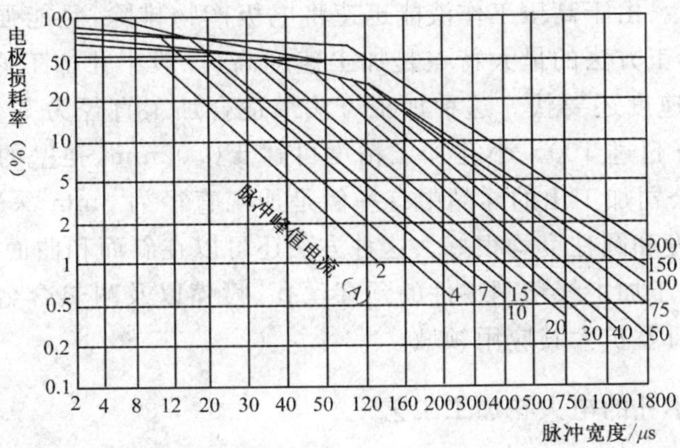

图 6-29　铜(＋)打钢(－)时电极损耗与脉宽和峰值电流的关系曲线

选择电规准的顺序应根据主要矛盾来决定。例如加工型腔模具，电极损耗比必须要低于 1%，则应按图 6-29 根据要求的电极损耗比来选择粗加工时的脉宽 t_i 和峰值电流 $\hat{i}_e$，这时把生产率、粗糙度等放在次要地位来考虑。型腔精加工时，则又需按表面粗糙度(图 6-27 的曲线)来选择 t_i 及 $\hat{i}_e$。

又如加工精密小模数齿轮冲模，除了侧面粗糙度外，主要还应考虑选择合适的放电间隙，以保证所规定的冲摸配合间隙，这样就需根据图 6-26 来选择 t_i 与 $\hat{i}_e$。

如果是加工预孔或去除断丝锥等精度要求不高的加工，则可按图 6-28 选取最高生产率的脉冲参数 t_i 及 $\hat{i}_e$。

脉冲间隙时间 t_0 的选择，粗加工长脉宽时取脉宽的 1/5～1/10，精加工时取脉宽的 2～5 倍，脉间大，生产率低，但过小则加工不稳定，易拉弧。

加工面积小时不宜选择过大的峰值电流，否则放电集中，易于拉弧。一般小面积时以保持 10～15A/cm^2，大面积时保持 10A/cm^2 以下的电流密度为宜。为此在粗加工刚开始时可能实际加工面积很小，应暂时减少峰值电流或加大脉冲间隔。

6.4.3　小孔电火花加工工艺

小孔加工也是电火花成型加工的一种应用。小孔加工的特点是：①加工面积小，深度大，直径一般为 0.05～2mm，深径比达 20 以上；②小孔加工均为盲孔加工，排屑困难。

小孔加工由于工具电极截面积小，容易变形，不易散热，排屑又困难，因此电极损耗大。工具电极应选择刚性好、容易矫直、加工稳定性好和损耗小的材料，如铜钨合金丝、钨丝、钼丝、黄铜丝等。加工时为了避免电极弯曲变形，还需设置工具电极的导向装置。

为了改善小孔加工时的排屑条件，使加工过程稳定，常采用电磁振动头，使工具电极丝沿轴向振动。或采用超声波振动头，使工具电极轴向高频振荡，进行电火花超声波复合加工，可以大大提高生产率。如果所加工的小孔直径较大，允许采用空心电极(如空心不锈钢管或黄铜管)，则可以用较高的压力强迫冲油，加工速度将会显著提高。

电火花高速小孔加工工艺是近年来新发展起来的。其工作原理是采用管状电极，加工时电极作回转和轴向进给运动，管电极中通入 1～5MPa 的高压工作液(去离子水，蒸馏水、乳化液或煤油)。由于高压工作液能迅速将电极产物排除,且能强化火花放电的蚀除作用,因此,这一加工方法的最大特点是加工速度高,一般小孔加工速度可达 60mm/min 左右,比普通钻孔速度还要快。这种加工方法最适合加工直径为 0.3~3mm 的小孔,且深径比适应范围可超过 100。小孔加工精度可达±0.02mm,孔壁的表面粗糙度不大于 0.32μm。国外某公司加工出的样品中有一例是加工直径为 3mm 深达 330mm 的深孔零件,且孔的尺寸精度和圆柱度均很好。这种方法还可以在斜面和曲面上打孔。目前,这种加工方法已被应用于加工线切割零件的预穿丝孔、喷嘴以及耐热合金等难加工材料的小孔加工中,并且会日益扩大其应用领域。

6.4.4 异形小孔的电火花加工工艺

电火花加工不但能加工圆形小孔,而且能加工多种异形小孔,图 6-30 为异形孔的径向断面形状。

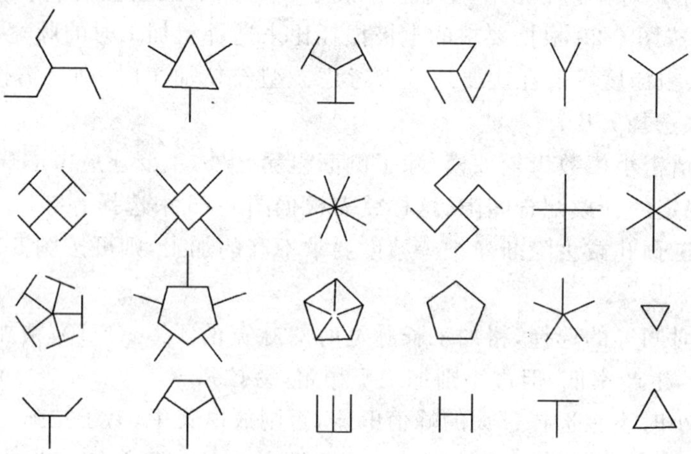

图 6-30 电火花可加工的异形孔的径向断面形状

加工微细而又复杂的异形小孔,加工情况与圆形小孔加工基本一样,关键是异形电极的制造,其次是异形电极的装夹。

制造异形小孔电极,主要有下面几种方法:

(1)冷拔整体电极法

采用电火花线切割加工工艺并配合钳工修磨制成异形电极的硬质合金拉丝模,然后用该模具拉制成异形截面的电极。这种方法效率高,用于较大批量生产。

(2)电火花线切割加工整体电极法

利用精密电火花线切割加工制成整体异形电极。这种方法的制造周期短,精度和刚度较好,可以修磨抛光,保证型孔加工质量。

(3)电火花反拷加工整体电极法

如图 6-31 即为电火花反拷加工制造异形电极的示意图。用这种方法制造的电极定位装夹方便。

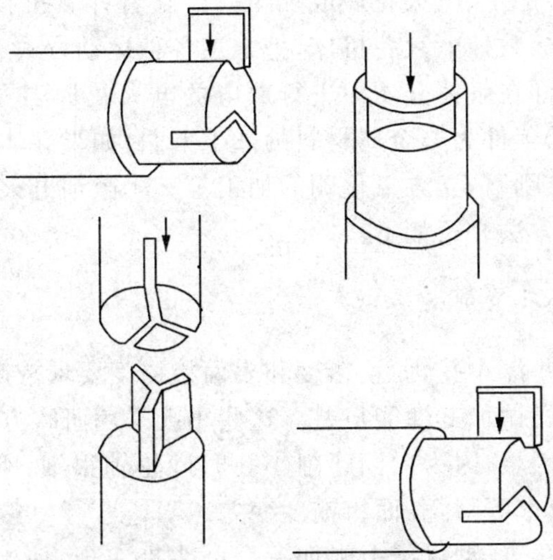

图 6-31　电火花反拷加工制造异形电极的示意图

由于加工异形小孔的工具电极结构复杂、装夹、定位比较困难，需采用专用夹具。图 6-32 为三叶形异形孔电极的专用夹具示意图。电极在装夹前需要清洗修光，细研磨后装入夹具内夹牢。夹具装在机床主轴上，应调好电极与工件的垂直度及对中性。

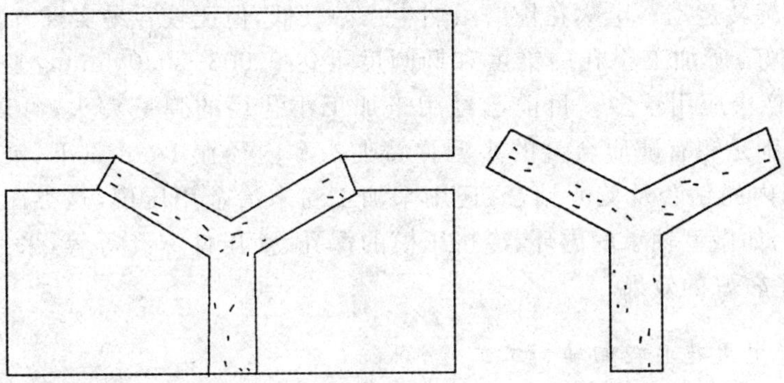

(a)　(b)

图 6-32　三叶形异形孔电极的专用夹具示意图

异形小孔加工时的规准选择基本与圆形小孔加工相似。

6.5　电火花加工技术的发展及应用

6.5.1　电火花加工工艺形式的发展

随着生产的发展，电火花加工的应用领域不断扩大，新的电火花加工工艺不断被研究开发。主要包括：①工具电极相对工件采用不同组合运动方式的电火花加工方法，如电火花磨削、电火花共轭回转加工、电火花展成加工等。随着计算机技术和数控技术的发展，出现了微机控制的五坐标数控电火花机床，把上述各种运动方式和成型、穿孔加工组合在一起。②工具电极和工件在气体介质中进行放电的电火花加工方法，如金属电火花表面强化，电火花刻字等。③工件为非金属材料的加工方法，如半导体，碳化硅、氮化硅等高阻抗工程陶瓷材料，聚晶金刚石，立方氮化硼的加工等。④微细电火花加工。

现将几种典型加工方法介绍如下：

6.5.1.1 电火花小孔磨削

在生产中常遇到一些深小孔，而且精度和表面粗糙度要求较高，工件材料(如磁钢、硬质合金、耐热合金等)的机械加工性能很差。这些小孔采用研磨方法加工时，生产率太低，采用内圆磨床磨削也很困难，因为内圆磨削小孔时砂轮轴很细，刚度很差，砂轮转速也很难达到要求，而且磨削效率下降，表面粗糙度变差。

电火花磨削可在穿孔、成型机床上附加一套磨头来实现，使工具电极作旋转运动，如工件也附加一旋转运动，则磨得的孔可更圆。也有设计成专用电火花磨床或电火花坐标磨孔机床的，也可用磨床、铣床、钻床改装，工具电极作往复运动，同时还自转。在坐标磨孔机床中，工具还作公转，工件的孔距靠坐标系统来保证。这种办法操作比较方便，但机床结构复杂、精度要求高。

电火花镗磨与磨削不同之点是只有工件的旋转运动、电极的往复运动和进给运动，而电极工具没有旋转运动。电火花镗磨虽然生产率较低，但比较容易实现，而且加工精度和表面粗糙度较好，所加工小孔的锥度和椭圆度可达 0.003～0.005mm，表面粗糙度优于 0.32μm，故生产中应用较多。目前已经用来加工小孔径的弹簧夹头，可以先淬火，后开缝，再磨孔，特别是镶有硬质合金的小型弹簧夹头和内径在 1mm 以下、锥度和椭圆度均在 0.01mm 以内的钻套及偏心钻套，还用来加工粉末冶金用压模，这类压模材料多为硬质合金。另外，如微型轴承的内环、冷挤压模的深孔、液压件深孔等等，采用电火花磨削、镗磨，均取得了较好的效果。

6.5.1.2 电火花共轭回转加工工艺

过去在淬火钢或硬质合金上电火花加工内螺纹，是利用导向螺母使工具电极在旋转的同时作轴向进给，这种方法生产效率极低，而且只能加工出带锥度的粗糙螺纹孔。电火花加工内螺纹的新方法综合了电火花加工和机械加工方面的经验，采用工件与电极同向同步旋转，工件作径向进给来实现(运动关系和用滚压法加工螺纹的方法相同)。工件预制孔按螺纹内径制作，工具电极的螺纹尺寸及其精度按工件图纸的要求制作，但电极外径应小于工件预孔 0.3～2mm。加工时，电极穿过工件预制孔，保持两者轴线平行，然后使电极和工件以相同的方向和转速旋转，同时工件向工具电极径向切入进给，从而复制出所要求的内螺纹。为了补偿电极的损耗，在精加工规准转换前，电极轴向移动一个相当于工件厚度的螺距倍数值。这种加工方法的优点是：

(1)由于电极贯穿工件，且两轴线始终保持平行，因此加工出来的内螺纹没有通常用电火花攻螺纹(如前述方法)所产生的喇叭口。

(2)因为电极外径小于工件内径，而且放电加工只在局部区域进行，加上电极与工件同步旋转时对工作液的搅拌作用，非常有利于电蚀产物的排除，所以能得到好的几何精度和表面粗糙度，维持高的稳定性。

(3)可降低对电极设计和制造的要求。对中径和外径尺寸精度无严格要求。另外，由于电极外径小于工件内径，使得在同向同步回转中，电极与工件电蚀加工区域的线速度不等，存在微量差动，对电极螺纹表面局部的微量缺损有均匀化的作用，故减轻了对加工质量的影响。

用上述工艺方法设计和制造的电火花精密内螺纹机床，可加工 M6～M55 的多种牙形和不同螺距的精密内螺纹，螺纹中径误差小于 0.004mm，也可精加工曲直径为 4～55mm 的圆柱通孔，椭圆度小于 0.002mm，其表面粗糙度可达 0.063μm。

由于采用了同向同步旋转加工法，对螺纹的中径尺寸没有什么高的要求，但在整个工具电极有效长度内的螺距精度、中径圆度、锥度和牙形精度都应给予保证。工具电极螺纹表面粗糙度小于 2.5μm，螺纹外径对两端中心孔的径向跳动不超过 0.005mm。一般电极外径比工件内径小 0.3～2mm，这个差值愈小愈好，差值愈小，齿形误差就愈小，电极的相对损耗也愈小。但必须保证装夹后电极与工件不短路，而且在加工过程中作自动控制和调节时进给和退回有足够的活动余地。

工具电极材料使用紫铜或黄铜比较合适，紫铜电极比黄铜电极损耗小，但在相同电规准下，黄铜电极可得到较好的表面粗糙度。

采用正极性加工，脉冲宽度为 16～20μs。加工接近完成前改用精规准，此时可将脉冲宽度减小至 2～8μs，最后用 RC 线路弛张式电源加工，以获得较好的表面粗糙度。

电火花共轭回转加工的应用范围日益扩大，目前主要应用于以下几方面：

(1)各类螺纹环规及塞规，特别适于硬质合金材料及内螺纹的加工。

(2)精密的内、外齿轮加工，特别适用于非标准内齿轮加工。

(3)精密的旋转圆弧面，锥面等的加工。

(4)静压轴承油腔、回转泵体的高精度成型加工等。

(5)梳刀、滚刀等刀具的加工。

6.5.1.3　微观电导率不均匀材料电火花加工工艺

许多复合工程陶瓷材料、聚晶金刚石等其导电机理不同于金属，复合工程陶瓷材料金相结构中的导电相形成三维导电网格，网格间隙中是非导电的晶格组织。金刚石虽是碳的同素异构体，但天然金刚石几乎不导电，聚晶金刚石是将人造金刚石微粉用铜、铁粉等导电材料作为黏结剂，搅拌混合后加压烧结而成。因此就导电机理，与复合工程陶瓷材料相似，导电相形成三维导电网格，网格间隙中是非导电的晶格组织。只要网格常数和电加工参数相适应，就可以用电火花进行加工。

聚晶金刚石被广泛用作拉丝模、刀具、磨轮等材料，其硬度仅稍次于天然金刚石。电火花加工聚晶金刚石的要点是：

(1)要采用 400～500V 较高的峰值电压，使有较大的放电间隙，易于排屑。

(2)要用较大的峰值电流，一般瞬时电流需在 50A 以上。为此可以采用 RC 线路脉冲电源，电容放电时可输出较大的峰值电流，增加爆炸抛出力。

电火花加工聚晶金刚石的原理是靠火花放电时的高温将导电的黏结剂熔化、气化蚀除掉，同时电火花高温使金刚石微粉“碳化”为可加工的石墨，也可能因黏结剂被蚀除掉后而整个金刚石微粒自行脱落下来。

复合工程陶瓷材料也得到广泛的应用，其电火花加工技术在近年来得到较快的发展。其加工机理和设备都不同于金属材料的电火花加工：

(1)材料颗粒从基体上的分离形式是升华、熔化、热剥离、整体颗粒移除、气化、再凝固黏附相的热削离，共六种不同的方式。而金属只有熔化和气化两种分离形式。

(2)适宜的脉冲电源波形是高能小脉宽。峰值电流 30～60A，脉宽 2～4μs 或更小，峰值电压 100～200V。有待于开发亚微秒级的脉冲电源。

(3)脉冲的后沿变化率直接影响热影响层的厚度和抛出爆炸效应的强弱。要求脉冲电源的脉冲电流的后沿变化率是可以控制的。

6.5.1.4　金属电火花表面强化和刻字

图 6-33 是金属电火花表面强化的加工原理示意图。在工具电极和工件电极之间接上直流或交流电源，由于振动器的作用，使电极与工件之间的放电间隙频繁变化，工具电极与工件间不断产生火花放电，从而实现对金属表面的强化。

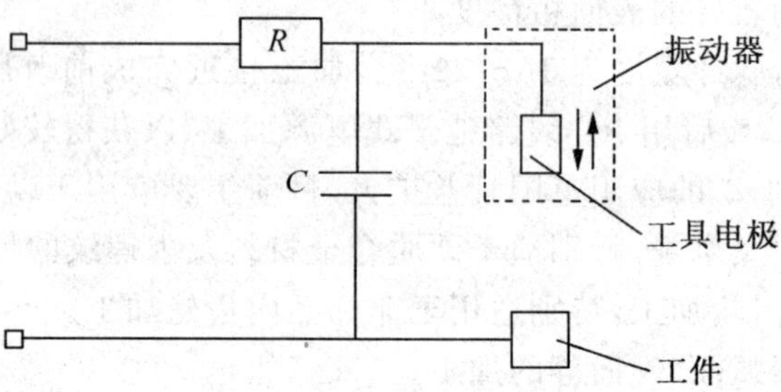

图 6-33　金属电火花表面强化加工原理示意图

当电极与工件之间距离较大时，电源经过电阻 R 对电容器 C 充电，同时工具电极在振动器的带动下向工件运动。当间隙接近到某一距离时，间隙中的空气被击穿，产生火花放电，使电极和工件材料局部熔化，甚至气化。当电极继续接近工件并与工件接触时，在接触点处流过短路电流，使该处继续加热，并以适当压力压向工件，使熔化了的材料相互黏结、扩散形成熔渗层。电极在振动作用下离开工件，由于工件的热容量比电极大，使靠近工件的熔化层首先急剧冷凝，从而使工具电极的材料黏结、覆盖在工件上。

电火花表面强化层具有如下特性：

(1)当采用硬质合金作电极材料时，硬度可达 1100～1400HV(约 70HRC 以上)或更高。

(2)当使用铬锰、钨铬钴合金、硬质合金作工具电极强化 45 钢时，其耐磨性比原表层提高 2～2.5 倍。

(3)用石墨作电极材料强化 45 钢，用食盐水作腐蚀性试验时，其耐腐蚀性提高 90%。用 WC、CrMn 作电极强化不锈钢时，耐蚀性提高 3～5 倍。

(4)耐热性大大提高，提高了工件使用寿命。

(5)疲劳强度提高 2 倍左右。

(6)硬化层厚度为 0.01～0.08mm。

电火花强化工艺方法简单、经济、效果好,因此广泛应用于模具、刃具、量具、凸轮、导轨、水轮机和涡轮机叶片的表面强化。

电火花表面强化的原理也可用于在产品上刻字、打印记。过去有些产品上的规格、商标等印记都是靠涂蜡和仿形铣刻字,然后用硫酸等酸洗腐蚀,有的靠用钢印打字。工序多,生产率低,劳动条件差。国内外在刃具、量具、轴承等产品上用电火花刻字,打印记取得很好的效果。一般有两种办法:一种是把产品商标、图案、规格、型号、出厂年月日等用铜片或铁片做成字头图形,作为工具电极,电蚀产物镀覆在工件表面形成印记,每打一个印记 0.5～1s;另一种不用现成字头而用钼丝或钨丝电极,按缩放尺或靠模仿形刻字,每件时间稍长,为 2～5s。如果不需字形美观整齐,可以不用缩放尺而成为手刻字的电笔。钨丝接负极,工件接正极,可刻出黑色字迹,若工件是镀黑或表面发黑处理过的,则可把工件接负极,钨丝接正极,可以刻出银白色的字迹。

6.5.1.5　微细电火花加工

微型机械的发展促进了微细加工技术的发展,微细电火花加工技术与其他微细加工技术相比,在三维复杂结构成型方面有明显的优势。

微细电火花加工的主要工艺是扫描电火花加工工艺,利用简单形状的工具电极(圆形或方形)、采用选择电极端部放电扫描加工。即将三维形状分层切片为两维轮廓,逐层扫描加工。

实现微细电火花加工的关键在于微小工具电极的在线制作、微小能量放电电源、工具电极的微量伺服进给。微小工具电极的在线制作一般采用电火花磨削,微小能量放电电源一般采用 RC 弛张式微小能量电火花电源,工具电极的微量伺服进给一般采用以压电元件为动力的蠕动式微进给机构。

6.5.1.6　曲线孔的电火花加工工艺

压铸模、注塑模冷却水道的实际加工,一直难以与理论优化设计的结果相符合。因为不同的模具型腔所要求的均匀冷却水道为不同的空间曲线,而传统的机械加工方法无法加工曲线水道。曲线孔的电火花加工工艺,为这一问题提供了有效的解决方法。

6.5.2　电火花加工设备设计理论的发展

随着电火花加工技术的发展和完善,理论研究日趋成熟,使电火花加工设备设计有了可靠的理论分析依据。

6.5.2.1　电极间隙放电状态的识别

电火花加工过程中,经常存在着稳定电弧烧伤工件的可能性。为了保证被加工工件的精度和表面粗糙度,不产生拉弧烧伤,并且使机床在加工过程中能稳定地进行伺服加工,常常以损失加工速度为代价。因而要提高电火花成型加工的综合工艺指标,必须实现对间隙变化因素进行全面控制，以保证高效率稳定加工。自适应控制系统研究成为电火花加工机床研究的重要课题，而且发展为对间隙电参数变化的多因素控制。适应性控制技术在发展初期，主要是用硬件来实现以保证加工安全为目标的适应控制，而近来的趋势是采用计算机最佳适应控制。

电火花加工间隙放电过程是一个极其复杂的过程，间隙中的放电状态受到各种因素的影响，如脉冲电源参数(电压、脉冲宽度、脉冲间隔时间、极性以及波形)、伺服进给系统参数(伺服参考电压、系统增益、电极抬动的时间等)、冲液参数(工作液流量、压力、冲液方式)、工具与工件材料及加工面积等。这些因素均给间隙放电状态判别带来极大困难，将电弧放电从正常火花放电中区分出来更为困难。目前主要有两种方法来区分电弧放电与正常火花放电：一种是设置门槛电压法；另一种是判别放电时有无高频杂波信号。

(1)电火花加工中典型的加工波形及其特征描述

1)开路。开路脉冲为间隙未被击穿时的电压脉冲，此时没有电流脉冲，如图 6-34 中第一个波形。

2)正常火花放电。由图 6-34 可见，正常火花放电波形在自持放电期间有高频杂波分量，因而有较强的射频发射和声发射。其击穿延时 t_d 呈随机特性。

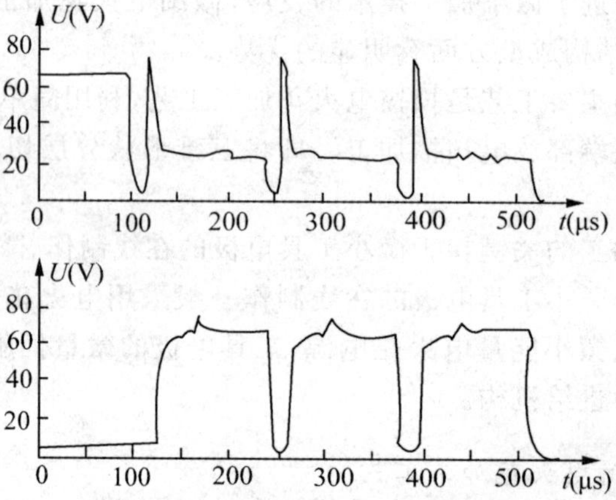

图 6-34　正常火花放电电压和电流波形

3)可恢复性不稳定电弧。该种电压波形在自持放电期间几乎不存在高频杂波，但仍然有少量毛刺，其击穿延时 t_d 不稳定，时有时无，而且放电电压一般低于正常火花放电电压(见图 6-35)。这种不稳定电弧放电可能是由于间隙微短路或蚀除产物无法及时排除，而过分集中在间隙中某一局部位置，这种波形，往往 4～5 个成串出现或更多，它可以自行恢复为正常火花放电，或者通过伺服控制恢复为正常火花放电。

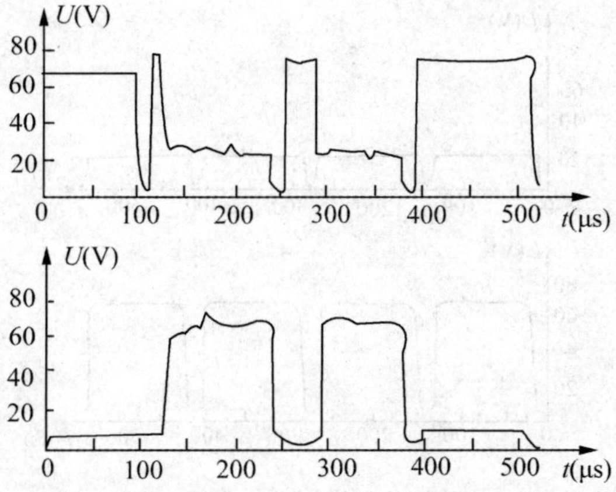

图 6-35　可恢复性不稳定电弧放电电压和电流波形

4)不可恢复烧伤性稳定电弧。在间隙放电条件恶劣的情况下,如冲油不充分、面积较大或型腔较深等,在伺服进给调节不当时,出现几轮循环可恢复性不稳定电弧后,可能导致稳定电弧的形成,而放电通道可能会局限于某一小的区域,持续的结果就形成了不可恢复烧伤性稳定电弧,在工具和工件表面都会形成难以去掉的烧伤黑斑。其电压波形及电流波形都很光滑(见图 6-36)。

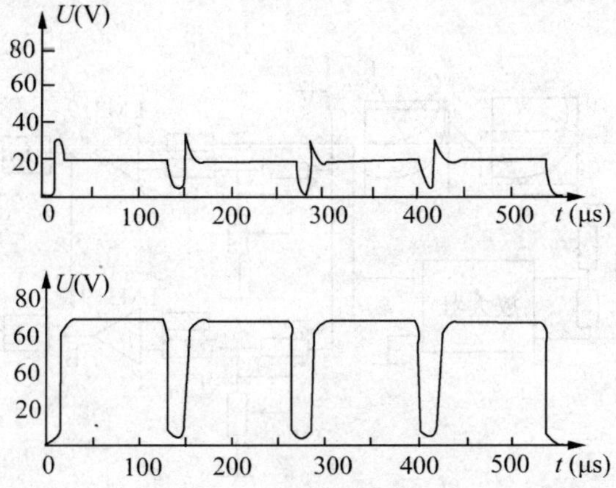

图 6-36　不可恢复烧伤性稳定电弧放电电压和电流波形

5)短路。电压很低,电流很大,而且其波形光滑(见图 6-37)。

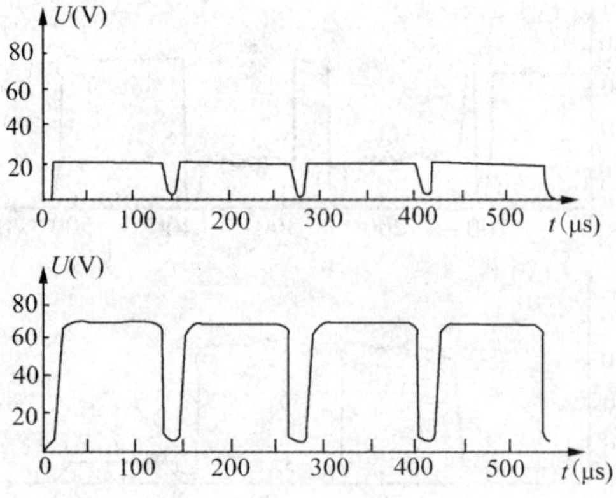

图 6-37 短路状态下的电压和电流波形

(2)间隙电压信号放大和状态判别逻辑

电弧放电电位一般低于正常火花放电电位 2～3V,最大可达 4V。而比较器输入量程不超过 7V,所以间隙电压先经过分压衰减后才能输入比较器。例如将 80V 的间隙电压衰减为 4V,此时 2～3V 的信号就变为 0.01～0.05V,比较器无法辨别,而且很易受到干扰。因此必须采取特殊措施,将衰减后的间隙电压信号经过局部放大,才能将电弧放电与正常火花放电准确区分出来。间隙电压信号放大和状态判别逻辑图如图 6-38 所示。

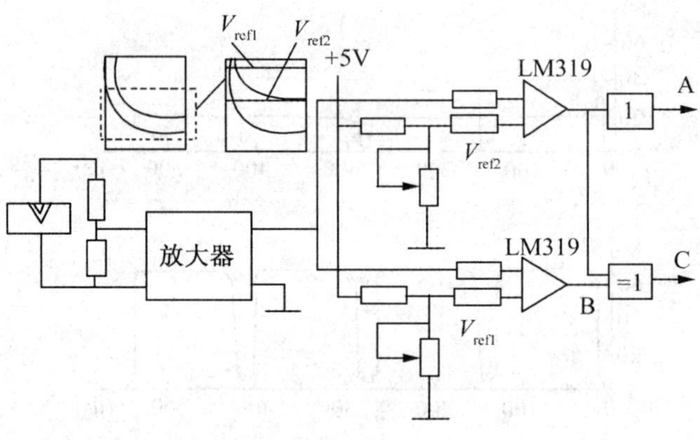

图 6-38 间隙电压信号放大和状态判别逻辑图

经过大量试验来确定所设定的门槛电压值 V_{ref1} 和 V_{ref2},这是分辨各种放电信号的重要参数。它们将状态划分为三个区域:V_{ref1} 以上为开路;V_{ref1} 与 V_{ref2} 之间为正常火花放电区域;V_{ref2} 以下为异常放电区域。这里的异常放电包括可恢复性不稳定电弧放电、不可恢复稳定电弧放电和短路。

当判别装置输出端 A 为高电平时,表示该放电状态为电弧放电或短路;而输出为低电平时,表示为正常火花放电或者为开路状态。而 B 端输出为低电平时,表示为正常火花放电或者是电弧放电和短路状态;而高电平则表明为开路状态。C 为低电平时,表示为非正常火花放电状态;高电平则表示正常放电状态。由此可见,通过检测环节能区分出开路、正常火花放电及异常火花放电。可以统计出各类放电脉冲的数量。

(3)不可恢复烧伤性稳定电弧出现前的几个特征

为能制定出控制策略，必须找出不可恢复烧伤性稳定电弧出现的规律。

1)由于伺服进给调节不适当，机床伺服进给系统不平稳，往往会出现可恢复性不稳定电弧放电。当这种电弧放电持续几度发生后，又往往转化为不可恢复烧伤性稳定电弧。转化的可能性取决于众多因素，如电规准中的脉宽持续时间，放电峰值电流大小，冲液条件及定时抬刀等。归根结底取决于放电时所生成的蚀除产物及热量的多少、蚀除产物在间隙中的分布状况以及是否被及时排除。

2)可恢复性不稳定电弧放电往往是 4～5 个连续出现，而不可恢复烧伤性电弧放电经常是数十个和上百个连续出现。

6.5.2.2　放电过程的模型化分析

电火花加工过程影响因素众多，几乎不可能用一个模型包含全部因素，适用于所有的电火花加工条件。先后出现了各种各样的适合于某个具体条件的电火花加工模型，如用于热力学分析的各种热源模型，用于蚀除机理分析的阴、阳极腐蚀模型等。

阴、阳极腐蚀模型的建立和应用，结合具体工艺试验，是极间能量分配分析的有效方法。能量分配系数的确定方法是：首先进行工艺试验，确定特定参数下最大加工速度所对应的 t_s(峰值电流持续时间)值；再利用阴、阳极腐蚀模型进行熔化体积分析，条件与试验相同，改变能量分配系数的大小，使得最大熔化体积对应的脉冲电流稳定持续时间 t_s 的值与试验时最大蚀除速度的 t_s 值相等，这时的能量分配系数可作为加工过程中实际能量在阴、阳极上的能量分配系数。

据研究数据显示，紫铜作工具电极，加工钢，阳极能量分配系数 8%，阴极 18%。紫铜作工具电极，加工碳化硅、氮化硅，阳极能量分配系数 17%；加工氧化铝，阳极能量分配系数 12%。

第7章 快速原型制造技术

从20世纪60年代开始,全球制造业每隔10年就经历一场制造战略的变迁。制造业的发展战略从60年代"如何做得更多",强调产品的生产规模;70年代"如何做得更便宜",强调产品的生产成本;80年代"如何做得更好",强调产品的质量发展到90年代的"如何做得更快",强调市场响应速度。随着计算机技术的迅速普及和CAD/CAM技术的广泛应用,制造领域产品的开发周期、生产周期以及更新周期越来越短。同时,全球市场环境也发生了巨大变化:一方面表现为消费者需求日益主体化、个性化和多样化;另一方面则是产品制造商们都着眼于全球市场的激烈竞争。

制造商不但要迅速地设计出符合人们消费需求的产品,而且还必须快速地生产制造,抢占市场。能否快速响应市场需求,成为衡量制造业技术水平的重要指标。为此,工业化国家一直在不遗余力地开发先进的制造技术,以提高制造工业的发展水平。计算机、微电子、信息、自动化、新材料和现代化企业管理技术的发展日新月异,产生了一批新的制造技术和制造模式,制造工程与科学取得了前所未有的成就。

快速原型技术(Rapid Prototyping,RP)就是在这种背景下产生和发展的。该技术借助计算机、激光、精密传动和数控等技术手段,将计算机辅助设计(CAD)和计算机辅助制造(CAM)集成于一体。根据在计算机上构造的三维模型,以逐层累积的建造方式在很短时间内直接制造产品样品,无需传统的机械加工机床和模具。该项技术创立了产品开发的新模式,使设计师以前所未有的直观方式体会设计的感觉,感性而迅速地验证和检查所设计的产品结构和外形,从而使设计工作进入了一种全新的境界,改善了设计过程中的人机交流,缩短了产品开发的周期,加快了产品更新换代的速度,降低了企业投资新产品的风险,加强了企业引导消费的力度。

快速原型技术制作的模型或样品可用于新产品的评价和装配检验以及性能评估等,也可用于制造硅橡胶模具的母模和熔模铸造模具的消失型等,批量地生产塑料件及金属零件。用这种方法制造样品较传统方法制造周期大大缩短,由几周、几个月缩短为若干个小时,成本大大降低。

而以RP原型作母模来翻制模具的快速模具制造技术(Rapid Tooling,RT),进一步发挥了快速原型制造技术的优越性,可在短期内迅速推出满足用户需求的一定批量的产品,大幅度降低了新产品开发研制的成本和投资风险,缩短了新产品研制和投放市场的周期,满足小批量、多品种的现代制造模式需求。模具制造是制约汽车、家电、轻工等行业发展的瓶颈和关键,急需发展快速模具制造技术。

7.1　快速原型技术的产生

快速原型技术的基本原理是基于离散的增长方式成型原型或制品。在发展过程中,各个研究机构和研究者均按照自己的理解赋予其不同的称谓,如自由成型制造(Free Form Fabrication,FFF)、实体自由成型制造(Solid Freeform Fabrication,SFF)、分层制造(Layered Manufacturing,LM)、添加制造(Additive Manufacturing,AM)或材料添加制造(Material Increase Manufacturing,MIM)、直接 CAD 制造(Direct CAD Manufacturing,DCM)、即时制造(Instant Manufacturing,IM)等。快速原型技术的不同称谓反映了不同发展时期其不同方面的主要技术特征。快速原型技术的早期根源可以追溯到早期的地形学工艺领域。

早在 1892 年,J. E. Blanther 在他的美国专利中曾建议用叠层的方法来制作地图模型。该方法提出将地形图的轮廓线压印在一系列的蜡片上,并沿轮廓线切割蜡片,然后堆叠系列蜡片产生三维地貌图。1940 年,Perera 提出相似的方法,即沿轮廓线切割硬纸板,然后堆叠,使这些纸板形成三维的地貌图。1964 年,Zang 进一步细化了该方法,建议用透明的纸板,且每一块均带有详细的地貌形态标记。1972 年,Matsubara 提出在上述方法中使用光固化材料,光敏聚合树脂涂到耐火颗粒上(例如石墨粉或沙砾),将耐火颗粒填充到叠层,加热形成与叠层对应的板层,光线有选择地投射或扫射到这个板层,将规定的部分硬化,没有扫描或没有硬化的部分被某种溶剂溶化,用这种方法形成的薄板层随后不断地堆积在一起形成模型。1976 年,P. L. DiMatteo 进一步明确地提出,这种堆积技术能够制造用普通机加工设备难以加工的曲面,如螺旋桨、三维凸轮和型腔模具等。如铣削加工成型沿高度标识的金属层片,然后通过粘接成叠层状,采用螺栓和带锥度的销钉进行连接加固,制作了型腔模。1977 年,Swainson 提出通过选择性的三维光敏聚合物激光照射直接制造塑料模型工艺。同时 Battelle 实验室的 Schwerzel 也进行了类似的工作。1979 年,日本东京大学 Nakagawa 教授开始用薄板技术制造出实用的工具,如落料模、成型模和注射模等。注射模中复杂冷却通道的制作可以通过这种方式来得以实现。1981 年,Hideo Kodama 首先提出了一套感光聚合物快速成型系统,应用了如下三种不同的方法制作叠层:

(1)用过滤罩控制 UV 光源的照射面积,光源在液态聚合物上面,将模型向下浸入到光敏聚合物中来获得新的叠层。

(2)光源在液态聚合物下面,过滤罩位于缸底,向上拉动模型来得到新的叠层。

(3)光源在液态聚合物上面,采用(1)中的方法浸渍模型,不用过滤罩,利用 X—Y 平面坐标移动和光导纤维来照射新的叠层。

在快速原型技术和方法发展过程中,出现了一系列具有重要价值的专利技术。表 7-1 列出了其中的部分专利。

表 7-1　快速原型技术的部分专利

专利人	题　目	日　期	国　家
Housholder	成型工艺	1979.12	美国
Murutani	光学成型方法	1984.05	日本
Masters	计算机自动制造工艺和系统	1984.07	美国
Andre et al.	制作工业零部件的设备	1984.07	法国
Hull	通过光固化成型制作三维物体的设备	1984.08	美国
Pomerantz et al.	三维制图与模型设备	1986.06	以色列
Feygin	以叠层的方式整体制作模型的设备及方法	1986.06	美国
Deckard	选择烧结方法制作模型的设备及方法	1986.10	美国
Fudim	通过光固化聚合物来制成三维物体的方法及设备	1987.02	美国
Arcella et al.	浇注成型	1987.03	美国
Crump	制作三维物体的设备及方法	1989.10	美国
Helinski	通过粒子沉积制作三维模型的方法	1989.11	美国
Marcus	三维计算机控制的选择性气流沉积	1989.12	美国
Sachs et al.	三维印刷	1989.12	美国
Levent et al.	热喷涂沉积制作三维模型的方法及设备	1990.12	美国
Penn	制作三维模型的系统、方法及工艺	1992.06	美国

在快速原型技术和装备的商业开发中，Willeme 光刻实验室从 1961 年到 1968 年获得了商业成功。但是，由于具有跟踪仪器设备的手工雕刻劳动力问题，Willeme 光刻实验室很快就脱离了商界。1977 年 Swainson 的 Formagraphic 发动机公司与 Battelle 实验室合作更名为 Omtec 复制公司。1977 年 Dimatteo 成立了名为“Solid Photography”的公司，1981 年 Solid photography 改名为 Robotic Vision。Solid photography 和 Solid Copier 公司作为 Robotic Vision 的附属公司，运行至 1989 年。1982 年 Charles W. Hull 提出了选区光固化产生三维实体的概念，在美国 UVP 公司的支持下，完成了一个能自动建造零件的称之为 Stereolithography Apparatus (SLA)的完整系统 SLA-1，1986 年该系统获得专利，快速原型技术走向商业应用。同年，Charles W. Hull 和 UVP 的股东们一起建立了 3D Systems 公司，随后许多关于快速原型的概念和技术在 3DSystems 公司中发展成熟，并于 1988 年开发出世界上第一台商业快速原型机 SLA-250。

1984 年 Michael Feygin 提出了分层实体制造 LOM 的方法，并于 1985 年组建 Helisys 公司，1991 年开发了第一台商业机型 LOM-1015。1986 年，美国 Texas 大学的研究生 C. Deckaed 提出了选择性激光烧结 SLS 的思想，随后组建成 DTM 公司，于 1992 年开发了基于 SLS 的商业成型机 Sinterstation。ScottCrump 在 1988 年提出了熔融沉积制造 FDM 的思想，1991 年开发了第一台商业机型 3D-Modeler。

90 年代后期，出现了十几种不同的快速原型技术，除前面提到的 SLA、LOM、SLS 及 FDM 几种快速原型工艺方法外，典型的还有 3DP、SDM、SGC、ModelMaker、MJM 等。目前，SLA、LOM、SLS 和 FDM 四种技术发展的趋于成熟并得到了广泛应用。表 7-2 给出了早期 RP 系统的开发商、工艺和起始时间等。

表 7-2　　早期快速原型系统商业开发

公　司	国　别	成型工艺	开始时间	出售时间
Aaroflex	美国	光固化成型	1995	—
BPM	美国	喷墨技术	1989	1995
DTM	美国	选择性激光烧结	1987	1992
DuPont Somos	美国	光固化成型	1987	—
Helisys	美国	薄板成型	1985	1991
Light Sculping	美国	光掩膜技术	1986	—
Quadrax	美国	光固化成型	1990	1990
Sanders Prototyping	美国	喷墨技术	1994	1994
Soligen	美国	3D 印刷	1991	1993
Stratasys	美国	溶接沉积	1988	1991
3D Systems	美国	光固化成型	1986	1988
CMET	日本	光固化成型	1988	1990
Cubital	以色列	照相工艺学	1987	1991
Denken	日本	光固化成型	1985	1993
DMEC	日本	光固化成型	1990	1990
EOS	德国	光固化成型选择性激光烧结	1989	1990
Fockele & Schwarze	德国	光固化成型	1991	1994
Kira	日本	薄饭技术	1992	1994
Meiko	日本	光固化成型	1991	1994
Mitsui	日本	光固化成型	1991	1991
Sparx	瑞典	薄板技术	—	1994
Teijin Seiki	日本	光固化成型	1991	1992
Ushio	日本	光固化成型	—	1994

7.2　快速原型技术应用及学术领域

快速原型技术的出现仅有十几年时间，却得到了工业界的迅速重视与应用。例如美国 Ford 汽车公司和 DuPont 公司已在他们的生产线上采用了 RP 技术，美国 Pratt GL Whitney 公司已应用 RP 技术制造铸造熔模。美国在 RP 系统研制、生产、销售方面占全球主导地位，生产 RP 设备系统的公司主要有 3D Systems(SLA 等)，Stratasys(FDM)，Sanders(3D Plotting System)，Helisys(LOM)，Aeroflex(SLA)，DTM(SLS)等。欧洲和日本等国家也进行了大量的 RP 技术、设备研制等方面的研究工作，如德国的 EOS 公司、以色列的 Cubital 公司以及日本的 CMET 公司等。我国的武汉滨湖机电产业有限公司、陕西恒通智能机器有限公司、北京隆源公司和上海联泰公司等也分别推出了各自的快速原型制造设备。

研究 RP 模型材料的国外高校主要有美国 Dayton 大学、Michigan 大学、Virginia 技术大学、Virginia 大学、Clemson 大学、Georgia 大学及英国 Nottingham 大学快速原型与制造中心等单位从事RP技术研究与服务方面的工作。从事RP设备系统方面开发研究的高校主要有美国麻省理工学院(MIT)、Stanford大学、Texas大学及Utah大学、加拿大Calgary大学、荷兰Delft技术大学、芬兰Helsinki技术大学、德国Stuttgart大学等。美国Virginia技术大学、Milwaukee工程大学、Georgia技术大学及Dayton大学等已开设了有关RP&M方面的课程。我国华中科技大学、西安交通大学、清华大学、香港大学等单位也大力开展了这方面的研究工作,研制的RP&M设备已经商品化或正在商品化。

有关RP方面的书籍、杂志及国际会议纷纷出现,例如:Burns、Johnson、Jacobs、Wood和Binstock等分别出版了有关RP方面的著作。近年来,新出版的有关RP方面的学术刊物包括Rapid Prototyping(季刊)、Rapid Prototyping Journal(季刊)、Rapid Prototyping Report(月刊)以及Virtual Prototyping Journal等。学术会议有全美快速原型制造会议、欧洲快速原型与制造技术会议、国际制造过程自动化会议及国际快速原型与制造会议等。快速原型与制造技术正如其本身所具备的快速特征一样,迅速在工业界和学术研究界占有了极其重要的地位。

快速成型系统的质量不断提高,应用领域逐渐扩大和深入,RP材料及相关软件的研究与开发也得到了快速的发展。

成型材料是RP技术发展的关键,它影响着原型的成型速度、精度和物理、化学性能,直接影响到原型的二次应用和用户对成型工艺设备的选择。新成型工艺方法的出现往往与新材料的应用密切相关,目前所应用的成型材料如表7-3所示。

表7-3　几种典型的快速原型制造技术特点及常用材料

成型方法	成型速度	原型精度	制造过程	制造大小	使用材料
立体印刷成型	较快	较高	中等	中、小件	热固性光敏树脂
层合实体制造	快	低	简单或中等	中、大件	纸、金属箔带、塑料膜
选域激光烧结	较慢	较低	复杂	中、小件	石蜡、塑料、金属、陶瓷等粉末
熔融沉积造型	较慢	较低	中等	中、小件	石蜡、塑料、低熔点金属

几乎所有著名的快速成型系统的制造商都在研究并提供快速成型用的材料,同时也出现了众多专门研发并提供与快速原型制作和应用相关材料的公司,如气巴公司、杜邦公司等。

RP系统最为关键的软件是CAD到RP接口的数据转换和处理软件。在RP发展的初期,人们的注意力主要集中在工艺本身,而随着应用的不断深入,软件处理的精度和速度,软件对复杂模型的处理能力就成为应用中的一个主要瓶颈。RP系统生产商一般都开发自己的数据变换接口软件,如3DSystems公司的ACES、QuickCast,Helisys公司的LOMSlice,DTM公司的RapidTool,Stratasys公司的QuickSlice、SupportWorks、AutoGen,Cubital公司的SoliderDFE,Sander公司的ProtoBuild和ProtoSupport等。

由于CAD系统与RP系统的数据变换接口软件开发的困难性和相对独立性,涌现了很多作为CAD与RP系统之间的桥梁的第三方软件,如比利时Materialise公司的Magics、美国Solid Concept公司的SolidView、美国POGO公司的STL Manager等,这些软件一般都以常用的数据文件格式作为输入输出接口。

7.3　快速原型技术的特点及优越性

7.3.1　快速原型技术的特点

快速原型技术的出现，开辟了不用刀具、模具制作原型和各类零部件的新途径，也改变了传统的机械加工去除式的加工方式，而采用逐层累积式的加工方式，带来了制造方式的变革。从理论上讲，添加成型方式可以制造任意复杂形状的零部件，材料利用率可达100%。和其他先进制造技术相比，快速原型技术具有如下特点：

(1)自由成型制造。自由成型制造也是快速原型技术的另外一个用语。有两个方面的含义：一是指无须使用工模具而制作原型或零件，由此可以大大缩短新产品的试制周期，并节省工模具费用；二是指不受形状复杂程度的限制，能够制作任意复杂形状与结构、不同材料复合的原型或零件。

(2)制造过程快速。从 CAD 数模或实体反求获得的数据到制成原型，一般仅需要数小时或十几小时，速度比传统成型加工方法快得多。该项技术在新产品开发中改善了设计过程的人机交流，缩短了产品设计与开发周期。以快速原型为母模的快速模具技术，能够在几天内制作出所需材料的实际产品，而通过传统的钢制模具制作产品，至少需要几个月的时间。该项技术的应用，大大降低了新产品的开发成本和企业研制新产品的风险。

快速原型技术更加便于远程网络制造服务，能使有限的资源得到充分的利用，用户的需求可以得到最快的响应。

(3)添加式和数字化驱动成型方式。无论哪种快速原型制造工艺，其材料都是通过逐点、逐层以添加的方式累积成型。都是通过 CAD 数字模型直接或者间接地驱动快速原型设备系统进行原型制造。“添加式”是快速原型技术区别于传统的机械加工方式的显著特征，“数字驱动”决定了快速原型的制造快速和自由成型的特征。

(4)技术高度集成。当落后的计算机辅助工艺规划(Computer Aided Process Plannlng，CAPP)一直无法实现 CAD 与 CAM 一体化的时候，快速原型技术的出现较好的填补了 CAD 与 CAM 之间的缝隙。新材料、激光应用技术、精密伺服驱动技术、计算机技术以及数控技术等的高度集成，共同支撑了快速原型技术的实现。

(5)广泛的应用领域。该项技术特别适合于新产品的开发、单件及小批量零件制造、不规则或复杂形状零件制造、模具设计与制造、产品设计的外观评估和装配检验、快速反求与复制，也适合于难加工材料的制造等。这项技术不仅在制造业具有广泛的应用，而且在材料科学与工程、医学、文化艺术以及建筑工程等领域也有广阔的应用前景。

7.3.2　快速原型技术的优越性

新产品投放市场的周期由设计(概念设计和功能结构设计)、试制、试验、征求用户意见、修改定型、正式生产和市场推销等环节所需的时间组成。采用快速原型技术，从产品设计的最初阶段开始，设计者、制造者、推销者和用户都能看到实实在在的样品(甚至小批量试制的产品)，因而可以及时地、充分地进行评价、测试及反复修改，并且能对制造工艺过程及其所需的工具、模具和夹具的设计进行校核，或用快速模具制造方法做出模具，因此可以大大减少失误和不必要的返工，从而能以最快的速度、最低的成本和最好的品质将产品投入市场。

(1)设计者在设计的最初阶段，就能得到实在的产品样品，在单个零件和装配部件的级别上，对产品设计进行校验和优化，并可在不同阶段快速地修改、重做样品，甚至做出试制用工模具及少量的产品。这给设计者创造一个优良的设计环境，提供一个快捷、有力的物理模拟手段，无须多次反复思考、修改，即可尽快得到优化结果，从而显著地缩短设计周期和降低成本。

(2)制造者在产品设计的最初阶段，得到实在的产品样品、甚至试制用的工模具及少量产品，这使得他们能及早地对产品设计提出意见，做好原材料、标准件、外协加工件、加工工艺和批量生产用工模具等的准备，最大限度地减少失误和返工，大大节省工时、降低成本和提高产品质量。

(3)推销者在产品设计的最初阶段，得到实在的产品样品甚至少量产品，这使得他们能据此及时、实在地向用户宣传和征求意见，以及进行比较准确的市场需求预测，而不是仅凭抽象的产品描述或图纸、样本来推销。所以，快速原型技术的应用可以显著地降低新产品的销售风险和成本，大大缩短其投放市场的时间和提高竞争能力。

(4)用户在产品设计的最初阶段，见到产品样品甚至少量产品，这使得他们能及早、深刻地认识产品，进行必要的测试，并及时提出意见，从而可以在尽可能短的时间内，以最合理的价格得到性能最符合要求的产品。

7.4 快速原型技术的发展趋势

目前快速原型制造系统所制造的实体模型还不能用于实际工作零件，大多是由于材料及成本方面的限制。目前RP&M系统所面临的主要问题包括零件精度、有限的材料种类和力学性能，其中力学性能很大程度上取决于材料的种类及其性能。目前RP系统所用材料种类有限，与常规由金属和工业塑料制造的零件相比，RP制造的零件较脆弱，有些材料价格昂贵，并且对人体有害。人们正在投入相当大的精力提高零件材料性能或开发更好的材料，主要是针对塑料和金属材料。

快速成型制作与CAD设计相同精度的零件的能力受许多因素的限制。在RP系统中最普通的误差源可分为数学误差及与工艺有关或材料有关的误差。数学误差包括对零件表面形状的近似、沿叠层方向上的有限数目的分层而导致的阶梯状台阶痕。目前基于CSG实体造型的数据准备方法正处在开发研究之中，该方法可以精确地将零件表面形状输入RP系统。与工艺有关的误差影响X—Y平面和Z轴方向上的片层形状、不同片层的对准及整体三维形状。这些误差主要取决于RP设备的精度及操作者的经验。与材料有关的误差主要是收缩、挠曲。收缩是因固化(冷却)材料时产生的，能够预计的尺寸收缩量可以通过修正CAD模型以补偿这种收缩误差。由于收缩引起的内应力不平衡会导致零件变形和挠曲。减少收缩变形的措施有选择合适的制造控制系统、开发或探索收缩率小的或不产生内应力的材料以及应力释放方法等。这些方法与措施的研究需要研究者深刻了解材料性能及所采用工艺的特点。

目前比较明确的发展方向有以下几点：

(1)金属零件的直接快速成型

目前的快速原型技术主要用于制作非金属样件，由于其强度等力学性能较差，远远不能满足工程实际需求，所以其工程化实际应用受到较大限制。从 20 世纪 90 年代初开始，探索实现金属零件直接快速制造的方法已成为 RP 技术的研究热点，国外著名的 RP 技术公司均在进行金属零件快速原型技术研究。继续研究快速制模(RT)和快速制造(RM)技术，一方面研究开发 RP 制件的表面处理技术，提高表面质量和耐久性；另一方面研究开发与注塑技术、精密铸造技术相结合的新途径和新工艺，快速经济地制造金属模具、金属零件和塑料件。

(2)概念创新与工艺改进

如何完善现有快速成型工艺与设备，提高零件的成型精度(目前 0.01mm 数量级)、强度和韧性，降低设备运行成本是十分迫切的。快速原型技术与传统制造技术相结合，形成产品快速开发与制造系统是一个重要趋势，如快速原型技术结合精密铸造，可快速制造高质量的金属零件。基于立体平面化—离散—堆积的思路存在着许多不足，研究集“堆积”和“切削”于一体的快速成型方法，即 RP 与 CNC 机床和其他传统的加工方式相结合，以提高制件的性能、精度和生产率，降低生产成本。

(3)数据优化处理及分层方式的演变

快速成型数据处理技术主要包括将三维 CAD 模型转存为 STL 格式(Surface Triangle List，STL)文件和利用专用 RP 软件进行平面切片分层。由于 STL 格式文件的固有缺陷，会造成零件精度降低；此外，由于平面分层所造成的台阶效应，也降低了零件表面质量和成型精度。优化数据处理技术可提高快速成型精度和表面质量。目前，正在开发新的模型切片方法，将会带来分层方式的演变，如基于特征的 CAD 原始数据模型直接切片法、曲面分层法及三维分层法等，可减少数据处理量以及由 STL 格式转换过程而产生的数据缺陷和轮廓失真。

(4)快速成型设备的专用化和大型化

不同行业、不同应用场合对快速成型设备有一定的共性要求，也有较大的个性要求。如医院受环境和工作条件的限制，外科大夫希望设备体积小、噪声小，因此开发专门针对医院使用的便携式快速成型设备将很有市场潜力。汽车行业的大型覆盖件尺寸多在 1m 左右及以上，因此研制大型的快速成型设备也是很有必要的。在大型化方面，日本东京大学做了较多的工作，中国清华大学也自主开发了大型 RP 设备，其 SSM-1600 成型尺寸已达 1600mm× 800mm×750mm，为世界之最。

(5)开发性能优越的成型材料

发展全新的 RP 材料，特别是复合材料，如纳米材料、非均质材料、其他传统方法难以制作的复合材料已是当前 RP 成型材料研究的热点。美国许多大学里进行 RP 技术研究的科技人员多数来自材料和化工专业。3DSystems 公司在其 Users Group Conference 已研制出一种新型的用于 SLS 工艺的 DuraForm AF 塑料，该塑料是一种类铝工程复合塑料，具有铝材的外观、尼龙的良好的制品最终表面和性能以及工程化合物出色的硬度，是制作空气动力模型、夹具和固定设备、家庭用具、铸造模型等的理想材料。该材料还可以重复利用并且不影响其性能，最大限度地减少了材料浪费。

(6)成型材料系列化、标准化

目前快速成型材料大部分是由各设备制造商单独提供，不同厂家的材料通用性很差，而且材料成型性能还不十分理想，阻碍了快速原型技术的发展。因此，开发性能优良的专用快速成型材料，并使其系列化、标准化，将极大地促进快速原型技术的发展。

(7)喷射成型技术的广泛应用

喷射成型技术所用材料广泛，运行成本降低，容易将材料与原型成型结合起来，因此喷射成型技术的广泛应用已成为快速原型技术发展的趋势。喷射成型技术面临的主要难题是喷射速度较低，从而降低了成型效率和成型速度，这也是 RP 研究人员正致力解决的问题。

(8)梯度功能材料快速成型

特殊功能材料成型在生产生活中发挥着越来越重要的作用，而且快速原型技术几乎是制造特殊功能材料的唯一途径。利用逐层制造的优点，探索制造具有功能梯度、综合性能优良、特殊复杂结构的零件，也是一个新的发展方向。如可以制造出具有特定电、磁学性能超导体、磁存储介质等材料。

(9)生物医学工程材料快速成型

生命体中的细胞载体框架结构是一种特殊的结构，从制造科学的角度来讲，它是由纳米级材料构成的极其精细的复杂非均质多孔结构，是传统制造技术无法完成的结构，快速原型制造是能够很好完成此种特殊制造的技术。用于治疗学和康复工程的生物实体模型(Biomodel)的快速制造是快速成型领域研究的热点问题之一。分为三个研究阶段：①初级体外模型；②中级植入体；③高级人体器官。

(10)开发新的成型能源

前述的主流成型技术中，SLA、LOM 和 SLS 均以激光作为能源，而激光系统(包括激光器、冷却器、电源和外光路)的价格及维护费用昂贵，致使成型件的成本较高，于是许多 RP 研究集中于新成型能源的开发。目前已有采用半导体激光器、紫外灯等低廉能源代替昂贵激光器的 RP 系统，也有相当多的系统不采用激光器而通过加热成型材料堆积出成型件。

(11) 集成化拓展新的应用领域

生物科学、信息科学、纳米科学、制造科学和管理科学是 21 世纪的 5 个主流科学，与其相关的五大技术及其产业将改变世界，制造科学与其他科学交叉是其发展趋势。RP 与生物科学交叉的生物制造、与信息科学交叉的远程制造、与纳米科学交叉的微机电系统都为 RP 技术提供了发展空间。并行工程、虚拟技术、快速模具、反求工程、快速成型、网络相结合而组成的快速反应集成制造系统，将为 RP 的发展提供有力的技术支持。快速原型技术结合逆向(反求)工程，实现古陶瓷、古文物的复制，也是一个新的应用领域。

7.5　典型快速原型制造工艺

目前的快速原型制造方法是累积式的成型方法，通常是依据原型使用的材料及其构建技术进行分类的，如图 7-1 所示。

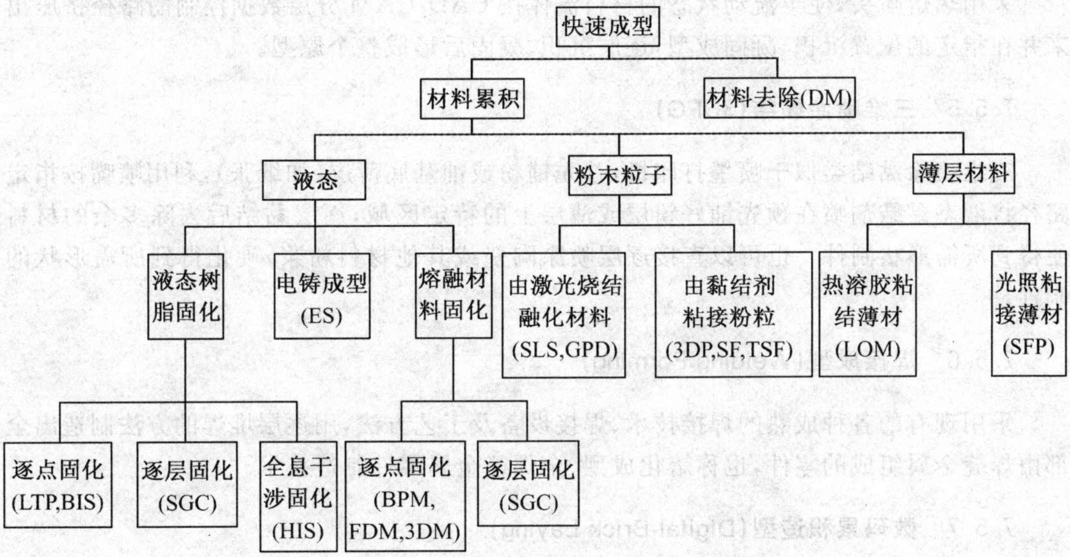

图 7-1　快速成型工艺方法分类

7.5.1　立体印刷成型(SLA)

以光敏树脂为原料，采用计算机控制下的紫外激光束以原型各分层截面轮廓为轨迹逐点扫描，使被扫描区内的树脂薄层产生光聚合反应后固化，从而形成制件的一个薄层截面。当一层固化完毕，向上(或下)移动工作台，在刚刚固化的树脂表面布放一层新的液态树脂以便进行循环扫描、固化。新固化的一层牢固地黏结在前一层上，如此重复制出整个原型。

7.5.2　分层实体制造(LOM)

这项工艺采用激光器和加热辊，按照 CAD/CAM 分层模型所获得的数据，用激光束将单面涂有热熔胶的纸片、塑料带、金属带或其他材料的箔带切割成欲制样品的内外轮廓，再通过加热使刚刚切好的一层和下面已切割层粘接在一起。通过逐层反复的切割、黏合，最终叠加成整个原型。

7.5.3　选择性激光烧结(SLS)

按照计算机输出的原型或零件分层轮廓，采用激光束按指定路径上在选择区域内扫描并熔融工作台上很薄(100～200μm)且均匀铺层的材料粉末。处于扫描区域内的粉末颗粒被激光束熔融后，彼此黏结在一起。当一层扫描完毕，向上(或下)移动工作台，控制完成新一层烧结。全部烧结后去掉多余的粉末，再进行打磨、烘干等处理便获得原型或零件。

7.5.4 熔融沉积制模(FDM)

采用热熔喷头，使半流动状态的材料流体按 CAD/CAM 分层数据控制的路径挤压出来并在指定的位置沉积、凝固成型，逐层沉积、凝固后形成整个原型。

7.5.5 三维喷涂黏结(3DPG)

三维喷涂黏结类似于喷墨打印机，首先铺粉或铺基底薄层(如纸张)，利用喷嘴按指定路径将液态黏结剂喷在预先铺好粉层或薄层上的特定区域，逐层黏结后去除多余的材料便得到所需形状制件。也可以直接逐层喷涂陶瓷或其他材料粉浆，硬化得到所需形状的制件。

7.5.6 焊接成型(Welding Forming)

采用现有的各种成熟的焊接技术、焊接设备及工艺方法，用逐层堆焊的方法制造出全部由焊缝金属组成的零件，也称熔化成型、全焊缝金属零件制造技术。

7.5.7 数码累积造型(Digital-Brick Laying)

数码累积造型也称喷粒堆积，是指用计算机分割三维造型体而得到空间一系列一定尺寸的有序点阵，借助三维制造系统按指定路径在相应的位置喷出可迅速凝固的流体或布置固体单元，逐点、线、面完成黏结并进行处理后完成原型制造。

7.5.8 其他工艺

除了立体印刷成型、层合实体制造、选域激光烧结和熔融沉积造型等最为成熟的技术外，还有许多技术已经实用化，如光掩膜法(Solid Ground Curing，SGC，也称立体光刻)、直接壳法(Direct Shell Production Casting，DSPC)、直接烧结技术、热致聚合、全息干涉制造、模型熔制、弹道微粒制造、光束干涉固化等。

附录　数控机床操作举例

附录1　高速走丝线切割机床

一、上丝

1. 开机

(1)将控制柜左侧电源开关黑色部分用力按下。(变压器及部分线路通电)

(2)将控制柜显示器右边白色按钮按下，电脑进行自检。(控制柜通电)

(3)出现“welcome to BKDC WEDM CNC SYSTEM…”屏幕，屏幕如图1.1开机界面，按任意键，进入系统，如屏幕右下方提示“Hardware error，press ENTER to continue”时，将机床两个红色蘑菇头(控制柜面板和床身左侧)旋开复位(不能在压下状态)，按面板上绿色按钮并回车，消除“硬件故障”。(床身通电)

图1.1　开机界面

2. 上丝(图1.2)

在主菜单下按“F5人工”，再按“F1上丝”(此时丝筒边的上丝按钮就开放了)，将丝筒罩壳保护开关拨到OFF状态，打开丝筒罩壳，DK7725机床需装上排丝架，按上丝按钮

(图 1.3 白色按钮),将丝筒开到机床右侧,再按上丝按钮则丝筒停。

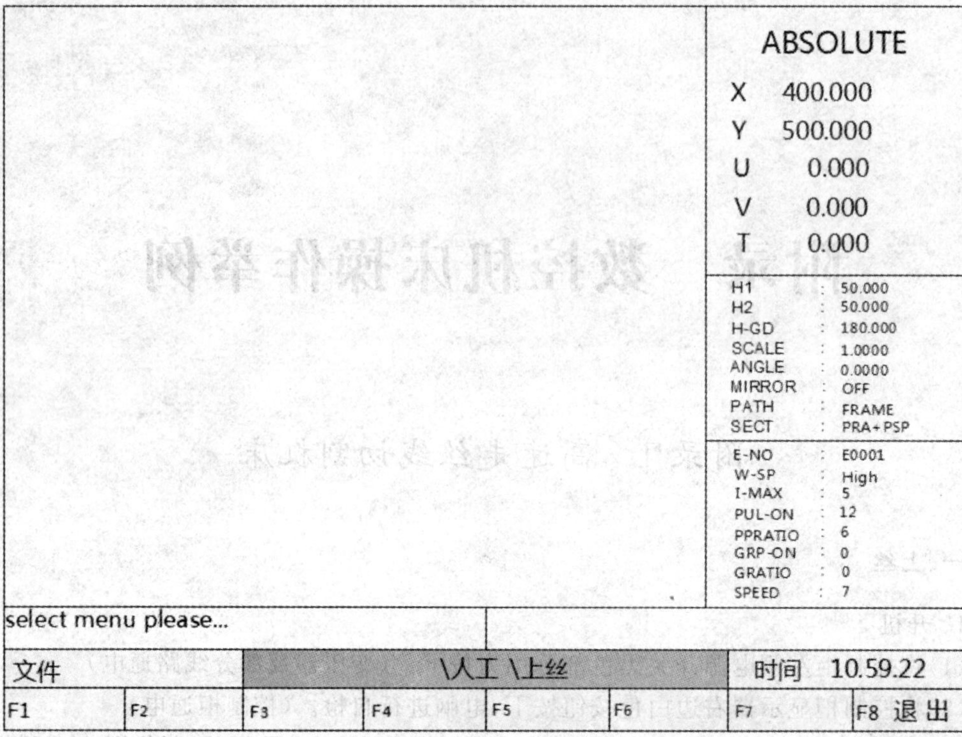

图 1.2 上丝界面

将丝筒左右挡块移开,按左限位开关(保证按下上丝按钮后丝筒向左移动),把丝盘装在床身内的紧丝装置上。将紧丝装置上的钼丝通过排丝轮系在丝筒左侧螺钉上,用手转动丝筒(按图 1.4 丝筒转动方向)四五圈后再按上丝按钮机床自动上丝,当钼丝在丝筒上达到所需宽度时再按上丝按钮则上丝结束。将右侧钼丝依次经过导轮 C、B、A(图 1.5)和后排丝轮(断丝保护装置)系在右侧的螺钉上,将多余的钼丝剪断。

图 1.3 上丝按钮

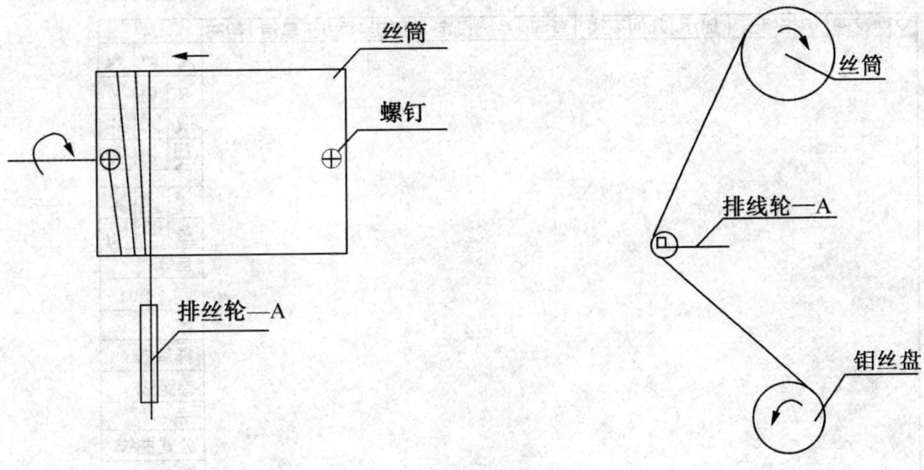

图 1.4　上丝

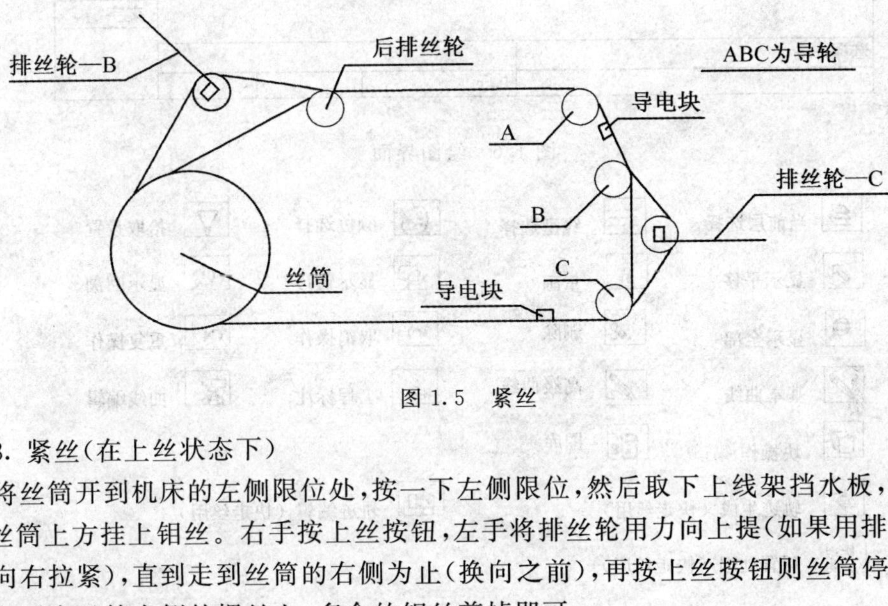

图 1.5　紧丝

3. 紧丝(在上丝状态下)

将丝筒开到机床的左侧限位处,按一下左侧限位,然后取下上线架挡水板,将排丝轮B在丝筒上方挂上钼丝。右手按上丝按钮,左手将排丝轮用力向上提(如果用排丝轮C张紧则向右拉紧),直到走到丝筒的右侧为止(换向之前),再按上丝按钮则丝筒停。将剩下的钼丝系在丝筒右侧的螺丝上,多余的钼丝剪掉即可。

4. 工件装夹

(1)将工件轻轻放在桥板上。

(2)用夹具把工件紧固在桥板上,一般至少要两个固定点。

(3)大的板材应放在两块桥板中间,对角固定。

(4)压板应与桥板平行,不能翘起或下垂。

二、绘图及代码生成

1. WPA 软键介绍

WAP-2000 是一种绘图软件,其基本功能类似于 autoCAD,用户可以利用此软件进行图形定义。图 1.6 是 WAP-2000 的基本绘图界面。

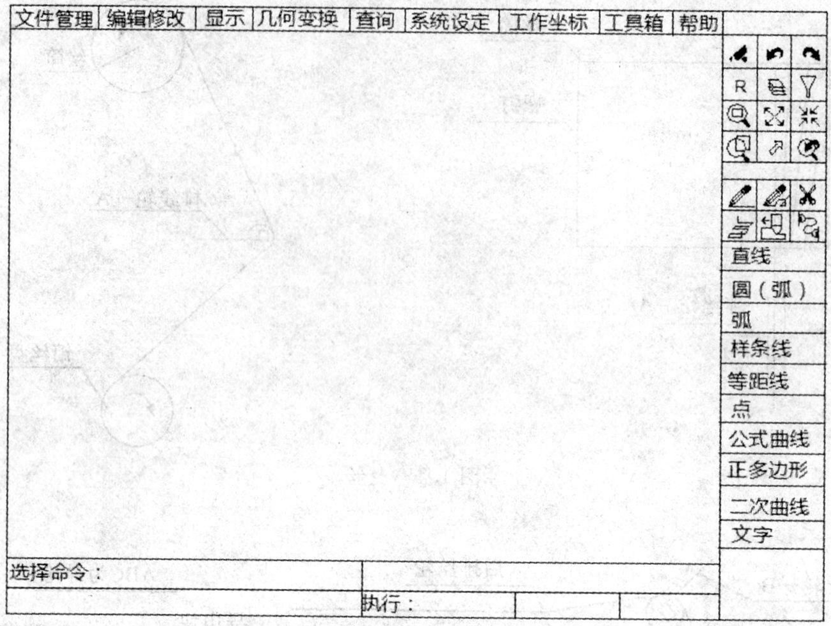

图 1.6　绘图界面

2. WAP-2000 的基本操作

(1)常用键的基本用法

1)鼠标

左键：点击菜单、拾取选择。

右键：拾取确认、终止当前命令、重复上一条命令（在命令状态下）。

弹出操作热菜单（在选中实体时）。

2)回车键

确认选中的命令、结束数据输入或数据缺省值、重复上一条命令（同鼠标右键）。

3)空格键

弹出工具点菜单或弹出拾取元素菜单。

(2)点的输入

WAP-2000 线切割系统对点的输入提供了三种方式:键盘输入、鼠标点取输入和工具点的捕捉。

1)键盘的输入

由键盘输入点的 X、Y 值达到输入点的目的。点的坐标分为绝对和相对两种,绝对坐标输入只需点的坐标值,它们之间用逗号隔开。相对坐标输入是在第一个数值的前面加一个符号@。

例如:输入@20,10 表示输入一个相对前一个点的坐标为(20,10)的点。

2)鼠标的输入

鼠标的输入是指通过移动鼠标选择需要的点,按下鼠标左键,该点即被选中。

3)工具点的捕捉

工具点是指作图过程中有几何特征的点,如圆心点、切点、端点等。而工具点的捕捉就是利用鼠标捕捉工具点菜单中的某个特征点。当需要输入特征点时,按"空格"键即可弹出工具点菜单。

(3)实体的拾取

拾取实体是根据需要在已经绘出或生成的直线、圆弧等实体中选择所需的一个或多个。实体的拾取是经常要用到的操作,当交互操作处于拾取状态时按下空格键可弹出拾取元素菜单。

(4)立即菜单的操作

在输入某些命令时,绘图区左下角会弹出一行立即菜单。如输入直线命令(从键盘输入"line"或用鼠标点击相应的命令),系统立即弹出如图 1.7 所示的立即菜单及相应的操作提示。

1:两点	2:连续	3:非正交	
第一点:			
	执行:line	屏幕点	

图 1.7　立即菜单

此菜单表示当前待画的直线为两点线方式,非正交的连续直线。同时在下面的提示框里显示输入"第一点"。用户输入第一点后,系统又会提示输入"第二点"。

立即菜单的主要作用是选择某一命令的不同功能。

WAP-2000 线切割系统的功能都是通过各种不同类型的菜单和命令项来实现的。以下对各菜单项和命令项作简要的介绍。

1)下拉菜单

①文件管理

新文件:建立一个新文件

打开文件:打开一个已有的文件

合并文件:将另一个文件并入当前文件

存储文件:存储当前文件

存文件为…:用另一个名存储当前文件

数据接口－〉:读入和输出 EXB、DXF、IGES、AUTOP 格式的文件

读入数据:读入 .DAT 数据文件

输出数据:输出 .DAT 数据文件

DOS:进入 DOS 提示符状态

退出系统:退出本系统

②编辑修改

拷贝:拷贝选中的实体对象

粘贴:粘贴实体对象

取消操作:取消上一项操作

重复操作:取消一个“取消操作”命令

删除:删除选中的对象

初始化:初始化绘图区,删除绘图区中所有实体对象

可见:隐藏选中的实体对象

不可见:重新显示已经隐藏了的实体对象

颜色修改:改变实体对象的颜色

层修改:改变实体对象的图层

③显示

显示平移:指定屏幕显示中心,将图形显示平移

显示放大:按固定比例(1.25 倍)将图形放大显示

显示缩小:按固定比例(0.8 倍)将图形缩小显示

显示旋转:任意旋转图形后显示

固定旋转:以固定点位中心,绕坐标轴的各轴旋转显示图形

显示窗口:用窗口将图形放大

显示全部:显示全部图形

显示前次:显示前一幅图形

显示平面:选择不同的显示平面

轴侧图:显示轴侧图

设置视向:显示图形沿给定方向的投影

显示恢复:恢复图形显示的初始状态

视图:用于存储当前视图状态,便于用户快速编辑视图,本项提供了定义视图、激活视图、删除视图三个子选项

④几何变换

平移:将实体平移或拷贝

旋转:将实体旋转或拷贝

镜像:将实体作对称镜像或拷贝

列阵:将实体按圆形或矩形列阵

放缩:将拾取到的实体按给定比例进行缩小或放大

⑤查询

坐标:查询点的坐标

距离:查询两点间的距离

角度:查询角度

元素属性:查询元素的属性

系统状态:查询系统状态

历史操作:可查询本次使用软件所进行的所有操作

⑥系统设定

环境设定:设定如显示模式、光标式样之类的系统环境参数

参数设定:设定软件系统参数

文字设定:设定文字输入参数

⑦工作坐标

生成:建立一个新的工作坐标系

激活:指定一个已经存在的工作坐标系为当前工作坐标系

删除:删除指定的工作坐标系

不可见:隐藏指定的工作坐标系

可见:显示所有隐藏的工作坐标系

⑧工具箱

图层管理:以对话框的形式对图层进行各种设定

拾取过滤:利用对话框的形式对拾取过程进行各种设置

⑨帮助

版本说明:介绍软件的版本情况

在线帮助:WAP-2000 线切割系统总括(界面、功能、操作等)

2)图标菜单

①曲线生成

直线:绘制各类直线段

圆(弧):绘制圆或圆弧

弧:绘制圆弧

样条线:绘制样条曲线

等距线:绘制与单个曲线或首尾相连的曲线组等距的线

点:绘制一个孤立的点

公式曲线:按给定公式绘制曲线

正多边形:绘制任意正多边形

二次曲线:绘制二次曲线(包括抛物线、椭圆、双曲线等)

文字:提供文字编辑(包括中文和英文)

②高级设计

齿轮设计:绘制齿轮

花键设计:绘制花键

位图矢量化:读入 PCX 格式的文件,并生成图形

③曲线裁剪

曲线裁剪:对已有的曲线进行裁剪

曲线过渡:处理曲线间的过渡关系(圆角、倒角或尖角)

曲线打断:将一条曲线打断为两部分

曲线组合:将首尾相连的一组曲线组合成一条曲线

曲线拆散:将组合成的曲线拆散为首尾相连的一组曲线

轮廓线等距:绘制轮廓线的等距线

多圆角过渡:对多线段组成的轮廓线用同一圆角进行过渡

④切割轨迹生成

轨迹生成:生成线切割加工轨迹

轨迹跳步:将多个轨迹连接成一个跳步轨迹

取消跳步:将跳步轨迹分解成各个独立的加工轨迹

轨迹仿真:对切削过程进行仿真

算切割面积:根据加工轨迹和攻坚厚度计算切割面积

⑤G 代码

增加机床:根据不同的机床、数控系统设定数控代码及程序格式等

后置设置:设置输出的数控程序的格式

生成 G 代码:生成 G 代码数控程序

校核 G 代码:校对生成的 G 代码数控程序的正确性

串口传输:将生成的 G 代码数控程序利用串口传输到线切割机床

⑥B 代码

生成 3B:生成 3B 代码数控程序

校核 B 代码:校对生成的 B 代码数控程序的正确性

查看代码:查看已生成的代码文件或其他文本文件

打印代码:将代码打印出来

传输 3B 码:将生成的 3B 代码以模拟电报头形式传输给线切割机床

3. 编程实例

如图 1.8 所示,用一个简单例子讲述一下绘图的过程。

进入 WAP-2000 界面后,用鼠标点击右侧的“基本曲线”,选取“直线”按钮。画直线在左下角出现一条立即菜单:“1:两点　2:连续　3:非正交”,点击“画线方式”。选取“两点线”,在下面的提示框内显示输入“起点”和“终点”。输入起点:“－10,10”,终点:“10,10”。即得到图 1.9 所示的一条水平直线。再选择“直线”→“两点线”→按空格键(界面上将弹出点捕捉菜单),用鼠标选取点捕捉菜单的“E 端点”(或者敲击键盘上的 E 键,也可以获得端点的捕捉任务),提示框内显示待画直线的起点,用鼠标的捕捉框捕捉到已画好直线的左端点,提示框提示输入终点,输入终点的坐标:“－10,－10”,即可得到左侧的垂直的直线。

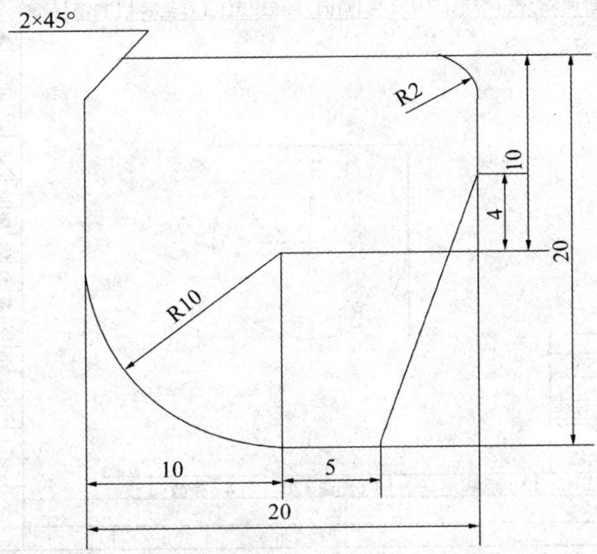

图 1.8　实例图

选择圆，出现立即菜单后选取：圆心＋半径，提示框将出现画圆的要素：圆心点和半径。输入圆心点：(0,0)，半径 10mm 后将在绘图区出现圆心(0,0)半径 10mm 的圆。如图 1.9 所示。

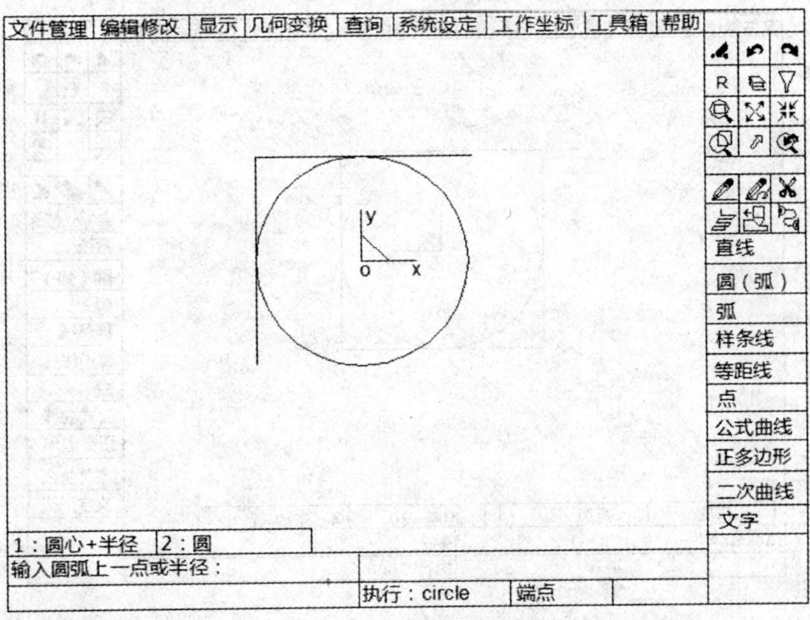

图 1.9

下面用平行线的方式画出另外两条直线。

选取“直线”，出现立即菜单后选取“平行线”，如图 1.10 所示。

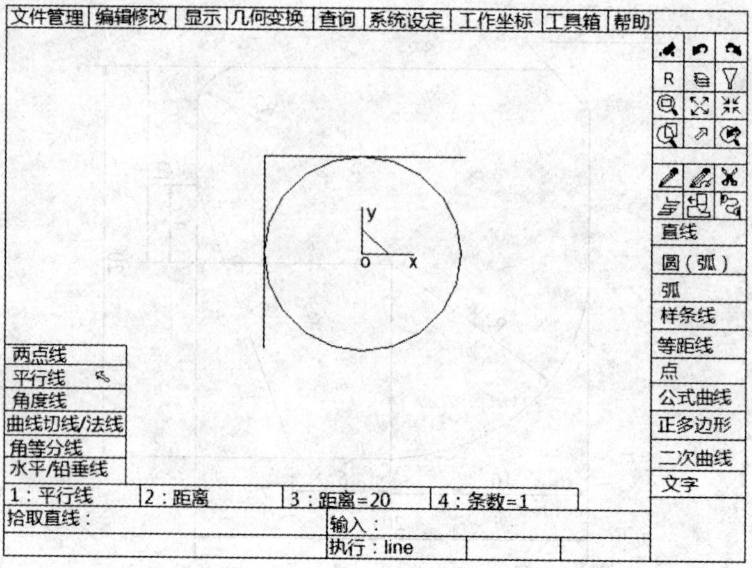

图 1.10

用鼠标的选择框选取目标直线，选择方向后输入平行的距离 20mm 确认后即可画出想要绘制的平行线。

重复以上步骤画出图 1.11 所示的图形。

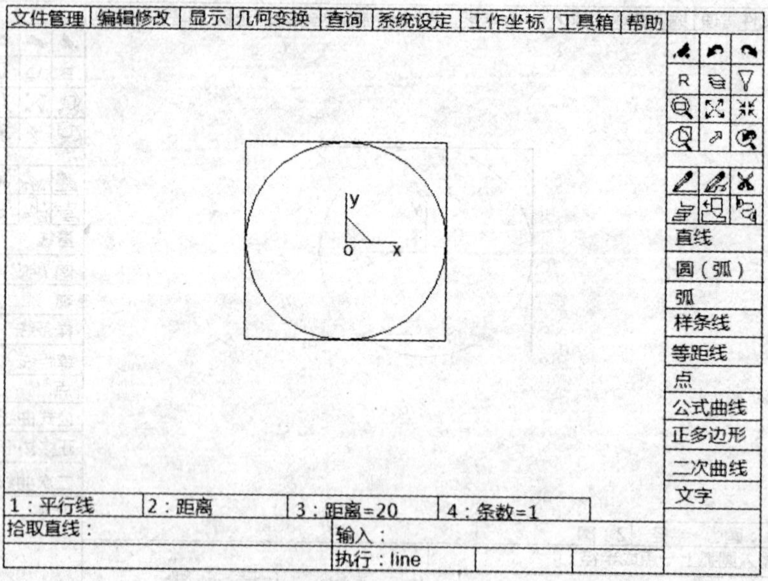

图 1.11

选取“直线”，出现立即菜单后选择“两点线”，在系统的提示下输入起点(10,4)，终点(5,－10)，即可得到图 1.12 所示的图形。

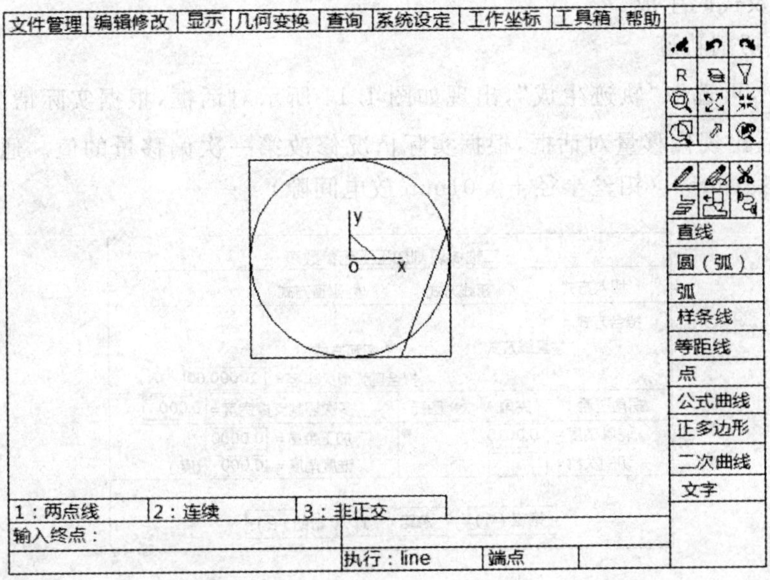

图 1.12

选取“曲线编辑”，选择“过渡”，出现立即菜单：“1：圆角　2：裁剪　3：半径”，选择“倒角”、“剪裁”，输入倒角长度 2mm 后确认，用鼠标的选择框选中有待倒角的两条直线。用同样的方法画出圆角过渡，选取“曲线编辑”，选择“过渡”，出现立即菜单：“1：圆角　2：裁剪　3：半径”，选择“圆角”、“裁剪”，输入过渡圆角的半径 2mm 后确认。选取“曲线编辑”，“剪裁”，出现立即菜单后选取“快速剪裁”，用鼠标的选择框剪裁掉多余的直线或曲线后得到如 1.13 所示的图形。

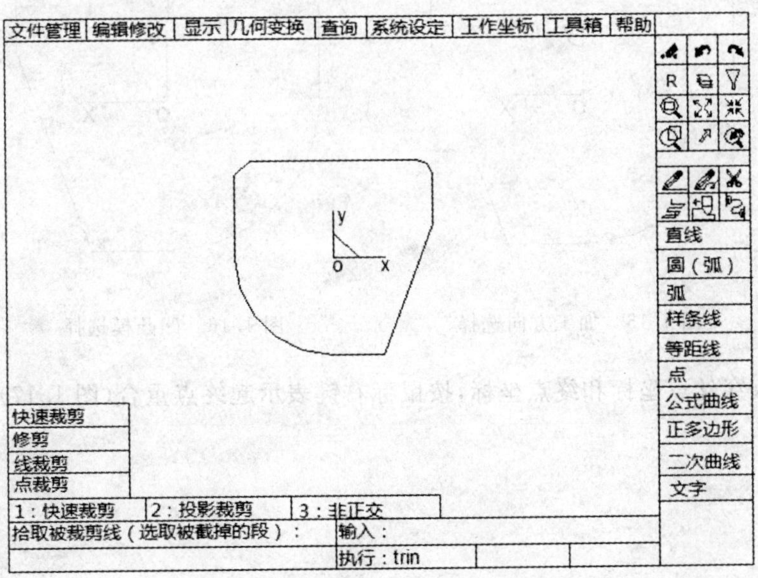

图 1.13

4. 轨迹及代码生成

(1)生成切割轨迹

选取，再选取“轨迹生成”，出现如图 1.14 所示对话框，根据实际情况修改参数，点击“确定”后出现偏移量对话框，根据实际情况修改第一次偏移量的值。通常情况下偏移量一般为 0.1mm。(钼丝半径+0.01mm 放电间隙)

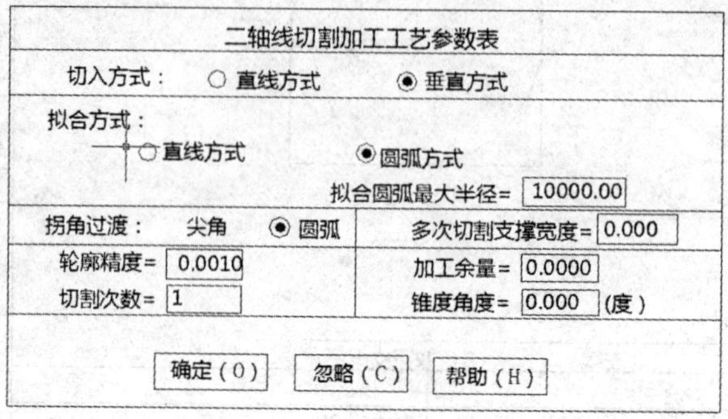

图 1.14　参数设置

用鼠标左键选中所需切割的第一条边，然后会出现一个双箭头，选择切割方向是顺时针还是逆时针。然后出现一个垂直于第一条切割边的双箭头，点击内侧或外侧选择凹凸模(图 1.15、图 1.16)。

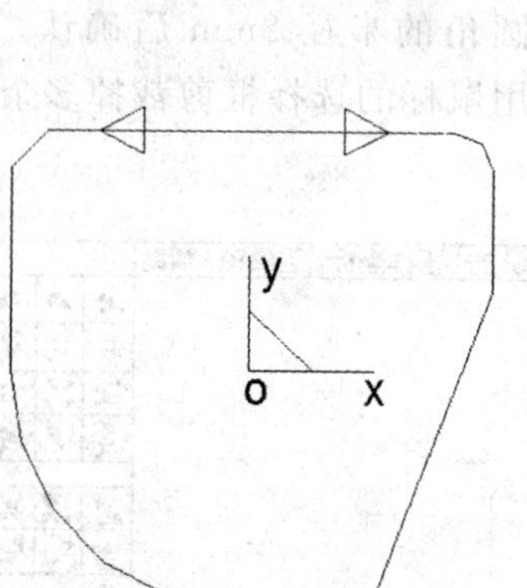

图 1.15　加工方向选择

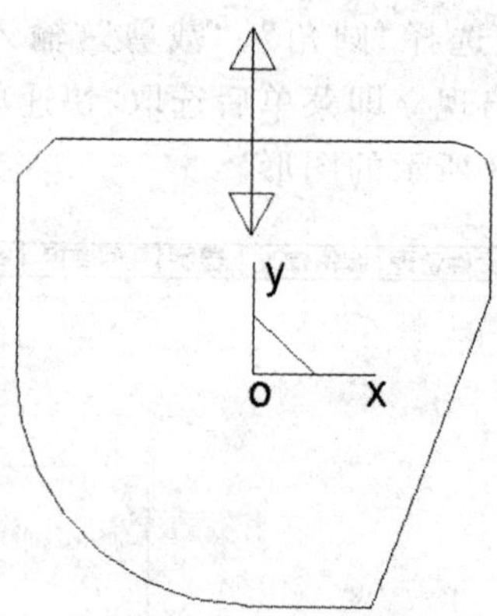

图 1.16　凹凸模选择

然后输入穿丝点坐标和终点坐标，按鼠标右键表示起终点重合(图 1.17)。

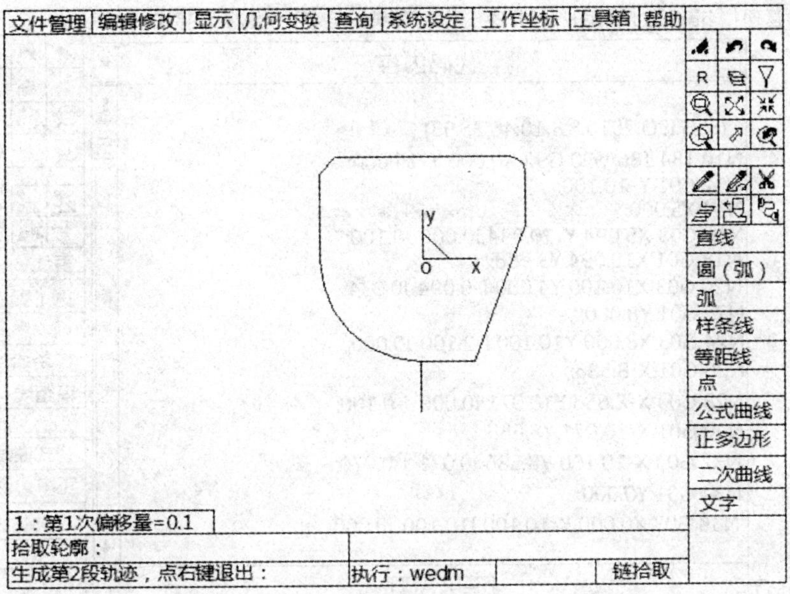

图 1.17　输入起割点

(2)生成 G 代码

选取"生成 G 代码"，出现对话框(见图 1.18)，在路径[I]:□中填写存盘路径 C:/BK-DC/文件名 . iso(. iso 不能缺少)，回车，再点击"确定"，左键点击"绿色轨迹"，按右键出现代码内容(图 1.19)，点击"关闭"(O)即可。

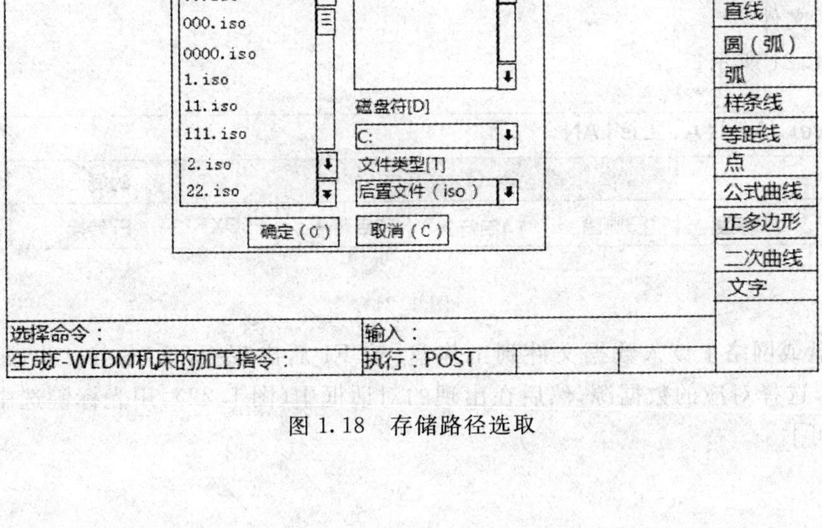

图 1.18　存储路径选取

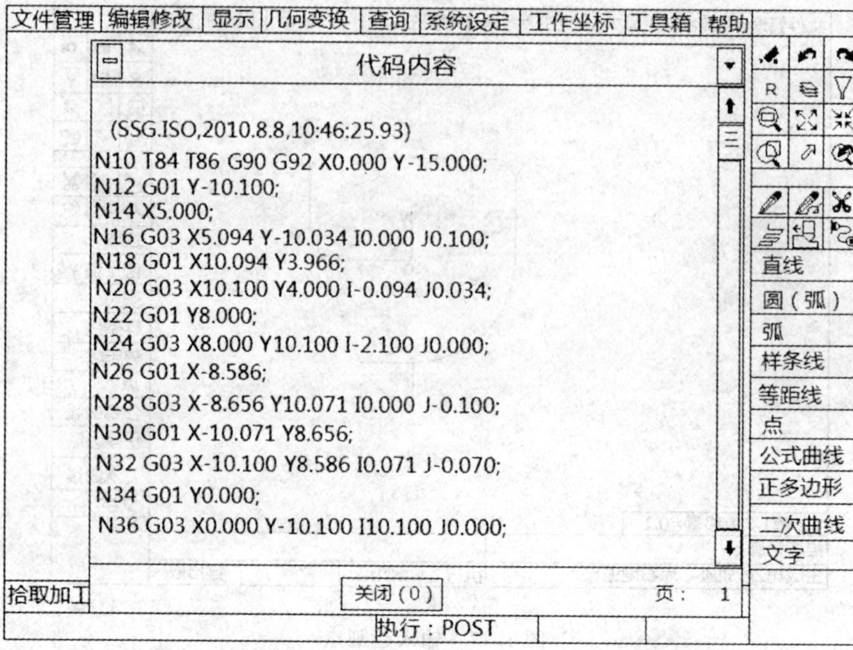

图 1.19　G 代码

注：如路径未存在 C:/BKDC/下，则机床无法找到该文件，也就无法进行切割。

三、系统菜单

如图 1.20 所示。

图 1.20

1. F1 文件

如图 1.21 所示。

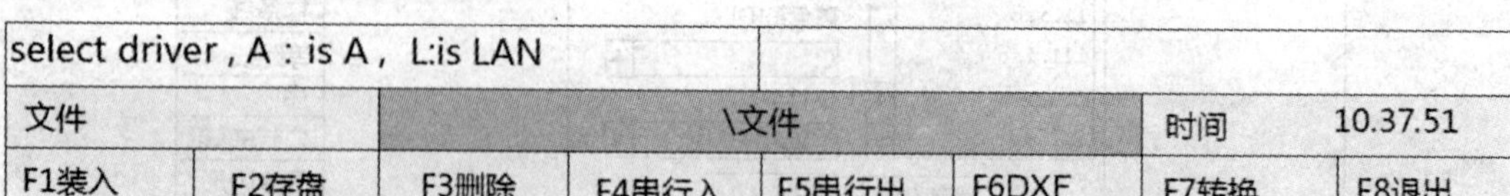

图 1.21

从源盘或网络上读入数据文件到工作盘[按 F1 后出现提示："Select drive，A：is A，L：is Lan"，选择对应的数据源，然后在出现的对话框中(图 1.22)，用光标键选中所需文件名回车即可]。

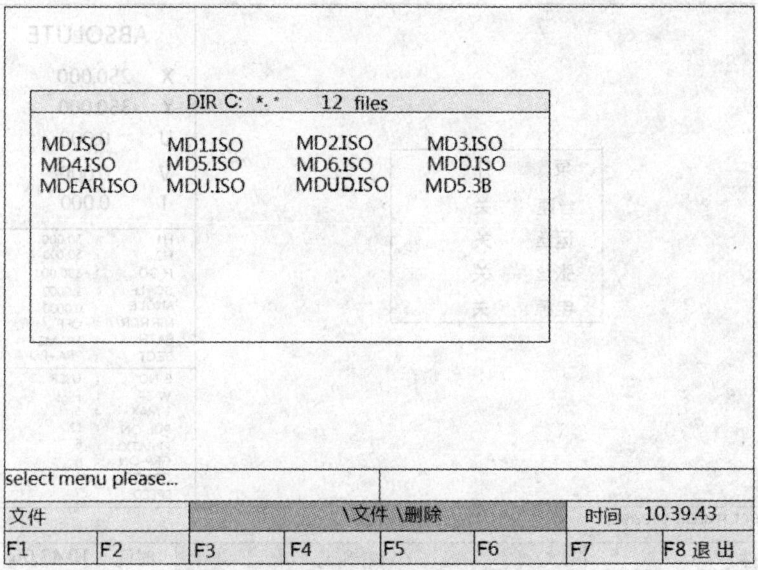

图 1.22 文件列表

2. F2 编辑

用系统编辑器编辑一个新的 ISO 文件(按 F1 后输入文件名回车进入编辑状态,编辑完成后按 F7 存盘回车即可)。

按“F2 编辑”,“F1 ISO”,输入 AB(文件名),回车。

输入如图 1.23 所示程序。

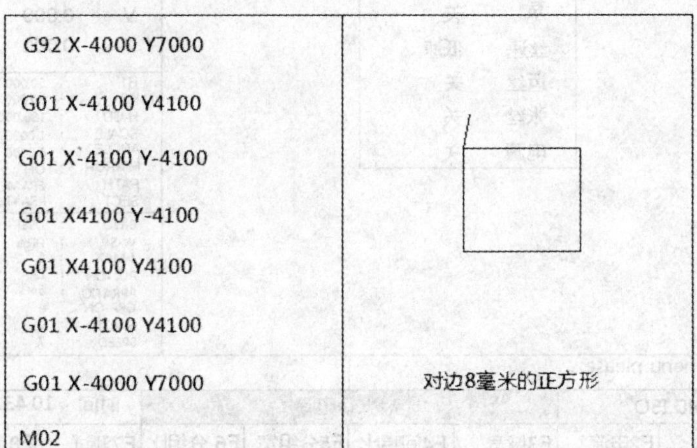

图 1.23

3. F3 测试

如图 1.24、图 1.25、图 1.26 所示。

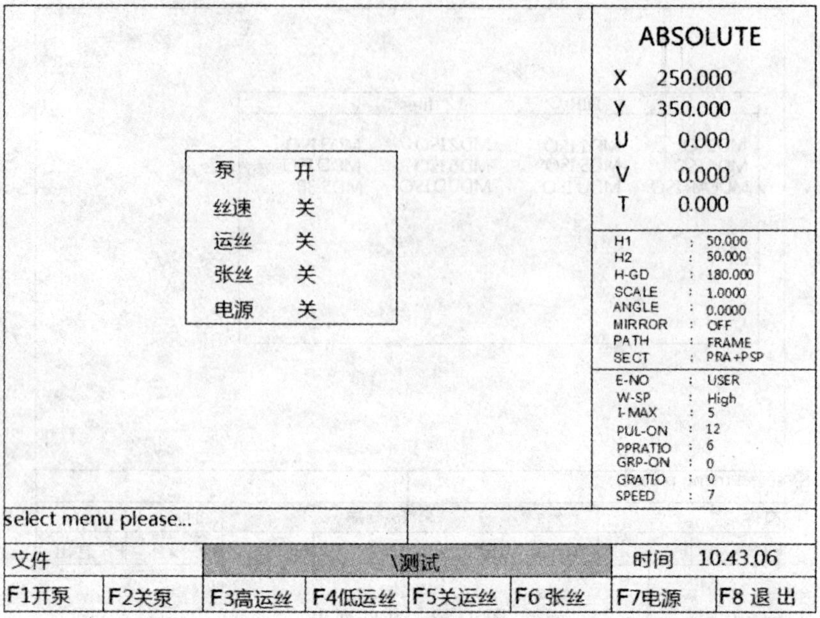

图 1.24 开泵

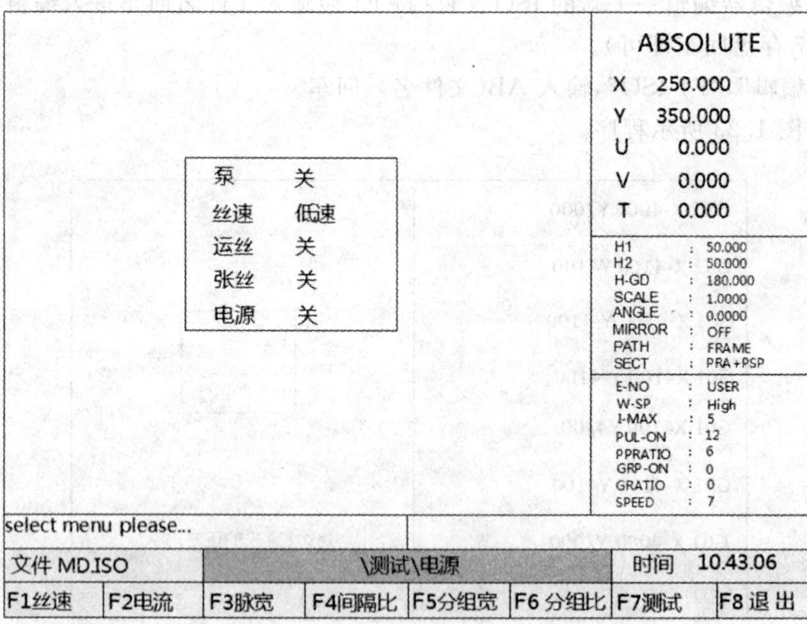

图 1.25 测试

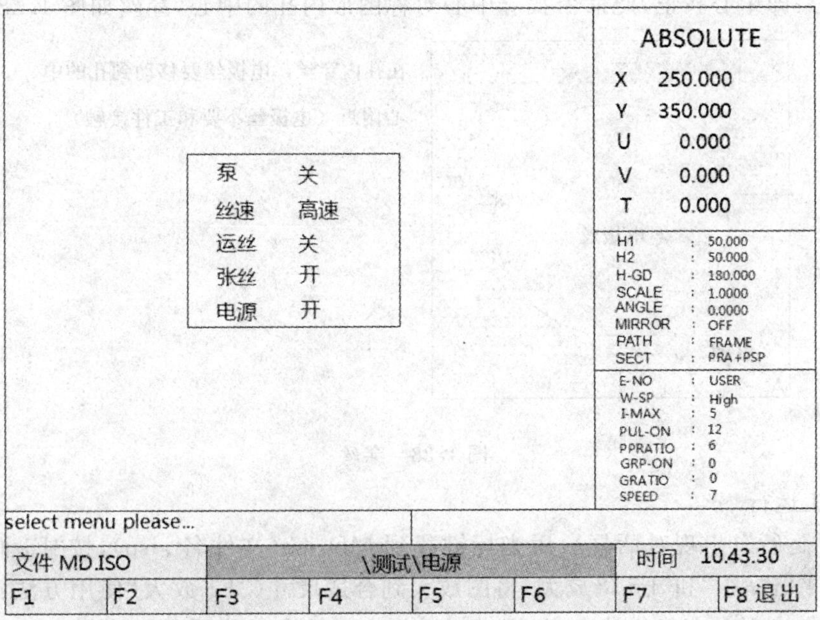

图 1.26　电源开

4. F4 设置

用来修改机床固定参数，出厂时已经调好，一般无须改动。如果将参数设置错误会出现异常故障，造成不必要的损失！

5. F5 人工

如图 1.27 所示。

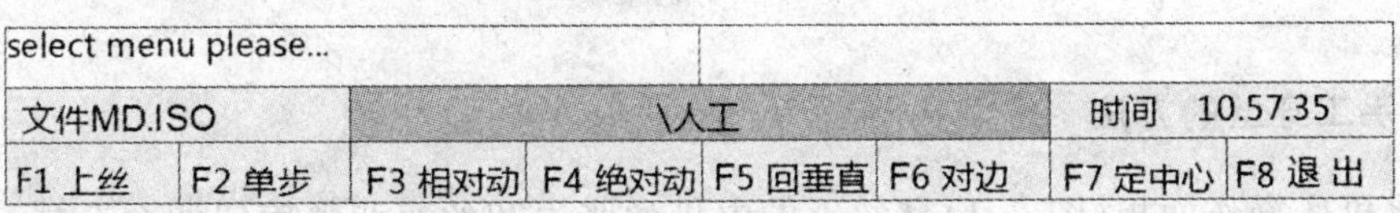

图 1.27

6. F6 语言

反复按动 F6 键可选择简体中文、繁体中文和英文。

7. F7 运行

按 F1 后出现对话框，用光标键选择所需切割的文件名，回车即可。

四、加工

1. 对边及定中心

对边：在“F5 人工”菜单下按“F6 对边”，进入的操作界面，可以选择 X、Y 轴的四个方向（+X、−X、+Y、−Y）任一方向进行边缘找正。边缘找正的开始时钼丝沿指定的方向高速接近工件直至接触，然后回退，降低移动速度直至接触，找正完成。按“F8 退出”键返回上一级菜单。

定中心：即中心找正，此命令找寻中心对称图形内孔的中心，穿丝如图 1.28 所示。

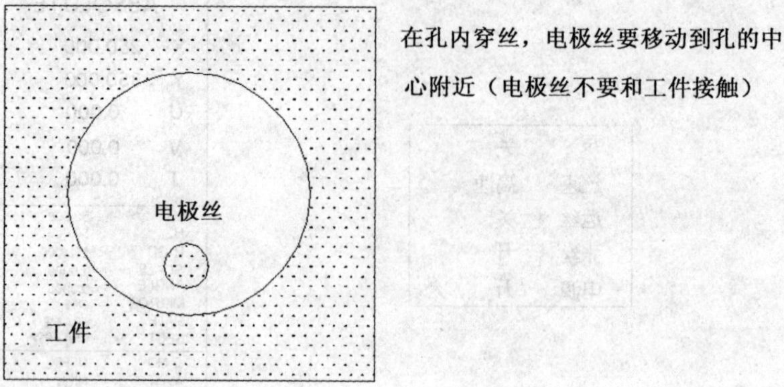

图 1.28　穿丝

2. 加工运行

按“F7 运行”(出现对话框)，用光标键找到 MD. iso(文件名 . iso)，按“F1 画图”，“F1 放大”和“F4 倍缩小”和“F5 倍放大”将图放大到合适尺寸(“F1 放大”使用方法：按“F1”以后，在图形上出现一个黄色的十字，用光标键将十字的中心移到图形的左上方，按“回车”，再将十字中心移到右下方，按“回车”即可将框内的图形放大)，按“F8 退出”(退出画图)，按“F3 电参数”，调节“F2 电流”和“F3 脉宽”和“F4 间隔比”和“F7 速度”的大小到合适，按“F8 退出”(退出电参数)，按“F7 正向割”就开始加工。加工结束自动切断高频、停水，钼丝运行到丝筒的右侧才停止。

附录 2　慢速走丝线切割机床

一、手工穿丝的方法

1. 将机床操作面板(图 2.1)穿丝上的电极丝张力和丝速调整旋钮调至 0 挡。

2. 将喷流压力调整钮调至 W 挡(穿丝挡)。

3. 打开喷流开关使下导丝轮旋转。

4. 装上电极丝，按图 2.2 所示将电极丝从电极丝线架(1)，绕过套筒轴(2)，穿过导向钩(3)，经滑轮(4)、毡轮(5)、压轮 A(7)绕在张力控制器(6)上。在张力控制器上绕一圈后，经压轮 B(8)和断线检测器(9)、导向孔(10)轻轻将电极丝拉出 1～2m。将电极丝经上导向器(11)穿入下导向器(12)，并且不断地往下导向器送丝，电极丝经过下导丝轮(13)在吸力装置的导引下经过送丝滚轮(14)排入废丝箱，完成穿丝。

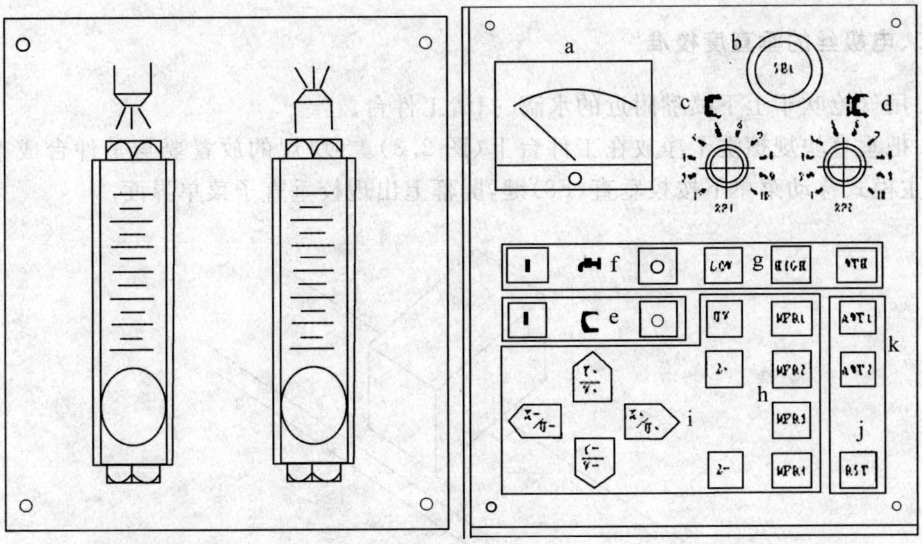

图 2.1

a—张力电流表 b—急停开关 c—运丝调速旋钮 d—张力调节旋钮 e—运丝开关

f—喷流开关 g—水挡位 h—移动速度选择钮 j—复位

i—选择移动轴旋钮 k—自动穿丝方式

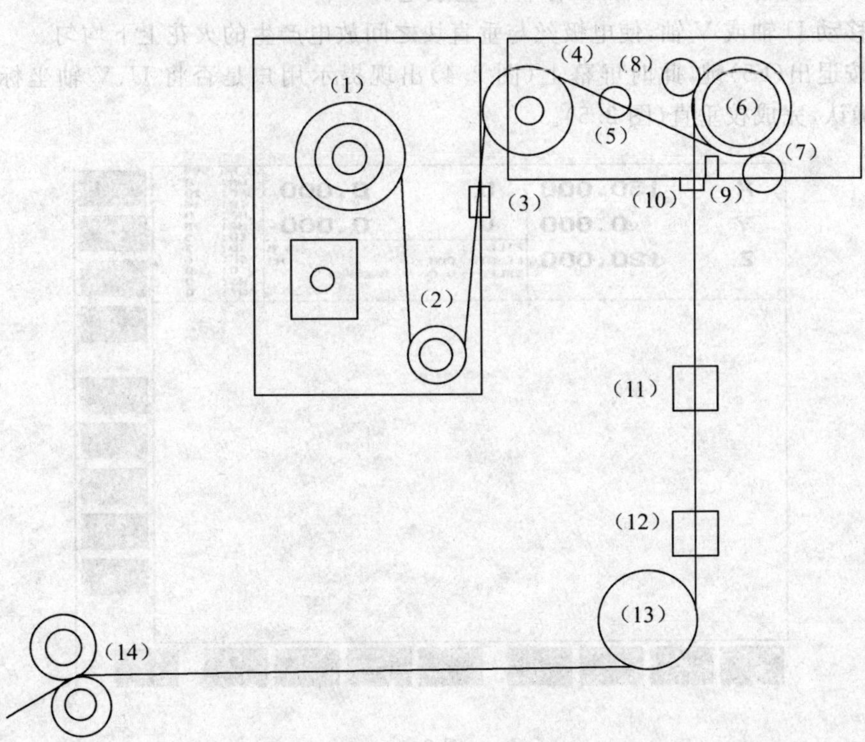

图 2.2

二、电极丝的垂直度校准

1. 用气枪吹干上下喷嘴附近的水滴、扫清工件台。

2. 把垂直块规擦洗干净放在工件台上(图 2.3)。(块规的放置要与工件台成直角方向)在主模式移动菜单下按校垂直(F8)键,屏幕上出现校垂直子菜单界面。

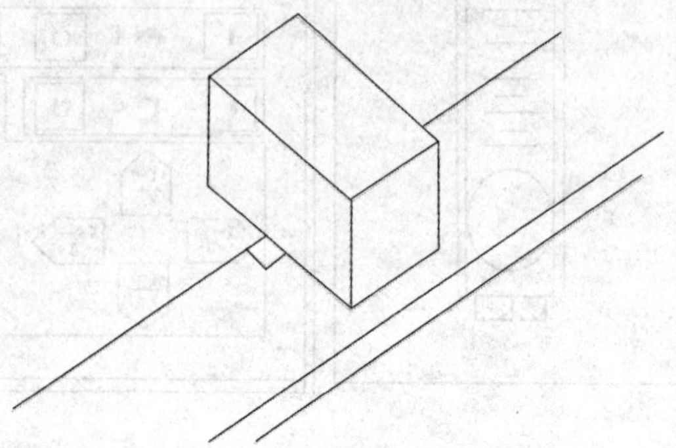

图 2.3

3. 用操作盘移动键移动 X 轴、Y 轴将电极丝接近块规,下降 Z 轴,选择相应的校垂直方向后,系统自动开启 C777 加工条件产生放电。

4. 移动 U 轴或 V 轴,使电极丝与垂直块之间放电产生的火花上下均匀。

5. 按退出(F5)键,此时屏幕上(图 2.4)出现提示用户是否将 U、V 轴坐标置为零。按回车确认,完成校垂直(图 2.5)。

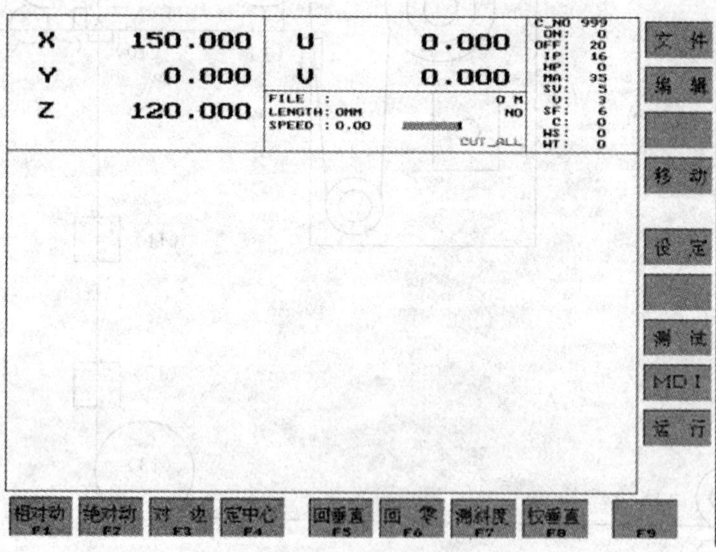

图 2.4

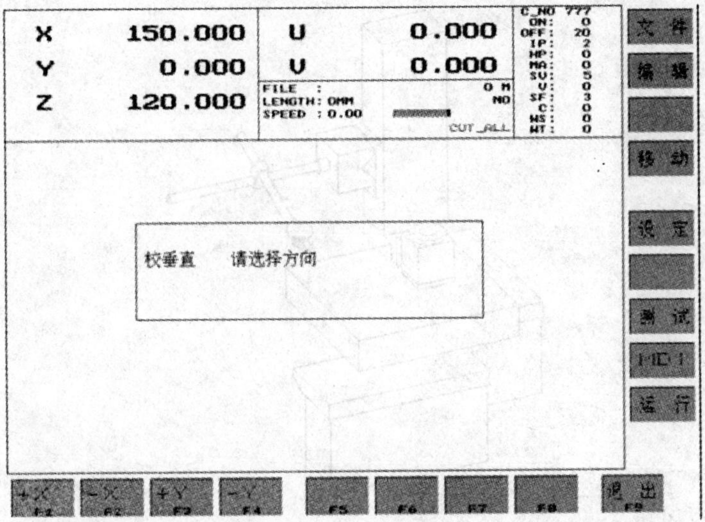

图 2.5

三、工件的安装

1. 为了提高精度，要注意工件的安装，对工件的上表面、下表面与侧面必须经过研磨。

2. 用夹具把工件平行地轻轻固定在工件台上面，最少在两个地方固定工件。如图 2.6 所示。

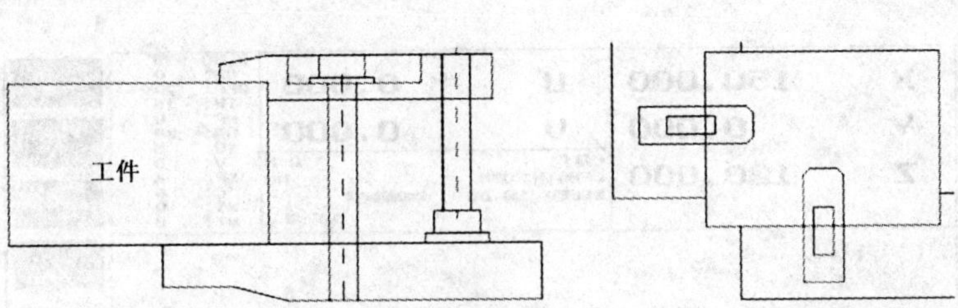

图 2.6

几种工件的安装如图 2.7、图 2.8 所示。

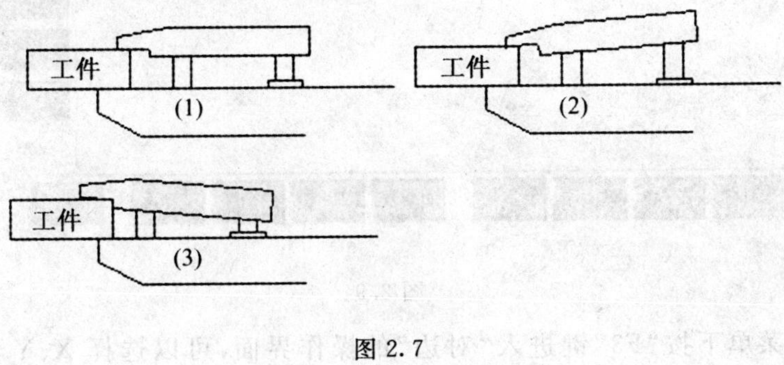

图 2.7

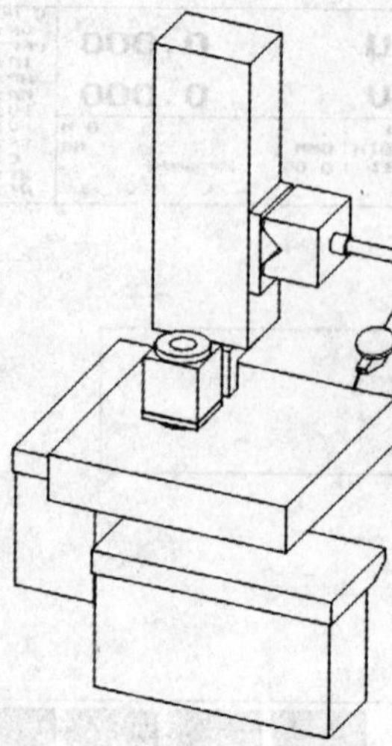

图 2.8

(1)合格的安装方法。

(2)垫物比工件的厚度低。

(3)夹具超过工作台。

工件安装好以后用千分表将工件拉平。

四、工件的定位

1. 对边(端面定位),即边缘找正。用于 X 及 Y 轴的四个方向的边缘找正(图 2.9)。

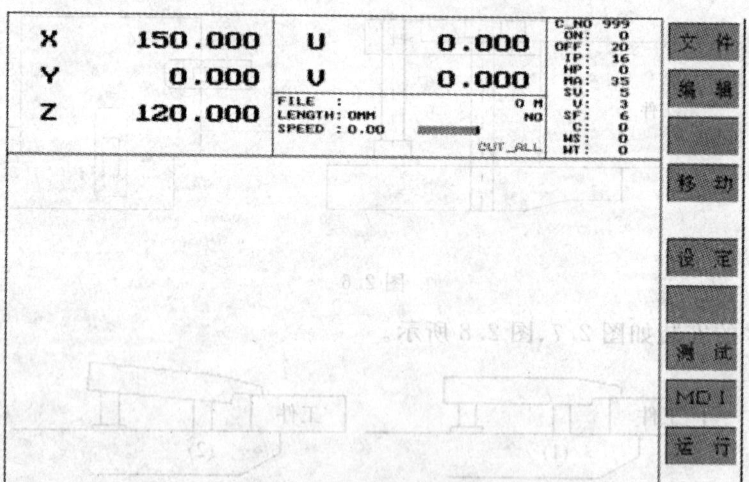

图 2.9

在“移动”菜单下按“F3”键进入“对边”的操作界面,可以选择 X、Y 轴的四个方向

(+X、-X、+Y、-Y)任一方向进行边缘找正(图 2.10)。边缘找正开始时铜丝沿指定的方向高速接近工件直至接触,然后回退,降低移动速度后重复上述过程,边缘找正完成。(为了提高找正精度,在边缘找正开始前,把反张力电位器顺时针旋至最大位置,把张力电位器逆时针旋至底,即张力减至最小)。按“F9”键返回上一级菜单。

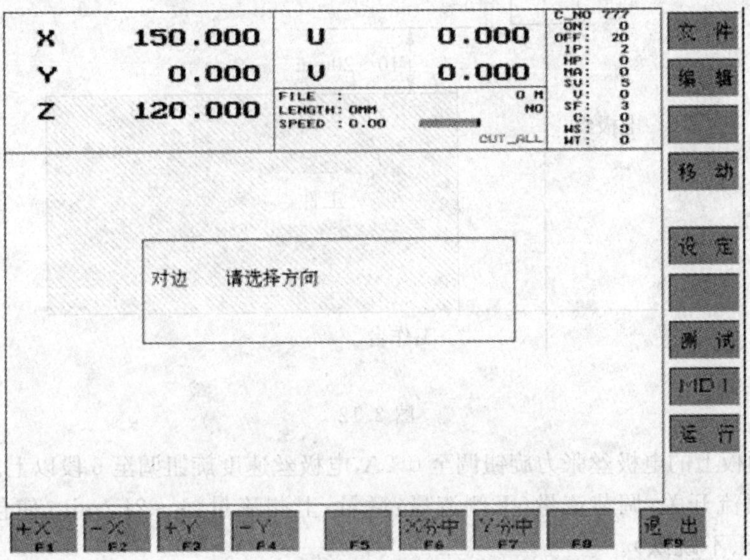

图 2.10

2. 内孔定位。即中心找正(图 2.11),此命令完成对称图形内孔的中心找正。

在移动菜单下按“F4”键进行定中心操作,按“F9”键返回上一级菜单。定中心的操作可以参照边缘找正时张力、反张力电位器的调整方法来提高精度。

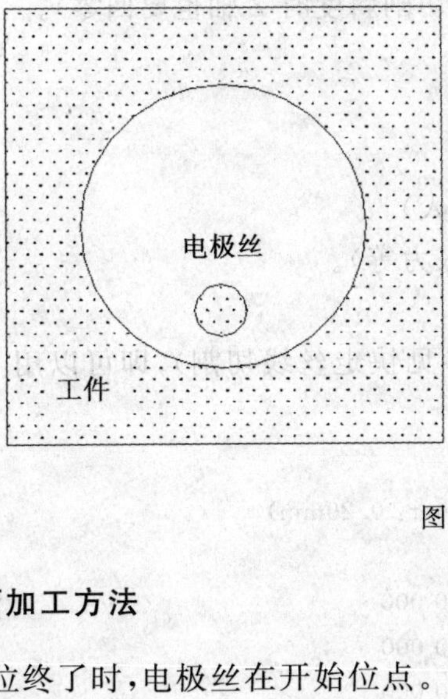

在孔内穿丝,电极丝要移动到孔的中心附近(电极丝不要和工件接触)

图 2.11

五、端面加工方法

端面定位终了时,电极丝在开始位点。

1. 选择适当的加工条件:C000 或 C890(此为端面加工专用条件)。

2. 移动 Z 轴，使之离工件上表面 10～20mm(见图 2.12)。

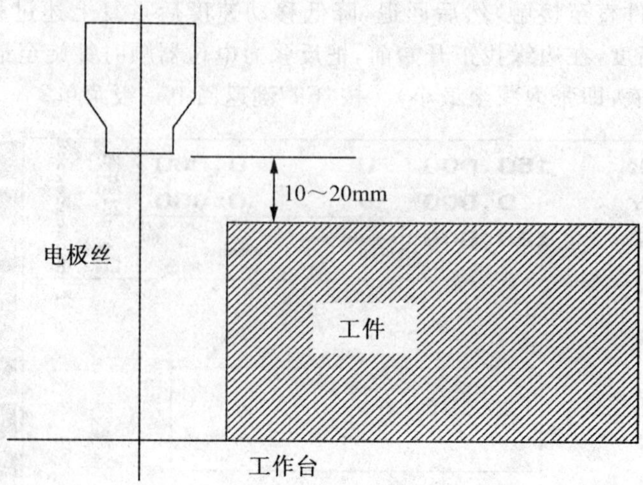

图 2.12

3. 操作面板上的电极丝张力旋钮调至 0.2A，电极丝速度旋钮调至 6 段以上。

4. 打开喷流开关，调节流量(下侧流量：微量；上测流量：1～2L/min，使包在铜丝四周的水柱不散开、不跳跃)。

六、加工流程

1. 接通电源。
2. 打开 SOURCE 开关。
3. 等计算机完全启动后，打开 POWER 开关。
4. 将 X、Y 轴机械回零(移动至机械原点，切割斜度时 Z 轴也要回零)。
5. 电极丝校垂直。
6. 装夹工件。
7. 电极丝定位。
8. 输入编辑的程序(可磁盘输入或手工输入)。
9. 加工前准备(运丝、开喷流、调丝速、调张力等)。
10. 开始加工程序的制作。

在 WAP-2000 界面中完成图形制作后(参见快走丝线切割)，即可以用 WAPG 软件将图形文件转换成为 ISO 代码文件。

加工程序举例(图 2.13)：

```
(Material:SDK-11 Thickness:40 mm Wire Diameter: 0.20mm)
( = ON OFF IP HP MA SV V SF C WS WT )
C890= 001 020 016 000 035 005 003 006 000 000 000
C440= 004 014 017 001 014 002 003 006 000 000 000
C613= 005 010 016 003 012 008 001 004 000 000 000
C643= 002 002 015 000 000 004 000 004 002 000 000
```

C673＝ 000 001 005 000 000 003 000 004 000 000 000

H001＝193 H002＝128 H003＝113 H004＝108

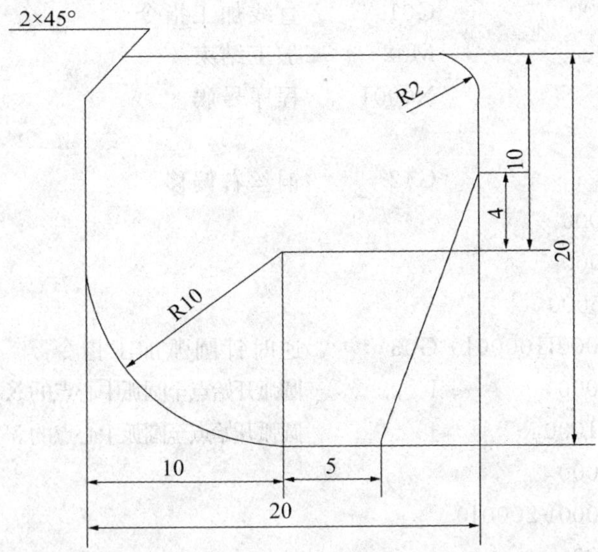

图 2.13

; Number : 1		代码说明
G92X0Y0	G92	确定坐标原点
G90	G90	绝对坐标
C890	C890	切入时的加工条件
G01X0Y-4000	G01	直线加工指令
M00	M00	加工暂停
H001	H001	第一刀偏移量
T84	T84	高压喷流
C440	C440	第一刀加工条件
M98 P0001	M98P0001	调用子程序 P0001
M00	M00	加工暂停
H002	H002	第二刀偏移量
T85	T85	切换成低压喷流
C613	C613	第二刀加工条件
M98 P0002	M98P0002	调用子程序 P0002
H003	H003	第三刀偏移量
C643	C643	第三刀加工条件
M98 P0001	M98P0001	调用程序 P0001
H004	H004	第四刀偏移量
C673	C673	第四刀加工条件
M98 P0002	M98P0002	调用子程序 P0002

程序	代码	说明
M00	M00	暂停
C890	C890	边缘加工条件
G01X4000Y-4000	G01	直线加工指令
M02	M02	加工结束
N0001	N0001	程序号码
G01X0Y-5000		
G42	G42	铜丝右偏移
G01X-6000Y-5000		
G01X-8000Y-7000		
G01X-8000Y-15000		
G03X2000Y-25000I10000J0	G03	逆时针圆弧加工指令
G01X7000Y-25000	I	圆弧开始点至圆弧中心点的X方向增量值,为0时省略
G01X12000Y-11000	J	圆弧开始点至圆弧中心点的Y方向增量值,为0时省略
G01X12000Y-7000		
G03X10000Y-5000I-2000J0		
G01X4000Y-5000		
G40	G40	取消偏移
G01X4000Y-4000		
M99	M99	调用子程序结束返回主程序
N0002	N0002	程序号码
G01X4000Y-5000		
G41		
G01X10000Y-5000		
G02X12000Y-7000I0J-2000	G02	顺时针圆弧加工指令
G01X12000Y-11000		
G01X7000Y-25000		
G01X2000Y-25000		
G02X-8000Y-15000I0J10000		
G01X-8000Y-7000		
G01X-6000Y-5000		
G01X0Y-5000		
G40		
G01X0Y-4000		
M99		

七、自动编程

线切割自动编程系统(以下简称 WAP-G)是一个运行于 Windows 平台的自动编程系统软件,具有 Windows 风格的图形界面(图 2.14),操作简单、方便。

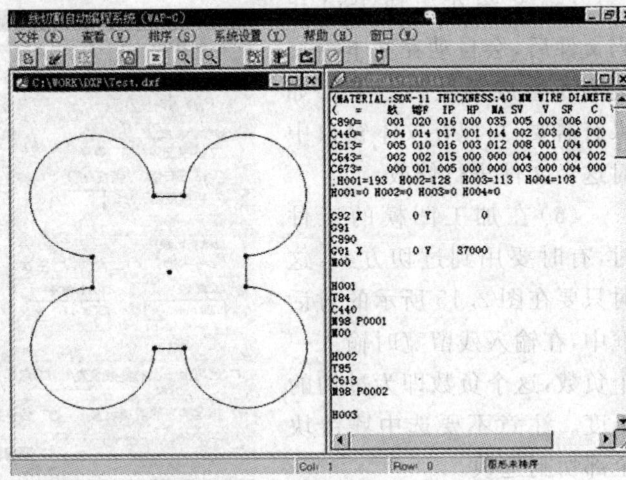

图 2.14

WAP-G 系统主要应用于一些绘图软件生成的 DXF 图形数据文件到线切割系统的 ISO 和 3B 代码文件的转换。用户可以利用这些绘图软件在绘图方面强大的功能，绘制出符合自己要求的切割图形，然后通过绘图软件把图形输出为 DXF 图形数据文件，再启动 WAP-G 编程系统，把 DXF 图形数据文件读入，经过一些简单的操作处理，即可生成线切割系统加工工件所需的 ISO 代码或 3B 代码文件。通过对自动编程系统进行一些设置，可以生成不同类型的 ISO 代码文件，例如通过对切割次数的设置，可以生成单次或多次切割的 ISO 代码文件；通过对输出机型的设置，可以生成供 BKDC 等快机使用的 ISO 代码文件和供 SKDA 等慢机使用的 ISO 代码文件。整个转换过程中，只需用鼠标或键盘进行一些简单的操作，并对一些选择项按实际需求进行选择，即可生成相应的文件。

1. 使用自动编程系统的例子

自动编程系统主要是用于一些绘图软件的 DXF 图形数据文件到线切割系统的 ISO 代码的转换，由于自动编程系统并不提供作图的功能，因此在进行下面例子时，将假设已对绘图软件比较熟悉，并能够用软件做出符合切割要求的工件图形。

2. 生成单次或多次切割的 ISO 代码文件

(1)首先启动自动编程系统，在图形窗口右上角的最大化标志上单击，使图形窗口放大到整个主窗口，以便于下一步对图形的操作。打开“文件”菜单，选择其中的“打开”菜单选项，从对话框中选择一个文件(在本例中为系统安装目录下的 SAMPLES 子目录下的 TEST2. dxf)。单击对话框的“确定”按钮后，在图形窗口中显示出相应的图形。注意：这时在系统最下边的状态栏上有“未排序”三个字。打开“排序”菜单，选择其中的“定义排序”菜单选项进行排序。

(2)用鼠标左键定义了三点之后，按一下鼠标右键，系统即开始排序。在排序完成后，如果定义正确，系统将会显示排序的线段数量和排序的过程，如果定义不正确，系统将会提示出错信息。此时可选择“取消定义点”菜单选项来取消刚才的定义，重新开始排序。

如果在排序后不满意所做的排序，可以选择“排序”菜单的“取消排序”来取消排序，从而可以重新进行排序。

(3)在排序过后，就可以打开“文件”菜单上的“输出”菜单选项，选择“ISO 文件”后，系统会弹出一个对话框，供使用者进行切割参数的设置(图 2.15)。

(4)如果这次文件所需的选项设置与上一次的差不多，那么可以选择对话框中的“启用上一次的设置”选项。如果要使用自己定义的加工工艺参数，可以选择“启用用户自定义参数”项。(该选项只适用于 SKDA 控制机)

(5)系统在生成 ISO 代码文件后,会自动在文本窗口把刚才生成的文件打开。如果有需要,可以在文本窗口中对这个文件进行修改。

(6)在加工凹模的工件时,有时要用到过切方式,这时只要在图 2.15 所示的对话框中,在输入残留宽时输入一个负数,这个负数即为过切的长度。注意不要选中残留块全部切割选项。

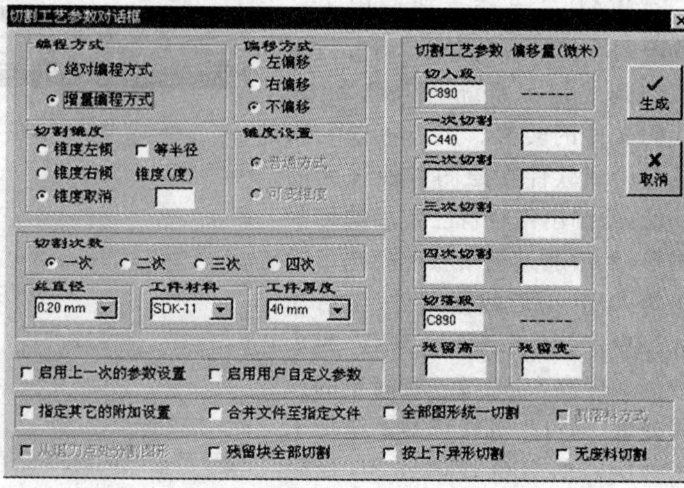

图 2.15

3. 生成有退刀点的 ISO 代码文件

(1)运行 WAP-G 自动编程系统,用鼠标在图形窗口的最大化按钮上单击,把图形窗口放大。选择"文件"菜单中的"打开"选项,从 SAMPLES 子目录下选择 TEST7. dxf 文件,这是一个齿轮图形,打开后图形将显示在图形窗口中。

(2)选择"查看"菜单中的"局部"选项。把齿轮的一部分放大在全窗口中。如图 2.16 所示。

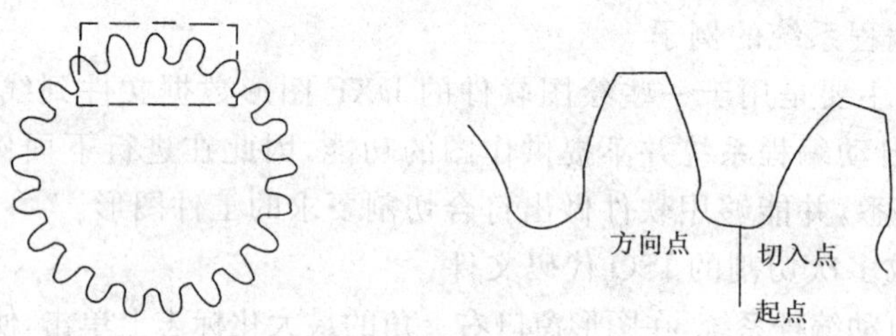

图 2.16

(3)如图 2.16 所示,定义好起点、切入点和方向点进行排序。

(4)进行完排序后,选择"查看"菜单上的"全图"选项,把图形放大在全窗口中,再选择"局部"选项,把图形的另一部分放大到全窗口中。

(5)如图 2.17 所示,定义好退刀点和退出点。

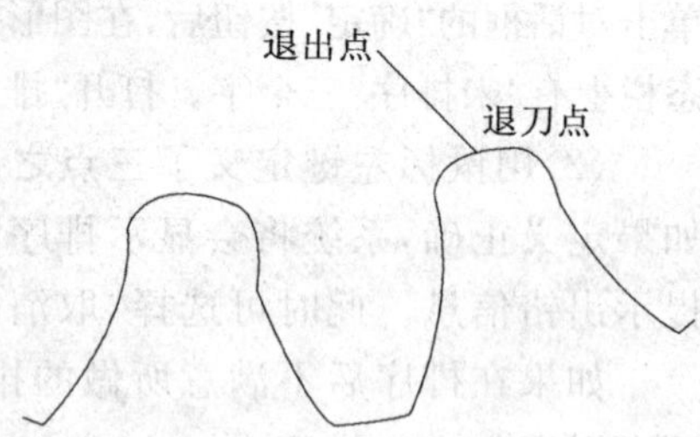

图 2.17

(6)选择"文件"菜单上的"生成 ISO 文件"选项。系统会弹出一个对话框,参数的设置可如上例中一样,只是要注意选中位于对话框下面的"从退刀点处分割图形"选项。

(7)选择"确定"按钮后系统会要求选择一个文件名,选择想输出的文件名或输入一个文件名即可。

(8)在文件生成后,系统会自动在文本窗口中把这个 ISO 文件打开。

附录3　电火花成型机床

一、机床外观及操作部位图

如图 3.1、图 3.2 所示。

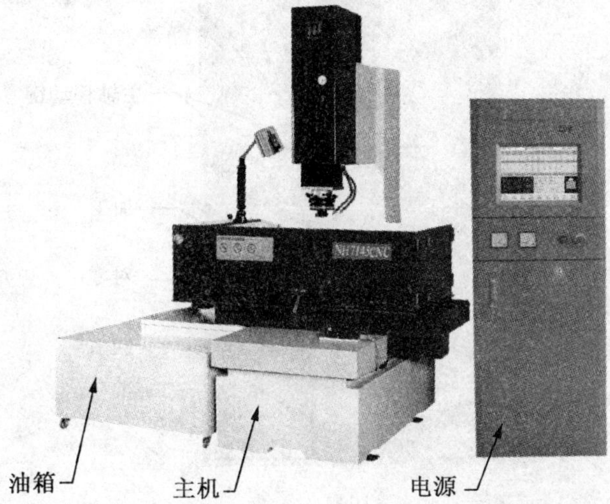

图 3.1

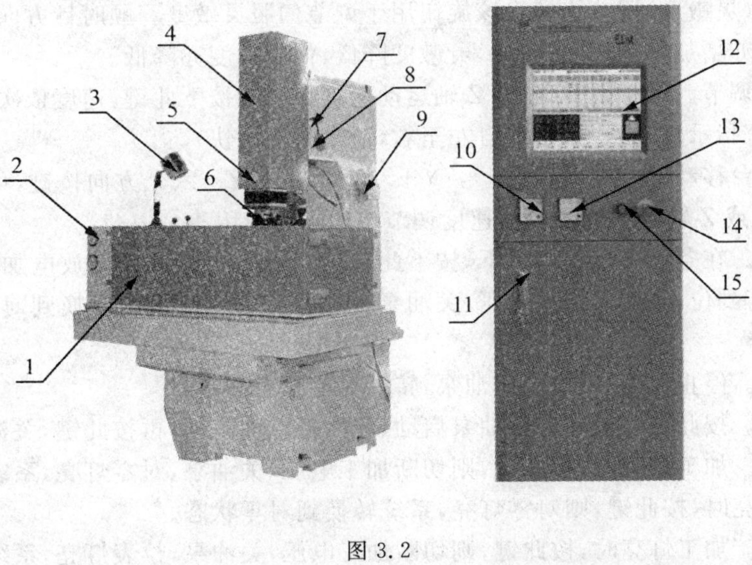

图 3.2

1—油槽门　2—冲油压力表　3—工作灯　4—主轴　5—百分表　6—校正卡具
7—二次行程锁紧钮　8—二次行程按钮　9—手油泵　10—电压表　11—门锁
12—显示屏　13—电流表　14—急停按钮　15—电源启动按钮

二、手持盒的使用

1. 手持盒面板外观

手持盒面板如图 3.3 所示，共有 12 个按键和 1 个旋钮。

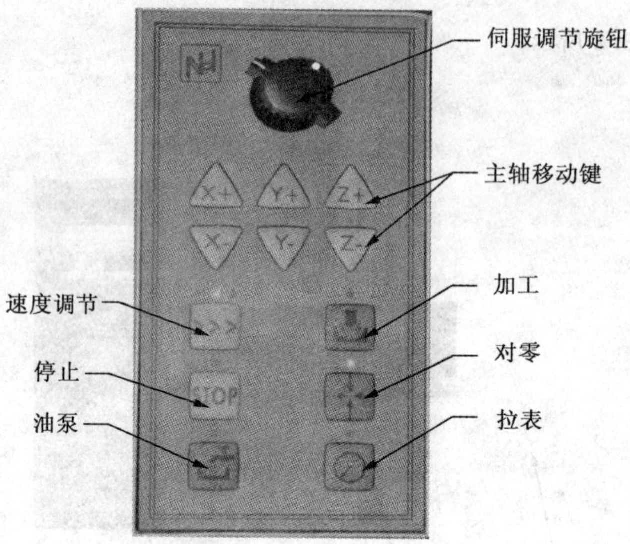

图 3.3

2. 手持盒各键功能说明

(1)伺服(灵敏度)调节旋钮。该旋钮用于调节伺服灵敏度。顺时针方向调，灵敏度增高，伺服速度亦增加，逆时针方向调，灵敏度降低，伺服速度亦降低。

(2)速度调节。用于调节 X/Y/Z 轴运动速度。连续按下此键，速度依次为“低—中—高”循环，并有指示灯显示(指示灯自左至右，速度由慢到快)。

(3)工作台移动键。有 X+/X-，/Y+/Y-，/Z+/Z-六个方向按键，可使工作台沿 X/Y 轴运动，或 Z 轴上下运动。与速度调节按钮配合使用。

(4)加工。在条件满足的情况下，按下此键，加工指示灯亮，开始放电加工；条件不满足，报警；加工到位，则切断加工电压，关油泵，主轴回到设定位置，切换到对刀状态，蜂鸣报警。

(5)停止。停止放电加工，关闭油泵，转入对零状态。

(6)油泵。按此键，指示灯亮，油泵启动，开始供应加工液；再按此键，关油泵。

(7)对零。加工灯亮时，按此键，则切断加工电压，关油泵，对零灯亮，系统转换到对零状态；拉表灯亮时，按此键，则对零灯亮，系统转换到对零状态。

(8)拉表。加工灯亮时，按此键，则切断加工电压，关油泵，拉表灯亮，系统转换到拉表状态；对零灯亮时，按此键，则拉表灯亮，系统转换到拉表状态。

三、界面操作

接通电源，顺时针旋开电源柜上的急停按钮，按下电源启动按钮后，系统经过系列自检后，会自动进入 NST 系统，本机界面采用触摸屏技术，因此其功能按钮只需要用手指点在指定位置即可。

其主界面如图 3.4 所示。

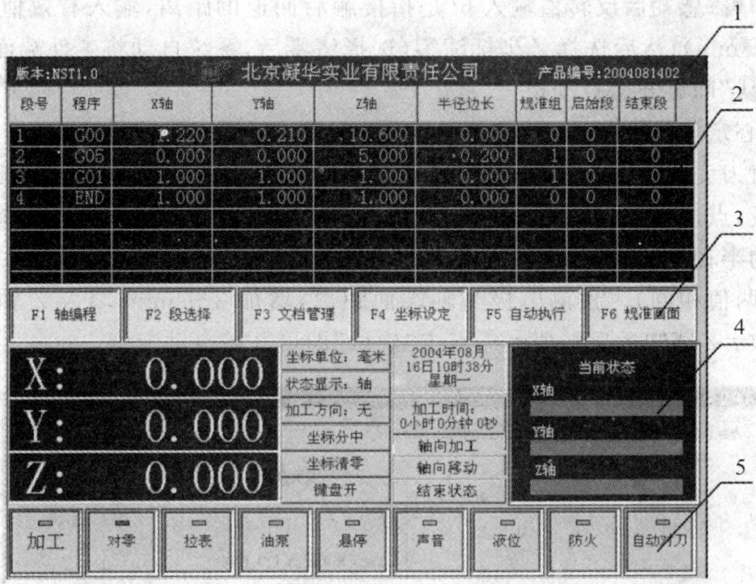

图 3.4　NST 系统主界面(三轴画面)

1—产品信息栏　2—加工信息显示区(共有 2 个主画面：一个是三轴画面，一个是规准画面，通过 F6 键相互切换)　3—主功能键　4—轴位状态显示区　5—功能按钮

1. 自动对刀

将手持盒打在对零状态，点触功能区右面的自动对刀按钮，弹出自动对零画面，如图 3.5 所示，共有四种自动碰边和火花放电找正功能。

(1)端面定位

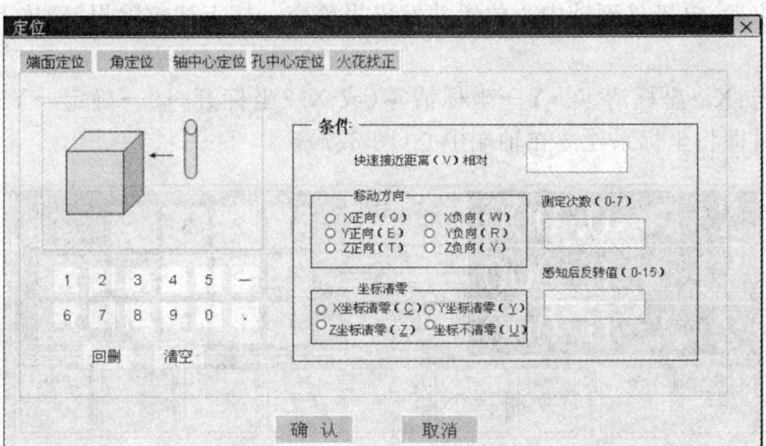

图 3.5

当需要将工件上表面设为Z轴零点时，首先操作手持盒将电极移到工件上方，然后预测电极与工件端面轮廓的实际距离，按实际距离减小1～5mm输入到快速接近距离栏中。然后在快速移动一栏选择Z负向(向上为Z轴正向)；输入要测定的次数(1～7次)，在此输入2即可；感知后反转值输入6(是指接触后回退的距离，输入有效值为0～14，实际距离0.1～5mm)；然后选择Z坐标清零(选择清零后，系统自动将工件端面设为Z轴零点)；点击“确认”即可开始自动定位。

(2)轴中心定位

当系统对刀完成发出报警时，按下拉表键解除报警，再将手持盒打到对零状态。然后向上移出电极，点击进入轴中心定位画面(图3.6)，操作手持盒将电极大约移到轴中心位置。预测轴的半径，在轴实际半径的基础上增加3～5mm，将数值填入X+、Y+一栏(对于轴类零件，两值相同)。预测电极与轴端面距离，增加3～5mm填入Z轴下降距离一栏。测定次数=2感知后反转值=6，点击“确认”即可开始自动定位。

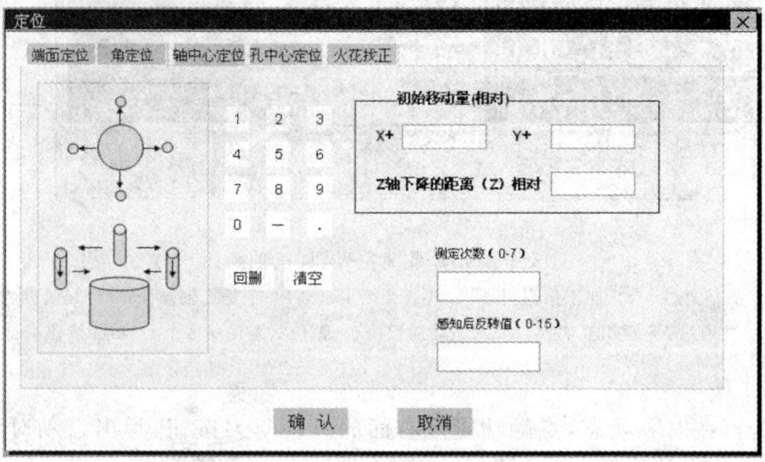

图3.6

定位结束后，电极移到轴中心位置并发出报警声。按上述解除报警，按下取消键可返回主菜单。

依次点击：X→坐标清零→Y→坐标清零(或X→坐标开→0→确定→Y→0→确定→关键盘)，此时即将坐标系建立在轴端中心(图3.7)。

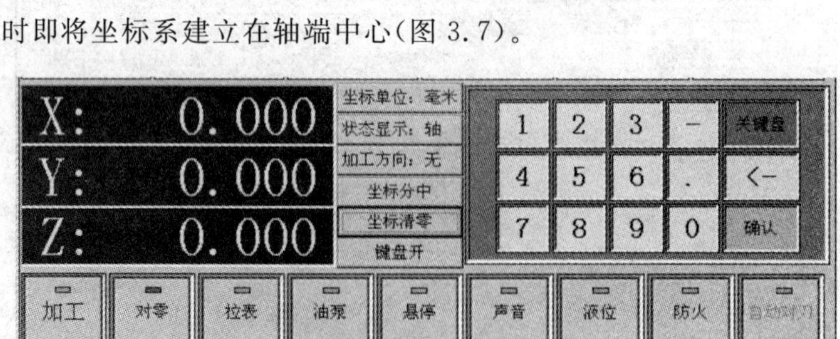

图3.7

(3)角定位

如图 3.8 所示，操作时，先输入初始移动值(即快速接近尺寸)，单位毫米；然后选择定位角象限；再输入定位后移动的尺寸值，即电极最后到达位置与定位角两边的预定值；最后输入测定次数与反转值即可。完成后，按确认键即可进行操作。

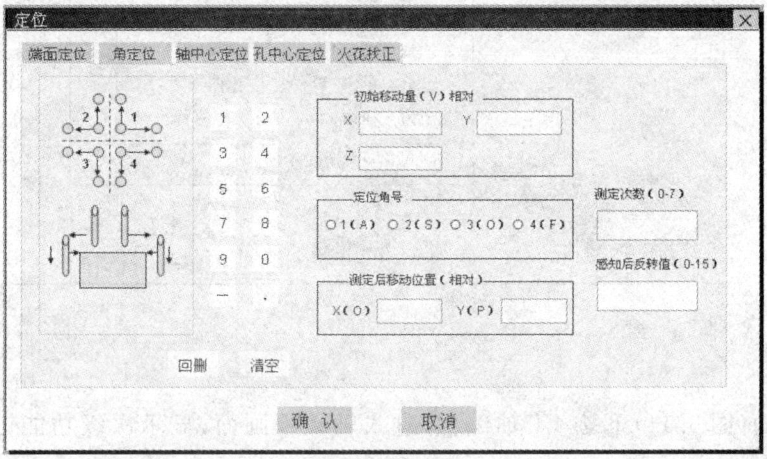

图 3.8

(4)孔中心定位

如图 3.9 所示，参考轴中心定位，注意此处初始移动量要小于孔的半径。

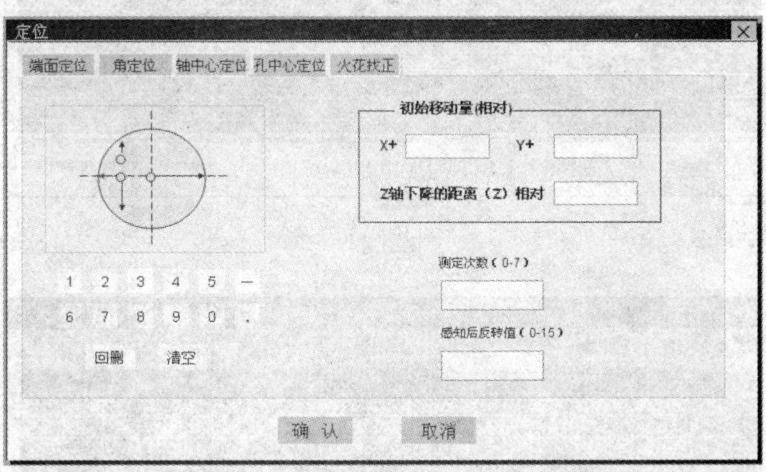

图 3.9

(5)火花找正

如图 3.10 所示，类似于前面对刀，此过程工件和电极接触时会产生火花放电。

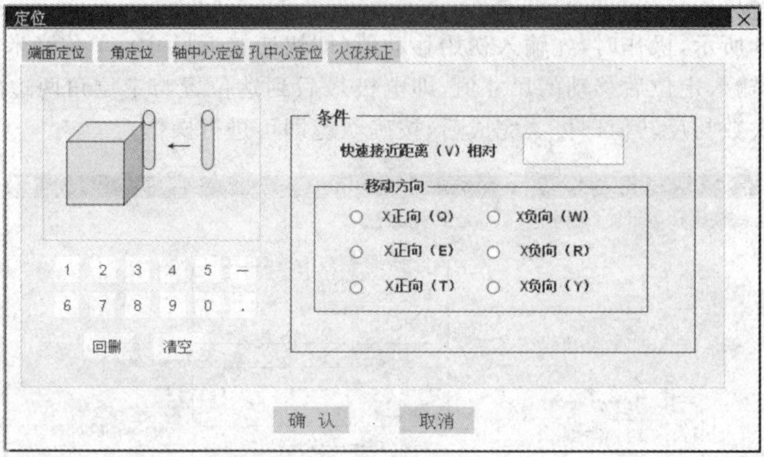

图 3.10

2. 编程

在主界面(图 3.11)下按 F1 轴编程，进入轴编程画面，显示次级功能键，如图 3.12 所示。

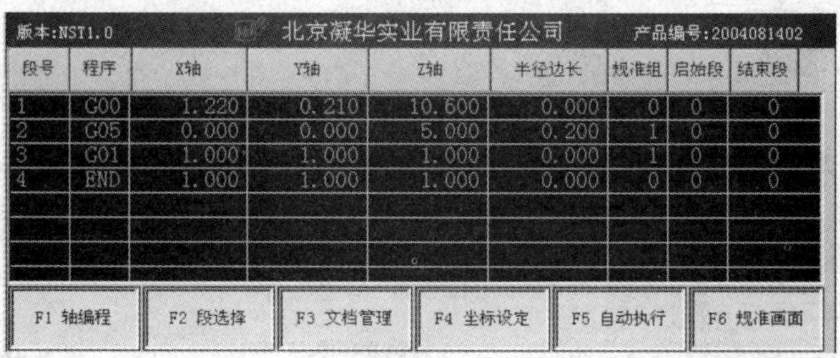

图 3.11

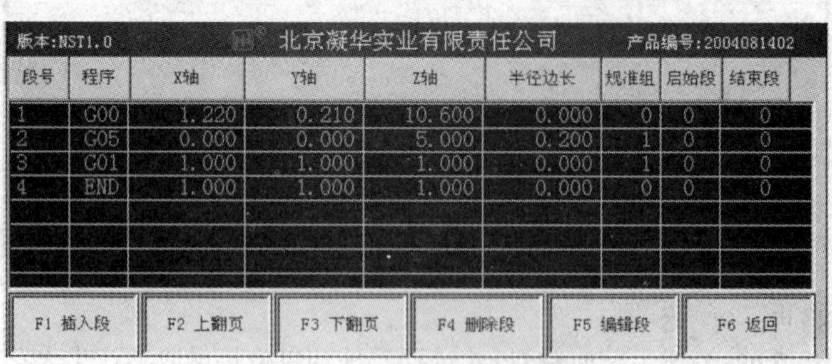

图 3.12

程序段编辑需要设置程序、X 轴、Y 轴、Z 轴、半径、边长、规准组、起始段、结束段 9 个部分。

F1 插入段：有选中的段时，插入段在该段之前一段；无选中的段时，插入段在所有段之后。同时弹出插入段的编辑框，如图 3.13 所示。

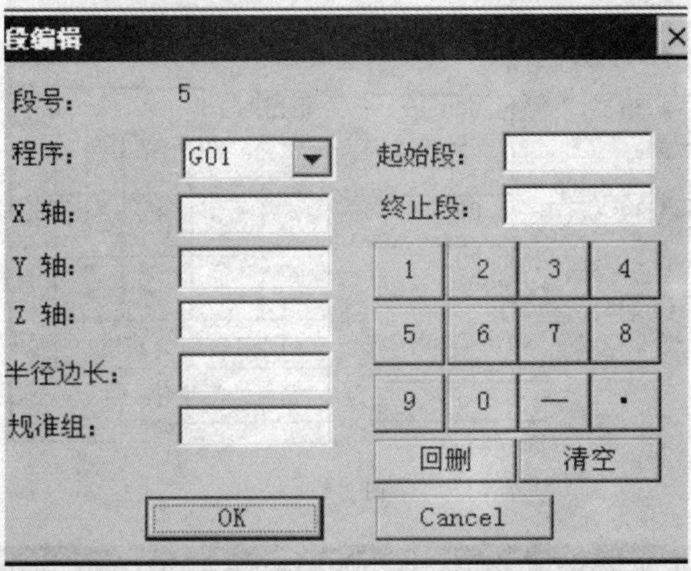

图 3.13

常用程序共有 3 组，常用 7 个指令：

(1)空走指令：G00X，G00Y，G00Z

G00 是空走指令，后面的 XYZ 表示运动的坐标轴。选择该指令，按下自动执行则会按所选定坐标轴的运动到规定的坐标；如果选中该段按下加工，则会在极间提供微弱火花做放电对刀。注意：当选择 G00X 时，系统只处理 X 轴坐标，与 Y、Z 轴坐标位置无关。

(2)放电加工指令：G01X，G01Y，G01Z

G01 是放电加工指令，后面的 X、Y、Z 表示运动的坐标轴。选择该指令，按下自动执行则会按所选定的坐标轴按规准组规定的规准放电加工到规定的坐标，该段执行完以后顺序执行下一段；如果选中该段程序按下加工，也会按所选定的坐标轴按规准组规定的规准放电到规定的坐标，但是只执行本段而不顺序执行下一段。

(3)G81 是循环加工指令，它根据设定的起始段和结束段再次执行。注意：G81 指令中的 XYZ 值是指循环过程中的三轴坐标增量值(图 3.14)。

按下“F6 返回”，重新返回三轴画面的主画面。

规准组是有一系列加工参数组成的参数集合，在规准画面(图 3.15)下，加工信息显示区每一行都是一个规准组。规准画面共有“规准组”、“高压电压”、“高压电流”、“低压电流”、“脉宽”、“脉间”、“间隙电压”、“抬刀周期”、“抬刀高度”、“快落高度”、“波形”、“极性”、“防积碳”13 个部分。

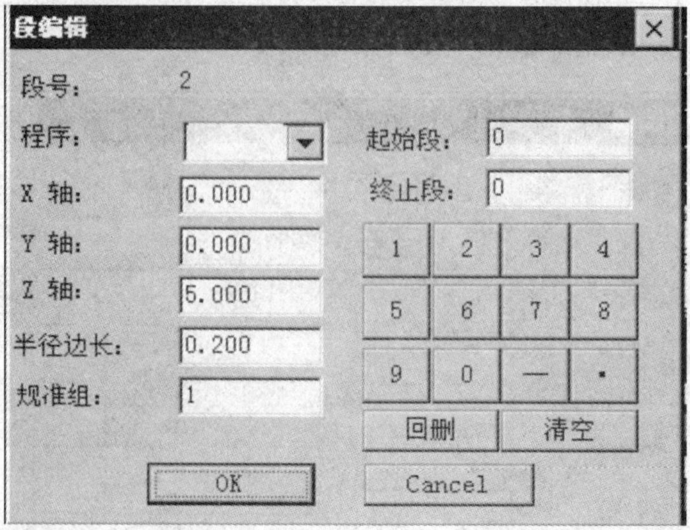

图 3.14

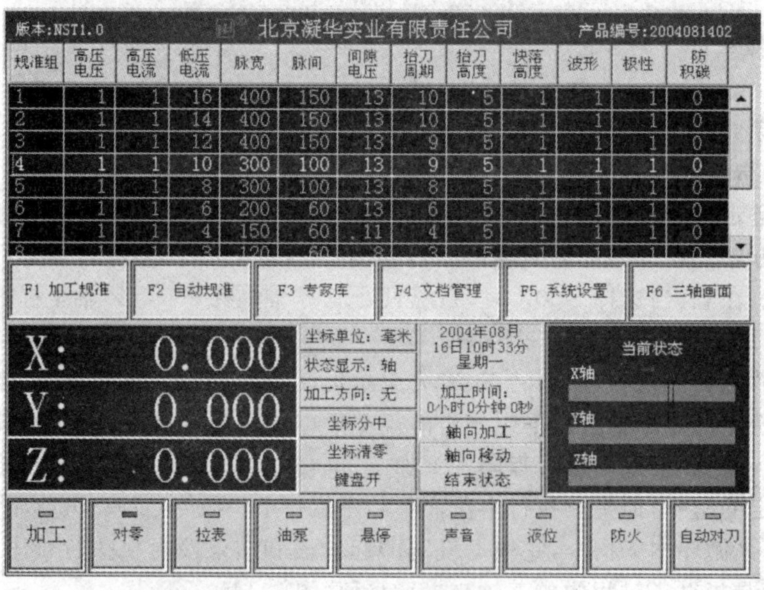

图 3.15 规准画面

3. 加工举例

加工如图 3.16 所示的工件,加工 4 个∅11 圆孔,深度均为 5mm。加工顺序为 1—2—3—4。

方案:"加工型孔 1 深 3mm"→"电极回退 4mm"→"电极空走至孔 2 位置"→"加工型孔 2 深 3mm"→"电极回退 4mm"→"电极空走至孔 3 位置"→"加工型孔 3 深 3mm"→"电极回退 4mm"→"电极空走至孔 4 位置"→"加工型孔 4 深 3mm"

系统从段号 13 开始执行 G81 循环指令,三次循环分别加工 1mm、0.5mm、0.5mm。到加工结束时,每个空的深度均为 5mm。

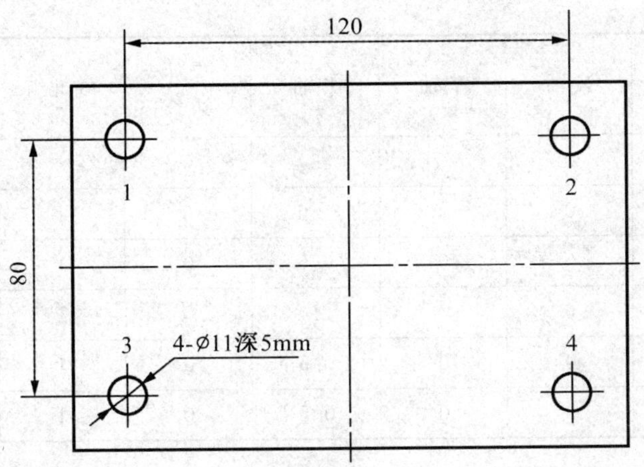

图 3.16 编程加工示例图

步骤：

(1)对刀找圆 1 的基准位置，三轴坐标清零。

(2)设定规准参数。

(3)进行轴编程。

规准组	高压电压	高压电流	低压电流	脉宽	脉间	间隙电压	抬刀周期	抬刀高度	快落高度	波形	极性	防积碳
1	1	1	6	250	90	13	8	5	1	1	1	0
2	1	2	4	160	50	12	8	5	1	1	1	0
3	1	1	2	70	35	10	6	5	1	1	1	0
4	1	1	1	20	50	8	5	6	1	1	1	0

方案：同一规准，轮流加工。

段号	程序	X 轴	Y 轴	Z 轴	半径边长	规准组	起始段	结束段
1	G01Z	0	0	3	0	1	0	0
2	G00Z	0	0	－4	0	1	0	0
3	G00X	120	0	－4	0	1	0	0
4	G01Z	120	0	3	0	1	0	0
5	G00Z	120	0	－4	0	1	0	0
6	G00Y	120	－70	－4	0	1	0	0
7	G01Z	120	－70	3	0	1	0	0
8	G00Z	120	－70	－4	0	1	0	0
9	G00X	0	－70	－4	0	1	0	0

续表

段号	程序	X轴	Y轴	Z轴	半径 边长	规准组	起始段	结束段
10	G01Z	0	−70	3	0	1	0	0
11	G00Z	0	−700	−6	0	1	0	0
12	G00Y	0	0	−6	0	1	0	0
13	G81	0	0	1	0	1	1	12
14	G81	0	0	0.5	0	1	1	12
15	G81	0	0	0.5	0	1	1	12

(4)加工。

按下液位和声音按钮，关闭液位报警；按下油泵按钮，点击“段选择”，选择段号1，按“自动执行”，开始加工。

加工完成后关闭报警提示，按下急停按钮关机。

附录4　西门子数控车床

一、SINUMERIK 802S/C base line操作面板

1. 操作面板(图4.1)

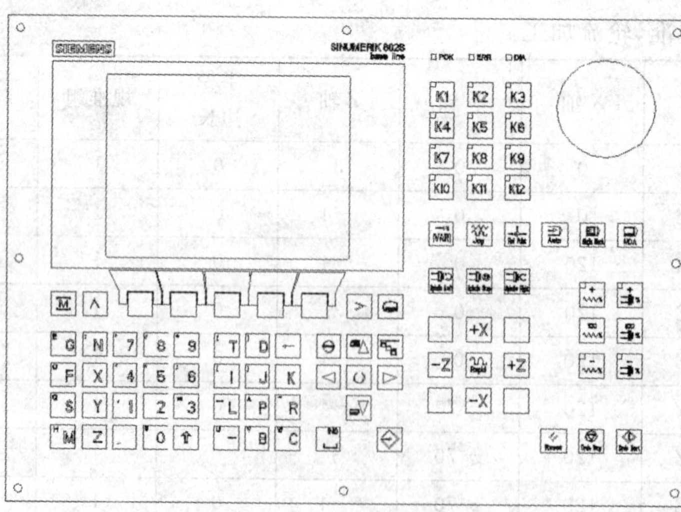

图4.1

2. NC 键盘(左侧)

(空白键)	软键	(垂直菜单图标)	垂直菜单键
M	加工显示键	⊖	报警应答键
∧	返回键	○	选择/转换键
>	菜单扩展键	◇	回车/输入键
(区域转换图标)	区域转换键	⇧	上挡键
▲	光标向上键 上挡:向上翻页键	▼	光标向下建 上挡:向下翻页键
◀	光标向左键	▶	光标向右键
←	删除键(退格键)	INS	空格键(插入键)
$ 0 / + 9	数字键 上挡键转换对应字符	U – / Z	字母键 上挡键转换对应字符

3. 机床控制面板区域(右侧)

Reset	复位键	Spindle Right	主轴反转
Cycle Stop	数控停止键	Spindle Stop	主轴停
Cycle Start	数控启动键	Rapid	快速运行叠加
K1　K12	用户定义键,带 LED	+X　-X	X 轴点动
(空白键)	用户定义键 不带 LED	+Z　-Z	Z 轴点动
VAR	增量选择键	+ %	轴进给正,带 LED
Jog	点动键	100 %	轴进给 100%,不带 LED
Ref Point	回参考点键	- %	轴进给负,带 LED
Auto	自动方式键键	+ %	主轴进给正,带 LED
Single Block	单段运行键	100 %	主轴进给 100%,不带 LED
MDA	手动数据键	- %	主轴进给负,带 LED
Spindle Left	主轴正转		

4. 浙江联强 LK020A 自定义键

K2:卡盘夹紧/放松(也可用脚踏开关)

K3:尾架进退

K4:手动换刀

K6:冷却启停

K10:排屑正转

K11:排屑停止

K12:排屑反转

二、开机和回参考点

第一步,接通 CNC 和机床电源。系统引导以后进入“加工”操作区 JOG 运行方式。出现“回参考点”窗口(图 4.2)。

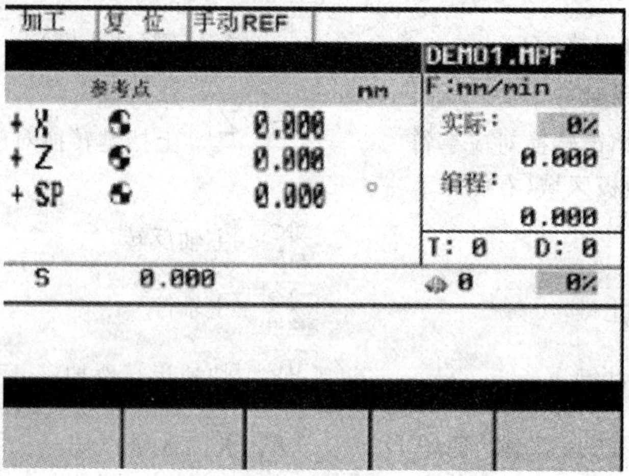

图 4.2 JOG 方式回参考点

“回参考点”只有在 JOG 方式下才可以进行。用机床控制面板区域上“参考点”键启动回参考点运行。

坐标轴未回参考点

坐标轴已经到达参考点

按“坐标轴方向键”。如果选择了错误的回参考点方向,则不会产生运动。给每个坐标轴逐一回参考点。通过选择另一种方式(如 MDA、AUTO 或 JOG)可以结束该功能。

三、参数设定

在 CNC 进行工作之前,必须通过参数的输入和修改对机床、刀具等进行调整:

- 输入刀具参数及刀具补偿参数
- 输入/修改零点偏置

• 输入设定数据

1. 输入刀具参数及刀具补偿参数——“参数”操作区

功能：刀具参数包括刀具几何参数、磨损量参数和刀具型号参数。不同类型的刀具均有一个确定的参数数值。每个刀具具有一个刀具号(T 号)。

操作步骤：打开刀具补偿参数窗口(图 4.3)，显示刀具的补偿值。可以按软键 T 或 D 选择刀具，离开此窗口后，所设定的状态不会改变。

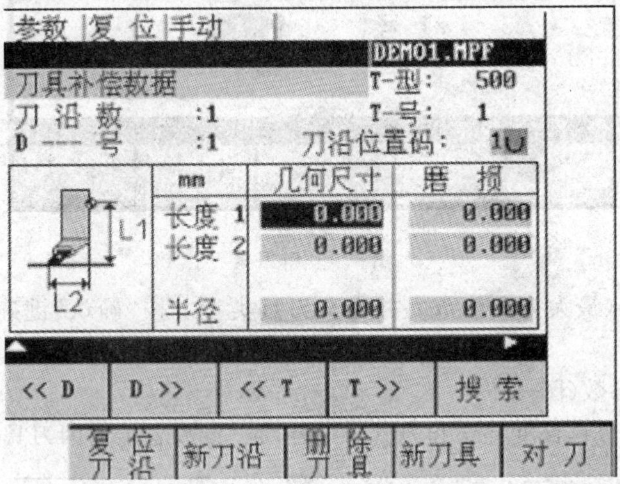

图 4.3 刀具补偿数据窗口

软键：

[<<D] [>>D] 选择接下去渐低的或渐高的刀沿号

[<<T] [>>T] 选择接下去渐低的或渐高的刀具号

[对刀] 计算刀具长度补偿值

[>] 用“扩展键”扩展软键功能

[复位刀沿] 所有的刀具补偿值复位为 0

[新刀沿] 建立一个新的刀沿，设立刀补参数
新刀补建立到当前刀具上，并自动分配下一个刀沿号(D1～D9)

[删除刀具] 删除一个刀具所有刀沿的参补数

[新刀具] 建立一个新刀具的刀具补偿参数

[搜索] 打开一个对话窗口，显示设定的所有刀具号，输入待搜索的刀具号，按“确认”键开始搜索刀具，寻找到后打开刀具补偿窗口

(1)建立新刀具(图 4.4)

操作步骤：按“新刀具”键，建立一个新刀具。出现输入窗口，显示所给定的刀具号。

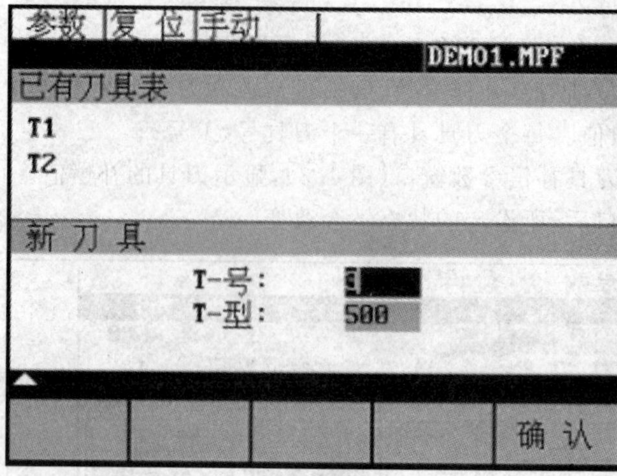

图 4.4　新刀具

输入新的 T 号(最大为 3 位数),并定义刀具类型。按“确认”键确认输入,刀具补偿参数窗口打开。

(2)刀具补偿参数(图 4.5)

刀具补偿分为刀具长度补偿和刀具半径补偿。参数表结构因刀具类型不同而不同。

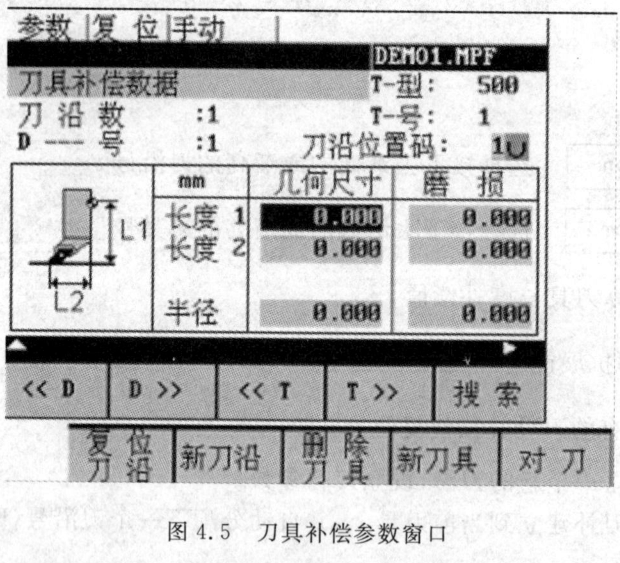

图 4.5　刀具补偿参数窗口

按下列步骤输入刀补参数:

光标移动到要修改的区域,输入数值,按“确认”键确认。

(3)确定刀具补偿值

此功能可以计算刀具未知的几何长度。换入该刀具,在 JOG 方式下移动该刀具,使刀尖到达一个已知坐标值的机床位置,这可能是一个已知位置的工件。其坐标值可以分为两个部分:可存储的零点偏置和偏移值(Offset)。

偏移值登记到“偏移值”区域,选择相应的零点偏置(如 G54),没有零点偏置时选择

G50。每次必须对选择的坐标轴分别进行登记(见图 4.6)。

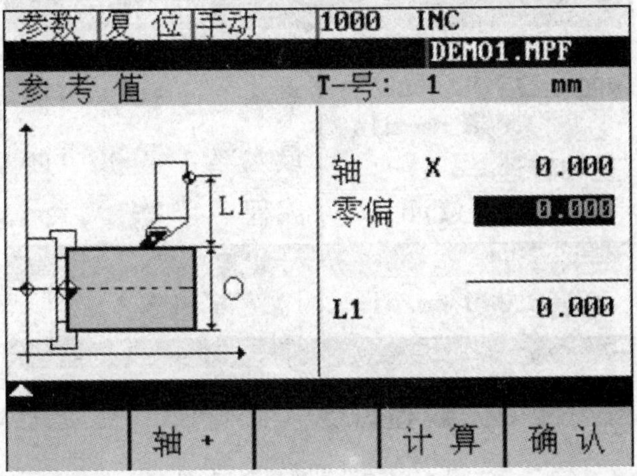

图 4.6

操作步骤:按“对刀”键,出现对刀窗口(图 4.7)。

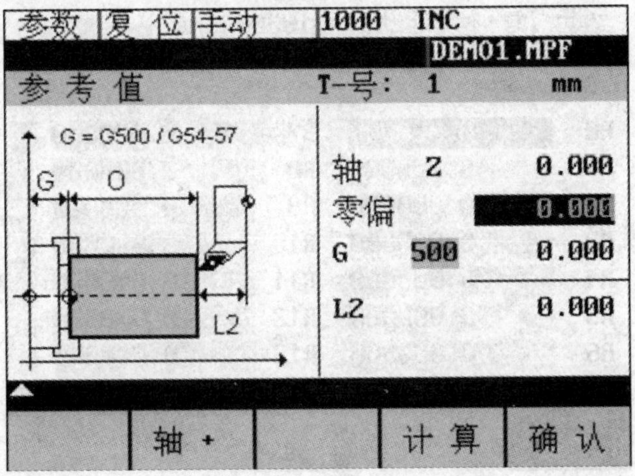

图 4.7 “对刀”窗口

2. 编程设定数据——“参数”操作区(图 4.8)

操作步骤:

通过“参数”键和“设定数据”键选择设定数据。

按下“设定数据”键后进入下一级菜单,在此菜单中可以对系统的各个选件进行调整、更改。

把光标移到所要求的范围,在光标处输入新的值,按“输入”或者“光标”键。

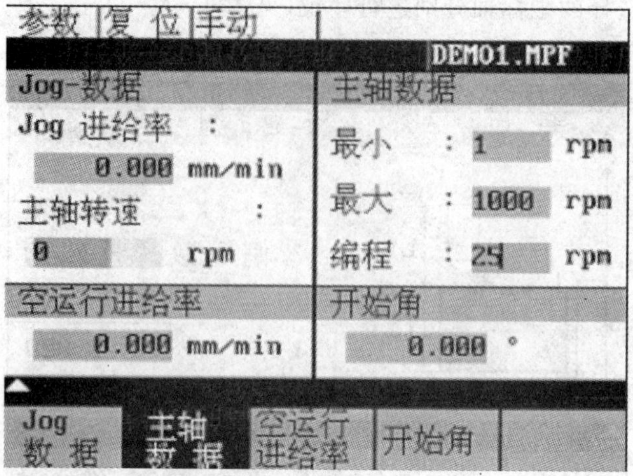

图 4.8 “设定数据”状态图

3. “R 参数”操作区(图 4.9)

“R 参数”窗口中列出了系统中所用到的所有 R 参数,需要时可以修改这些参数。

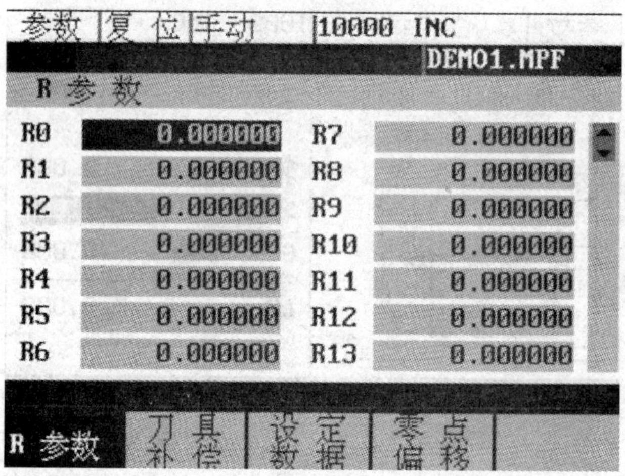

图 4.9 R 参数窗口

四、手动控制运行

手动控制运行是指 JOG 方式和 MDA 方式。在 JOG 方式中可以点动坐标轴运行;在 MDI 中可以分别输入零件程序段加以执行(图 4.10)。

可以通过机床控制面板上 JOG 键选择 JOG 运行方式

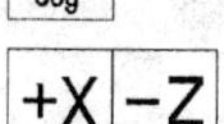

操作相应的“+X”或“-Z”可以使坐标轴运行

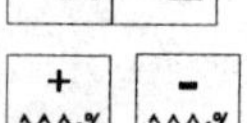

需要时可以使用修调开关调节速度

Rapid　如果同时按下相应的“坐标轴”键和“快进”键，则坐标轴以快进速度运行

VAR　在选择“增量选择”以步进增量方式运行时，坐标轴以所选择的步进增量运行，步进量的大小在屏幕上显示，再按一次“点动”键就可以去除步进方式。在 JOG 状态图上显示位置、进给值、主轴值、刀具值、坐标轴进给率、主轴进给率和当前齿轮级数状态

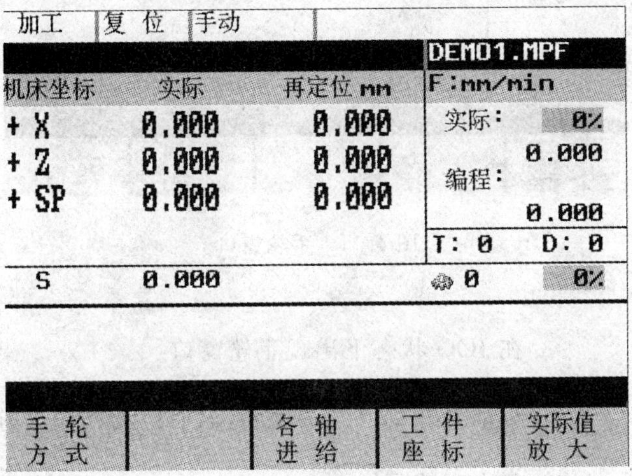

图 4.10　JOG 状态图

软键：

手轮方式　出现手轮窗口

各轴进给　插补进给　“各轴进给”窗口和“插补进给”窗口之间转换，在“各轴进给”窗口之下可以按此键切换到“插补进给”窗口

工件坐标　机床坐标　实际值的显示取决于所选的坐标系，它可以在机床坐标系和工件坐标系之间切换

实际值放大　实际放大值

∧　按“返回键”，返回上一级菜单画面

1. 手轮的选择(图 4.11)

给坐标轴选择手轮，按“确认”键有效。

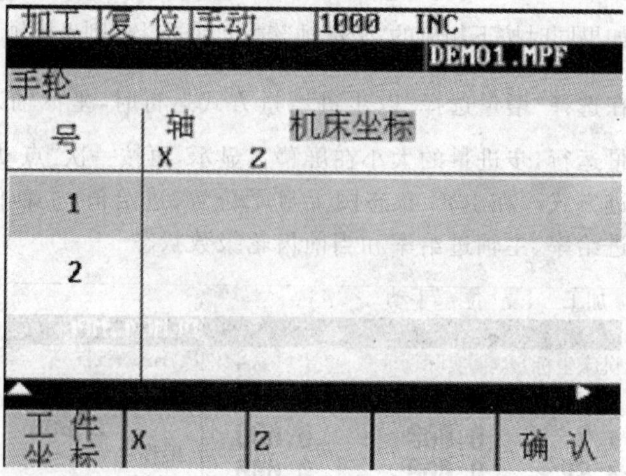

图 4.11　手轮窗口

操作步骤：

Jog 手轮方式	在 JOG 状态下出现手轮窗口
▲ ▼	移动光标到所选的手轮，然后按动相应坐标轴的软键，在窗口中出现符号☑
工件坐标　机床坐标	用此软键“工件坐标”或“机床坐标”，可以从工件坐标系或机床坐标系选择坐标轴，用来选择手轮，所设定状态显示在“手轮”窗口中
>	菜单扩展键

2. MDA 运行方式(手动输入)——“加工”操作区(图 4.12)

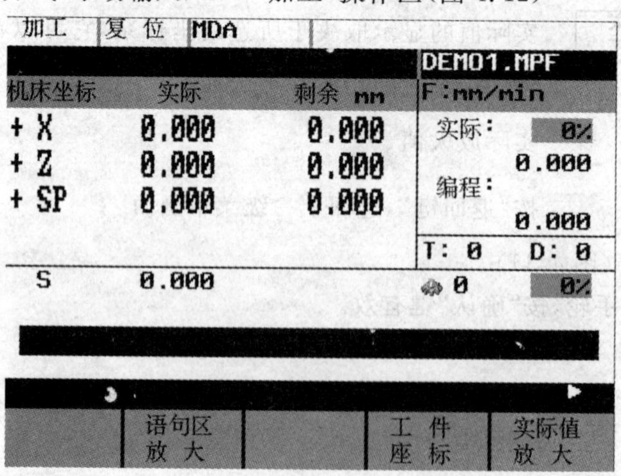

图 4.12　MDA 状态图

在 MDA 运行方式下可以编制一个零件程序段加以执行。不能加工由多个程序段描述的轮廓(如圆角,倒角)。

操作步骤:

MDA　通过机床控制面板区域上的手动数据键可以选择 MDA 运行方式

Cycle Start　通过操作面板输入程序段,按动"数控启动键"执行输入的程序段,在程序执行时不可以再对程序段进行编辑

软键:

软键	说明
工件坐标　机床坐标	实际值的选择与所选择的坐标系有关,坐标系分为工件坐标系(WCS)和机床坐标系(MCS)
实际值放大	实际放大值
>	菜单扩展键
各轴进给　插补进给	"各轴进给"窗口和"插补进给"窗口之间转换,在"各轴进给"窗口之下可以按此键切换到"插补进给"窗口
G功能区放大	G 功能窗口中所显示所有有效的 G 功能,每个 G 功能属于一个功能组,并在窗口中占有一个固定位置
语句区放大	在该窗口下显示当前编辑的全部程序段
M功能区放大	打开 M 功能窗口,显示程序段中所有有效的 M 功能

五、自动方式

在自动方式下零件程序可以完全自动加工完成,这也是零件加工中正常使用的方式(图 4.13)。

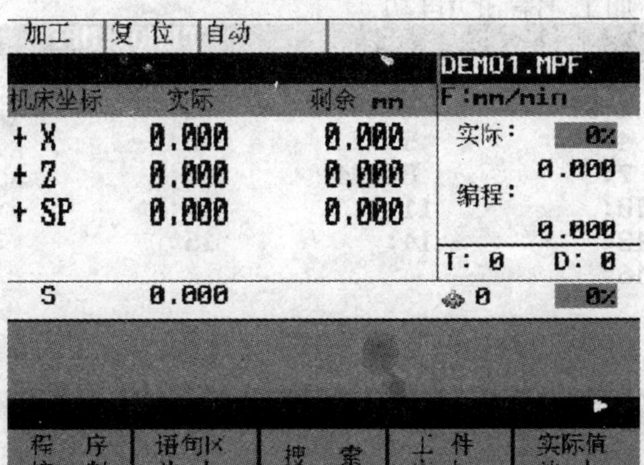

图 4.13　"自动方式"状态图

前提条件：

- 已经回参考点。
- 待加工的零件程序已经装入。
- 已经输入了必要的补偿值，如零件偏移或刀具补偿。
- 必要的安全锁定装置已经启动。

操作步骤：

Auto 按"自动方式"键选择自动运行方式，在屏幕上显示"自动方式"状态，显示位置、进给值和进给倍率值、主轴值和主轴倍率值、刀具值、当前齿轮级数以及当前的程序段

软键：

程序控制：在"自动方式"下按"程序控制"键，显示程序控制窗口。

语句区放大：在此窗口下显示完成的程序段，另外还显示当前程序和子程序段的名称。

搜索：使用"搜索"功能可以查找到任意一个程序段。

搜索断点：光标移动到中断点所在的主程序段。在子程序嵌套中，可自动设定搜索目标。

继续搜索：按下"继续搜索"键，查找到所需要的行、文本、程序段号。

启动 B 搜索：按下"启动 B 搜索"键，程序段开始搜索，如同程序正常运行一样。所有的计算照常进行，但坐标轴不移动。用"复位"键可以中断程序段搜索。

工件坐标/机床坐标：操作此键分别选择机床坐标系或工件坐标系中的实际值。

实际放大值：实际放大显示。

>：菜单扩展键

各轴进给/插补进给：出现"各轴进给"窗口或"插补进给"窗口。两窗口之间可以进行切换。

G 功能区放大(图 4.14)：打开 G 功能窗口，显示所有有效的 G 功能，每个 G 功能分配在一个功能组下并在窗口中占有一个固定位置。通过操作光标键可以显示其他的 G 功能。

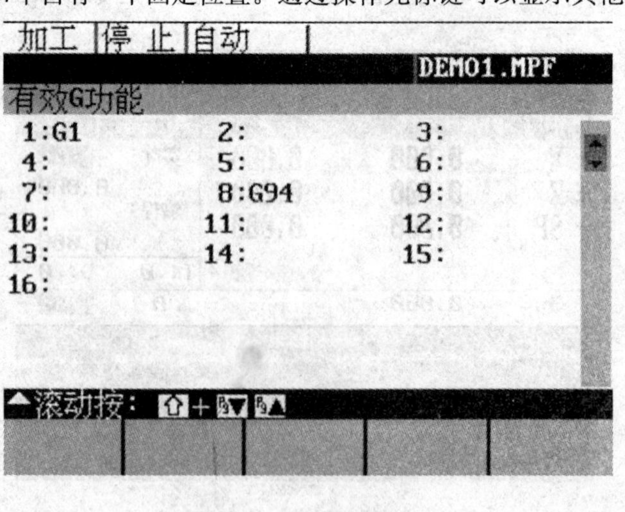

图 4.14　G 功能窗口

M 功能区放大：打开 M 功能窗口，显示所有有效的 M 功能。

1. 选择和启动零件程序——“加工”操作区

在启动程序之前必须要调整好系统和机床(注意机床生产厂家的安全说明)。

操作步骤：

操作“自动方式”键选择自动工作方式

屏幕上显示系统中所有的程序

把光标定位到所选择的程序上

用“选择”键选择待加工的程序，被选择的程序名显示在屏幕区“程序名”下

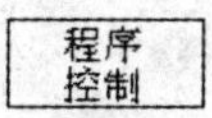

如果有必要可以确定程序的运行状态

可以控制的程序运行状态如图 4.15 所示。

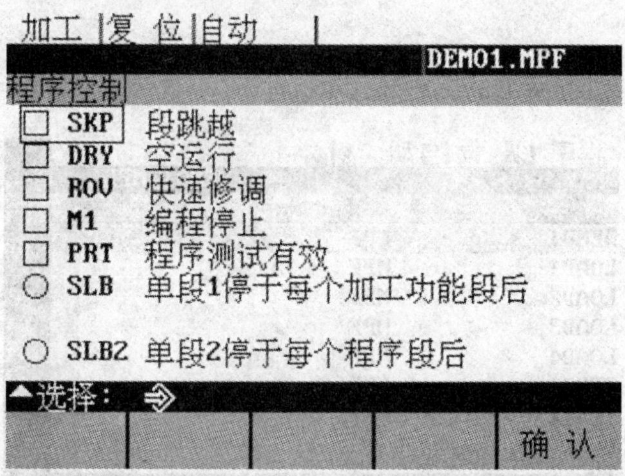

图 4.15　“程序控制”窗口

屏幕上显示系统中所有的程序

2. 程序段搜索——“加工”操作区(图 4.16)

操作步骤：

搜索：程序段搜索一直进行下去，直至找到所需要的零件程序段。查询目标可通过光标直接定位在程序段上。

启动 B 搜索：启动 B 搜索执行程序搜索功能，关闭搜索窗口。

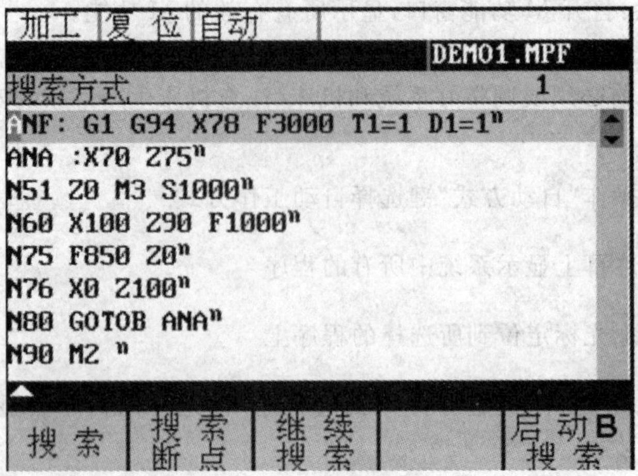

图 4.16 “程序段搜索”窗口

六、零件编程

操作步骤:

选择“程序”操作区(图 4.17),打开程序窗口。

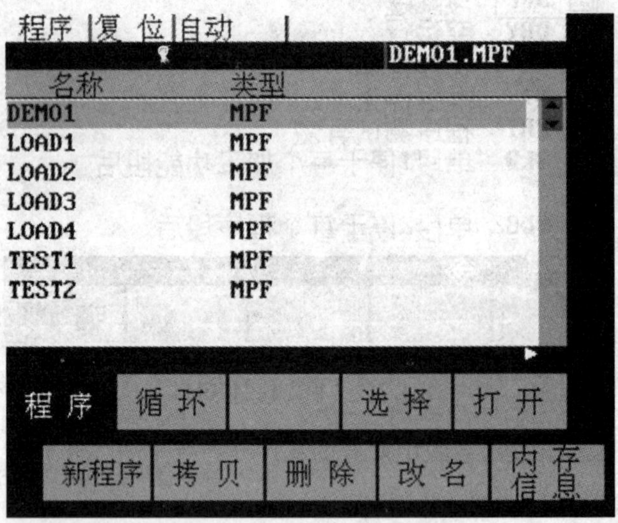

图 4.17 程序

在第一次选择“程序”操作区时会自动显示“零件程序和子程序目录”。

循环:按“循环”键可以显示标准循环目录。只有具备相应的存取权限才可以实现此软键功能。

选择:操作此键可以选择用光标定位的、待执行的程序,然后按“数控启动”键启动该程序。

打开:可以打开光标定位的待执行文件。

[>]:菜单扩展键

新程序:操作此键可以输入新的程序。按下此键后出现一窗口,要求输入程序名和程序类型。按下“确认”键,调用程序编辑器,进行程序的输入。用“返回”键取消此功能。

拷贝:操作此键可以把所选择的程序拷贝到另一个程序中。

删除:用此键可以删除光标指定的程序。按下“确认”键执行清除功能,按“返回”键取消并返回。

改名:操作此键出现一窗口,在此可以更改光标所定位的程序名称。输入新的程序名按“确认”,完成名称更改,用“返回”取消此功能。按“程序”键可以切换到程序目录菜单。

内存信息:操作此键,显示所有可以使用的 NC 内存。

1. 输入新程序——“程序”操作区(图 4.18)

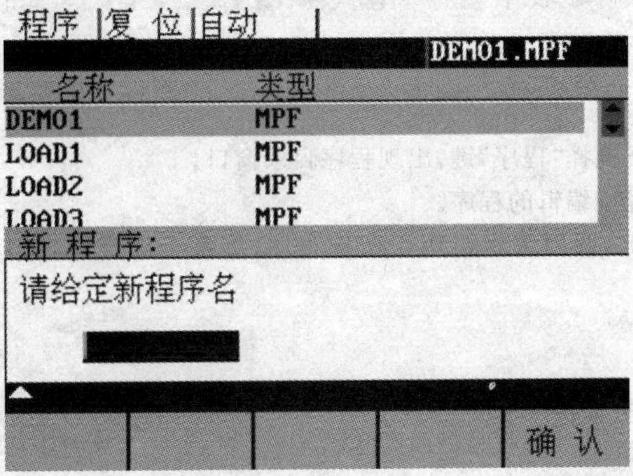

图 4.18 新程序输入屏幕格式

操作步骤:

(1)选择“程序”操作区,显示 NC 中已经存在的程序目录。

(2)按动“新程序”,出现一对话窗口,在此输入新的主程序和子程序名称。主程序扩展名“. MPF”可以自动输入,而子程序扩展名“. SPF”必须与文件名一起输入。

(3)输入文件名。

(4)按“确认”键接受输入,生成新程序文件,现在可以对新程序进行编辑。

(5)用“返回”键中断程序的编制,并关闭此窗口。

2. 零件程序的编辑——“程序”运行方式(图 4.19)

零件不处于执行状态时,可以进行编辑。在零件程序中进行的任何修改均立即被存储。

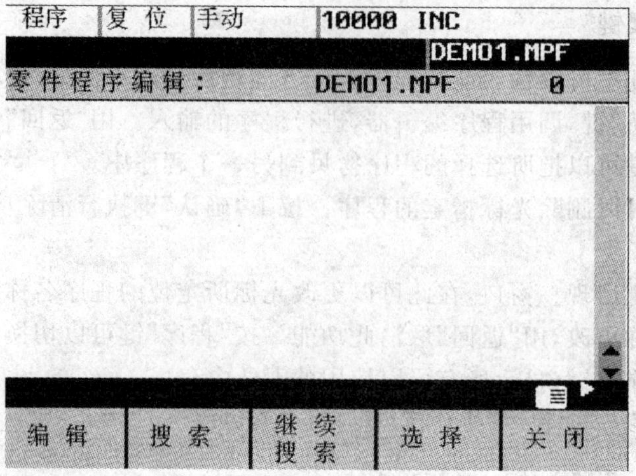

图 4.19 “编辑”窗口

操作步骤：

(1)在主菜单下选择“程序”键，出现程序目录窗口。

(2)用光标选择待编辑的程序。

(3)按“打开”键，调用编辑器用于所选程序、屏幕上出现编辑口，可以进行程序的编辑。

七、编程

1. NC 编程基本原理

(1)程序结构

结构和内容：

- NC 程序由各个程序段组成(见表 4.1)。
- 每一个程序段执行一个加工步骤。
- 程序段由若干个字组成，用结束符“;”结束。
- 最后一个程序段包含程序结束符：M2。

表 4.1 NC 程序结构

程序段	字	字	字	…	;注释
程序段	N10	G0	X20	…	;第一程序段
程序段	N20	G2	Z37	…	;第二程序段
程序段	N30	G92	…	…	;…
程序段	N40	…	…	…	;
程序段	N50	M2	…	…	;程序结束

每个程序均有一个程序名。

说明：

在编制程序时可以按以下规则规定程序名：

- 开始的两个符号必须是字母。
- 其后的符号可以使字母，数字或下划线。
- 最多为 8 个字符。
- 不得使用分隔符。

(2)编程举例

```
N10                                 ;公司订货号 12A71
N20                                 ;泵 17,图纸号:123 677
N30                                 ;程序编制员 W,部门 ETC
:50 G17 G54 G94 F470 S20 D0 M3      ;主程序
N60 G0 G90 X100 Y200 ;
N70 G1 Y185.5;
N80 X112;
/N90 X118 Y180                      ;程序段可以被跳跃
N100 X118 Y120;
N110 X135 Y70;
N120 X145 Y50;
N130 G0 G90 X200;
N140 M2                             ;程序结束
```

(3)指令表(表 4.2)

表 4.2

地　址	含　义	赋　值	说　明
D	刀具补偿号	0～9 整数，不带符号	某个刀具 T 的补偿参数，D0 表示补偿值为 0，一个刀具最多有 9 个 D 号
F	进给率(与 G4 一起可以编程停留时间)	0.001～99 999.999	刀具/工件的进给速度，对应 G94 或 G95、单位分别为 mm/min 或 mm/r
G	G 功能(准备功能字)	事先已规定	G 功能按 G 功能组划分、一个程序段中只能有一个 G 功能组中的一个 G 功能指令。G 功能按模态有效，或者以程序段方式有效

续表

G0	快速移动	1:运动指令 (插补方式)
G1 *	直线插补	
G2	顺时针圆弧插补	
G3	逆时针圆弧插补	
G5	中间点圆弧插补	
G33	恒螺距的螺纹切削	模态有效
G4	暂停时间	2:特殊运行、程序段方式有效
G74	回参考点	
G75	回固定点	
G158	可编程的偏置	3:写存储器、程序段方式有效
G25	主轴转速下限	
G26	主轴转速上限	
G17	加工中心孔时要求	6:平面选择
G18 *	Z/X 平面	
G40 *	刀尖半径补偿方式的取消	7:刀尖半径补偿模态有效
G41	调用刀尖半径补偿,刀具在轮廓左侧移动	
G42	调用刀尖半径补偿,刀具在轮廓右侧移动	
G500 *	取消可设定零点偏置	8:可设定零点偏置　模态有效
G54	第一可设定零点偏置	
G55	第二可设定零点偏置	
G56	第三可设定零点偏置	
G57	第四可设定零点偏置	
G53	按程序段方式取消可设定零点偏置	9:取消可设定零点偏置段方式有效
G60 *	准确定位	10:定位性能　模态有效
G64	连续路径方式	
G9	准确定位	11:程序段方式准停　段方式有效
G601 *	在 G60、G09 方式下精准确定位	12:准停窗口　模态有效
G602	在 G60、G09 方式下粗准确定位	
G70	英制尺寸	13:英制/公制尺寸　模态有效
G71 *	公制尺寸	
G90 *	绝对尺寸	14:绝对尺寸/增量尺寸　模态有效
G91	增量尺寸	

续表

G94	进给率 F、单位毫米/分		15:进给/轴 模态有效
G95 *	主轴进给率 F、单位毫米/转		
G96	恒定切削速度(F 单位 mm/r,S 单位 m/min)		
G97	删除恒定切削速度		
G450 *	圆弧过渡		18:刀尖半径补偿时拐角特性 模态有效
G451	等距线的交点、刀具在工件转角处不切削		
G22	半径尺寸		29:数据尺寸 半径/直径尺寸 模态有效
G23 *	直径尺寸		
M	辅助功能	0~99 整数,无符号	用于进行开关操作,如“打开”冷却液,一个程序段中最多有 5 个 M 功能
M0	程序停止		用 M0 停止程序的执行;按“启动”继续加工
M1	程序有条件停止		仅在“条件停(M1)有效”功能被软键或接口信号触发后才生效
M2	程序结束		在程序的最后一段被写入
M3	主轴顺时针旋转		
M4	主轴逆时针旋转		
M5	主轴停		
M6	更换刀具		在机床数据有效时用其他情况下用 T 指令进行
M8	冷却开		
M9	冷却停		
M17	—		预定,没用
M30	—		预定,没用
M40	自动变换齿轮级		
M41~M45	齿轮级 1 到齿轮级 5		

2. 尺寸系统

(1)绝对和增量位置数据 G90,G91(图 4.20)

G90 和 G91 指令分别对应着绝对位置数据输入和增量位置数据输入。其中 G90 表示坐标系中目标点的坐标尺寸,G91 表示待运行的位移量。G90/G91 适用于所有坐标轴。

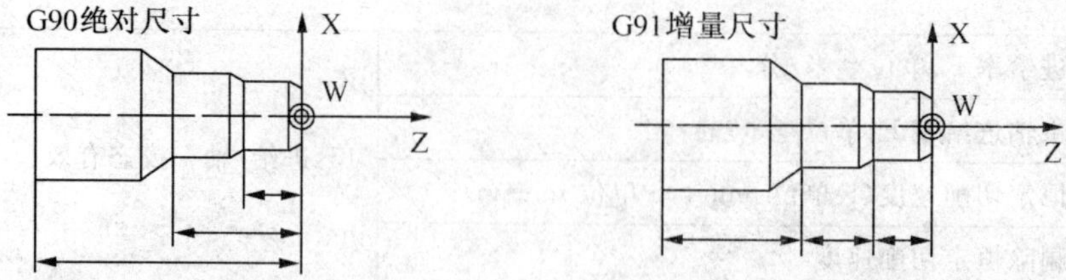

图 4.20 图纸中不同的数据尺寸

绝对位置数据输入 G90

在绝对位置数据输入中尺寸取决于当前坐标系(工件坐标系或机床坐标系)的零点位置。零点偏置有以下几种情况:可编程零点偏置,可设定零点偏置或者没有零点偏置。

程序启动后 G90 适用于所有坐标轴,并且一直有效,直到在后面的程序段中由 G91 代替为止。

增量位置数据输入 G91

在增量位置数据输入中,尺寸表示待运行的轴位移。移动的方向由符号决定。G91 适用于所有坐标轴,并且可以在后面的程序段中由 G90 替换。

举例:

N10 G90 X20 Z90　　　　;绝对尺寸

N20 X75 Z−32　　　　;绝对尺寸

…

N180 G91 X40 Z20　　　　;转换为增量尺寸

N190 X−12 Z17　　　　;增量尺寸

(2)半径/直径数据尺寸:G22,G23(图 4.21)

车床中加工零件时通常把 X 轴(横向坐标轴)的位置数据作为直径数据编程,控制器把输入的数值设定为直径尺寸,这仅限于 X 轴。

程序中在需要时也可以转换为半径尺寸。

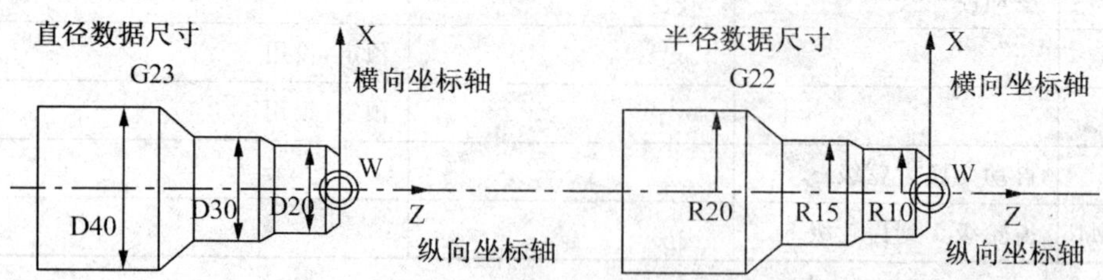

图 4.21 横向坐标轴中直径和半径数据尺寸

用 G22 或 G23 指令把 X 轴方向的终点坐标作为半径数据尺寸或直径数据尺寸处理。显示工件坐标系中相应的实际值。可编程的偏移 G158…始终作为半径数据尺寸处理。

编程举例:

N10 G23 X44 Z30　　　　;X 轴直径数据方式

N20 X48 Z25　　　　　　　　　　;G23 继续生效

N30 Z10;

…

N110 G22 X22 Z30　　　　　　　;X 轴开始转换为半径数据方式

N120 X24 Z25;

N130 Z10;

…

3. 坐标轴运动

(1) 快速线性移动:G0

轴快速移动 G0 用于快速定位刀具,没有工件进行加工。可以在几个轴上同时执行快速移动,由此产生一线性轨迹。

用 G0 快速移动时在地址 F 下编程的进给率无效。G0 一直有效,直到被 G 功能其他的指令取代为止。

N10 G0 X100 Z65

(2) 带进给率的线性插补:G1

刀具以直线从起点移动到目标位置,以地址 F 下编程的进给速度运行。所有的坐标轴可以同时进行。

G1 一直有效,直到被 G 功能组中的其他指令取代为止。

N05 G54 G0 X40 Z200 S500 M3　　;刀具快速移动,主轴转速 500r/min。顺时针旋转

N10 G1 Z120 F0.15　　　　　　;以进给率 0.15mm/r 线性插补

N15 X45 Z105;

N20 Z80;

Z25 G0 X100　　　　　　　　　;快速移动空运行

N30 M2　　　　　　　　　　　;程序结束

(3)圆弧插补:G2,G3

刀具以圆弧轨迹从起始点移动到终点,方向由 G 指令确定(图 4.22)。

G2——顺时针方向

G3——逆时针方向

在地址 F 下编程的进给率决定圆弧插补速度。圆弧可按下述不同的方式表示(图 4.23):

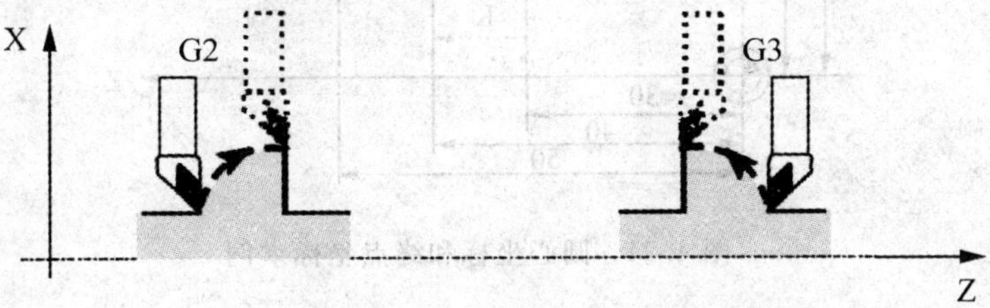

图 4.22　圆弧插补 G2/G3 的方向规定

——圆心坐标和终点坐标

——半径和终点坐标

——圆心和张角

——张角和终点坐标

G2 和 G3 一直有效，直到被 G 功能组中其他的指令取代为止。

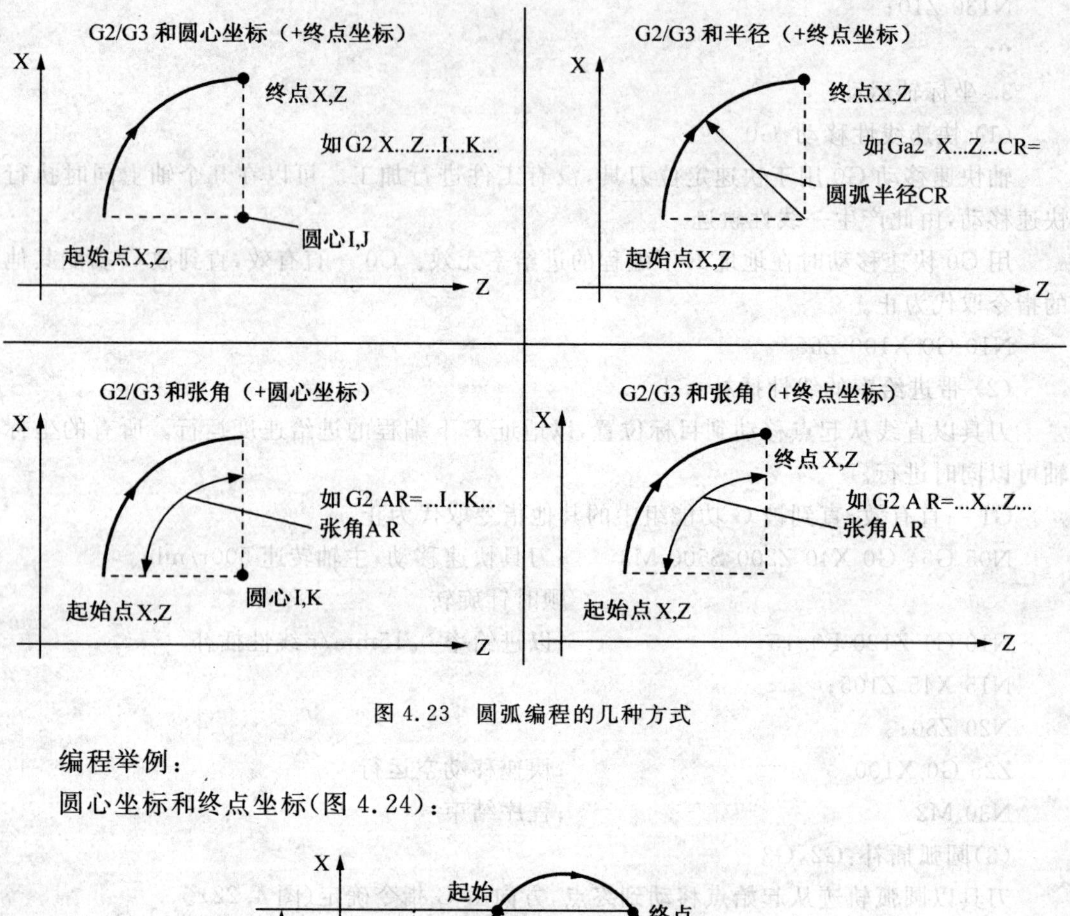

图 4.23　圆弧编程的几种方式

编程举例：

圆心坐标和终点坐标(图 4.24)：

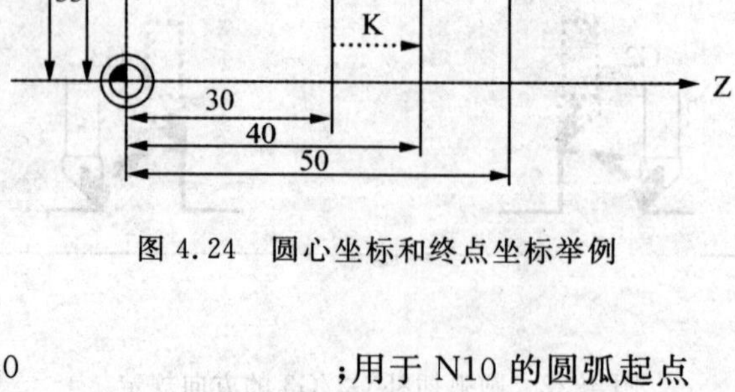

图 4.24　圆心坐标和终点坐标举例

N5 G90 Z30 X40　　　　　　　　;用于 N10 的圆弧起点

N10 G2 Z50 X40 K10 I－7 ;终点和圆心

终点和半径尺寸(图 4.25)：

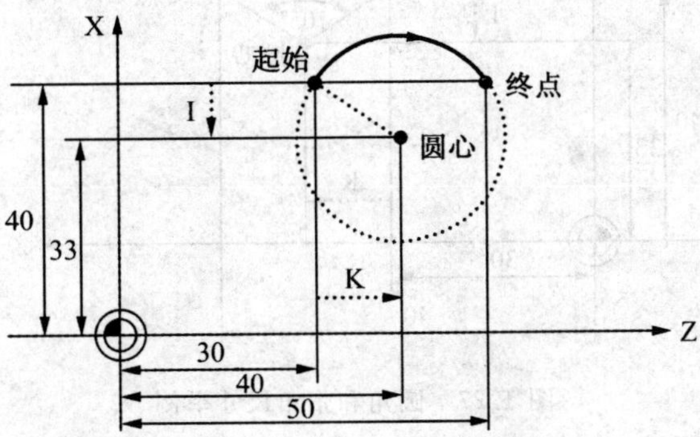

图 4.25 终点和半径尺寸举例

N5 G90 Z30 X40 ;用于 N10 的圆弧起点

N10 G2 Z50 X40 CR＝12.207 ;终点和半径

说明：CR 数值前带负号"－"表明所选插补圆弧段大于半圆。

终点和张角尺寸(图 4.26)：

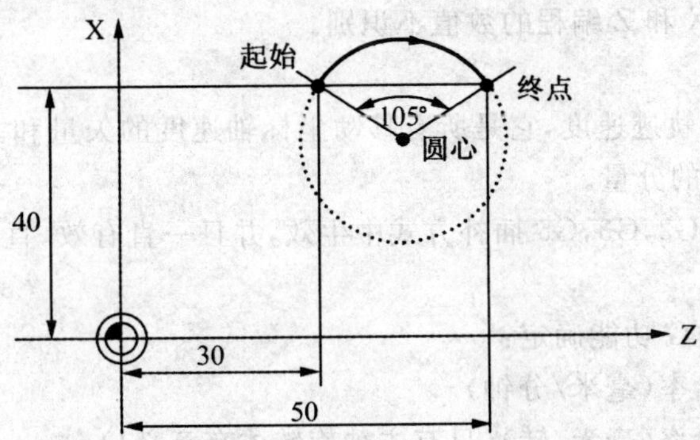

图 4.26 终点和张角尺寸举例

N5 G90 Z30 X40 ;用于 N10 的圆弧起始点

N10 G2 Z50 X40 AR＝105 ;终点和张角

圆心和张角尺寸(图 4.27)：

N5 G90 Z30 X40 ;用于 N10 的圆弧起始点

N10 G2 K10 I－7 AR＝105 ;圆心和张角

插补圆弧尺寸必须在一定的公差范围之内。系统比较圆弧起始点和终点处的半径，如果其差值在公差范围之内，则可以精确设定圆心，若超出公差范围则给出一报警。

公差值可以通过机床数据设定。

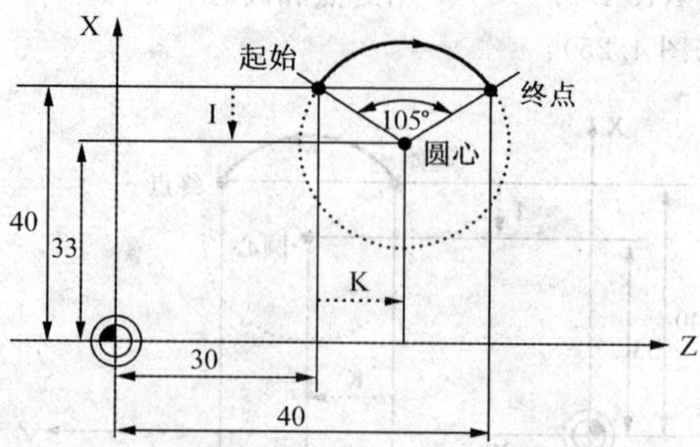

图 4.27　圆角和张角尺寸举例

4. 参考点

用 G74 指令实现 NC 程序中回参考点功能，每个轴的方向和速度存储在机床数据中。

G74 需要一独立程序段，并按程序段方式有效。

在 G74 之后的程序段中原先"插补方式"组中的 G 指令将再次生效。

N10 G74 X0 Z0；

注释：程序段中 X 和 Z 编程的数值不识别。

5. 进给率 F

进给率 F 是刀具轨迹速度，它是所有移动坐标轴速度的矢量和。坐标轴速度是刀具轨迹速度在坐标轴上的分量。

进给率 F 在 G1，G2，G3，G5 插补方式中生效，并且一直有效，直到被一个新的地址 F 取代为止。

地址 F 的单位由 G 功能确定：

- G94 直线进给率(毫米/分钟)
- G95 旋转进给率(毫米/转)(只有主轴旋转才有意义!)

编程举例：

```
N10 G94 F310                  ;进给量　毫米/分钟
…
N110 S200 M3                  ;主轴旋转
N120 G95 F15.5                ;进给量　毫米/转
```

6. 主轴转速 S、旋转方向

当机床具有受控主轴时，主轴的转速可以编程在地址 S 下，单位：转/分钟。

如果在程序段中不仅有 M3 或 M4 指令，而且还写有坐标轴运行指令，则 M 指令在坐标轴运行之前生效。

编程举例：

```
N10 G1 X70 Z20 F300 S270 M3   ;在 X、Z 轴运行之前，主轴以 270 转/分启动，
                                方向顺时针。
```

```
…
N80 S450…                          ;改变转速
…
N170 G0 Z180 M5                    ;Z 轴运行,主轴停止
```

附录 5　西门子数控铣床

一、数控操作面板及坐标系

数控铣床的操作面板由数控系统操作面板和机床控制面板两部分组成。

1. 数控系统面板(图 5.1)

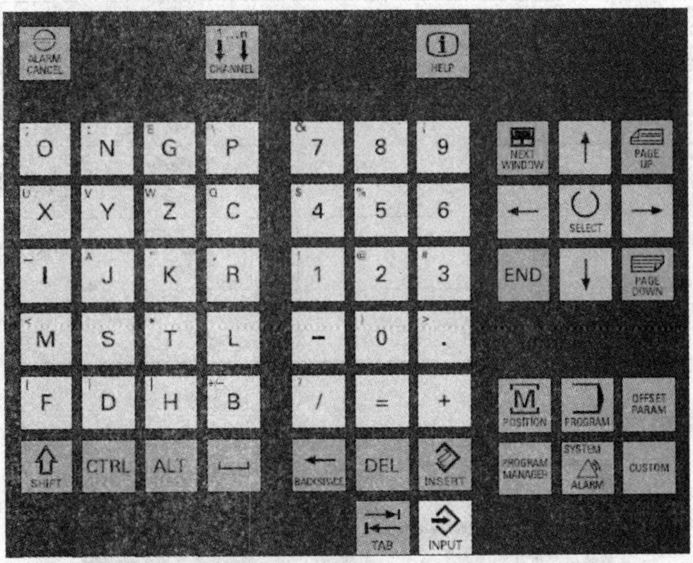

图 5.1　数控系统面板

机床控制面板上的各种功能键可执行简单的操作,直接控制机床的动作及加工过程,一般有急停、模式选择、轴向选择、切削进给速度调整、主轴转速调整、主轴的起停、程序调试功能及其他 M、S、T 功能等,其详细说明如下:

按　键	功　能	按　键	功　能
	报警应答键		通道转换键
	信息键		未使用
	翻页键	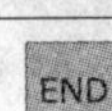	

续表

按 键	功 能	按 键	功 能
↑ ↓ ← →	光标键	SELECT	选择/转换键
POSITION	加工操作区域键	PROGRAM	程序操作区域键
OFFSET PARAM	参数操作区域键	PROGRAM MANAGER	程序管理操作区域键
SYSTEM ALARM	报警/系统操作区域键	CUSTOM	
J Z	字母键 上挡键转换对应字符	0 9	数字键 上挡键转换对应字符
SHIFT	上挡建	CTRL	控制键
ALT	替换键	⎵	空格键
BACKSPACE	退格删除键	DEL	删除键
INSERT	插入键	TAB	制表键
INPUT	回车/输入键		

2. 机床控制面板(图 5.2)

图 5.2　机床控制面板

数控系统操作面板由显示屏和 MDI 键盘两部分组成，其中显示屏主要用来显示相关坐标位置、程序、图形、参数、诊断、报警等信息，而 MDI 键盘包括字母键、数值键以及功能按键等，可以进行程序、参数、机床指令的输入及系统功能的选择。面板功能键介绍如下：

按　键	功　能	按　键	功　能
	手轮		点动、手动
	回参考点	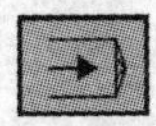	自动方式
	单段		手动数据输入
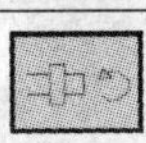	主轴正转	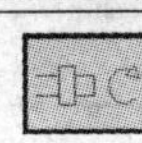	主轴翻转
	主轴停转		快进键
+Z -Z	Z 轴点动	+X -X	X 轴点动
+Y -Y	Y 轴点动	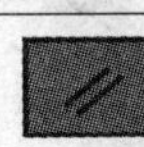	复位键
	数控停止	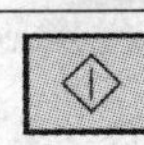	数控启动
	急停键		
	进给速度修调		主轴速度修调

3. 屏幕显示区(图 5.3)

显示屏右侧和下方的灰色方块为菜单软键，按下软键，可以进入软键左侧或上方对应的菜单。有些菜单下有多级子菜单，当进入子菜单后，可以通过点击“返回”软键，返回上一级菜单。

4. 直角坐标系(图 5.4、图 5.5)

坐标系的原点定在机床零点，它也是所有坐标轴的零点位置。该点仅作为参考点，由机床生产厂家确定。

工件零点可以由编程人员自由选取，编程员无需了解机床上的实际运行，也就是说不管是工件运动还是刀具运动。这在不同的坐标轴上可以不一样。方向始终以工件不动而刀具运动定义。

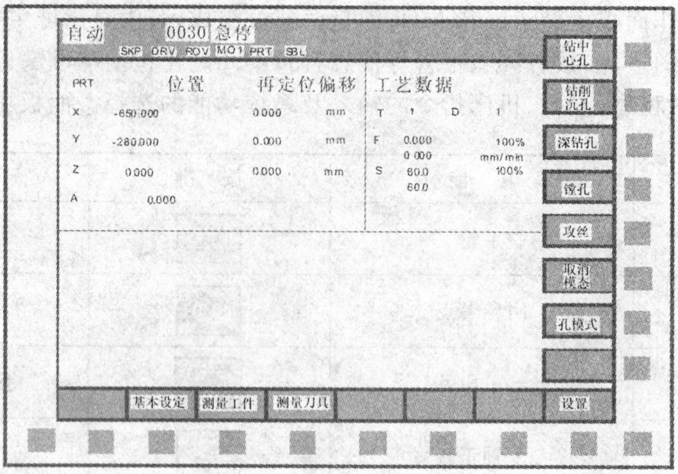

图 5.3　屏幕显示区

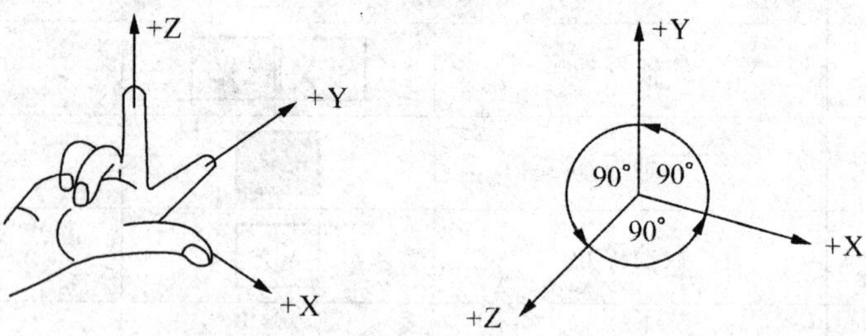

图 5.4　直角坐标系中坐标方向的规定

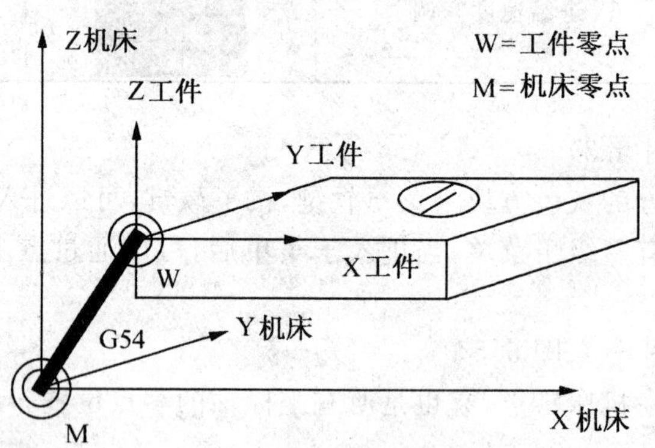

图 5.5　工件坐标系

二、手动操作

1. 开机

打开外部电源开关，启动机床电源，将操作面板上的紧急停止按钮右旋弹起，按下操作面板上的电源开关，若开机成功，显示屏显示正常，无报警。

2. 返回参考点

机床只有在回原点之后，自动方式和 MDI 方式才有效，未回原点之前只能手动操作。一般在以下情况需要进行回原点操作，以建立正确的机床坐标系。开机后，机床断电后再次接通数控系统电源，超过行程报警解除以后，紧急停止按钮按下。

操作步骤：

(1)进入系统后，显示屏上方显示文字：0030：急停。点击急停键，使急停键抬起。这时该行文字消失。

(2)按下机床控制面板上的点动键，再按下参考点键，这时显示屏上 X、Y、Z 坐标轴后出现空心圆(图 5.6)。

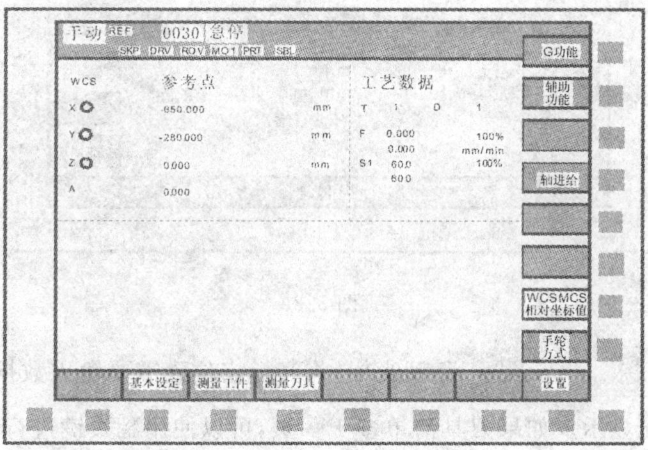

图 5.6

(3)分别按下 **+X**、**+Y**、**+Z** 键，机床上的坐标轴移动回参考点，同时显示屏上坐标轴后的空心圆变为实心圆，参考点的坐标值变为 0(图 5.7)。

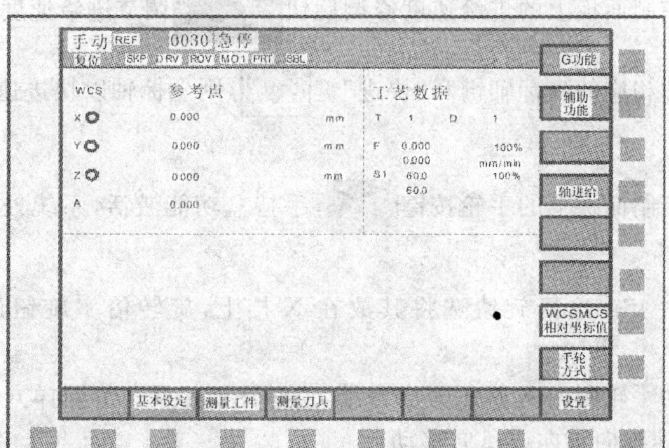

图 5.7

3. 手动移位

(1)点动、手动(JOG)进给

①按下机床控制面板上的点动键 。

②点击“设置”下方的软键，显示如图 5.8 界面，可以设定 JOG 进给率、增量值等。

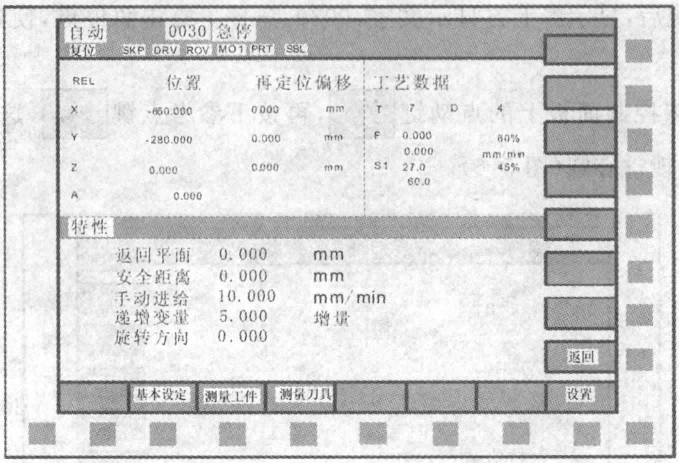

图 5.8

使用光标键 ↑ ↓ ← → 移动光标，将光标定位到需要输入数据的位置。光标所在区域为白色高光显示。如果刀具清单多于一页，可以使用翻页键进行翻页；点击数控系统面板上的数字键，输入数值；点击输入键 INPUT 确认。

③按下坐标轴方向键，机床在相应的轴上发生运动。只要按住坐标轴键不放，机床就会以设定的速度连续移动。

④使用机床控制面板上的进给速度修调旋钮 调节进给速度。

如果同时按动相应的坐标轴键和“快进”键 ，则坐标轴以快进速度运行。

(2)手轮进给

①按下机床控制面板上的手轮按键 ，手持盒功能激活，系统处于增量进给运行方式。

②旋转手持盒上轴选择旋钮选将其放在 X 挡上，旋转倍率旋钮设定合适的增量倍率。

③顺时针摇动手轮则向 X 轴正方向进给，逆时针则相反。依同样方法，选择 Y、Z 挡，使 Y、Z 轴以一定速度向正向或负向移动。

再按一次点动键可以去除步进增量方式。

(3)手动输入(MDA)移位

①按下机床控制面板上的 MDA 键，系统进入 MDA 运行方式。

②使用数控系统面板上的字母、数字键输入程序段。例如，点击字母键、数字键，依次输入：G00X0Y0Z0，屏幕上显示输入的数据(图 5.9)。

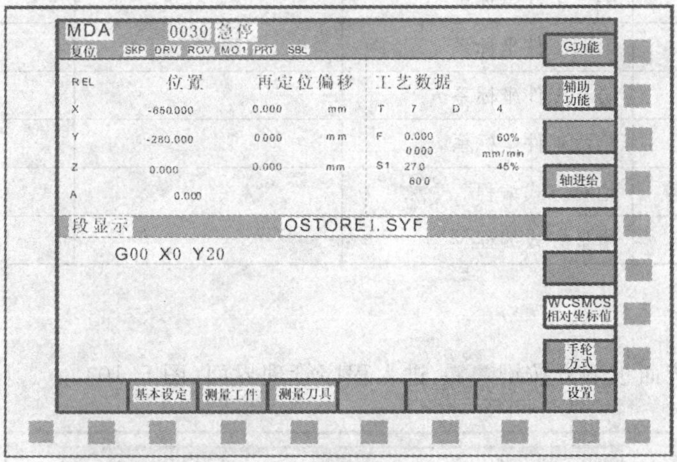

图 5.9

③按数控启动键，系统执行输入的指令。

三、程序编辑

1. 常用数控代码说明

G 代码	功　能	其他代码	功　能
G00	快速点定位	M03	主轴顺时针旋转
G01	直线插补	M04	主轴逆时针旋转
G02	顺时针圆弧插补	M05	主轴停止
G03	逆时针圆弧插补	M08	切削液开
G17	XY 平面选择	M09	切削液关
G18	ZX 平面选择	M30	程序结束并返回
G19	YZ 平面选择	CR	西门子半径
G40	刀具半径补偿取消	S	转速
G41	刀具半径左补偿	F	进给速度
G42	刀具半径右补偿	T	道具号
G43	刀具长度正补偿	D	刀具半径补偿号
G49	刀具长度补偿取消	L	子程序开头字母
G54	第一工件坐标系	P	次数

续表

G代码	功　能	其他代码	功　能
G55	第二工件坐标系		
G56	第三工件坐标系		
G57	第四工件坐标系		
G58	第五工件坐标系		
G59	第六工件坐标系		
G91	绝对方式编程		
G92	增量方式编程		

2. 编程操作

(1)点击系统面板下方按键 PROGRAM MANAGER ,进入程序管理界面(图 5.10)。

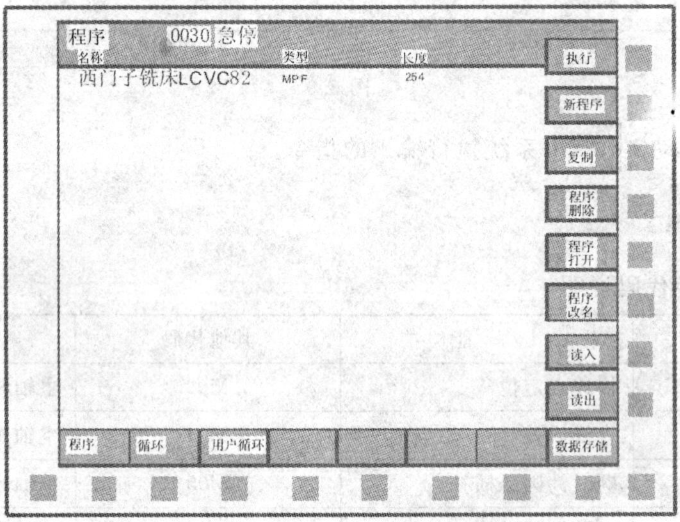

图 5.10　程序管理界面

各软键功能说明：

软　键	功　能
执行	如果零件清单中有多个零件程序,按下该键可以选定待执行的零件程序,再按下数控启动键就可执行程序
新程序	输入新程序
复制	把选择的程序拷贝到另一个程序中

续表

软 键	功 能
程序删除	删除程序
程序打开	打开程序
程序改名	更改程序名

(2)按下 新程序 ,出现一对话窗口(图 5.11)。

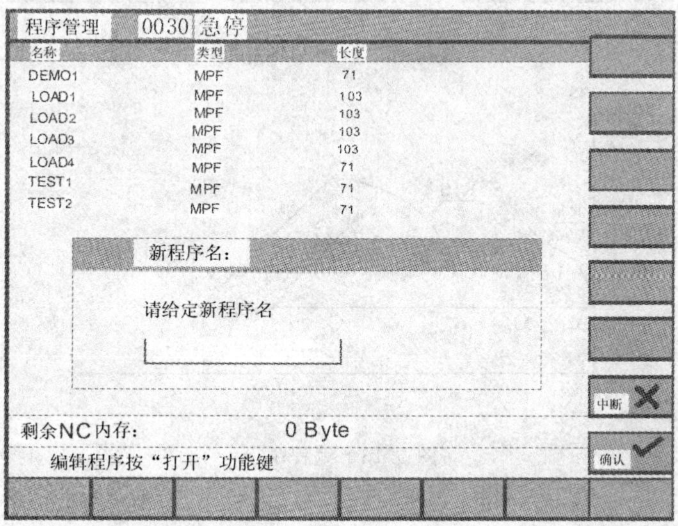

图 5.11

使用字母键,输入程序名。例如,输入字母:JI。

(3)按“确认”软键(如果按“中断”软键,则刚才输入的程序名无效)系统自动进入编程界面(图 5.12)。

(4)按动面板上的字母和数字键将编写的程序输入机床,按完成键。程序编写完成。

3. 程序举例

刀具轨迹如图 5.13 所示,各点坐标:A(0,5),O1(5,5),B(10,5),C(20,15),D(30,5),O2(20,5),O3(20,10),E(18,10)。零件编程原点在 O 点,铣削深度为 1mm,主轴转速 600r/min,进给速度为 50mm/min,起到点在(0,5,5)。顺序:圆弧 AB→圆弧 BC→直线 CD→直线 DA→直径为 4 的圆。

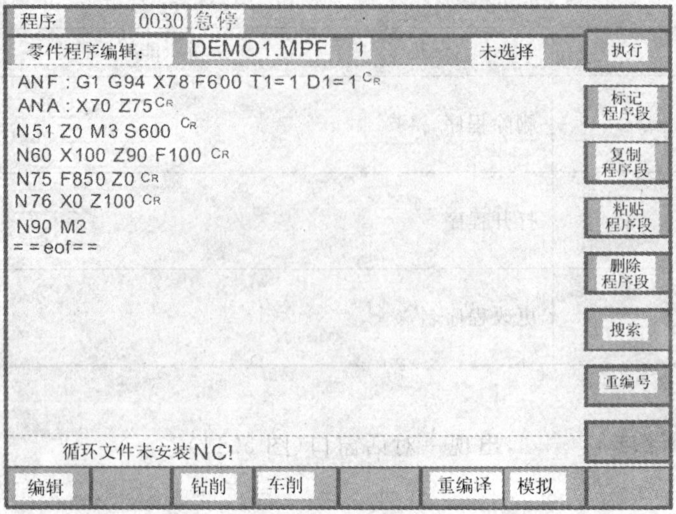

图 5.12　程序编辑界面

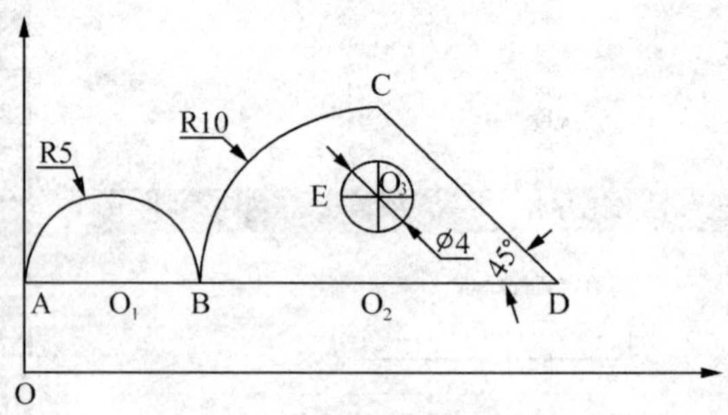

图 5.13　编程举例

程序如下表：

程　序	程序说明
N10 G54 G17 G90	选择第一工件坐标系、XY 平面、绝对坐标编程
N20 M03 S600	主轴正传，转速 600r/min
N30 M08	切削液开
N40 G00 X0 Y0 Z100	快速移动到点(0,0,100)
N50 G00 X0 Y0 Z5	Z 轴下降到点(0,0,5)
N60 G01 Z—1 F50	切入工件
N70 G02 X10 Y5 CR5	顺时针加工直径 5 的半圆弧 AB
N80 G02 X20 Y15 CR10	顺时针加工直径 10 的 1/4 圆弧 BC
N90 G01 X30 Y5	加工直线 CD
N100 G01 X0 Y5	加工直线 DA
N110 G00 Z5	退出刀具，继续加工直径 4 的圆

续表

程　序	程序说明
N120 G00 X18 Y10	移到 E 点
N130 G01 Z−1	切入工件
N140 G02 X18 Y10 I2 J0	顺时针加工直径 4 的圆
N150 G01 Z5	退出刀具
N160 G00 X0 Y0 Z100	快退
N170 M05	主轴停转
N180 M09	切削液关
N190 M30	程序结束返回

四、模拟及自动运行

1. 模拟

(1)按 PROGRAM MANAGER 程序管理操作区域键，进入管理程序界面(图 5.14)。

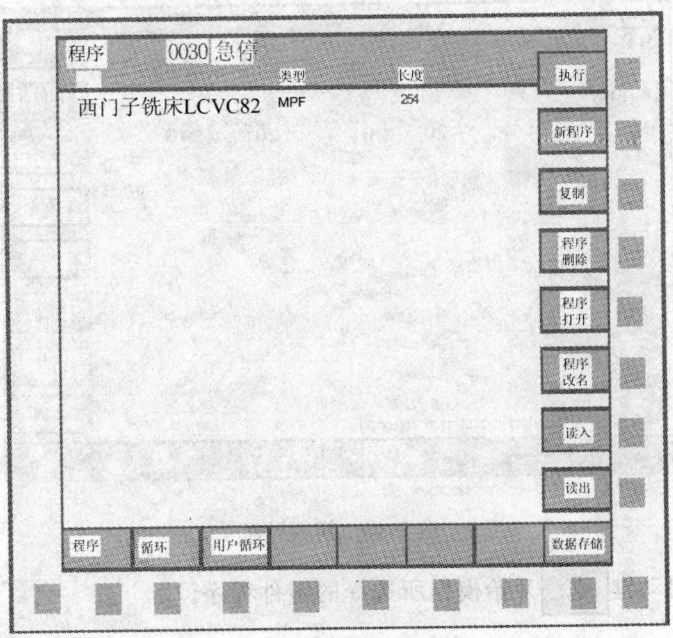

图 5.14　程序管理界面

(2)通过光标选择相应的程序然后按读入键进入程序界面(图 5.15)。

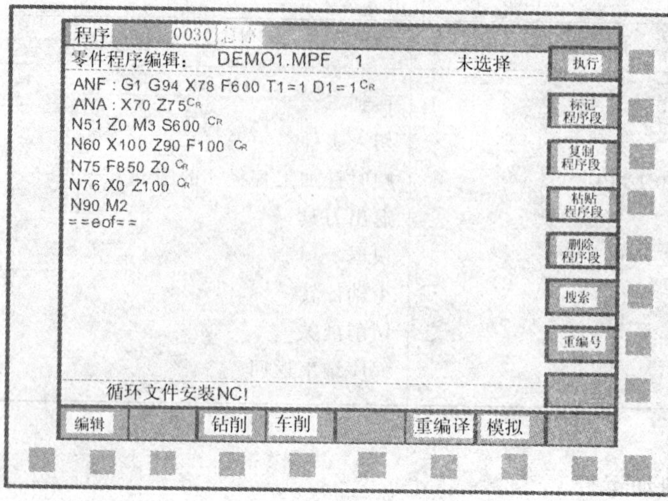

图 5.15

(3)按右下角模拟键,进入模拟画面(图 5.16)。

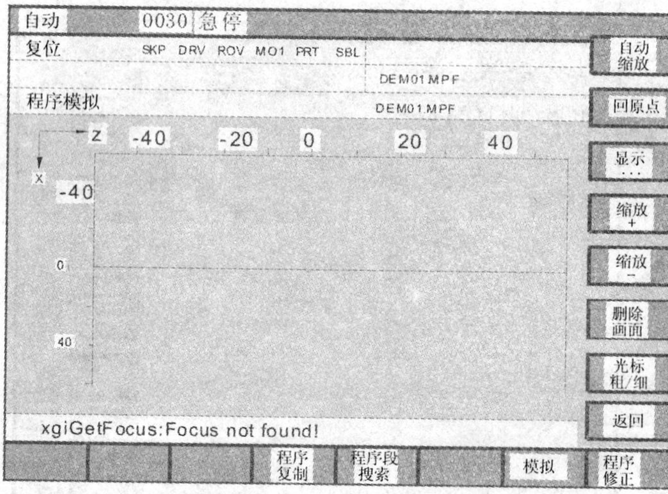

图 5.16 模拟界面

(4)按数控启动键开始模拟所选择的零件程序。

2. 自动运行

在图 5.15 界面下按右边框执行软键则进行加工。

附录6　FUNUC数控车床

一、综述

1. 可编程功能

通过编程并运行这些程序而使数控机床能够实现的功能我称之为可编程功能。一般可编程功能分为两类:一类用来实现刀具轨迹控制即各进给轴的运动,如直线/圆弧插补、进给控制、坐标系原点偏置及变换、尺寸单位设定、刀具偏置及补偿等,这一类功能被称为准备功能,以字母G以及两位数字组成,也被称为G代码。另一类功能被称为辅助功能,用来完成程序的执行控制、主轴控制、刀具控制、辅助设备控制等功能。在这些辅助功能中,T××用于选刀,S××××用于控制主轴转速。其他功能由以字母M与两位数字组成的M代码来实现。

2. 准备功能指令

常用准备功能指令如表6.1所示。

表6.1　常用准备功能指令

G代码	分组	功能
* G00	01	定位(快速移动)
* G01	01	直线插补(进给速度)
G02	01	顺时针圆弧插补
G03	01	逆时针圆弧插补
G04	00	暂停,精确停止
G18	16	ZpXp平面选择
G20	06	英寸输入
G21	06	毫米输入
G27	00	返回参考点检测
G28	00	返回参考点
G29	00	从参考点返回
G30	00	返回第2、3、4参考点
G31	00	跳转功能
G32	01	螺纹切削
* G40	07	取消刀具半径补偿
G41	07	左侧刀具半径补偿
G42	07	右侧刀具半径补偿

续表

G代码	分组	功　能
G43	08	刀具长度补偿＋
G44	08	刀具长度补偿－
* G49	08	取消刀具长度补偿
G52	00	设置局部坐标系
G53	00	选择机床坐标系
* G54	14	选用 1 号工件坐标系
G55	14	选用 2 号工件坐标系
G56	14	选用 3 号工件坐标系
G57	14	选用 4 号工件坐标系
G58	14	选用 5 号工件坐标系
G59	14	选用 6 号工件坐标系
* G64	15	切削方式
G65	00	宏程序调用
G66	12	模态宏程序调用
* G67	12	模态宏程序调用取消
G70	00	精加工循环
G71	00	粗车循环
G72	00	平端面粗车循环
G73	00	型车复循环
G74	00	端面深孔钻削
G75	00	外径/内径钻孔
G76	09	螺纹切削复循环
* G80	09	取消固定钻循环
G83	09	平面钻孔循环
G84	09	攻丝固定循环
G85	09	镗削固定循环
G86	09	侧钻循环
G87	09	侧钻循环
G88	09	侧攻丝循环
G89	09	侧镗循环
* G90	03	绝对值指令方式

续表

G代码	分 组	功 能
* G91	03	增量值指令方式
G92	00	工件零点设定
* G98	10	固定循环返回初始点
G99	10	固定循环返回 R 点

从表 6.1 中可以看到，G 代码被分为不同的组，这是由于大多数的 G 代码是模态的，所谓模态 G 代码，是指这些 G 代码不只在当前的程序段中起作用，而且在以后的程序段中一直起作用，直到程序中出现另一个同组的 G 代码为止，同组的模态 G 代码控制同一个目标但起不同的作用，它们之间是不相容的。00 组的 G 代码是非模态的，这些 G 代码只在它们所在的程序段中起作用。标有 * 号的 G 代码是上电时的初始状态。对于 G01 和 G00、G90 和 G91 上电时的初始状态由参数决定。

如果程序中出现了未列在上表中的 G 代码，CNC 会显示 10 号报警。

同一程序段中可以有几个 G 代码出现，但当两个或两个以上的同组 G 代码出现时，最后出现的一个(同组的)G 代码有效。

在固定循环模态下，任何一个 01 组的 G 代码都将使固定循环模态自动取消，成为 G80 模态。

3. 辅助功能指令

用 S 代码来对主轴转速进行编程，用 T 代码来进行选刀编程，其他可编程辅助功能由 M 代码来实现，常用的 M 代码列表如表 6.2 所示。

表 6.2 M 代码列表

M 代码	功 能	M 代码	功 能
M00	程序停止	M08	切削液开
M01	选择停止	M09	切削液关
M02	程序结束	M18	主轴定向解除
M03	主轴正转	M19	主轴定向
M04	主轴反转	M30	程序结束并返回程序头
M05	主轴停止	M98	调用子程序
M06	换刀	M99	子程序结束返回/重复执行

一般地，一个程序段中，M 代码最多可以有一个。

二、插补功能

1. 快速定位(G00)

G00 给定一个位置。

格式：G00 IP_；

IP_代表任意不超过三个进给轴地址的组合，每个地址后面都会有一个数字作为赋给该地址的值，一般机床有三个或四个进给轴即 X，Y，Z，A，所以 IP_可以代表如 X12. Y119. Z－37. 或 X287.3 Z73.5 A45 等内容。

G00 这条指令所作的就是使刀具以快速的速率移动到 IP_指定的位置，被指令的各轴之间的运动是互不相关的，也就是说刀具移动的轨迹不一定是一条直线。G00 指令下，快速倍率为 100％时，各轴运动的速度：X、Y、Z 轴均为 15m/min，该速度不受当前 F 值的控制。当各运动轴到达运动终点并发出位置到达信号后，CNC 认为该程序段已经结束，并转向执行下一程序段。

位置到达信号：当运动轴到达的位置与指令位置之间的距离小于参数指定的到位宽度时，CNC 认为该轴已到达指令位置，并发出一个相应信号即该轴的位置到达信号。

2. 直线插补(G01)

格式：G01 IP_F_；

G01 指令使当前的插补模态成为直线插补模态，刀具从当前位置移动到 IP 指定的位置，其轨迹是一条直线，对于绝对值指令时最终坐标值；对于增量值是刀具移动的距离。F—指定了刀具进给的速度，单位为 mm/min(X、Y、Z 轴)。

该指令是最常用的指令之一。

3. 圆弧插补(G02/G03)

(1) 指令格式(见表 6.3)

圆弧插补时刀具沿圆弧运动。圆弧插补的指令格式如下：

Zp Xp 平面的圆弧 $\quad G18\begin{Bmatrix}G02\\G03\end{Bmatrix}\quad Xp\_\ Zp\_\begin{Bmatrix}I\_K\_\\R\_\end{Bmatrix}F\_$

表 6.3　指令格式说明

指　令	说　明
G18	指定 Zp Xp 平面圆
G02	顺时针方向圆弧插补
G03	逆时针方向圆弧插补
Xp_	X 轴或其平行轴指令值(由参数 1022 设定)
Zp_	Z 轴或其平行轴指令值(由参数 1022 设定)
I_	从起点到圆弧中心的 Xp 轴的距离，带符号，半径值
K_	从起点到圆弧中心的 Zp 轴的距离，带符号，半径值
R_	不带符号的圆弧半径(以半径值表示)
F_	沿圆弧的进给速度

(2)圆弧插补的方向

Zp Xp 平面的“顺时针”(G02)和“逆时针”(G03)是在直角坐标系中从 Yp 坐标的正

到负方向来观察ZpXp平面为定义的(图6.1)。

(3)圆弧上移动的距离

用地址Xp或Zp指定圆弧终点,并按照G90或G91以绝对值或增量值表示。对于增量值,是指令从圆弧起点向圆弧终点看的距离。

(4)从起点到圆心的距离

圆心是用地址I和K(分别对应于Xp或Zp坐标)指定的。但是I或K后面跟的数值是从圆弧起点向圆心看的矢量分量,并且总是以增量值指定,而与G90与G91无关。

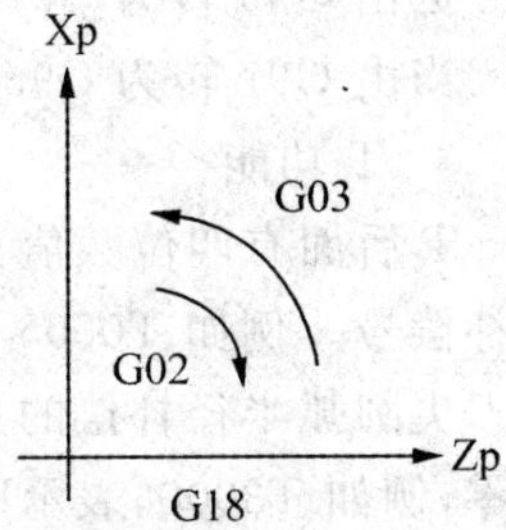

图6.1

(5)圆弧半径

圆弧半径包含该圆弧的圆的中心之间的距离可以用该圆的半径R指令而不用I和K。在这种情况下,要考虑小于180°的圆弧和大于180°圆弧的问题。不能指定等于或大于180°的圆弧。如果Xp和Yp都被忽略,如果终点与起点位于同一位置,当使用R编程时,就是编了一个0°的圆弧。

(6)进给速度

圆弧插补中的进给速度等于由F代码指定的进给速度,并且沿圆弧的进给速度(圆弧的切线进给速度)被控制为指定的进给速度。指定的进给速度和刀具的实际进给速度之间的误差小于±2%,但是该进给速度是在加了刀尖半径补偿以后沿圆弧测量的。

三、程序编制的基本方法

着重介绍配置FANUC-0i mate C数控系统进行车削加工所特有的程序编制方法。

1. F功能

G95码状态下,F后面的数值表示的是主轴每转的切削进给量或切螺纹时的螺距,在数控车床上这种进给量指令方法使用得较多。

编程格式:G95_

在G94码状态下,表示每分钟进给量。

编程格式:G94 F~

2. S功能

(1)主轴最高转速限制(G50)

编程格式:G50 S~

(2)恒线速度控制(G96)

编程格式:G96 S~

由线速度v可求得主轴转速如下:

$$n=1000v/(\pi d)$$

式中:v—线速度(m/min)

d—切削点的直径(mm)

n—主轴转速(r/min)

(3)恒线速度取消(G97)

编程格式：G97 S～

当由 G96 转为 G97 时，应对 S 码赋值，未指令时，将保留 G96 指令的最终值。

当由 G97 转为 G96 时，若没有 S 指令，则按前一 G96 所赋 S 值进行恒线速度控制。

3. T 功能

T 后面有四位数值，前两位是刀具号，后两位既是刀具长度补偿号，又是刀尖圆弧半径补偿号。例如 T0505 表示 5 号刀及 5 号刀具长度和刀具半径补偿。至于刀具的长度和刀尖圆弧半径补偿的具体数值，应到 5 号刀具补偿位去查找和修改。如果后面两位数为零，例如 T3000，表示取消刀具补偿状态，调用第三号刀具。

4. M 功能

辅助功能代码是用 M 及后面两位数值表示的。数控车床加工常用的 M 指令有：

(1)M00 程序停止：用于停止程序运行（主轴旋转、冷却全停）。利用 NC 启动命令，可使机床继续运转。

(2)M01 计划停止：同 M00 作用相似，但它应由机床“任选停止”按钮选择是否有效。

(3) M03 主轴顺时针方向旋转。

(4)M04 主轴逆时针方向旋转。

(5)M05 主轴旋转停止。

(6)M08 切削液开。

(7)M09 切削液关。

(8)M30 程序停止：程序执行完自动复位到程序起始位置。

(9)M98 调用子程序。

(10)M99 子程序结束并返回到主程序。

5. G 功能

(1)加工坐标系设定

加工坐标系有两种设定方法：一种是以 G50 方式，另一种是以 G54～G59 的方式，G50 是车削中常用的方式。

如图 6.2 所示，用 G50 X128.7 Z375.1 设定了加工坐标系。

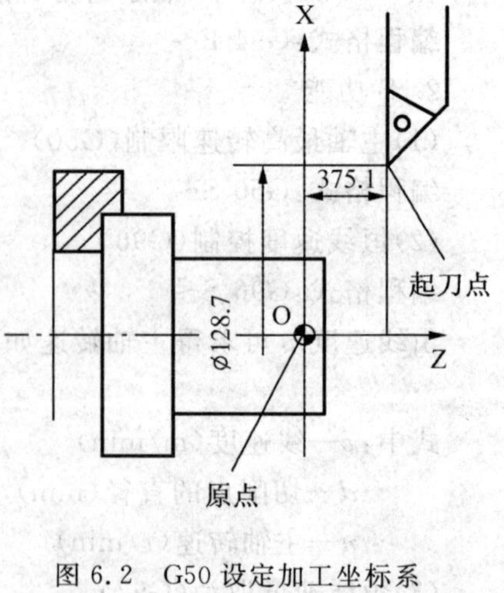

图 6.2　G50 设定加工坐标系

(2)倒角、圆角编程

使用倒角功能可以简化倒角程序。

45°倒角格式为：

G01 Z(W)bI±i[Z→X 图 6.3(a)]

G01 X(U)bK±k[X→Z 图 6.3(b)]

b 点的移动可用绝对或增量指令，进给路线为 A→D→C。

1/4 圆角倒圆格式为：

G01 Z(W)bR±r[Z→X 图 6.3(c)]

G01 X(U)bR±r[X→Z 图 6.3(d)]

b 点的移动可用绝对或增量指令，进给路线为

A→D→C。

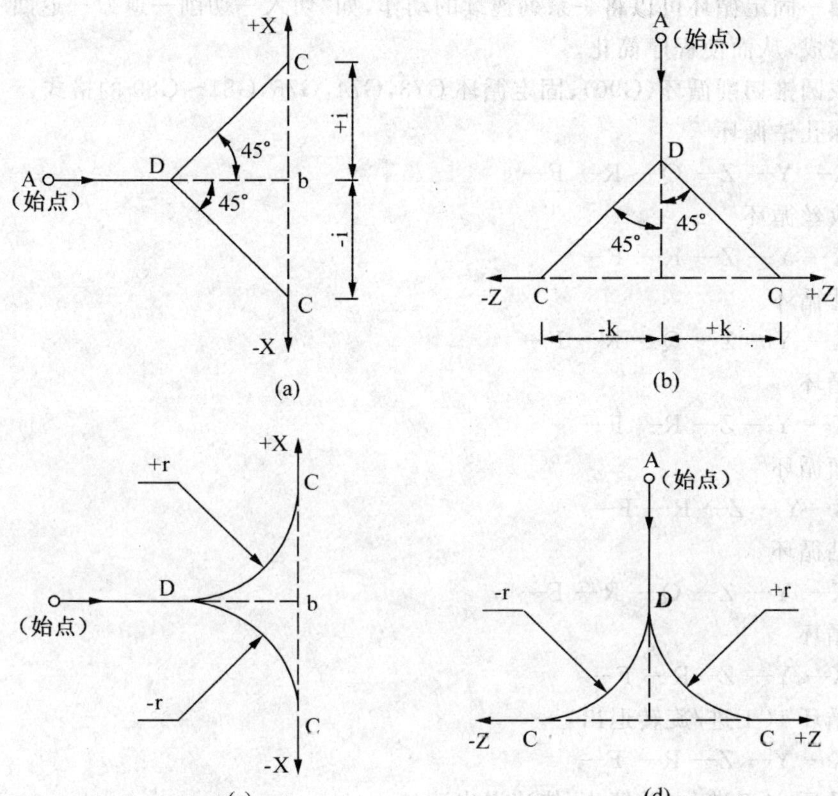

图 6.3　拐角与倒角

任意角度倒角与倒圆：在直线或圆弧插补指令尾部加上 C～，可自动插入任意角度的倒角，用 C 后面的数字指令从假设没有倒角的拐角交点与倒角始点与终点之间的距离。

在直线或圆弧程序段尾部加上 R～，可自动插入任意角度的倒圆。

(3)刀尖圆弧自动补偿功能

通常在编程时都将车刀刀尖作为一点来考虑的，即所谓假设刀尖。但实际上刀尖是有圆角的。

按刀尖点编出的程序在进行端面、外径、内径等与轴线平行的表面加工时，是没有误差的，但进行倒角、锥面及圆弧切削时，会产生少切或过切现象，具有刀尖圆弧半径自动补偿功能的数控系统能根据刀尖圆弧半径计算出补偿量，自动控制刀尖的运动以避免上述现象产生。

为了进行刀尖圆弧半径补偿，需使用以下指令：

G40：取消刀具补偿，即按程序路径进给。

G41：左偏刀具补偿，按程序路径前进方向刀具偏在零件左侧进给。

G42：右侧刀尖补偿，按程序路径前进方向刀具偏在零件右侧进给。

另外还需要指定假设刀尖点。

(4)单一固定循环

利用单一固定循环可以将一系列连续的动作,如“切入—切削—退刀—返回”,用一个循环指令完成,从而使程序简化。

圆柱或圆锥切削循环(G90)、固定循环G73,G74,G76,G81～G89的格式:

高速深孔钻循环

G73 X— Y— Z— Q— R— F—

反向攻丝循环

G74 X— Y— Z— R— F—

精镗孔循环

G76 X— Y— Z— Q— R— F—

钻孔循环

G81 X— Y— Z— R— F—

锪平面循环

G82 X—Y— Z— R— F—

深孔钻循环

G83 X— Y— Z— Q— R— F—

攻丝循环

G84 X— Y— Z—R— F—

镗孔循环1(工进/旋转退出)

G85 X— Y— Z— R— F—

镗孔循环2(工进/主轴停止/快速退出)

G86 X— Y— Z— R— F—

反镗孔循环3(见前页详图)

G87 X— Y— Z— Q—— R— F—

镗孔循环4(工进/延时/主轴停止/快速退出)

G88 X— Y— Z— R— P— F—

镗孔循环5(工进/延时/进给退出)

G89 X—— Y— Z— R— P— F—

其中:X=X坐标位置

Z=孔底深度

Q=深孔钻步进深度或镗孔循环偏移号

F=进给速度

Y=坐标位置

R=快速平面高度

P=暂停

圆柱切削循环指令编程格式为:

G90 X(U) ～Z(W) ～F～

圆锥切削循环指令编程格式为:

G90　X(U)　~Z(W)　~I~　F~

端面切削循环(G94)

切削平面时,编程格式为:

G94　X(U)　~Z(W)　~F~

切锥面时,编程格式为:

G94　X(U)　~Z(W)　~K~　F~

(5)复合形固定循环(G70~G76)

在使用G90、G92、G94时,已经使程序简化了一些,但还有一类被称为复合固定循环代码,能使程序进一步得到简化。使用这些复合固定循环时,只需指令精加工的形状,就可以完成从粗加工到精加工的全部过程。

外圆粗切削循环(G71)

编程格式:

G71　U(Δd)　R(e)

G71　P(ns)　Q(nf)　U(Δu)　W(Δw)　F(Δf)　S(s)　T(t)

其中:Δd—背吃到量

e—退刀量

ns—精加工形状程序段中的开始程序段号

nf—精加工形状程序段中的最后一个程序段号

Δu—X方向精加工余量

Δw—Z轴方向精加工余量

F,s,t—F,S,T代码

在此应注意以下几点:

①在使用G71进行粗加工循环时,只有含在G71程序段中的F,S,T功能才有效。而包含在ns→nf程序段中的F,S,T功能,即使被指定对粗车循环也无效。

②A→B之间必须符合X轴、Z轴方向的共同单调增大或减少的模式。

③可以进行刀具补偿。

(6)端面粗加工循环(G72)

G72与G71均为粗加工循环指令,而G72是沿着平行于X轴进行切削循环加工的,编程格式为:

G72　W(Δd)　R(e)

G72　P(ns)　Q(nf)　U(Δu)　W(Δw)　F(f)　S(s)　T(t)

其中参数含义与G71相同。

(7)封闭切削循环(G73)

所谓封闭切削循环,就是按照一定的切削形状逐渐地接近最终形状。这种方式对于铸造或锻造毛坯的切削是一种效率很高的方法。

编程格式为:

G73　U(i)　W(k)　R(d)

G73　P(ns)　Q(nf)　U(Δu)　W(Δw)　F(Δf)　S(s)　T(t)

其中：i—X轴上总退刀量(半径值)

k—Z轴上总退刀量

d—重复加工次数

其余与G71相同。用G73时，与G71、G72一样，只有G73程序段中的F、S、T有效。

(8)精加工循环(G70)

由G71、G72完成粗加工后，可以用G70进行精加工。编程格式为：

G70 P(ns) Q(nf)

其中ns和nf与前述含义相同。

在这里G71、G72、G73程序段中的F、S、T的指令都无效，只有在ns～nf程序段中的F、S、T才有效。

(9)深孔钻循环(G74)

其编程格式为：

G74　R(e)

G74　Z(W)　Q(Δk)　F(f)

其中：e—退刀量

Z(W)—钻削深度

Δk—每次钻削行程长度(无符号指定)

f—进给量

(10)外径切槽循环(G75)

其编程格式为：

G75　R(e)

G75　X(u)　P(Δi)　F(i)

其中：e—退刀量

u—槽深

Δi—每次循环切削量

f—进给量。

(11)螺纹切削

①螺纹切削(G32)

用G32指令进行螺纹切削时需要指出终点坐标系及螺纹导程F(单位mm)。编程格式为：

G32　X(u)～ Z(W)～　F～

其中，X(U)省略时为圆柱螺纹切削，Z(W)省略时为端面螺纹切削，X(U)、Z(W)都不省略为锥螺纹切削。螺纹切削应注意在两端设置足够的升速进刀段和降速退刀段。

②螺纹切削循环(G82)

利用G82，可以将螺纹切削过程中，从始点出发“切入—切螺纹—让刀—返回始点”的4个动作作为一个循环用一个程序段指令。编程格式为：

G82　X(U) ～ Z(W)～ I ～

当I(螺纹部分半径之差)后边的值为0时，为圆柱螺纹，否则为圆锥螺纹，I后数值的正负号可参见 G90 的用法。

③复合螺纹切削循环(G76)

用 G76 时一段指令就可以完成复合螺纹切削循环加工程序。编程格式为：

G76 P(m) (r) (α) Q(Δd_{min}) R(d)

G76 X(U) Z(W) R(i) P(k) Q(Δd) F(f)

其中：m—精加工最终重复次数(1～99)

r—倒角量

α—刀尖的角度，可以选择 80°，65°，55°，30°，29°，0°六种，其角度数值用 2 位数指定；

m、r、α 可用地址一次指定，如 m＝2，r＝1.2，α＝60°时可写成：P02　1.2　60

Δd_{min}—最小切入量

d—精加工余量

X(U)，Z(W)—终点坐标

i—螺纹部分半径差

k—螺牙的高度

Δd—第一次的切入量

f—螺纹的导程。

6. 编程举例

编制如图 6.4 所示的程序。

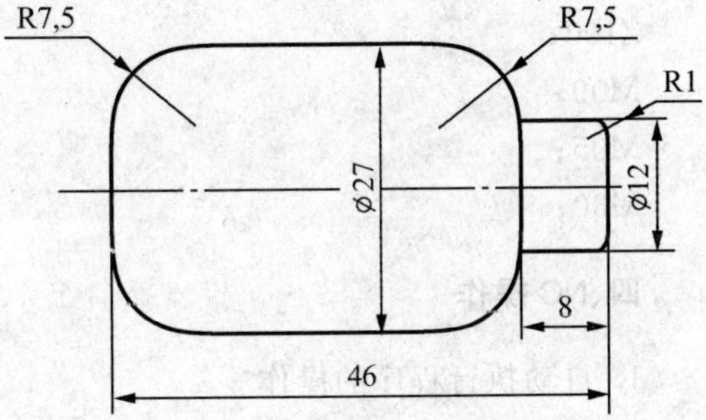

图 6.4

```
M03 S400 T0101;
G99 ;
M08;
G00 X100 Z100;
X30 Z2;
G71 U0.4 R0.5;
G71 P1 Q2 U0.2 W0.1 F0.15;
N1 G00 X0;
G01 Z0 F0.1;
X10;
X12 Z－1;
Z－8 ;
X27;
N2 Z－46;
G00 X100;
Z100;
M03 S1500 T0404;
G00 X30 Z2;
G70 P1 Q2;
G00 X100;
```

```
Z100；
S400 T0101；
G00 X30 Z2；
G73 U3 W4 R8；
G73 P3 Q4 U0.2 W0 F0.1；
N3 G00 Z－8；
G01 X12 F0.05；
N4 G03 X27 Z－15 R7.5；
G00 X100；
Z100；
M03 S1500 T0404；
G00 X30 Z2；
G70 P3 Q4；
G00 X100；
Z100；
M09；
M05；
M30；
```

四、NC 操作

1. 自动执行程序的操作

(1)CRT/MDI 操作面板

操作面板 FANUC 公司提供，其中 CRT 是阴极射线管显示器的英文缩写(Cathode Radiation Tube)，而 MDI 是手动数据输入的英文缩写(Manual Date Input)。可以将面板的键盘分为如下几个部分：

1)软件键

该部分位于 CRT 显示屏的下方，除了左右两个箭头键外键面上没有任何标识。这是因为各键的功能都被显示在 CRT 显示屏的下方的对应位置，并随着 CRT 显示的页面不同而有着不同的功能，这就是该部分被称为软件键的原因。

2)系统操作键

这一组有三个键，分别为右上角 RESET 键，左下角的 OUTPUT/START 和 INPUT 键，其中的 RESET 为复位键，OUTPUT/START 为向外设输出的指令键或执行 MDI 指令的指令键，INPUT 为输入键。

3)数据输入键

该部分包括了机床能够使用的所有字符和数字。可以看到，除了“4TH”键外，其余的字符键都具有两个功能，较大的字符为该键的第一功能，即按下该键可以直接输入该字符，较小的字符为该键的第二功能，要输入该字符须先按“SHIFT”键(按“SHIFT”键后，屏幕上相应位置会出现一个“^”符号)，然后再按该键。例外的是“F/No.”键，该键的第二功能"No."在检查各类参数、数据时使用,用于输入数据的数据号或参数的参数号等。另外键"B/SP"中"SP"是"空格"的英文缩写(Space),也就是说,该键的第二功能是空格。

4)光标移动键

在 MDI 面板的左方,标有"CURSOR"的上下箭头键("↑"和"↓")为光标前后移动键,标有"PAGE"的上下箭头键为换页键。

5)编辑键和输入键

这一组有三个键:ALTER、INSERT 和 DELETE,位于 MDI 面板的右上方,这三个键为编辑键,用于编辑加工程序。

6)NC 功能键

该组的六个键(标准键盘)或八个键(全键式)用于切换 NC 显示的页面以实现不同的功能。

7)电源开关按钮

机床的电源开关按钮位于 CRT/MDI 面板左侧,红色标有"OFF"(全键式)或标有"断"(标准键盘)的按钮为 NC 电源关断,绿色标有"ON"(全键式)或标有"通"(标准键盘)的按钮为 NC 电源接通。

(2)MDI 方式下执行可编程指令

MDI 方式下可以从 CRT/MDI 面板上直接输入并执行单个程序段,被输入并执行的程序段不被存入程序存储器。例如要在 MDI 方式下输入并执行程序段 X-17.5 Y26.7,操作方法如下:

将方式选择开关置为 MDI。

按 PROGRAM 键使 CRT 显示屏显示程序页面。

依次按"X"、"-"、"1"、"7"、"."、"5"键,按 INPUT 键输入。

按"Y"、"2"、"6"、"."、"7",按 INPUT 键输入。

按循环启动按钮使该指令执行。

在 MDI 方式下输入指令只能一个词一个词地输入。如果需要删除一个地址后面的数据,只需键入该地址,然后按 CAN 键,再按 INPUT 键即可。

(3)自动运行方式下执行加工程序

1)启动运行程序

首先将方式选择开关置"自动运行"位,然后选择需要运行的加工程序,完成上述操作后按循环启动按钮。

2)停止运行程序

当 NC 执行完一个 M00 指令时,会立即停止,但所有的模态信息都保持不变,并点亮主操作面板上的 M00/M01 指示灯,此时按循环启动按钮可以使程序继续执行。当 M01 开关置有效位时,M01 会起到同 M00 一样的作用。

M02 和 M30 是程序结束指令,NC 执行到该指令时,停止程序的运行并发出复位信号。如果是 M30,则程序还会返回程序头。

按进给保持按钮也可以停止程序的运行,在程序运行中,按下进给保持按钮使循环启动灯灭,进给保持的红色指示灯点亮,各轴进给运动立即减速停止,如果正在执行可编程暂停，则暂停计时也停止，如果有辅助功能正在执行的话，辅助功能将继续执行完毕。此时按循环启动按钮可使程序继续执行。

按 RESET 键可以使程序执行停止并使 NC 复位。

2. 程序验证和安全功能

(1)程序验证功能

1)机床闭锁

关于机床闭锁功能的说明请参考机床“机床使用说明书”中有关机床闭锁开关的说明。在机床闭锁功能有效的情况下，M、S、T 指令仍然能够执行，但由于 G 指令不被真的执行，所以程序执行到 M06 换刀指令时会停止并等待 Z 轴的零点或第二参考点到达信号，使程序不能够继续执行。

使用该功能可以根据坐标位置的显示验证程序的正确性。

2)自动进给的倍率

在使用新程序加工零件时，您可能会发现有些地方的进给速度不合适，那么，使用该功能可以立即改变进给的速度，实际的进给速度是编程进给率与倍率的乘积，倍率值可以是 0%～150%，变化间隔为 10%。

3)试运行

参考“机床使用说明书”中关于试运行开关的说明。使用该功能，可以在不上刀具和不夹工件的情况下直观地看到机床的运行情况。

(2)安全功能

1)紧急停止

参考“机床使用说明书”中关于急停开关的内容。除非发生紧急情况，一般不要使用该按钮。

2)超程检查

在 X、Y、Z 三轴返回参考点后，机床坐标系被建立，同时参数给定的各轴行程极限变为有效，如果执行试图超出行程极限的操作，则运动轴到达极限位置时减速停止，并给出软极限报警。需手动使该轴离开极限位置并按复位键后，报警才能解除。该极限由 NC 直接监控各轴位置来实现，称为软极限。

在各轴的正负向行程软极限外侧，由行程极限开关和撞块构成的超程保护系统被称为硬极限，当撞块压上硬极限开关时，机床各轴迅速停止，伺服系统断开，NC 给出硬极限报警。此时需在手动方式下按住超程解除按钮，使伺服系统通电，然后继续按住超程解除按钮并手动使超程轴离开极限位置。

3. 零件程序的输入、编辑和存储

(1)新程序的注册

向 NC 的程序存储器中加入一个新的程序号的操作称为程序注册，操作方法如下：

方式选择开关置“程序编辑”位。

程序保护钥匙开关置“解除”位。

按 PROGRAM 键。

键入地址 O(按 O 键)。

键入程序号(数字)。

按 INSERT 键。

(2)搜索并调出程序

有两种方法。

第一种方法：

方式选择开关置“程序编辑”或“自动运行” 位。

按 PROGRAM 键。

键入地址 O(按 O 键)。

键入程序号(数字)。

按向下光标键(标有 CURSOR 的↓键)

搜索完毕后，被搜索程序的程序号会出现在屏幕的右上角。如果没有找到指定的程序号，会出现报警。

第二种方法：

方式选择开关置“程序编辑”位。

按 PROGRAM 键。

键入地址 O(按 O 键)。

按向下光标键(标有 CURSOR 的↓键)，所有注册的程序会依次被显示在屏幕上。

(3)插入一段程序

该功能用于输入或编辑程序，方法如下：

调出需要编辑或输入的程序。

使用翻页键(标有 PAGE 的↑↓键)和上下光标键(标有 CURSOR 的↑↓键)将光标移动到插入位置的前一个词下。

键入需要插入的内容。此时键入的内容会出现在屏幕下方，该位置被称为输入缓存区。

按 INSERT 键，输入缓存区的内容被插入到光标所在的词的后面，光标则移动到被插入的词下。

当输入内容在输入缓存区时，使用 CAN 键可以从光标所在位置起一个一个地向前删除字符。程序段结束符“;”使用 EOB 键输入。

(4)删除一段程序

调出需要编辑或输入的程序。

使用翻页键(标有 PAGE 的↑↓键)和上下光标键(标有 CURSOR 的↑↓键)将光标移动到需要删除内容的第一个词下。

键入需要删除内容的最后一个词。

按 DELETE 键，从光标所在位置开始到被键入的词为止的内容全部被删除。

不键入任何内容直接按 DELETE 键将删除光标所在位置的内容。如果被键入的词在程序中不止一个，被删除的内容到距离光标最近的一个词为止。如果键入的是一个顺序号，则从当前光标所在位置开始到指定顺序号的程序段都被删除。键入一个程序号后按 DELETE 键的话，指定程序号的程序将被删除。

(5)修改一个词

调出需要编辑或输入的程序。

使用翻页键(标有 PAGE 的↑↓键)和上下光标键(标有 CURSOR 的↑↓键)将光标移动到需要被修改的词下。

键入替换该词的内容,可以是一个词,也可以是几个词甚至几个程序段(只要输入缓存区容纳得下)。

按 ALTER 键,光标所在位置的词将被输入缓存区的内容替代。

(6)搜索一个词

方式选择开关置“程序编辑”或“自动运行”位。

调出需要搜索的程序。

键入需要搜索的词。

按向下光标键(标有 CURSOR 的↓键)向后搜索或按向上光标键(标有 CURSOR 的↑键)向前搜索。遇到第一个与搜索内容完全相同的词后,停止搜索并使光标停在该词下方。

4. 数据的显示和设定

(1)刀具偏置值的显示和输入

按 OFFSET 键,显示出刀具偏置页面(如果显示的不是刀具偏置可以再按软件键“补偿”)。

使用翻页键(标有 PAGE 的↑↓键)和上下光标键(标有 CURSOR 的↑↓键)将光标移动到需要修改或需要输入的刀具偏置号前面。

键入刀具偏置值。

按 INPUT 键,偏置值被输入。

按 F/NO. 键后键入刀具偏置号,再按 INPUT 键,可以直接将光标移动到指定的刀具偏置号前(注意 NO. 键和字符 L、Q、P 是复用的)。

(2)G54～G59 工件坐标系的显示和输入

按 OFFSET 键,显示出工件坐标系页面(如果显示的不是工件坐标系可以再按软件键“坐标”)。

使用翻页键(标有 PAGE 的↑↓键)和上下光标键(标有 CURSOR 的↑↓键)将光标移动到需要修改或需要输入的位置,键入设定值,按 INPUT 键,设定值被输入。

(3)NC 参数的显示和设定

NC 参数的第一、二页为设置参数,没有参数号。其内容如下:

REVX、REVY:分别设定 X、Y 轴的镜像状态。设 0 为镜像 OFF,设 1 为 ON。

TVON:设置程序和参数输入或输出是否进行 TV 校验。1 为校验,0 为不校验。

ISO:设定程序和参数输入/输出采用的编码。0 为 EIA 码,1 为 ISO 码。

INCH:设定单位制。设 1 使用英制,设 0 使用公制(不用)。

ABS:设定 MDI 方式下所使用的指令方式。0 为增量值指令,1 为绝对值指令。

SEQ:设定程序编辑状态下是否自动插入顺序号。0 为不插入,1 为插入。

显示和设定参数的方法如下:

方式选择开关置 MDI 位，按 PARAM 键。此时如果显示的不是参数页，可以按软件键"参数"，显示屏上将显示第一页设置参数。将光标移动到需要修改的参数号前，键入设定值，按 INPUT 键。

对于第一、二页的设置参数，可以使用光标上下键选择需要修改的参数然后直接输入设定值即可。而对于其他参数来说，必须首先将设置参数 PWE 改为 1，PWE 改为 1 后 NC 会给出 P/S100 号报警，提示参数被修改。PWE 置 1 后，使用 PARAM 键翻回参数页面，按 NO. 键并键入参数号再按 INPUT 键可将光标移动到需要修改的参数号前，这时就可以键入参数值再按 INPUT 键将参数修改完毕，对于有些参数来说，修改后还会出现 P/S000 号报警，这说明必须断电后 重新上电才能使参数生效。将所有需要修改的参数修改完毕后按软件键"参数"使页面回到设置参数的第一页，将 PWE 改回 0，再按 RESET 键可以使 P/S100 号报 警消除，如果还有 P/S000 号报警的话，则必须断电后再重新上电才能够解除报警。

(4)刀具表的修改

方式选择开关置 MDI 位。

按 PARAM 键。再按软件键"诊断"，显示屏上将显示 PMC 状态/参数页。

按 NO. 键，然后键入刀具所在参数号如 420(依据机床型号不同而定)，再按 INPUT 键，这时就可以看到 PMC 参数中的刀具表部分。如果此时已经将 PWE 置为 1 的话，就可以直接修改刀具表了。

刀具表一定要设定正确，如果与实际不符，将可能严重损坏机床、刀具、夹具或工件，并造成不可预计的后果。

五、报警代码表

1. 程序报警(P/S 报警)

报警号	报警内容
000	修改后须断电才能生效的参数，参数修改完毕后应该断电。
001	TH 报警，外设输入的程序格式错误。
002	TV 报警，外设输入的程序格式错误。
003	输入的数据超过了最大允许输入的值。参考编程部分的有关内容。
004	程序段的第一个字符不是地址，而是一个数字或"－"。
005	一个地址后面跟着的不是数字，而是另外一个地址或程序段结束符。
006	符号"－"使用错误("－"出现在一个不允许有负值的地址后面，或连续出现了两个"－")。
007	小数点"."使用错误。
009	一个字符出现在不能够使用该字符的位置。
010	指令了一个不能用的 G 代码。
011	一个切削进给没有被给出进给率。

续表

报警号	报警内容
014	程序中出现了同步进给指令(本机床没有该功能)。
015	企图使四个轴同时运动。
020	圆弧插补中,起始点和终点到圆心的距离的差大于 876 号参数指定的数值。
021	圆弧插补中,指令了不在圆弧插补平面内的轴的运动。
029	H 指定的偏置号中的刀具补偿值太大。
030	使用刀具长度补偿或半径补偿时,H 指定的刀具补偿号中的刀具补偿值太大。
033	编程了一个刀具半径补偿中不能出现的交点。
034	圆弧插补出现在刀具半径补偿的起始或取消的程序段。
037	企图在刀具半径补偿模态下使用 G17、G18 或 G19 改变平面选择。
038	由于在刀具半径补偿模态下,圆弧的起点或终点和圆心重合,因此将产生过切削的情况。
041	刀具半径补偿时将产生过切削的情况。
043	指令了一个无效的 T 代码。
044	固定循环模态下使用 G27、G28 或 G30 指令。
046	G30 指令中 P 地址被赋予了一个无效的值(对于本机床只能是 2)。
051	自动切角或自动圆角程序段后出现了不可能实现的运动。
052	自动切角或自动圆角程序段后的程序段不是 G01 指令。
053	自动切角或自动圆角程序段中,符号“,”后面的地址不是 C 或 R。
055	自动切角或自动圆角程序段中,运动距离小于 C 或 R 的值。
060	在顺序号搜索时,指令的顺序号没有找到。
070	程序存储器满。
071	被搜索的地址没有找到,或程序搜索时,没有找到指定的程序号。
072	程序存储器中程序的数量满。
073	输入新程序时企图使用已经存在的程序号。
074	程序号不是 1～9999 之间的整数。
076	子程序调用指令 M98 中没有地址 P。
077	子程序嵌套超过三重。
078	M98 或 M99 中指令的程序号或顺序号不存在。
085	由外设输入程序时,输入的格式或波特率不正确。
086	使用读带机/穿孔机接口进行程序输入时,外设的准备信号被关断。
087	使用读带机/穿孔机接口进行程序输入时,虽然指定了读入停止,但读过了 10 个字符后,输入不能停止。

续表

报警号	报警内容
090	由于距离参考点太近或速度太低而不能正常执行恢复参考点的操作。
091	自动运转暂停时(有剩余移动量或执行辅助功能时)进行了手动返回参考点。
092	G27 指令中,指令位置到达后发现不是参考点。
100	PWE=1,提示参数修改完毕后将 PWE 置零,并按 RESET 键。
101	在编辑或输入程序过程中,NC 刷新存储器内容时电源被关断。当该报警出现时,应将 PWE 置 1,关断电源,再次打开电源时按住 DELETE 键以清除存储器中的内容。
131	PMC 报警信息超过 5 条。
179	597 号参数设置的可控轴数超出了最大值。
224	第一次返回参考点前企图执行可编程的轴运动指令。

2. 伺服报警

报警号	报警内容
400	伺服放大器或电机过载。
401	速度控制器准备号信号(VRDY)被关断。
404	VRDY 信号没有被关断,但位置控制器准备好信号(PRDY)被关 断。正常情况下,VRDY 和 PRDY 信号应同时存在。
405	位置控制系统错误,由于 NC 或伺服系统的问题使返回参考点的操 作失败。重新进行返回参考点的操作。
410	X 轴停止时,位置误差超出设定值。
411	X 轴运动时,位置误差超出设定值。
413	X 轴误差寄存器中的数据超出极限值,或 D/A 转换器接受的速度指 令超出极限值(可能是参数设置的错误)。
414	X 轴数字伺服系统错误,检查 720 号诊断参数并参考伺服系统手册。
415	X 轴指令速度超出 511875 检测单位/秒,检查参数 CMR。
416	X 轴编码器故障。
417	X 轴电机参数错误,检查 8120、8122、8123、8124 号参数。
420	Y 轴停止时,位置误差超出设定值。
421	Y 轴运动时,位置误差超出设定值。
423	Y 轴误差寄存器中的数据超出极限值,或 D/A 转换器接受的速度指令超出极限值(可能是参数设置的错误)。
424	Y 轴数字伺服系统错误,检查 721 号诊断参数并参考伺服系统手册。

续表

报警号	报警内容
425	Y 轴指令速度超出 511875 检测单位/秒，检查参数 CMR。
426	Y 轴编码器故障。
427	Y 轴电机参数错误，检查 8220、8222、8223、8224 号参数。
430	Z 轴停止时，位置误差超出设定值。
431	Z 轴运动时，位置误差超出设定值。
433	Z 轴误差寄存器中的数据超出极限值，或 D/A 转换器接受的速度指令超出极限值(可能是参数设置的错误)。
434	Z 轴数字伺服系统错误，检查 722 号诊断参数并参考伺服系统手册。
435	Z 轴指令速度超出 511875 检测单位/秒，检查参数 CMR。
436	Z 轴编码器故障。
437	Z 轴电机参数错误，检查 8320、8322、8323、8324 号参数。

3. 超程报警

报警号	报警内容
510	X 轴正向软极限超程。
511	X 轴负向软极限超程。
520	Y 轴正向软极限超程。
521	Y 轴负向软极限超程。
530	Z 轴正向软极限超程。
531	Z 轴负向软极限超程。

4. 过热报警及系统报警

700 号报警为 NC 主印刷线路板过热报警，704 号报警为主轴过热报警。

其他的 6××为 PMC 系统报警，9××为 NC 系统报警。如发现以上两种报警，请及时联系维修。2×××为机床报警。

附录 7　激光打标机

激光打标机主要是由显示器、水冷系统、控制柜、工控机、激光电源，鼠标、键盘、声光电源、电动升降工作台扫、扫描头、激光器组件、K 形支架等组成。下面着重介绍 DPL50-M 激光打标机，其结构框图如图 7.1 所示。

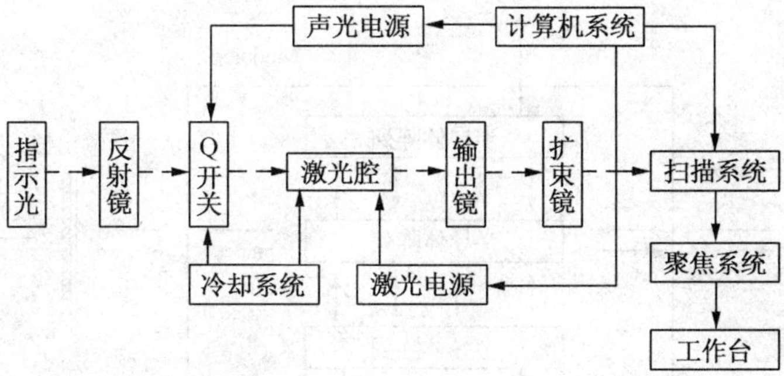

图 7.1　DPL50-M 激光打标机结构框图

一、主要部件的结构、作用、及其工作原理

1. Nd:YAG 激光器

激光器的工作介质可以是气体、液体或固体。大多数气体激光器的工作介质由原子、分子或两者的混合组成。固体激光器的工作物质由原子或掺杂在某些 的离子组成。而液体激光器工作物质由溶解在液体中的大分子量的分子组成。

在特定的泵浦条件下,所有这些工作介质都可以实现"粒子数反转",并产生某一波长的激光输出。

DPL50-M 激光打标机采用的是连续 Nd:YAG 固体激光器,工作介质是掺铷钇铝石榴石晶体,泵浦源为长寿命的半导体激光浦源。其输出激光波长为 1.064μm,是不可见红外光。

为了提高激光的泵浦能力,半导体激光浦和 Nd:YAG 晶体棒放置在特殊几何形状的泵浦腔中,组成激光泵浦模块(Pump Module),半导体泵浦发出波长为 0.808μm 的泵浦光能高效地激励 Nd:YAG 晶体中的介质产生激光,Nd:YAG 晶体棒产生的激光波长为 1.064μm。1.064μm 波长的激光在光学谐振腔中放大,其中一部分通过谐振腔的输出镜输出。其基本原理图如图 7.2 所示。

光谐振腔:由垂直于激活材料光轴的两个相对的平行平面镜或曲面镜构成,起到高选择性反馈器件的作用将放大介质发射的部分信号耦合反馈,其相位保持不变,从而产生激光振荡。

DPL50-M 型激光打标机的激光谐振腔安装在其光具座内,是整个设备的核心。

光具座内部器件介绍:

(1)输出膜片架:此膜片架安装 T=20%的激光膜片,激光膜片镜膜面对着腔体方向安装。

(2)全反膜片架:此膜片架安装全反射激光膜片,激光膜片镀膜面对着腔体方向安装。

(3)指示光调整架:调整架内安装半导体红光指示器,可通过调整调节螺钉来调节指示光的方向。指示光为红色,作为激光谐振腔的调试基准和激光标记位置指示。

(4)声光 Q 开关:主要作用是在谐振腔内调 Q,使输出为一定的脉宽和频率的激光

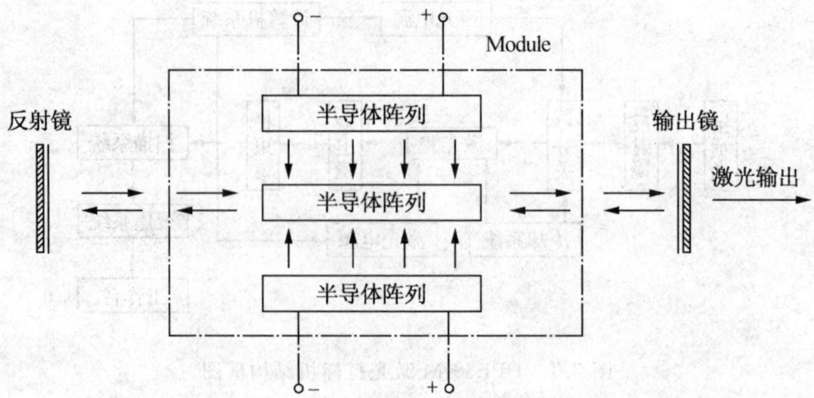

图 7.2　Nd:YAG 激光器基本原理图

束。安装 Q 开关使得激光脉冲被压缩，激光峰值功率提高 2～3 个数量级，甚至更高。

(5)DPL 模块：为激光器的核心部件，是激光的泵浦源。由巴条和晶体组成。

(6)指示光系统：由于红外激光是不可见光，加入红光指示后，对激光的调整和工件的打标定位起到很大的作用。

(7)扩束调节系统：将发散的激光平行输出放大，减少激光的发散角；将激光的能量密度降低，避免烧伤扫描系统的窗片。

(8)光路封光套；主要作用是将激光密封，保证光学器件不受环境中的粉尘影响。

2. 激光电源

激光电源是激光泵浦源（氪灯）的电力系统提供。DPL50-M 型激光打标机的激光电源是由主电路、控制电路、保护电路等组成。保护电源有电源内部保护和外部保。

内部保护主要有欠电压和失电保护、过流保护等。

外部保护主要有冷却介质流量保护盒温度保护。

激光电源面板功能介绍如下：

频率(A)：表中显示实际电流。电位器调节频率高低。

REGULATE：电流微调电位器。逆时针旋转方向调低，顺时针旋转方向调高。

SLOMBR(SET)：睡眠电流微调电位器（供二次打标用）。逆时针旋转方向调低，顺时针旋转方向调高。

RUN：工作运行指示灯。运行时灯亮。

SHIELD：报警指示灯。出错时灯亮。

IET：内部频率控制。内部控制频率信号。

EXT：外部频率控制。外部控制频率信号。

RED-POINT 备用指示开关。

SLOMER：睡眠设置开关。

STOP/RELET：急停开关。

KEY：钥匙开关。

LASER/POWER：电源开关。

3. 声光电源

声光电源是声光 Q 开关的电力驱动和控制电源，控制调节频率和脉宽。在激光腔内起调 Q 作用的声光 Q 开关，起作用是将连续的激光调制成所需的高峰值脉冲激光（频率 200Hz～50kHz），由于 Q 开关器件的插入损耗，其实激光器的平均输出功率有所下降，但峰值功率大大提高，从而提高激光标刻的效果。

调制原理如图 7.3 所示。

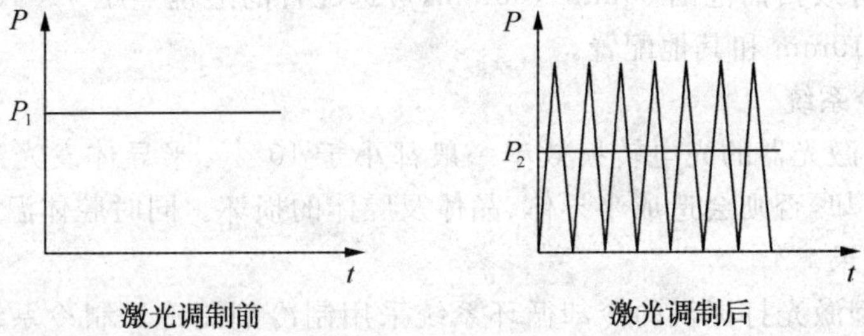

图 7.3　激光调制原理

DPL50-M 型激光打标机采用外型声光电源，频率和脉宽的调节通过软件调节来实现。

声光电源操作面板功能如下：

FREQUENCY（频率）：表中显示实际频率。电位器调节频率高低。频率的选择，刻蚀金属时，频率一般为 2～3kHz；金属相变（打黑）时，频率一般为 20kHz 左右。

REGULATE（调节）：频率微调电位器。逆时针旋转方向调低，顺时针旋转方向调高。

RUN（运行）：工作运行指示灯。运行时灯亮。

ALARM（报警）：报警指示灯。出错时灯亮。

打标模式选择：有三种，设备默认为 M1 模式。

M1 脉冲操作模式（通常运行 M1 模式）。

M2 首脉冲抑制操作模式。

M3 逐脉冲抑制操作模式。

4. 振镜扫描系统

振镜扫描系统由光学扫描器和伺服控制两部分组成。整个系统采用新技术、新材料、新工艺、新工作原理设计和制造。

光学扫描器采用动磁式和动线圈式偏转工作方式的伺服电机，具有扫描角度大、峰值力矩大、负载惯量大、机电时间常数小、工作速度快、稳定可靠等优点。精密轴承消隙机构提供了超低轴向和径向跳动误差；“电子扭力棒”取代传统弹性材料扭力帮，大大提高了使用寿命和长期工作的可靠性；任意位置零功率保持工作原理既降低了使用功耗，又减少了器件的发热效应，省去了恒温装置；先进的高稳定性精密位置检测传感技术提供高线性度、高分辨率、高重复性、低漂移的性能。

光学扫描器分为 X 方向扫描系统和 Y 方向扫描系统，每个伺服电机轴上固定着激光反射镜片。每个伺服电机分别由计算机发出指令控制其扫描轨迹。

5. 计算机系统

计算机控制系统是整个激光打标机控制和指挥的中心，同时也是软件安装的载体。通过对声光调制系统、振镜扫描系统的协调控制完成对工件打标处理。

6. 聚焦系统

聚焦系统的作用是将平行的激光束聚焦于一点。主要采用 $f-\theta$ 透镜，不同的 $f-\theta$ 透镜的焦距不同，达标效果和范围也不一样，DPL50-M 型激光打标机标准配置的透镜焦距 $f=100$mm，有效扫描范围 65mm×65mm，可选配置的透镜焦距 $f=160$mm，有效扫描范围 110mm×110mm 和其他配置。

7. 激光水冷系统

半导体泵浦激光器的光电转换效率一般都小于 10%。半导体发光产生的大量的热量需冷却介质冷却，否则会造成半导体、晶体及腔体的损坏。同时腔体温度的稳定有利于半导体的发光效果。

DPL50-M 型激光打标机的冷却循环系统采用制冷剂制冷。制冷系统由水箱、水泵、过滤器、制冷机、压力及温度传感器组成。冷却介质为去离子水或蒸馏水。激光水冷系统的原理框图如图 7.4 所示。

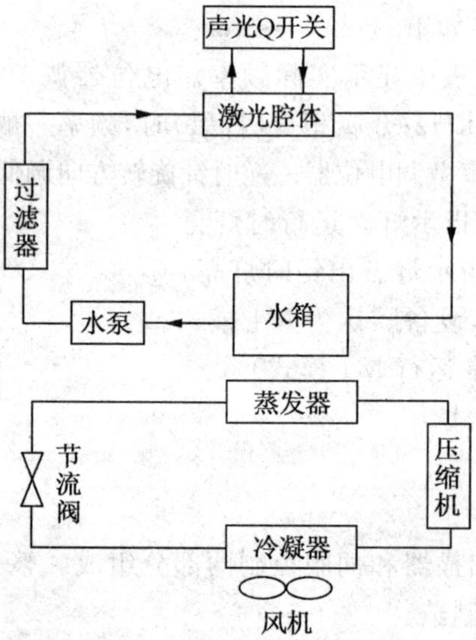

图 7.4　激光水冷系统原理框图

激光水冷系统可通过其前操作面板设置工作温度。通过设置上、下限温度，使制冷机在达到上、下限温度时停止、启动。温度的上、下限应根据环境温度、湿度进行合理的设置，可以在 18℃～30℃之间设置。

当环境温度较高（>30℃）时，制冷温度上、下限分别设为 30℃、25℃。

当环境温度较低（<30℃）时，制冷温度上、下限分别设为 28℃、23℃。

二、主要技术性能及参数

1. 输入电源

输入电压：AC 220V±20V

频率：50Hz

输入功率：1.5kW

2. 激光输出

波长：1.064μm

功率：50W

不稳定度：≤±5%

射频功率：≤50W

调制频率：200Hz～50kHz

调制脉宽：4～25μs

标记范围：65mm×65mm、110mm×110mm（可选）

扫描速度：0～7000mm/s

标记线深：0.01～0.2mm（视材料）

标记线宽：0.1～0.2mm（视材料）

3. 机械结构

XY 工作台行程：85mm×85mm

激光器升降高度：200mm

4. 冷却

冷却方式：制冷机组冷却循环介质，循环介质冷却激光腔体

制冷功率：1 匹

循环介质：去离子水、蒸馏水或纯净水

5. 安全性

过流保护、过温保护、过压保护。

接通电源开关，在电源输入线与机壳之间加 1500V 直流电压，1 分钟内无被击穿现象。

连续工作时间：≥16h

接线：保证线号连接正确可靠，接线图如图 7.5 所示。

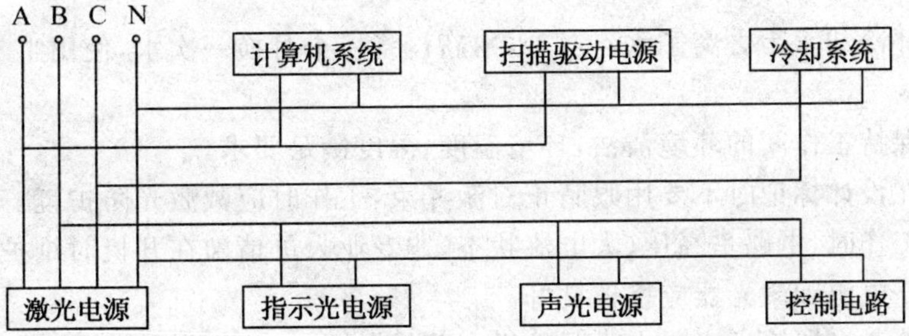

图 7.5　接线图

6. 水路安装

(1)连接光具座与激光水冷系统的循环冷却水管。

(2)打开冷却水箱盖，将冷却介质(去离子水或冷却水)注入水箱，注意冷却介质液面低于水箱盖 50mm。

7. 声光 Q 开关安装

(1)将声光器件盒按前面的光具座结构位置安装。

(2)连接器件盒及电源之间的高频同轴电缆及温控线。

(3)连接腔体及器件盒的冷却水管。

注意：声光晶体必须水冷却，声光电源不能空载。

(4)用螺丝刀分别调整声光 Q 开关调整座上的螺钉，使准直红光从 Q 开关窗口中心通过。

8. 封光套安装

用封光套分别将激光器内的光路封好。

9. 激光光路调试

DPL50-M 型激光打标机在出厂前，激光器光路系统已经过精心调试。但经长途运输后，光路系统各零件连接部位有可能松动，调试人员需进一步检查调试。另外，设备使用过程中光路出现失调，也需进行光路调试。

光路是指半导体指示器一端射出经过全反膜片、声光 Q 开关、模块、输出膜片、扩束镜、XY 振镜窗片、场镜最后聚焦到被标记工件上的这一段准直红光所经过的光学路径。

三、安全与操作

1. 安全防护与安全标志

DPL50-M 激光打标机采用的激光器属于四类激光器，激光器输出的激光为不可见红外光，即使在偏离焦距的情况下也可能造成三级烧伤。输出的光束包含可见和不可见的辐射，对人眼有害，禁止直视激光光束。为避免人眼意外曝露在输出光束或其反射光光束中，设备周围所有人必须使用专用安全防护镜。禁止直视指示光束(指示用激光)。同时禁止该光束射向人眼，尽管指示光束功率低，但是直视仍然对人眼有害。

(1)安全防护

1)激光器系统为水冷却方式，激光电源为风冷却方式，若冷却系统出现故障，请勿开机工作。

2)内循环冷却水为去离子水(蒸馏水)，新设备一个月换一次水，使用半年后可以两个月换一次。

3)注意保持工作间的环境清洁，环境温度、湿度满足要求。

4)切记在设计标记时不要用眼睛正对激光束，工作时应戴激光防护镜。

5)设备工作时，电路呈高压、大电流状态，非专业人员请勿在开机时维护检修，以免发生触电事故。电源和激光器应接地良好。

6)除调整激光器输出能量大小及整机光路外，排除故障应切断电源进行。

7)出现故障，如漏水、拉电弧、保险、激光器有异常响声等，应立即切断电源。

8)当过电压、过电流保护指示灯亮时,应立即关机。

9)不适用于在易燃、易爆的场合使用,也不要在有挥发性溶剂如酒精、汽油等的场合中使用。

(2)安全标志

1) DPL50-M 激光打标机的安装使用工作间的醒目位置应标明"当心激光"等字样。

2)DPL50-M 激光打标机的外表面贴有三种标签(激光辐射警告标志、危险警告标志、铭牌标志),用以提醒用户注意。

2. 启动、运行及停机过程中的操作方法及注意事项

(1)主机操作

具有 2 个操作面板,操作面板和激光电源操作面板。

1) 指示灯(绿灯):亮,表示接通系统主电路。

2) 急停:按下,切断主电路。

3)钥匙:右旋打开,接通系统主电路。

4)水泵:按下,接通水泵,冷却系统工作。

5)扫描:按下,接通光学扫描驱动器。

6)指示:按下,接通半导体激光指示器,光路有红光输出。

(2)DPL50-M 型激光打标机操作步骤

1) 合上机柜后面主空气开关。

2)插入钥匙,顺时针旋转 90°。

3)插入水泵开关,冷却系统工作,水泵接通。

4)合上激光电源空气开关,按下"RUN"开关,5～10 秒钟后自动点亮氪灯,电流表显示 7A 左右。

5)调整旋钮,改变输出氪灯电流大小(电源内部设置电流在 7～25A,超过 33A 关掉 IGBT,超过 40A 切断主继电器)。

6)依次打开计算机、扫描、声光、指示按钮。

7)进入 WINDOWS 操作系统,打开激光标记软件,设置合适参数后,进行激光扫描工作。

8)标记工作完成后,依次关闭指示、声光、扫描、计算机、激光电源开关。

9)最后等待 1 分钟关闭水泵开关。然后拉下空气开关,断开整机供电。

附录 8 YAG 激光焊接机的操作流程

一、激光器

激光具有良好的单色性、相干性、方向性和高能量密度。利用这些特性,激光束聚焦产生巨大的功率密度,从而使激光加工成为可能。激光器用于产生激光束。

激光器由激光谐振腔、激光电源和冷却系统组成。

二、激光电源

激光焊接机电源是激光焊接机的重要组成部分，它可供激光焊接机的脉冲氙灯工作，其脉冲频率、脉冲电流均可调。

1. 技术要求

(1)交流三相输入电压：380V±5%(三相四线制)

(2)输入功率：12kW

(3)脉冲工作电流：100～400A

(4)电源不稳定度：≤±2.5%

2. 工作原理

电源为开关电源，主要原理为：三相交流电经整流、滤波后变成直流，对储能电容充电，经整流逆变后，再通过大功率开关管放电，并经过高功率、精密电感变为恒流源，使氙灯放电，放电的频率和宽度由控制信号决定。

其原理框图如图 8.1 所示。

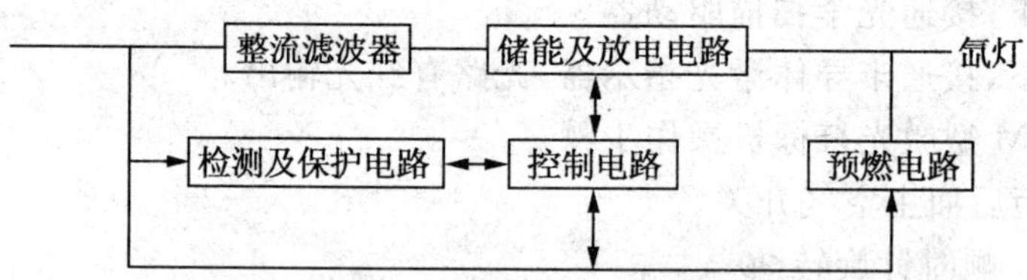

图 8.1　电源工作原理框图

三、激光谐振腔

激光谐振腔是由 YAG 晶体、氙灯、聚光腔及谐振膜片组成，其中 YAG 晶体是激光器的核心器件。YAG 的波长是 1.06μm。

四、冷却系统

电能转换成激光，其光电转换效率只有 3%左右，大量的电能都转换成热能。这部分热能对激光器件产生巨大的破坏力，使 YAG 激光晶体及氙灯破坏、聚光腔变形失效等，所以必须有冷却系统提供冷却保障。

考虑到系统的光学效率，冷却介质一般为去离子水或蒸馏水，以保证内循环不受污染。系统采用制冷机组，室内机向腔体提供冷却水，室外机散热。

五、光学系统

光学系统由主光路系统、聚焦系统、指示系统等部分组成。

光学系统是利用激光进行加工的重要组成部分。

其示意图如图 8.2 所示。

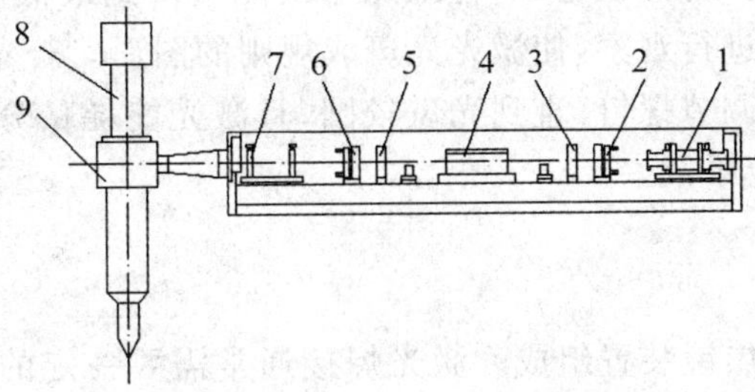

图 8.2　激光器光学系统示意图

1—指示光源　2—全反膜片架　3—光闸　4—聚光腔　5—水冷光栅　6—半反膜片架
7—半反膜片架　8—CCD 监视头　9—导光、聚焦系统

六、指示激光系统

指示激光系统是由指示光源和相应电源组成。指示光为红色光，用于指示焊点位置，同时也作谐振腔及其他光学部件的调整基准。

七、主光路系统

主光路系统由谐振腔膜片、光闸、YAG 晶体、氙灯及聚光腔组成，它决定了激光的输出。其光路如图 8.3 所示。

1 → 2 → 3 → 4 → 5

1—全反射镜　2、3—聚光腔　4—光闸　5—半反射镜

图 8.3　主光路示意图

八、聚光腔结构及装配

多功能激光加工机(JJM-1GY-500 型)的聚光腔采用的是新型非全腔水冷式单椭圆柱组合结构。该聚光腔结构简单，拆卸方便，密封性好，其光电转换率高。

九、主光路的调整步骤

(1)装配好激光器聚光腔后，先取下半反膜片座及全反膜片座。

(2)将小孔光分别套上晶体棒套两端，并将指示光调到与 YAG 晶体轴线同轴，即指示光同时透过晶体棒套两端的小孔光阑，并在白纸上形成一个圆形的红色光斑(将晶体反射到指示光滤光片上的点调至与滤光片上小孔重合为止)。将另一小孔光装入 45°半反镜座小孔上，检查经过晶体的两端小孔光阑的指示光是否穿过反射镜小孔中心，即三个小孔是否成一条直线，若有所偏移，则分别调整 45°半反镜座或聚光腔，直到三个小孔准直成一条直线。

将半反膜片架装上导轨，锁紧后，并将指示光反射点调入晶体棒套一端的小孔光阑内。

将全反模片架装上导轨，锁紧后，并将指示光反射点调入晶体棒套另一端的小孔光阑内。

取下三个小孔光阑。打开主电源，将激光输出能量调到最低值，微调全反膜片架，利用上转换片和曝光相纸进行观察，使激光光斑成规则的图形。若光斑左右存在缺隙，则调整全反膜片架上的下端调节螺钉，直到光斑较圆，且激光能耗量分布均匀，激光与指示光同轴。此时，激光输出效果最好。

十、聚焦系统

聚焦系统主要由聚焦镜装置组成。激光焊接通常需要一定的离焦量，因为激光焦点处光斑中心的功率密度过高，容易蒸发成孔。离开激光焦点的各平面上，功率密度分布相对均匀。离焦方式有两种：正离焦和负离焦。焦平面位于工件上方为正离焦，反之为负离焦。在实际运用中，当要求熔深较大时采用负离焦。焊接薄材料时，宜采用正离焦。

十一、主机使用说明(JJM-1GY-500 型)

激光电源操作面板上有十六个 LED 数码显示器，左边三排九个参数显示器，右边一列九个 LED 发光二极管是状态，指示灯为了保证电源的正常使用。下面具体介绍 ZG-MC-2-B 脉冲激光电源的操作方法。

1. 开机

当电源经长途运输后，开机前应将机器检查一遍：

(1)印制板是否松动。

(2)器件是否有脱落的迹象。

(3)线鼻子的接触处是否有松动迹象。

(4)所有外接线(电源线、电源箱之间连线)是否正确。

当确信所有的连接无误后，首先将隔离开关关上，接通动力电源，然后按下“开机”键，控制电路接通电源，此时右边功能显示器上显示“P”，表示系统正常，可根据工作需要，打开工作台驱动电源，按“选择”键，选择到“ON”按“确认”键开高压灯，机器鸣笛一声，数码显示“P”，且 LED 欲燃灯亮，表示预燃成功，在显示“ON”时，按数字键“1”或“2”，则分别显示 U1ON 或 U2ON，表示可选择一个腔体工作(即单腔工作)；若按“0”，则两个腔体同时工作。如果鸣笛后预燃灯不亮或显示 Err 错误信息，一般可能是灯未接好或者是电极上对腔体有放电现象，可关机后排出问题再开机，重复上述操作一次再有问题，可与供应商联系。

2. 装载

在预燃后，按“装载”键，在数码显示器上调出一组参数，此时功能显示器最左边的 L 表示英文“LOAD”的第一个字母，L 旁的数字是该组激光参数的编号，编号的范围是 1～99，即有 99 种不同参数组合，可调出每种组合有激光参数，也有程序(工作台)。

如果这组参数含有工作台程序，那么功能显示器最右边显示“P”。功能显示器右边的参数是表示合成激光波形的编程，是采用分段编程来实现的，每段对应一组电流和脉宽。该系统允许的段数是 1～15。

参数显示器上的电流栏，显示的是各段电流中的最高一段电流，脉宽是指各段脉宽之和。频率是指可以自己设定的频率。电流最高为 400A，脉宽之和最高为 20ms。如果想看看各段的电流和脉宽，可通过按“＋”、“－”键将各段脉宽调出，频率柜上将显示 P1～

PN，对应每段编号。

在装载状态下，按数字键，将分别调出不同的参数组知道满意为止，按“确认”键，在参数显示器上显示“U1 U2”，系统问是否两个灯都以这组参数运行，如果按“选择”键，显示在 U1、U2 之间切换，即每只灯可送入不同的参数（运行）出光，这时的工作频率可提高 1 倍，上述情况下按“确认”键，就选定了出光方式。机器鸣笛一声，L 字母旁的“点”亮。表示系统已将该组参数装入运行程序，踩脚踏开关就出光，如果用户设定参数过限，例如设定电流 800A，则参数不能装入运行程序，L 字母旁的“点”不亮，且系统提示可设置的最高参数两次，这时只有退回到编程状态去改变参数。如果频率参数是“0”，则对于脚踏开关输入是“点”动，即踩一次，激光发射一次，如果在这组参数中，还含工作台的移动程序，踩脚踏开关后，工作台将执行一次设置程序，在运行时工作台按一定速度移动，激光器以设定频率出光，在装载状态下按“确认”键后，踩脚踏开关，执行上述操作，这个功能是为方便校准程序用的，在两种参数送入不同的灯 U1 和 U2 时，如果参数带有工作台程序，则系统以送入的程序为主。

3. 编程

当需要修改某组编号下的参数时，则调出该参数后再按“编程”键，进入编程状态，这时功能显示器上“L”的字母变为“P”，即英文“PROG”的第一个字母，在编程状态下有两种情况，一种是激光参数编程，另一种是工作台程序编程，如果直接按“确认”键，将进入激光参数编程。

按数字键，可设置不同的电流和脉宽，按“选择”键，则可设置的参数在电流、脉宽间切换，按“+、−”键，可设置的参数在各段之间的切换，在频率柜上显示 P1～PN，对应每段的编号，如果用户要增强波形的段数，可按“编程”键，每按一次，将增加一段，最多允许 15 段。

如果需要减少段数，则在相应的段上将脉宽设置为“0”。在确认后，该段将被删除，在按下“确认”键后，频率柜上指示灯亮，按数字键设置出光频率。

如果按“确认”键，则默认显示的频率，如果需频率低于 1Hz，则按“+”、“−”设置，工作频率在 0.1～0.9Hz 间切换，按“确认”键退出。

如果在编程状态下按“选择”键，则显示：“PN PRO”，N 如果为 0，表示没有工作台程序，如果为 1 或 2，表示不同的工作台程序，按数字键将改变 N 值，按“确认”键将进入工作台程序编程。工作台编程的参数目前暂定为 3 个，L 是工作台行程，1～200mm，最小单位 0.01mm；V 是移动速度，1～20.00mm/s，最小单位为 0.01mm；T 是延时时间，0.1～25.2s，最小单位 0.1s。按“+”、“−”键可使设置的参数在 L、V、T 之间切换，用户在设置行程和速度时一定要注意行程太大工作台在移动中碰到退位开关，将停止运行程序和停止出光，速度太高将出现工作台掉步和不能启动现象，且有可能使程序跑飞（遇到这种情况只有关机重开）。按“确认”则默认显示频率或者重设频率。退出编程状态将直接进入装载状态。

4. 计数

系统设置了一个激光计数器，可以记录出光次数，并且断电后仍能保持，下次开机接着计数，通过此计数器，使用者大概可知道灯的使用寿命，该计数器既可以隐含，也可以实时显现。如果要实时显现，只要在装载参数确认后，再按计数锁，则运行工作台程序时，不能实时显示出光计数，只能在停下时调出激光计数，连续按两次计数键，显示“CLEAN”，如果再按“确认”键，则计数值就清零了。

5. 程序

在装载程序后，按“选择”键，显示 ddN，这时踩脚踏开关，进入点动工作台，使之在 X、Y 向移动，N 为 1 时是 X 向，N 为 2 时是 Y 向，按数字键更换，按“+”、“−”键，ddN 前显示“+”、“−”号，改变移动方向，在点动工作台时，限位开关不起作用，移动速度不能变化，在每次装载程序后，只能调动一次点动程序。

6. 删除

在显示“ON”或是“OFF”时，按“选择”键，将显示“DEL”可将某个编号中的参数及程序全部删除，按“确认”键后，进入删除状态，按“数字”键，可调出不同的参数组，按“确认”键，则将当前编号内的所有数删除，该组参数内所有参数均是 0，完成后，按“选择”键退出，一旦删除了将不能再记录，只有重设！

7. 关机

在高压接通的情况下，按“选择”键，在功能数码管上显示“OFF”，此时按“确认”键，则关闭高压系统。由于灯要冷却一段时间，所以系统要在 5 秒钟后才关水泵，同时机器鸣笛一声，数码显示“P”，LED 预燃指示灯熄。在此期间，系统不响应按键输入。在主电源关闭的情况下，控制电路断路后，再拉开机器后面的隔离开关。

关机的顺序是：通过“选择”键选择“OFF”，按“确认”键而关闭主电源，按“停机”。

主要参考文献

[1] 邓文英主编:《金属工艺学》(上下册),高等教育出版社 2003 年版。
[2] 周继烈　姚建华编著:《机械制造工程实训》,科学出版社 2006 年版。
[3] 张学政主编:《金属工艺学实习教材》,高等教育出版社 2004 年版。
[4] 尚利容主编:《大学工程训练教程》,华东理工大学出版社 2005 年版。
[5] 张建华主编:《精密与特种加工技术》,机械工业出版社 2003 年版。
[6] 王先奎主编:《精密加工实用技术手册》,机械工业出版社 2001 年版。
[7] 刘晋春主编:《特种加工》,机械工业出版社 2008 年版。
[8] 胡家齐编著:《制造业现代管理技术》,机械工业出版社 2004 年版。
[9] 佘承业主编:《特种加工新技术》,国防工业出版社 1995 年版。
[10] 中国机械工业教育协会:《数控机床及其使用维修》,机械工业出版社 2003 年版。
[11] 白恩远主编:《现代数控机床伺服及检测技术》,国防工业出版社 2002 年版。
[12] 李宏胜主编:《机床数控技术及应用》,高等教育出版社 2001 年版。
[13] 编委会编:《数控机床数控系统维修技术与实例》,机械工业出版社 2001 年版。
[14] FANUC:安装与调试、故障诊断、维修、编程操作的手册。
[15] Siemens:安装与调试、故障诊断、维修、编程操作的手册。
[16] 王秀峰　罗宏杰编著:《快速原型制造技术》,中国轻工业出版社 2001 年版。
[17] 王运赣著:《快速模具制造及其应用》,华中科技大学出版社 2003 年版。
[18] 卢青萍主编:《快速原型制造技术》,高等教育出版社 2001 年版。
[19] 张根保主编:《自动化制造系统》,机械工业出版社 2004 年版。
[20] 江湘云编著:《设计材料及加工工艺》,北京理工大学出版社 2003 年版。
[21] 黄锐主编:《塑料工程手册》,机械工业出版社 2000 年版。
[22] 张世昌编著:《先进制造技术》,天津大学出版社 2004 年版。
[23] 武良臣等编著:《先进制造技术》,中国矿业大学出版社 2001 年版。
[24] 盛晓敏等主编:《先进制造技术》,机械工业出版社 2000 年版。
[25] 廖念钊编著:《互换性与技术测量》,中国计量出版社 2007 年版。
[26] 机械工程手册编委会:《机械工程手册》,机械工业出版社 1997 年版。
[27] 詹启贤主编:《自动机械设计》,轻工业出版社 1987 年版。